普通高等教育"十二五"规划教材

机器人技术基础

（第2版）

宋伟刚　柳洪义　编著

U0352416

北　京
冶 金 工 业 出 版 社
2024

内 容 简 介

本书系统讲授机器人技术的基础知识。全书共11章，分别论述了机器人的概况和基本结构；机器人运动学和动力学问题；机器人基本控制方法和现代控制技术；机器人传感技术与感觉信息的处理；机器人人工智能的相关问题；机器人编程技术；移动机器人的引导方法，步行机器人步态稳定性分析与设计方法。

本书为高等学校本科生和研究生教材，也可供从事机器人研发和应用的科技人员参考。

图书在版编目(CIP)数据

机器人技术基础/宋伟刚，柳洪义编著．—2版．—北京：冶金工业出版社，2015.7（2024.8重印）
普通高等教育“十二五”规划教材
ISBN 978-7-5024-6938-2

Ⅰ.①机… Ⅱ.①宋… ②柳… Ⅲ.①机器人技术—高等学校—教材 Ⅳ.①TP24

中国版本图书馆CIP数据核字(2015)第149900号

机器人技术基础（第2版）

出版发行	冶金工业出版社	**电　话**	(010)64027926
地　址	北京市东城区嵩祝院北巷39号	**邮　编**	100009
网　址	www.mip1953.com	**电子信箱**	service@mip1953.com

责任编辑　郭冬艳　宋　良　美术编辑　吕欣童　版式设计　孙跃红
责任校对　李　娜　责任印制　禹　蕊
北京虎彩文化传播有限公司印刷
2002年11月第1版，2015年7月第2版，2024年8月第4次印刷
787mm×1092mm　1/16；16印张；390千字；246页
定价35.00元

投稿电话　(010)64027932　投稿信箱　tougao@cnmip.com.cn
营销中心电话　(010)64044283
冶金工业出版社天猫旗舰店　yjgycbs.tmall.com
（本书如有印装质量问题，本社营销中心负责退换）

第2版前言

本书的最初版本是由彭兆行教授和作者于1995年编写的东北大学内部讲义。

本书共分11章，涉及机器人学的概况、机器人机构、运动学、动力学、控制、传感与信息处理、人工智能、编程和步行机器人等内容。第1章采用现行标准给出了机器人的定义、介绍了机器人的发展概况、机器人的组成、工作原理与分类和主要研究领域。第2章介绍了机器人的机构，包括串联、并联结构和移动机器人的典型机构，以及灵巧手和双臂机器人等。分析了机器人的关节、自由度与驱动数问题。第3章讨论了坐标变换和齐次变换方法，系统给出了串联结构机器人运动学位置分析、速度分析和加速度分析的问题与求解方法。第4章分析了机器人静力学和动力学问题，给出了采用牛顿-欧拉方程和拉格朗日-欧拉方程建立机器人动力学方程的方法，以及动力学正问题和逆问题的求解方法。第5章涉及机器人的控制系统结构、轨迹规划、运动控制和力控制。第6章为机器人现代控制技术，讨论了变结构控制、自适应控制和学习控制方法。第7章和第8章讨论了机器人感觉与信息处理方法，包括位置与速度传感器、触觉、力觉、接近觉、视觉传感器和相关信息的处理方法。第9章涉及机器人人工智能问题，分析了智能机器人的含义和控制系统结构体系，讨论了机器人系统的描述和知识获取方法，以及机器人作业规划和行动规划方法，介绍了智能机器人的控制范式。第10章介绍了机器人编程问题，包括机器人编程语言的特点与功能，典型编程语言与编程实例，讨论了机器人离线编程问题。第11章为对移动机器人几个基本问题的探讨，涉及移动机器人的引导与控制、步行机器人的步态和稳定裕度、零力矩点的概念及其计算方法、四足步行机力的分布和多足步行机器人的设计实例，其中四足步行机力的分布为柳洪义教授的博士论文的研究成果。

本次修订，补充了本学科近年来的最新成果，在采用现行标准和统一表达式方面做了订正。

由于作者水平有限，书中疏漏之处在所难免，诚请读者批评指正。

编　者

2015年4月

第1版前言

机器人技术一直是人们最关注的科学研究领域之一。机器人学集力学、机械工程学、电子学、计算机科学和自动控制为一体，是一门综合性技术学科。机器人的产生和发展与其他事物一样，都是从低级到高级的演变过程。目前机器人在其发展历程中尚处于低级阶段。今后机器人将逐渐发展成为完全智能化的机器。由于机器人技术的发展，提高了机器人可靠性和智能化程度，其应用领域正在不断扩大。在越来越多的工程技术领域，我们将看到越来越多的机器人在神奇绝妙地工作。机器人产业将随着机器人技术的发展和对机器人需求的增加而稳步发展。由于机器人产业的发展，需要越来越多的机器人的研究及开发人才，机器人应用领域的扩大也需要更多的人懂得机器人的应用技术。所以提高技术人员的机器人技术水平和普及机器人应用知识是十分必要的。目前在高等工科学校相继开设了机器人技术方面的课程。本书就是为了适应上述需要，将我们多年从事机器人领域的科研和教学经验加以总结，在校内教材的基础上编写而成的。

在本书编写和出版过程中，得到了东北大学教务处、机械工程与自动化学院和机械电子工程研究所的大力支持，我们表示衷心的感谢；对本书引用文献的作者表示诚挚的谢意。本书由中国科学院院士闻邦椿教授担任主审。东北大学博士生导师刘杰教授和中国科学院沈阳自动化研究所赵明扬研究员也详细审查了本书的内容，对他们提出的宝贵意见和辛勤的劳动深表感谢。

本书可以作为理工科大学本科教材，也可供相关领域的工程技术人员和研究生参考。

由于作者水平有限，时间仓促，疏漏之处恳切希望广大读者批评指正。

编　者

2002年8月于沈阳

目　录

1 绪　　论

1.1　机器人概述

机器人是现代科学技术发展的必然产物，因为人们总是设法让机器来代替人的繁重工作，从而发明了各种各样的机器。机器的发展和其他事物的发展一样，遵循着由低级到高级的发展规律，机器发展的最高形式必然是机器人。

虽然机器人的能力目前还是非常有限的，但是它正处在迅速发展过程中，并开始对整个工业生产、太空和海洋探索以及人类生活的各方面产生越来越大的影响。

1.1.1　机器人的定义与特点

机器人的英文名词是 Robot，它最早出现在 1920 年捷克作家卡雷尔·卡佩克（Karel Capek）所写的一个剧本《Rossum's Universal Robots》中，中文意思是“罗萨姆的万能机器人”。剧中的人造劳动者取名为 Robota，捷克语的意思是“苦力”、“奴隶”。以后世界各国都用 Robot 作为机器人的代名词。

1967 年，在日本召开的第一届机器人学术会议上提出了两个有代表性的机器人定义。一是森政弘与合田周平提出的：“机器人是一种具有移动性、个体性、智能性、通用性、半机械半人性、自动性、奴隶性 7 个特征的柔性机器”。从这一定义出发，森政弘又提出了用自动性、智能性、个体性、半机械半人性、作业性、通用性、信息性、柔性、有限性、移动性 10 个特性来表示机器人的形象。

加藤一郎提出具有 3 个条件的机器称为机器人：具有脑、手、脚三要素的个体；具有非接触传感器（用眼、耳接受远方信息）和接触传感器；具有平衡觉和固有觉的传感器。

ISO 8373—2012 对工业机器人给出的定义可表述为：在工业自动化中使用的操作机是自动控制的，可重复编程、多用途，并可对三个和三个以上轴进行编程。它可以是固定式或移动式的。

这里的操作机（manipulator）是指一种机器，其机构通常是由一系列相互铰接或相对滑动的构件所组成。它通常有几个自由度，用以抓取或移动物体（工具或工件）。可重复编程是在不更换机械结构或控制系统即可更改已编程的运动和辅助功能。

日本国家标准 JIS B 0134：1998 的定义为：工业机器人是一种能够通过自动控制来进行操作或移动，且由程序对各种作业进行控制的工业用机械。工业操作机器人为 3 轴以上，可自动控制、能够再编程、移动或固定的通用操作机械。

JIS B 0185：2002 中，定义智能机器人是具有人或动物的全部或部分的推理、学习、认识与理解等的智能机器。

通常可以理解机器人具有以下特性：

(1) 机器人是模仿人或动物肢体动作的机器，能像人那样使用工具和机械，通常能够实现三维空间中的运动，因此，数控机床和汽车不是机器人。

(2) 机器人具有智力或感觉与识别能力。玩具机器人一般没有感觉和识别能力，不属于真正的机器人。

(3) 直接对外界工作。机器人要完成一定的工作，对外界产生作用。

机器人集中了机械工程、电子技术、计算机技术、自动控制理论以及人工智能等多学科的最新研究成果，代表了机电一体化的最高成就，是当代科学技术发展最活跃的领域之一。

工业机器人是机电一体化的工业生产用自动化装置。工业机器人是为工业大生产而设计的，为了适应各种不同的生产应用，其形状多种多样，但根本没有一点人的模样。它具有如下特点：

(1) 能高强度地、持久地在各种生产和工作环境中从事单调重复的劳动，使人类从繁重体力劳动中解放出来。

(2) 对工作环境有很强适应能力，能代替人在有害场所从事危险工作。

(3) 具有很广泛的通用性，比一般自动化设备有更广的使用性能，既能满足大批量生产的需要，又能满足产品灵活多变的中、小批量的生产作业。

(4) 具有独特的柔性，它可以通过软件调整等手段加工多种零件，可以灵活 、迅速实现多品种、小批量的生产。

(5) 动作准确性高，可保证产品质量的稳定性。

(6) 能显著地提高生产率和大幅度降低产品成本。

机器人的开发始终要遵循科学家兼作家 Isaac Asimov 在 1942 年出版的科幻作品《Run Around》中首先提出的机器人三定律，即：

第一定律：机器人不得伤害人，也不得见人受到伤害而袖手旁观。

第二定律：机器人应服从人的一切命令，但不得违反第一定律。

第三定律：机器人应保护自身的安全，但不得违反第一、第二定律。

后来又出现了补充的“机器人第 0 定律”：

第 0 定律：机器人必须保护人类的整体利益不受伤害，其他三条定律都是在这一前提下才能成立。

1.1.2 机器人的发展概况

1948 年，诺伯特·维纳（Norbert Wiener）出版了《控制论》，阐述了机器中的通信和控制机能的共同规律，率先提出以计算机为核心的自动化工厂，为机器人的开发提供了理论基础。

第一代遥控机械手诞生于 1948 年美国的阿贡实验室，当时用来对放射性材料进行远距离操作，以保护原子能工作者免受放射线照射。1954 年，乔治·德沃尔（George C. Devol）提出了一个关于工业机器人的技术方案，随后注册了专利。第一台工业机器人诞生于 1956 年，是将数字控制技术与机械臂相结合的产物。当时，主要目的是为了克服串联机构累积的系统误差，以便达到较高的空间定位精度，提出了示教再现的编程方式，从而使重复定位精度几乎比绝对定位精度提高了一个数量级。至今绝大部分使用中的工业机器人仍采用这种编程方式。1961 年，诞生了第一台工业机器人的商用产品 Unimate，当时，其作业仅限于上、下料。尔后的发展比预想中的要慢。恩格尔伯格（J. Engelberger）和乔治·德沃尔创立了第 1 家机器人公司 Unimation（1983 年，Engelberger 以 1 亿 700 万美元将 Unimation 公司卖给了西屋公司），恩格尔伯格被称为机器人之父（图 1-1）。1962 年，美国机器和铸造公司 AMF 公司推出了工业机器人 Versatram（意为“灵活搬运”）。

图 1-1　恩格尔伯格和机器人

20 世纪 60 年代，美、英等国很多学者，把机器人作为人工智能的载体，来研究如何使机器人具有环境识别、问题求解以及规划能力，祈望使机器人具有类似人的高度自治功能，结果是始终停留在实验室阶段。其中美国有名的斯坦福研究所的眼车计划，虽然形式上实现了心理学中典型的猴子和香蕉问题的求解，然而由于距离解决实际中的复杂问题太远，因而得不到进一步的支持，只好于 1972 年中止。60 年代末至 70 年代中，世界上很多著名的实验室、大学和研究所，如英国的爱丁堡大学人工智能实验室，美国的斯坦福大学、斯坦福研究所、麻省理工学院，以及日本的日立中央研究所等，都在致力于机器人装配作业的研究，单纯从技术出发模仿人进行的作业，或实现看图装配，或自动装配顺序生成等。由于当时的工业水平还没有发展到相应的阶段，无法解决所遇到的技术难题，另外耗资巨大而无法得到应用部门的支持。至 70 年代中，由于制定的目标过高，除了局部单元技术方面取得不少有意义的成果外，整体上说大部分研究没有取得有意义的实际结果。

1968 年，日本川崎重工引进美国 Unimation 公司的 Unimate 机器人制造技术，开始了日本机器人的时代，经过近十年的努力，开发了点焊、弧焊及各种上、下料作业的简易经济型机器人。成功地把机器人应用到汽车工业、铸塑工业、机械制造业……，从而大大地提高了制成品的一致性及质量，形成了一定规模的机器人产业。

1973 年，日本的机器人之父，早稻田大学的加藤一郎教授开始研究仿人机器人，成功研制出了双腿走路的机器人（图 1-2）。

20 世纪 70 年代，出现了更多的机器人商品，并在工业发达国家的工业生产中逐步推广应用。1979 年 Unimation 公司推出了 PUMA 系列工业机器人，它的关节由电动机驱动，可配置视觉、触觉、力觉传感器，是技术较为先进的机器人。到 1980 年全世界约有 2 万余台机器人在工业中应用。

1973 年，ASEA 公司（现在的 ABB）推出了世界上第一个微型计算机控制、全部电气化的工业机器人 IRB-6，为了满足弧焊的要求，它可以进行连续的路径移动。1978 年，日本山梨大学的牧野洋提出了具有 4 个自由度的可选择柔顺装配机械手（SCARA）。

图 1-2 加藤一郎和双足步行机器人 WABOT-1（1973 年）

20 世纪 80 年代，工业机器人产业得到了巨大的发展，但是所开发的四大类型机器人（点焊、弧焊、喷涂、上下料）主要用于汽车工业。工业化国家的机器人产值，以年均 20% ~40% 的增长率上升。1984 年，全世界机器人使用总台数为 8 万台，到 1985 年底已达 14 万台，到 1990 年已有 30 万台左右，其中高性能的机器人所占比例不断增加，特别是各种装配机器人的产量增加较快，与机器人配套使用的机器视觉技术和装备也得到迅速发展。1985 年前后，FANUC 和 GMF 公司又先后推出了交流伺服驱动的工业机器人产品。随着以提高质量为目的的装配机器人及柔性装配线的开发成功，1989 年，机器人产业首先在日本，之后在各主要工业国呈发展趋势。进入 90 年代后，装配机器人及柔性装配技术进入大发展时期。

1998 年，ABB 公司推出离线机器人编程与仿真工具软件 RobotStudio。2006 年，微软推出了 Robotics Developer Studio 软件包，是针对学术界、业余爱好者和商业开发商开发的，也供学生和研究人员使用。

日本一直拥有全世界机器人的 60% 左右。到 1998 年，美国拥有机器人 8 万台，德国为 7 万多台，分别占世界机器人总数的 15% 和 13% 左右。到 2000 年，全世界服役的机器人约 100 万台。

2011 年，中国共销售工业机器人 22577 台，比 2010 年增加了 51%。其中焊接机器人占 50%，搬运机器人占 27%；汽车行业占 49%，电气/电子行业占 14%。截至 2011 年底，中国工业机器人累计安装量达到 74300 台，比 2010 年增长了 42%。其中焊接机器人占 42%，搬运机器人占 34%。

中国工程院院士蒋新松创建了我国第一个机器人工程研究开发中心，领导研制了水下机器人系列产品、工业机器人和特种机器人，被誉为中国机器人之父（图 1-3）。

工业机器人技术日趋成熟，已经成为一种标准设备被工业界广泛应用。从而，相继诞生了一批具有影响力的、著名的工业机器人公司，它们包括瑞典的 ABB Robotics，日本的

图 1-3　蒋新松和水下机器人

FANUC（发那科）、Yaskawa（安川），德国的 KUKA（库卡），美国的 Adept Technology、American Robot、Emerson Industrial Automation（艾默生工业自动化）、S-T Robotics，意大利 COMAU，英国的 AutoTech Robotics，加拿大的 Jcd International Robotics，以色列的 Robogroup Tek 公司、新松机器人自动化股份有限公司等。

机器人大都工作于结构性环境中，即工作任务、完成工作的步骤、工件存放的位置、工作对象等都是事先已知的，而且定位精度也是完全确定的，所以机器人完全可以按事先示教编好的程序重复不断地工作。当自动化进一步向建筑、采掘、运输等行业扩展时，其环境则是非结构化的，不能事先确定，或至少不能完全确定，总任务虽可事先确定，但如何去完成，要根据当时的实际情况来确定与制订。因此，研究具有感知、思维，能在非结构环境中自主式工作的机器人就成了机器人学研究的长远目标。实践证明，要达到这一目标，还需经过长时期的努力，等待一些重要技术有所突破，特别是机器视觉、环境建模、问题求解、规划等智能问题上的突破。因此 20 世纪 80 年代末，各国把发展的目标调整到更现实的基础上来，即把以多传感器为基础的计算机辅助遥控加上局部自治作为发展非结构环境机器人的主要方向，而把智能自治式机器人作为一个更长远的科学问题去探索。

另外一个值得注意的方向是传统机械的机器人化。目前，数控机床、工程机械、采掘机械等已开始向这一方向发展，进一步的发展将会带来这些机械本身的革命。

综上所述，机器人的发展已不局限于机器人本身，而将作为新一代整个机器的发展方向。

1.2　机器人的组成、工作原理与分类

1.2.1　机器人的基本组成

机器人系统是由机器人和作业对象及环境共同构成的。机器人由机器人本体、控制器

和软件三大部分构成。为获取作业对象及环境信息还需要传感器系统。机器人系统的基本结构如图 1-4 所示。

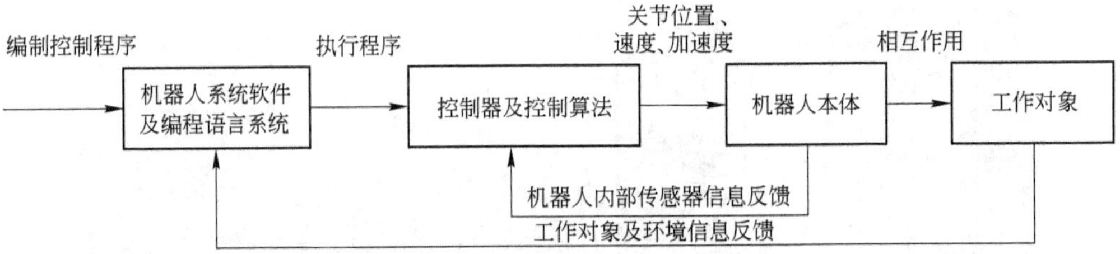

图 1-4 机器人系统的基本结构

1.2.1.1 机器人的本体

机器人的本体由操作机（manipulator）和移动机构（mobile mechanism，locomotion mechanism）两部分组成，单独存在的操作机（机械手）或移动机构也称为机器人。

操作机是由手臂（arm）和末端执行器（end effector）组成。手臂通过关节的运动使末端执行器进行预定的运动或达到预定的位置。末端执行器直接作用于任务对象，它是手部（hand）、抓持机构（grasping mechanism）、手爪（gripper）及固定于手臂末端的工具等的总称。

机器人的移动机构有轮式、足式及特殊机构等各种类型。

1.2.1.2 计算机硬件系统及系统软件

目前，几乎所有的机器人都采用计算机进行控制。机器人从控制角度要求计算机具有数据处理能力强、灵活可靠、易于配置、价格低廉、体积小等特性。随着微电子技术的发展，微型机性能不断提高，为实现机器人复杂的控制奠定了物质基础。

为实现对机器人的控制，除了具有强有力的计算机硬件系统支持外，还必须有相应系统软件。通过系统软件的支持，可以方便地给机器人控制程序，让机器人完成某一具体任务。系统软件使编程时不必规定机器人运动时的各种细节。系统软件越完善，编制控制程序越方便，机器人所处的级别越高。系统软件通过机器人语言把人与机器人联系起来，机器人语言可以是编制控制程序的语言，也可以以声音的形式进行人机交互。

1.2.1.3 输入-输出设备及装置

输入-输出设备是人与机器人交互的工具。用于机器人控制器的输入-输出设备主要有：显示器、键盘、示教盒、打印机、网络接口等。示教盒用于示教机器人时手动引导机器人及在线作业编程。通过键盘可向控制器输入控制程序或命令。显示器及打印机可以输出系统的状态信息。通过网络接口可使控制器与远程计算机系统通信，接收计算机传来的控制程序或运行、停止控制程序命令。当前的示教盒已经从简单的位置、传感示教发展成为编程装置，因而称其为“示教器”。

1.2.1.4 驱动器

驱动器用于驱动机构本体各关节的运动。目前驱动方式主要有气动、液压和伺服电动机三种。气动驱动具有成本低、控制简单的特点，但噪声大、输出小，难以准确地控制位置和速度。液压驱动具有输出功率大、低速平稳、防爆等特点，但需要液压动力源。漏油及油性变化将影响系统特性，各轴耦合较强，成本较高。采用伺服电动机驱动具有使用方便、易于控制的特点，大多数工业机器人采用伺服电动机驱动。伺服电动机还可分为直流伺服电动机和交流伺服电动机。使用伺服电动机驱动时，控制系统中还要有为伺服电动机供电的电源。

1.2.1.5 传感器系统

机器人传感器按功能可分为内部状态传感器和外部状态传感器两大类。内部状态传感器用于检测各关节的位置、速度等变量，为闭环伺服控制提供反馈信息。常用的内部状态传感器为光电码盘，也有采用电位器、旋转变压器、测速发电机的。外部状态传感器用于检测机器人与周围环境之间的一些状态变量，如距离、接近程度和接触情况等，用于机器人引导和物体识别及处理。使用外部状态传感器可使机器人以灵活的方式对它所处的环境做出反应，赋予机器人一定的智能。常用的外部状态传感器有视觉、接近觉、触觉、力/力矩传感器等。

1.2.2 机器人系统工作原理

通常，工业机器人只是作业系统的一部分。由于各种不同类型的机器人不断涌现，它们发挥作用的形式和组成的系统也在不断变化。下面通过焊接系统来分析机器人的工作原理。焊接机器人系统工作时，至少需要一个工作台，将工件装卡在上面，并运送到机器人焊接的合适位置。这样，构成了一个简单的机器人焊接系统，称为机器人焊接工作站。如果由机器人组成一个焊接生产线，则这个系统将变得更为复杂。

机器人要完成焊接作业，必须依赖于控制系统与辅助设备的支持和配合。完整的焊接机器人系统一般由机器人操作机、变位机、控制器、焊接系统（专用焊接电源、焊枪或焊钳等）、焊接传感器、中央控制计算机和相应的安全设备等，如图 1-5 所示。

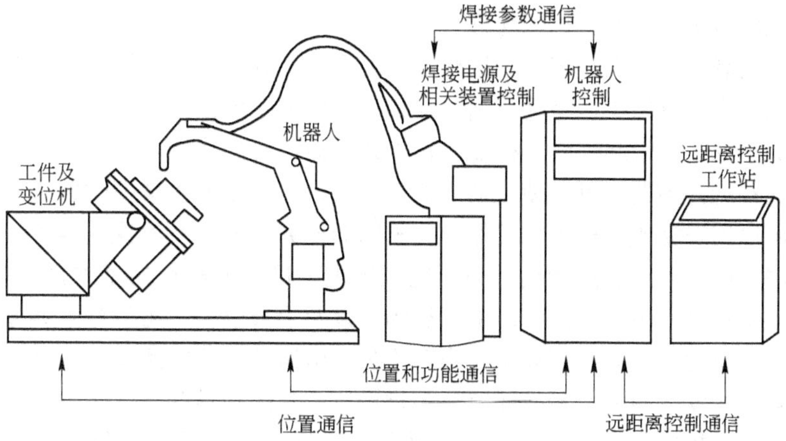

图 1-5 焊接机器人系统原理图

机器人操作机是焊接机器人系统的执行机构，它由驱动器、传动机构、手臂、关节以及内部传感器（如编码盘）等组成。它的任务是精确地保证末端操作器所要求的位置、姿态和实现其运动。工业机器人操作机是具有 6 个关节的串联机器人。

变位机的作用是将被焊工件旋转（平移）到最佳的焊接位置。在焊接作业前和焊接过程中，变位机通过夹具来装卡和定位被焊工件，对工件的不同要求决定了变位机的负载能力及其运动方式。为了使机器人操作机充分发挥效能，焊接机器人系统通常采用两台变位机，当在其中一台上进行焊接作业时，另一台则完成工件的上装和卸载，从而使整个系统获得最高的费用效能比。

机器人控制器是整个机器人系统的大脑，它由计算机硬件、软件和一些专用电路构成，其软件包括控制器系统软件、机器人专用语言、机器人运动学及动力学软件、机器人控制软件、机器人自诊断及自保护软件等。控制器负责处理焊接机器人工作过程中的全部信息和控制其全部动作。所有现代机器人的控制器都是基于多处理器，根据操作系统的指令，工业控制计算机通过系统总线实现对不同组件的驱动及协调控制。

焊接系统主要由焊钳（点焊机器人）、焊枪（弧焊机器人）、焊接控制器及水、电、气等辅助部分组成。焊接控制器是由微处理器及部分外围接口芯片组成的控制系统，它可根据预定的焊接监控程序，完成焊接参数输入、焊接程序控制及焊接系统故障自诊断，并实现与本地计算机及示教器的通信联系。用于弧焊机器人的焊接电源及送丝设备由于参数选择的需要，必须由机器人控制器直接控制，电源在其功率和接通时间上必须与自动过程相符。

在焊接过程中，尽管机器人操作机、变位机、装卡设备和工具能达到很高的精度，但由于存在被焊工件几何尺寸和位置误差，以及焊接过程中热输入能引起工件的变形，传感器仍是焊接过程中（尤其是焊接大厚工件时）不可缺少的设备。传感器的任务是实现工件坡口的定位、跟踪以及焊缝熔透信息的获取。

中央控制计算机在工业机器人向系统化、PC 化和网络化的发展过程中发挥着重要的作用。通过串行接口与机器人控制器相连接，中央控制计算机主要用于在同一层次或不同层次的计算机形成通信网络，同时与传感系统相配合，实现焊接路径和参数的离线编程、焊接专家系统的应用及生产数据的管理。

安全设备是焊接机器人系统安全运行的重要保障，其主要包括驱动系统过热自断电保护、动作超限化自断电保护、超速自断电保护、机器人系统工作空间干涉自断电保护及人工急停断电保护等，它们起到防止机器人伤人或周边设备的作用。在机器人的工作部还装有各类触觉或接近传感器，可以使机器人在过分接近工件或发生碰撞时停止工作。

机器人可以用来完成各种各样的作业，不同的任务需要执行不同的操作，因而需要不同的作业顺序。以机器人装配为例，为了完成装配，机器人进行的基本操作有手臂趋近、手爪张开、多指抓取、多指操作、装配、拆卸，以及手臂退回。可以将这些基本操作分为两类运动。手臂趋近、手臂退回和手指张开称为自由运动，此类运动要求在运动过程中不与周围环境障碍物发生碰撞；多指抓取、多指操作、装配和拆卸称为约束运动。通常所说的运动规划实际上指的是自由运动规划，即寻找一条与周围环境不发生碰撞和干涉的路径，完成机器人由初始形位到目标形位的运动。

从控制的角度机器人的工作可以通过如下四种方式来实现目标。

“示教再现”方式：它通过“示教器”或人“手把手”两种方式教机械手如何动作，控制器将示教过程记忆下来，然后机器人就按照记忆周而复始地重复示教动作，如上面的焊接机器人。

"可编程控制"方式：工作人员事先根据机器人的工作任务和运动轨迹编制控制程序，然后将控制程序输入给机器人的控制器，启动控制程序，机器人就按照程序所规定的动作一步一步地完成。如果任务变更，只要修改或重新编写控制程序，非常灵活方便。大多数工业机器人都是按照这两种方式工作的。

"遥控"方式：由人用有线或无线遥控器控制机器人在人难以到达或危险的场所完成某项任务，如防暴排险机器人、军用机器人、在有核辐射和化学污染环境工作的机器人等。遥控机器人（telemanipulators）通过人来构成闭环控制，是人借助于复杂的传感器和显示装置进行控制的机械系统。操作者也就成了控制系统的一个中心单元。根据显示的信息，操作者对校正信号调整以完成所需完成的动作。

"自主控制"方式：是机器人控制中最高级、最复杂的控制方式，它要求机器人在复杂的非结构化环境中具有识别环境和自主决策能力，也就是要具有人的某些智能行为。

1.2.3 机器人的分类

机器人种类繁杂，可以从不同的角度对其分类。例如，从机器人的结构形式、控制方式、信息输入方式、智能程度、用途、移动性等分类。

1.2.3.1 按机器人的结构形式分

机器人可分为串联结构与并联机构、少自由度与冗余自由度、抓取机构与灵巧手、轮式与步行式等。

1.2.3.2 按用途分

（1）工业机器人。主要工作在柔性生产线上，如点焊、弧焊、加工、搬运、装配及喷漆机器人等。

（2）自主车。其行走机构多为四个轮子，用在自动化生产车间运送零部件，也可作为服务机器人用在医院、机场等。

（3）水下机器人。用于海底探测。

（4）建筑机器人。用于砌墙、贴瓷砖等。

（5）外星探测机器人。其行走机构常为6个轮子或8个轮子，作为外星探测时，常称其为漫游车。

（6）服务机器人。用于酒店及家庭服务、汽车自动加油等。

（7）林业机器人。其行走机构常为履带式、腿式及轮腿结合式。用于运输木料、挖掘树根、栽种树苗及采集树果等。

（8）农业机器人。用于田间作业。

1.2.3.3 按控制信息输入方式分

（1）操作机器人：通过人的直接操作，能控制完成部分或全部作业的机器人，是机器人的最基本控制方式。

（2）顺序控制机器人：按照预先假定的信息（顺序、条件、空位等）逐步进行各步骤动作的机器人。

（3）示教再现机器人：通过示教操作向机器人传授顺序、条件、位置和其他信息，机器人能按照所存储的信息，反复再现示教动作。

（4）数控机器人：通过输入程序、条件、位置和其他信息的数值与语言，机器人可按照所存储的信息重复实现操作。

(5) 传感控制机器人：利用传感器反馈信息控制动作的机器人，是机器人实现智能控制的基础。

(6) 智能工业机器人：凭人赋予的智能决定行动的工业机器人，其智能包括认识、识别能力，学习能力，思维推理能力，适应环境能力等。

1.2.3.4　按技术等级分

(1) 第一代机器人主要以“示教-再现”的方式工作。目前已商品化、实用化的工业机器人大都属于第一代机器人。“示教”是工作人员通过“示教器”将机器人开到某些希望的位置上，按“示教器”上的“记忆键”，并定义这些位置的名字，让机器人记忆这些位置。工作人员利用机器人编程语言编制机器人工作程序时，就可利用这些已定义的位置。在机器人运行工作程序时，可再现这些位置。第一代机器人具有完备的内部传感器，检测机器人各关节的位置及速度，并反馈这些信息，控制机器人的运动。

(2) 第二代机器人拥有外部传感器，对工作对象、外界环境具有一定的感知能力。感知的信息参加控制运算。例如，装备几个摄像机的机器人可以确定散放在工作台上的零件位置，准确地将它们拿起并放到规定的位置上去。第二代机器人正越来越多地用在工业生产中。

(3) 第三代机器人拥有多种高级传感器，对工作对象、外界环境具有高度适应性和自治能力，可以进行复杂的逻辑思维和决策，是一种高度智能化的机器人。目前，第三代机器人处于研究及发展阶段。

1.2.3.5　按负载能力和动作空间分

超大型机器人：负载能力 1000kg 以上；

大型机器人：100～1000kg/10m^2 以上；

中型机器人：10～100kg/1～10m^2；

小型机器人：0.1～10kg/0.1～1m^2；

超小型机器人：0.1kg 以下/0.1m^2 以下。

1.3　机器人的研究领域

机器人学具有极其广泛的研究领域。这些领域体现出广泛的学科交叉，涉及机器人的体系结构、机构理论、控制理论与策略、人工智能、传感技术、通信技术、机器人语言等。机器人学研究的目的是开发适用各种工作要求的机器人。

A　机器人机构理论的研究

机构分析着重机构结构学、运动学及动力学特性的研究，揭示机构结构组成、运动学与动力学规律及其相互联系，用于现有机械系统的性能分析与改进。但更重要的是为机构综合与构型设计提供理论依据。

B　传感器与感知系统的研究

传感器与感知系统的研究包括视觉、触觉、听觉、接近感、力觉、临场感等各种新型传感器的开发；多传感系统与传感器融合；传感数据集成；主动视觉与高速运动视觉；传感器硬件模块化；恶劣工况下的传感技术；连续语言理解与处理；传感系统软件；虚拟现实技术等。

C　驱动、建模与控制的研究

驱动技术的研究包括超低惯性驱动马达、直接驱动的开发；驱动系统的建模、控制与性能评价等。

控制机理（理论）包括分级递阶控制、专家控制、学习控制、模糊控制、基于人神经网络的控制、基于 Petri Nets 的控制、感知控制以及这些控制与最优、自适应、自学习校正、预测控制和反馈控制等组成的混合控制；控制系统结构；控制算法；分组协调控制与群控；控制系统动力学分析；控制器接口；在线控制和实时控制；自主操作和自主控制；声音控制和语音控制等。

D　自动规划与调度的研究

自动规划与调度的研究包括环境模型的描述；控制知识的表示；路径规划；任务规划；非结构环境下的规划；含有不确定性时的规划；协调操作（运动）规划；装配规划；基于传感信息的规划；任务协商与调度；制造（加工）系统中机器人的调度等。

E　计算机系统的研究

计算机系统的研究包括智能机器人控制计算机系统的体系结构；通用与专用计算机语言；标准化接口；神经计算机与并行处理；人机通信；多智能体系统等。

F　应用研究

应用研究包括机器人在工业、农业、建筑、采矿、军事、服务业等领域和核能、高空、水下灾难救援及其他危险环境中的应用等。

G　微型机器人机器系统的研究

微型机器人机器系统的研究包括微系统的设计与超微型机器人和产品。

习　　题

1-1　试为工业机器人和智能机器人下个定义。

1-2　简述机器人的组成部分及其作用。

1-3　机器人有哪些分类方法？

2 机器人的机构

2.1 机器人的关节、自由度与驱动数

工业机器人的重要特征是在三维空间运动的空间机构，这也是其区别于数控机床的特征。空间机构（包括并联机构、串联机构以及串联并联混合机构）大多由低副机构组成。常见的低副机构有转动副（R-Revolute joint）、移动副或棱柱副（P-Prismatic joint）、螺旋副（H-Helix joint）、圆柱副（C-Cylindrical joint）、平面副（E-Plane joint）、球面副（S-Spherical joint）以及虎克铰（Hooke joint）或通用关节（U-Universal joint），如图2-1所示。转动副（R）、移动副（P）和螺旋副（H）是最基本的低副机构，其自由度 $d=1$。为了分析方便，当运动副的自由度数大于1时，将运动副用单自由度的运动副等效合成。各种低副机构的自由度 d 和用多个单自由度等效的形式见表2-1。

表2-1 低副机构的自由度和用多个单自由度等效的形式

项 目	转动副 R	棱柱副 P	螺旋副 H	圆柱副 C	平面副 E	球面副 S	通用关节 U
自由度 d	1	1	1	2	3	3	2
等效的单自由度关节形式				PR	PPR	RRR	RR

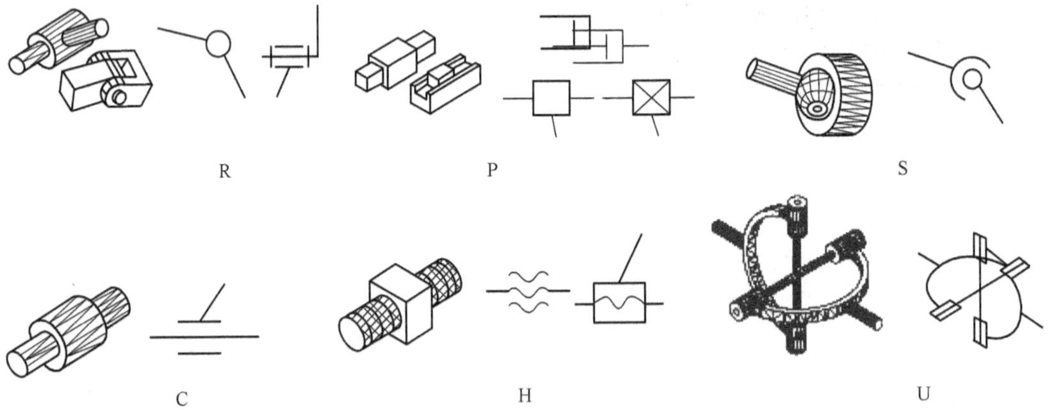

图2-1 常用的运动副

机器人的机构（或本体）本质上为空间多体系统。多体系统各物体（body）的联系方式称为系统的构型。当考虑系统元件的弹性时，为多柔性体系统，而忽略弹性时为多刚体系统。多刚体系统由刚体（质点）、弹簧、阻尼器和驱动器等元件构成。元件之间通过固接或运动副连接成多体系统。

在机器人系统中将运动副称为关节。在关节之中，凡单独驱动的称为主动关节，反之称从动关节。工业机器人手臂的关节常为单自由度主动关节，即每一个关节均由一个驱动器驱动。由物体和运动副构成机器人手臂的方法可分为两种：一种是串联，构成串联杆件机械手臂，或称开链机械手臂；另一种为并联，构成并联机构机械手臂，或称闭链机械手臂。

GB/T 12643 中给出的自由度的定义为：指用以确定物体在空间独立运动的变量，并建议在描述机器人的运动时最好不采用“自由度”以避免与“轴”的定义混淆。但是，在描述机器人的运动时，习惯上还是采用自由度的说法，即机器人机构能独立运动的关节的数目称为机器人机构的运动自由度。换句话说，机器人的自由度等于关节空间维数 n。机器人的任务空间维数是机器人工作时所需的末端位置和姿态参数数目 m。位于三维空间的刚体需要 6 个独立参数确定其姿态，因此，机器人的任务空间最多只要有 6 个自由度。平面二维空间运动最多只需要 3 个自由度。系统的驱动数（控制输入）为机器人系统中独立驱动的数量。

2.1.1 少自由度与冗余自由度

工业机器人的自由度是根据其用途而设计的，可能小于 6 个自由度，也可能大于 6 个自由度。少于 6 个自由度的机器人为少自由度机器人。应该在满足功能的前提下尽量减少自由度的数量以降低系统的复杂性。例如，A4020 装配机器人具有 4 个自由度，可以在印刷电路板上接插电子器件；PUMA562 机器人具有 6 个自由度，可以进行复杂空间曲面的弧焊作业。三维空间运动的机器人自由度多于 6 个的时候称为冗余自由度机器人，它可以克服一般机器人灵活性差、避障能力低、关节超限以及动力性能差等缺点。

2.1.2 欠驱动与冗余驱动

欠驱动机械系统是指控制输入量（独立驱动数）少于系统任务空间的维数的机械系统，如移动机器人、太空机器人和欠驱动机械臂等都属于此类。多级倒立摆是典型欠驱动机械系统。尽管欠驱动机械系统的控制比全驱动机械系统复杂，但它具有一系列优点，如节约能源、节约材料和空间体积等，并且在一些特定情况下（例如，双足行走机器人、机械手等应用），欠驱动控制甚至会取得更佳的结果，这里的“更佳”指的是高效、灵活等特性。

相反，冗余驱动系统的独立驱动数多于系统的自由度数，至少一个闭环的运动链形成（或者是在一个开环的运动链执行一个任务与环境进行刚性接触时形成，或者是本身就被设计为闭环机构）才会导致这种情况出现。在并联机构方面要实现冗余可以有三种方式：在原来非冗余的机构中增加至少一个额外的、相同的驱动支链；在原来的每个运动支链中增加驱动关节，驱动关节的数量超过机构所需的自由度；修改其中的一个运动支链，其主动关节数比其他支链的主动关节数多。

6 足机器人有 18 个独立驱动，但在运动过程中任务空间的维数为 6，本质上属冗余驱动。

2.1.3 变胞机构与变拓扑结构

在具有多个不同工作阶段的周期中，含有闭环的多自由度运动链呈现不同拓扑结构形式结合其机架和原动件来实现不同功效称为变胞机构。

图2-2所示为机器人从爬梯子到吊挂摆动的过程。此过程也是拓扑结构发生改变的，但通常不会称为变胞机构。变胞机构理论更主要地体现研究方法的系统化。

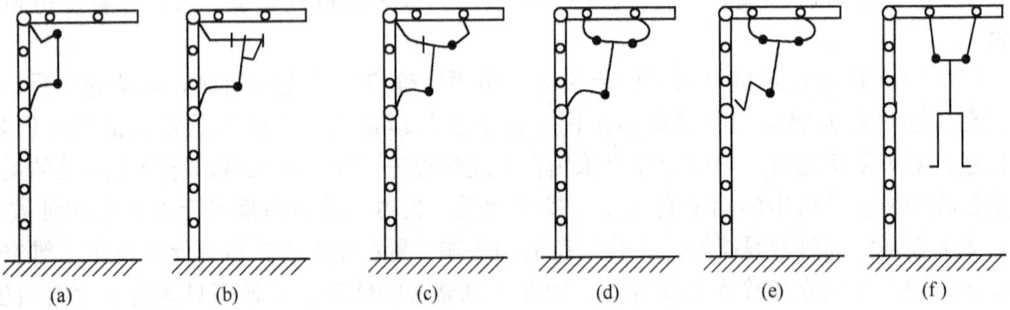

图2-2 仿人机器人转换动作拓扑结构的变化

2.2 串联机器人的典型结构

串联结构是杆之间串联，形成一个开运动链，除了两端的杆只能和前或后连接外，每一个杆与前面和后面的杆通过关节连接在一起。所采用的关节为转动和移动两种。工业机器人本体的功能类似人臂。通常，串联结构机器人包括手臂、手腕和抓取机构几个部分。下面讨论的机器人的构型主要涉及手臂部分。

2.2.1 串联机器人的构型

（1）直角坐标型：直角坐标型机器人由三个独立棱柱关节组成。这种类型的机器人结构和控制算法简单，应用于弧焊和装配等场合，但工作空间较小，不适合运动速度过高的场合。图2-3是采用直角坐标型的弧焊机器人，图2-4是其变形，为“龙门”型结构。

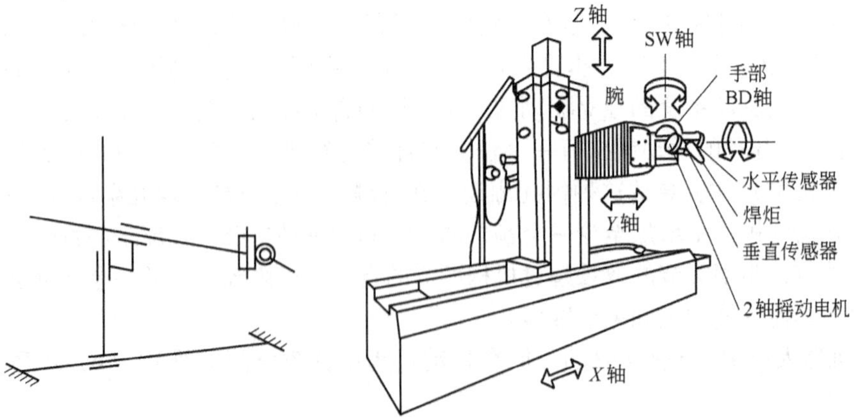

图2-3 直角坐标型机器人

（2）圆柱坐标型：圆柱坐标型机器人是由一个回转和两个棱柱关节组合构成。这种机器人适用于用回转动作进行物料的转载。图 2-5 是采用圆柱坐标型的搬运用机器人。

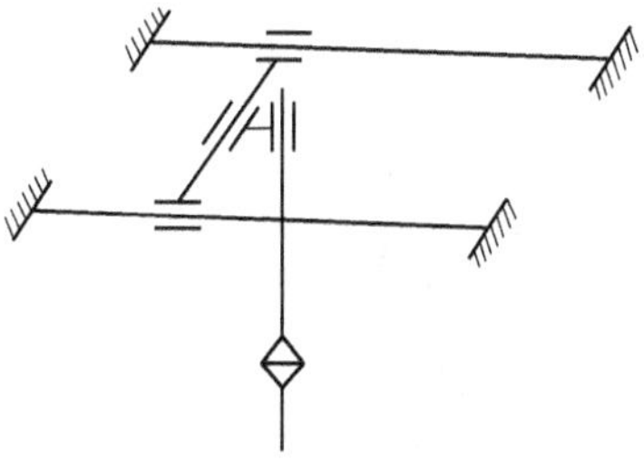

图 2-4 “龙门”型结构机器人

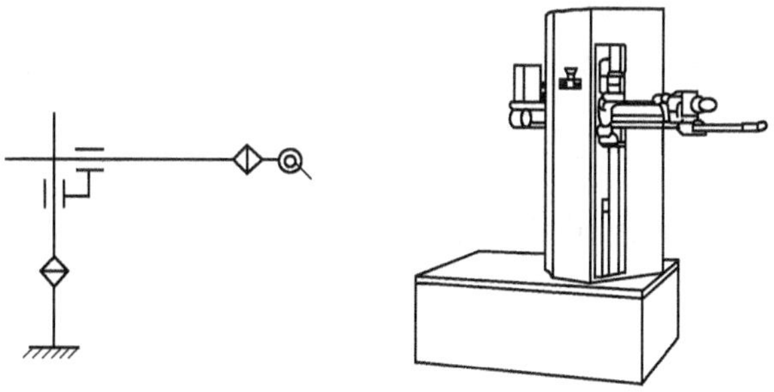

图 2-5 圆柱坐标型机器人

（3）极坐标型：极坐标型机器人是由回转、旋转和平移关节组合构成，如图 2-6 所示。

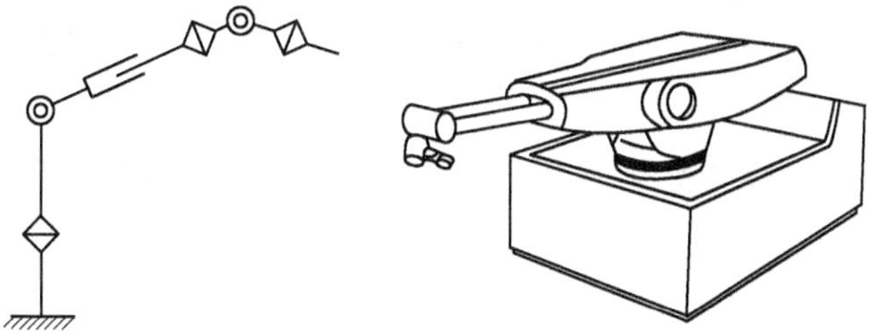

图 2-6 极坐标型机器人

（4）关节型。当机器人的手臂部分由回转和旋转关节构成时，由于无法用常见的坐标系来命名，将其称为关节型机器人。关节型机器人与坐标型机器人相比具有工作空间大的特点，它有多种形态和驱动方式。从形态上，可以分为关节绕水平轴旋转的“立式”（图 2-7a）和绕垂直轴旋转的“卧式”（图 2-7b）。从驱动方式上，可以分为每个关节单独驱动的直接驱动方式和用连杆机构间接驱动方式。

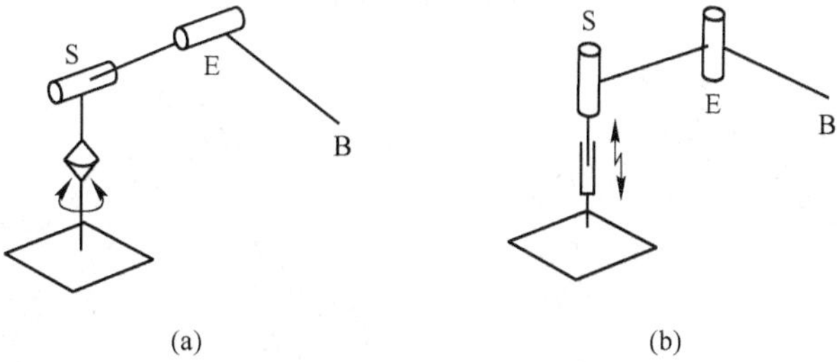

图 2-7 关节型机器人

1）SCARA 型机器人：SCARA（Selective Compliance Assembly Robot Arm——选择顺应性装配机器手臂）机器人有 3 个转动轴，1 个移动轴，如图 2-8a 所示；图 2-8b 是其应用实例。此机器人用于装配作业。图 2-9 所示为其关节的驱动方式。

图 2-8b 所示的机器人在手部设有导轨轴，同样结构的机器人也有将导轨设在臂上（图 2-7b）。它们属于臂在水平面内伸缩的“卧式”结构，与垂直方向的结构比较它是在

水平方向顺应性好的结构。

2）PUMA 型机器人：PUMA（Programmable Universal Manipulator for Assembly——可编程通用装配机器人）机器人的手臂部分由 2 个回转轴和 1 个旋转轴构成，如图 2-7a 所示。它主要应用于焊接机器人和喷漆机器人。

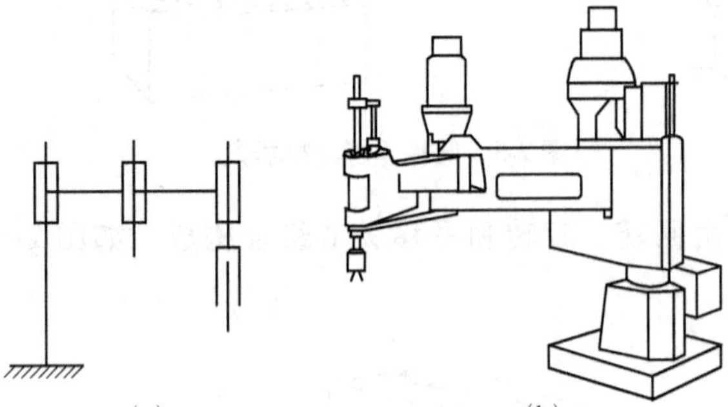

(a) (b)

图 2-8 SCARA 型机器人

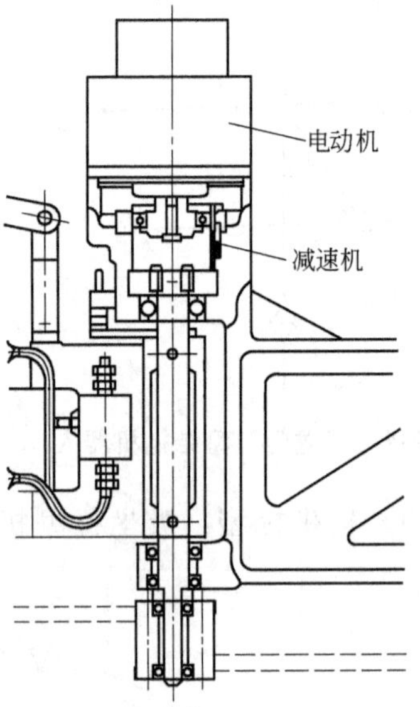

图 2-9 SCARA 型机器人关节的驱动方式

2.2.2 驱动方式

（1）直接驱动方式：图 2-9 所示为关节驱动方式，它是将电动机提供的驱动能量通过减速器的输出轴直接与关节轴相连。关节型极坐标机器人的直接驱动方式主要采用液压驱动，图 2-10 是其典型构造，在机座上安装两个油缸，每个油缸驱动相应的臂。直接驱动方式机器人的示例如图 2-11 所示。

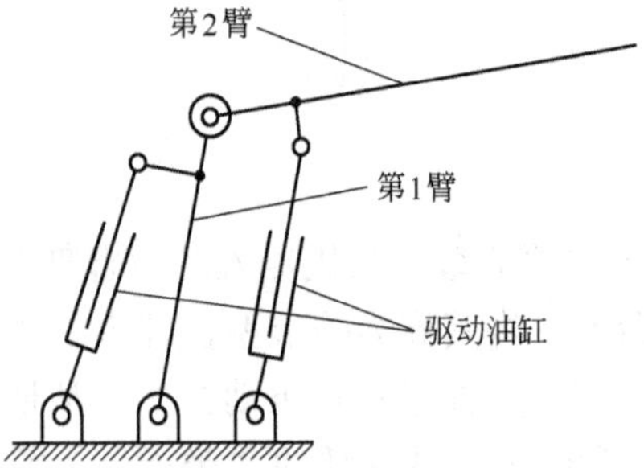

图 2-10 直接驱动的关节型极坐标机构

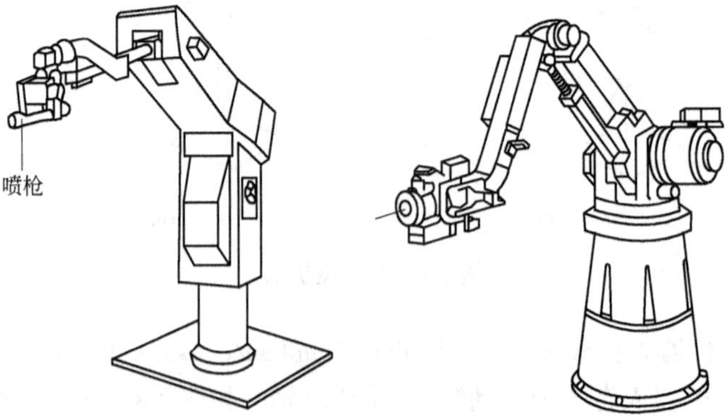

(a) (b)

图 2-11 关节型极坐标机器人的直接驱动方式示例

（a）日立公司的喷漆机器人；（b）Cincinnati Milacron 的 T^3

SCARA 机器人和 PUMA 机器人（图 2-12）是电动直接驱动方式的机器人。PUMA 机器人是通过齿轮副的回转将电动机的驱动传到关节上，每个杆分别直接转动。

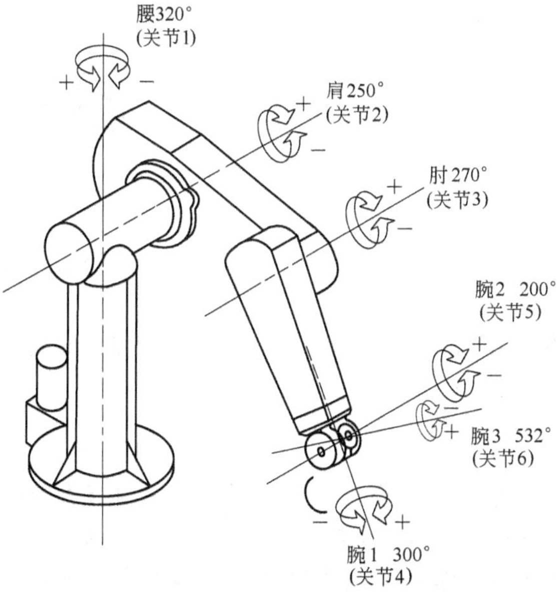

图 2-12　Unimation 公司的 PUMA 机器人

（2）平行连杆驱动方式：在间接驱动方式中最常采用的是平行连杆方式。这种方式主要应用于电动机驱动方式的机器人，部分液压驱动机器人也有采用。

图 2-13 是液压式机器人的结构，在机座上设两个油缸，第 1 个杆直接通过活塞驱动，第 2 个杆采用平行连杆机构驱动，这种方式将驱动器全部设在机座上，具有控制容易的优点。图 2-14 是这种机器人的外观。图 2-15 是将液压驱动改换为电动机驱动的机器人，它是把电动机的旋转运动通过丝杠等机构变换为直线运动，再通过连杆变换为转动。图 2-16 所示是用电动机通过减速器驱动连杆使臂转动。这种机构可以将手部的驱动在连杆的内部通过传动装置传递，因而具有可以实现整个系统小型化的优点。

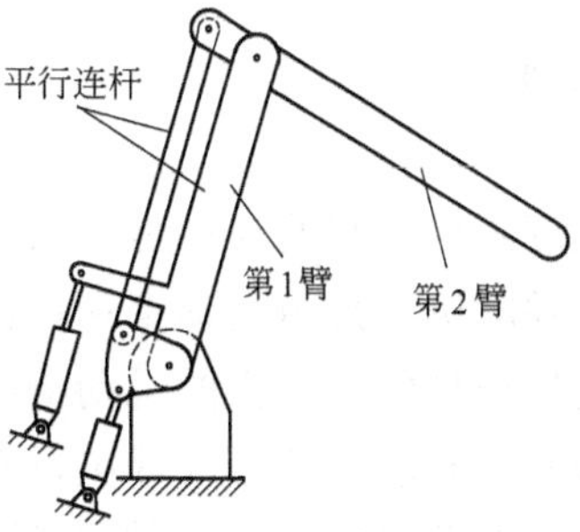

图 2-13　平行连杆驱动关节型极坐标构造

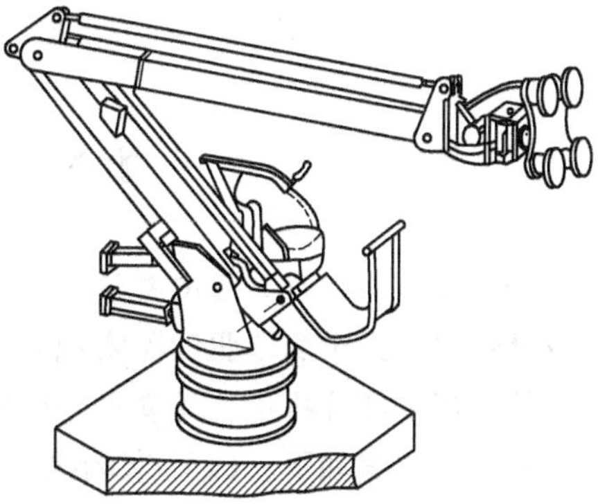

图 2-14　GE 液压机器人

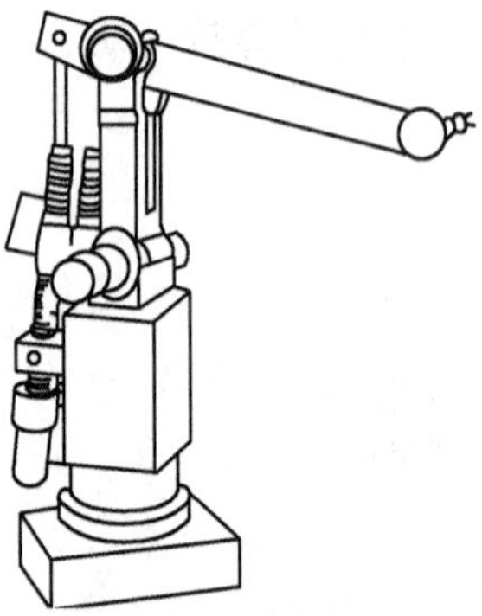

图 2-15 ASEA IRb-6

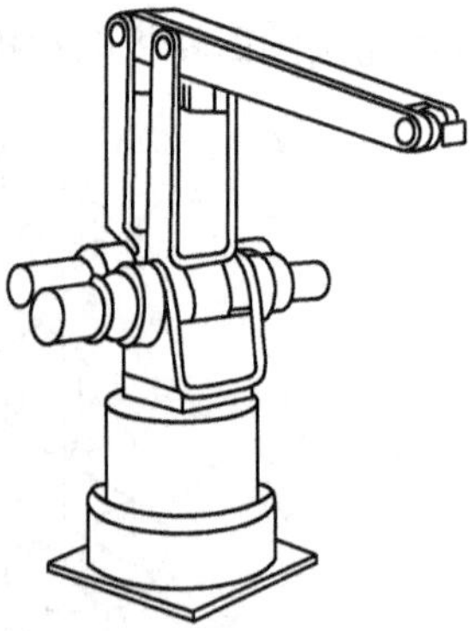

图 2-16 日立加工机器人

2.2.3 手腕的结构

手腕是连接手臂和手部的结构部件，它的主要作用是确定手部的作业方向，具有独立的自由度。确定作业方向一般具有 3 个自由度，由 3 个回转关节组合而成。组合的方式有多种，图 2-17 为腕部关节的配置图，其中绕小臂轴线方向的旋转称臂转，使手部绕自身轴线方向的旋转称手转，使手部相对于手臂进行的摆动称腕摆。图 2-17a 的腕部配置为臂转、腕摆和手转结构。图 2-17b 为臂转、双腕摆、手转结构。根据使用要求，手腕的自由度可以是 1 个、2 个或更多。

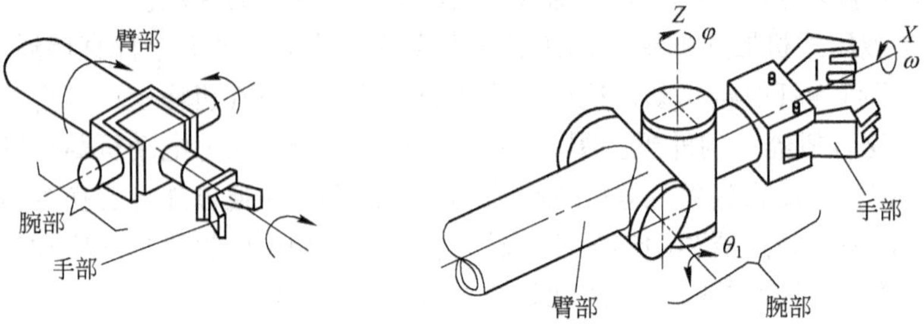

(a) (b)

图 2-17 手腕的结构

2.3 并联机器人结构

并联机器人由具有 n 自由度的末端执行器和固定机座组成，它们通过至少两个独立的运动支链连接。几个简单驱动器实现对机器人的驱动。并联机构是由运动副和构件按一定方式连接而成的闭环机构，其动平台或称末端执行器通过至少两个独立的运动链与机架相连接。必备的要素如下：（1）末端执行器必须具有运动自由度；（2）末端执行器通过几个相互关联的运动链或分支与机架相连接；（3）每个分支或运动链由唯一的移动副或转动副驱动。并联机构多具有 2 ~6 个自由度。

澳大利亚著名机构学教授 Hunt 在 1978 年提出应用6 自由度的 Stewart 平台机构作为机器人机构。Gough（1956～1957）为疲劳试验最先引入这种机械系统，1965 年，D. Stewart 再次提出，故称为 Stewart-Gough 机构。根据这种机构的结构特点，人们把它称为并联机构。并联机构从结构上是用 6 根支杆将上下两平台连接而形成的。这 6 根支杆都可以独立地自由伸缩，它分别用球面关节 S 和通用关节 U 与上下平台连接，这样上平台与下平台就可进行 6 个独立运动，即有 6 个自由度，在三维空间可以作任意方向的移动和绕任何方向的轴线转动，如图 2-18 所示。

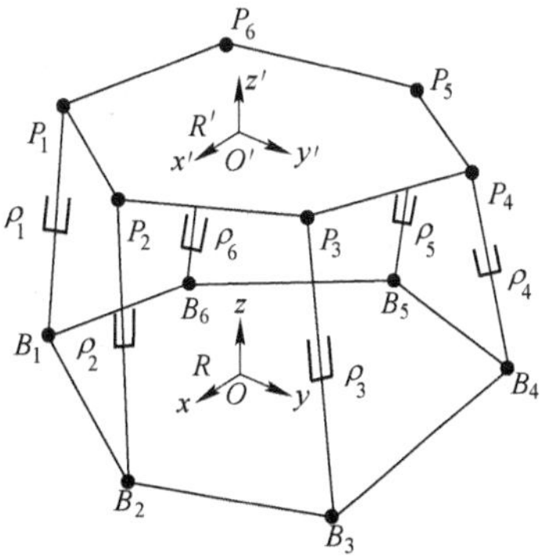

图 2-18　一般6 个自由度 Stewart 机构

少自由度并联机构机器人和 6 自由度的相比，具有机械结构简单、制造和控制成本相对较低等优点。在不需要 6 个自由度的工作场合就可以采用少自由度机器人。并联机构机器人结构包括 2、3、4、5 自由度机器人结构。法国的 Merlet 教授整理了文献报道中的多种并联机构。著名的少自由度并联机构有：Delta 机构、Tricept 机构等。

Delta 并联机构由 Clavel 提出（图 2-19），机座平台、动平台都是等边三角形，它们之间以 3 条完全相同的支链连接，每一个支链与机座平台用转动副 R 连接，用作机构的输入，平行四边形结构与动平台及定长杆均以球面副 S 连接，消除了运动平台的 3 个转动自由度而保留了 3 个纯平动自由度。

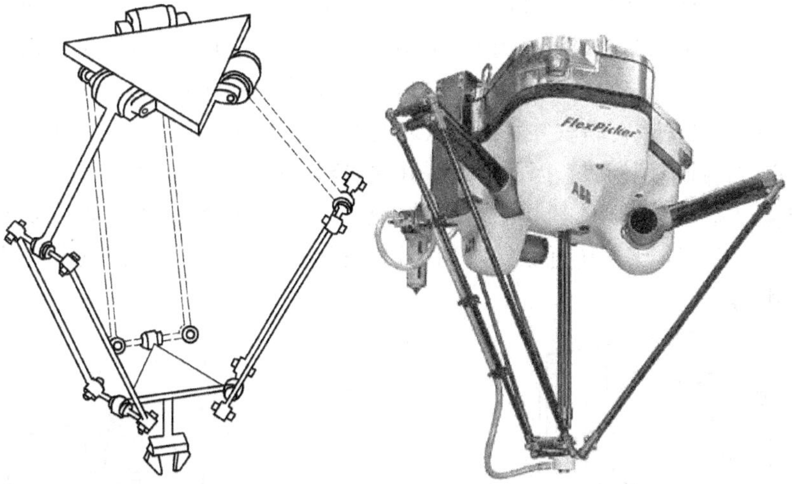

图 2-19　Clavel 的 Delta 机器人结构和 ABB 的 FlexPicker IRB 340 机器人

Tricept 并联机构来自于 Neumann 的专利（图 2-20），并联机器人操作机由动平台、机座平台、3 条可伸缩支链、导向装置组成。各支链通过通用关节 U 和机座平台联结，另一端用球面副 S 与动平台联结；导向装置由一条伸缩连杆组成，杆的一端与动平台固定连接且正交，其另一端与静（机座）平台通过通用关节 U 连接，因而使此机构可实现空间三个可控位置自由度，即可实现绕导向装置虎克铰转动中心的转动和沿动平台参考点与虎克铰转动中心连线的移动，而绕动平台的转动被约束。此外，由于动平台上安装有两自由度串联回转台，因此可实现空间5自由度运动。

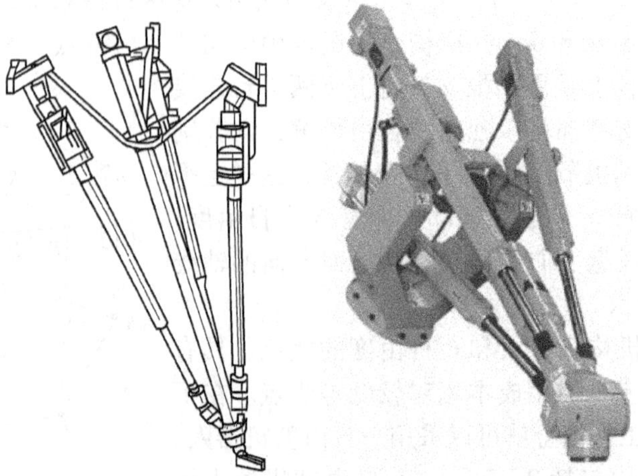

图2-20 Neumann 的专利结构与 ABB 的 IRB 940 机器人

并联机器人与已经使用的很好、很广泛的串联机器人相比往往使人感到它并不适合用作机器人，它没有那么大的活动区间，它的活动上平台远远不如串联机器人手部灵活。但并联机器人与串联机器人相比也具有很多优点。并联机器人结构末端件上平台同时经由6根杆支承，与串联的悬臂梁相比，刚度大，而且结构稳定；并联机器人较串联机器人在相同的自重或体积情况下有高得多的承载能力；串联机器人末端件上的误差是各个关节误差的积累和放大，因而误差较大，并联机器人没有那样的积累和放大关系，误差较小。

并联机器人与串联机器人确实形成了鲜明的对比。在优缺点上串联机器人的优点恰是并联机器人的缺点，而并联机器人的优点又恰是串联机器人的缺点。由于串联并联机器人在结构上和性能上的对偶关系，串联并联机器人之间在应用上不是替代作用而是互补关系，且并联机器人有它的特殊应用领域，因此可以说并联机器人的出现，扩大了机器人的应用范围。

并联结构机器人是机器人机构学研究的热点，其应用领域包括运动模拟器、工业机器人、并联机床、医疗、天文望远镜等。图2-21是 Index 公司的3立柱机床的结构简图；图2-22为手术机器人。

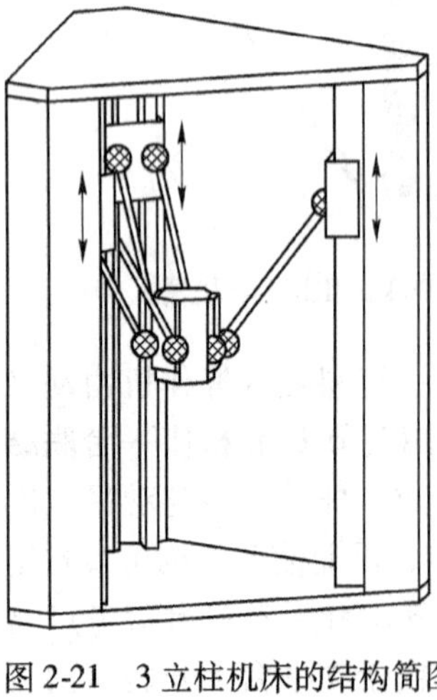

图2-21 3立柱机床的结构简图

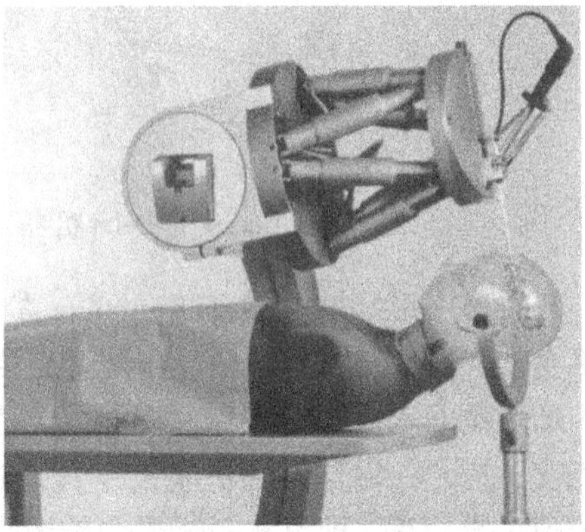

图2-22 手术机器人

2.4 机器人的手部机构与灵巧手

2.4.1 机器人手部机构

人手的结构是非常复杂的，把机器人的手做成和人手一样是非常困难的。由于工业机器人常常是专用的，如点焊机器人、弧焊机器人、喷漆机器人等，它们的手部只是相应的工具而已。对于通用工业机器人，其手部采用能方便更换不同工具的结构，如图 2-23 所示的机构。连杆连接钩柄与气动活塞杆。当活塞杆向上拉时，钩子将工具连接套中的销子勾住；当活塞杆向下推时，钩子与销子脱开，以完成更换工具的动作。

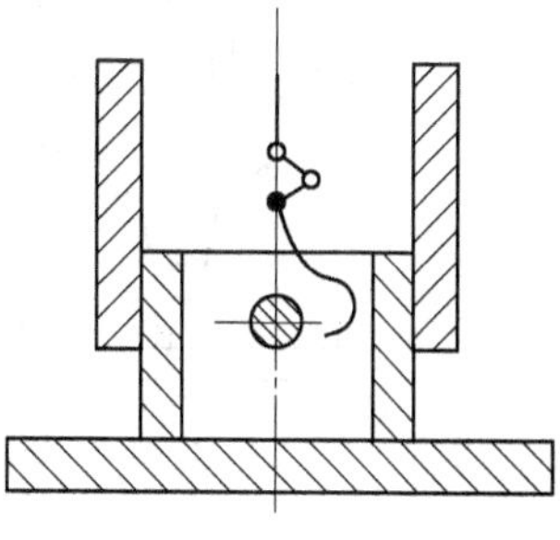

图 2-23 手部工具更换机构

工具一般放在工具架上，有固定且精确的位置，经对确定点的示教和对更换工具过程编程，机器人可自动更换工具。根据工作的特点，机器人有各种各样的工具。除了各种焊炬、喷枪等专门工具外，还有如下常用工具。

（1）气体吸盘：吸嘴的结构如图 2-24 所示。根据被搬运物品的质量和每只吸嘴的吸力，在一个吸盘上可装不同数量的吸嘴。由于生产车间常备有压力气源，常用的吸盘采用压力气源，而不采用真空源。具有一定压力的气体经电磁控制阀以很高的速度流过孔 1，橡胶碗内的空气经孔 2 被抽出，在橡胶碗内形成负压，吸住被搬运物。显然，吸盘只适合搬运表面平整的物品。为了增加吸盘与物品接触时的柔顺性，在吸盘上安装有弹簧。

（2）电磁吸盘：适合表面平整的铁磁性物品搬运的电磁吸盘如图 2-25 所示。对于具有固定表面的工件，可根据其表面形状设计专门的电磁吸盘。

图 2-26 所示的吸盘适合表面不规则铁磁性物品的搬运。该吸盘的磁性吸附部分为内装磁粉的口袋。在励磁前将口袋压紧在异形物品的表面上，然后使电磁线圈通电。电磁铁励磁后，口袋中的磁粉就变成有固定形状的块状物。这种吸盘可适应不同形状表面的物品。

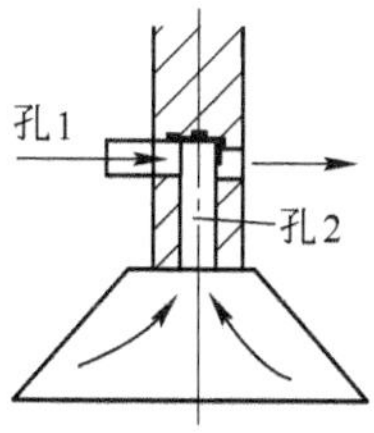

图 2-24 吸嘴结构

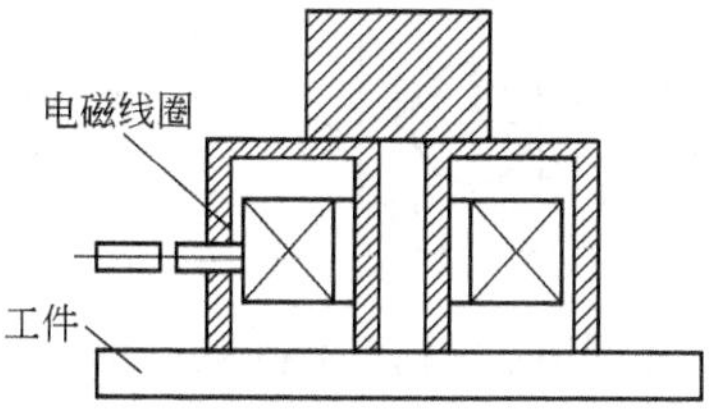

图 2-25 规则表面电磁吸盘

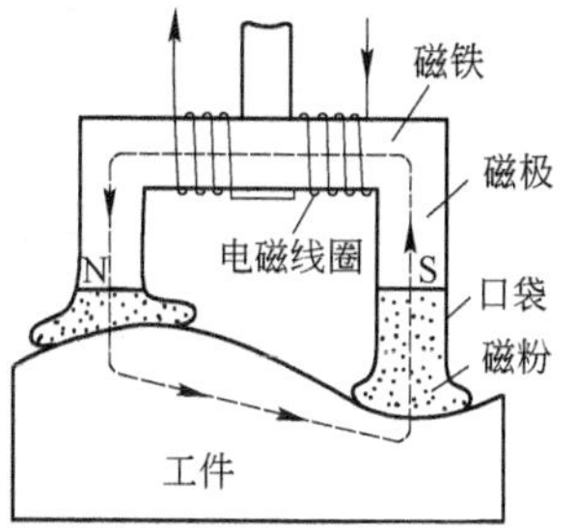

图 2-26 不规则表面电磁吸盘

（3）圆弧开闭式手部：圆弧开闭式手部机构如图 2-27 所示。气缸或油缸活塞杆的上、下运动使手指产生开、闭运动。由图可见，手指绕其支点的运动为圆弧运动。其抓取物品的夹持力的大小由活塞杆上的力决定。

（4）平行开闭式手部：如图 2-28 所示，此手部利用转动副构成平行连杆机构，从相对手指来看，它们完成的是平行开闭运动。其抓取物品的夹持力的大小也由活塞杆上的力决定。

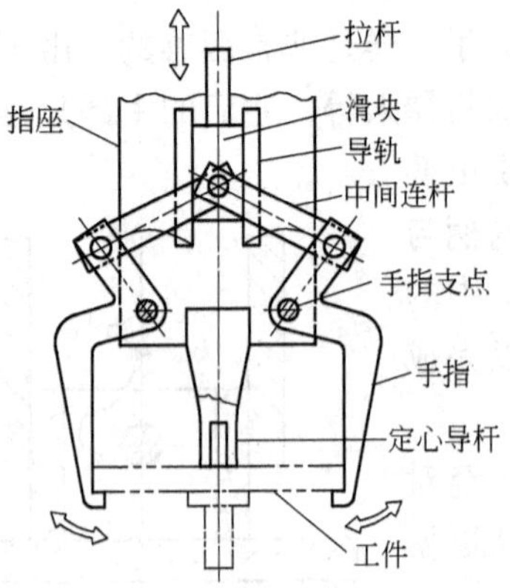

图 2-27　圆弧开闭式手部

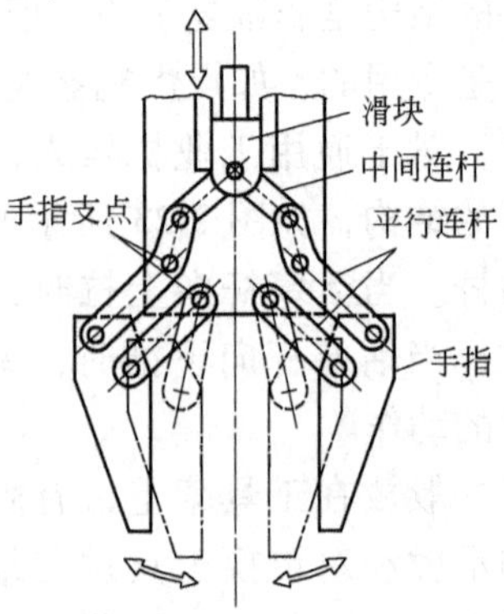

图 2-28　平行开闭式手部

图 2-29 示出了不同运动学构型的抓取运动方式。

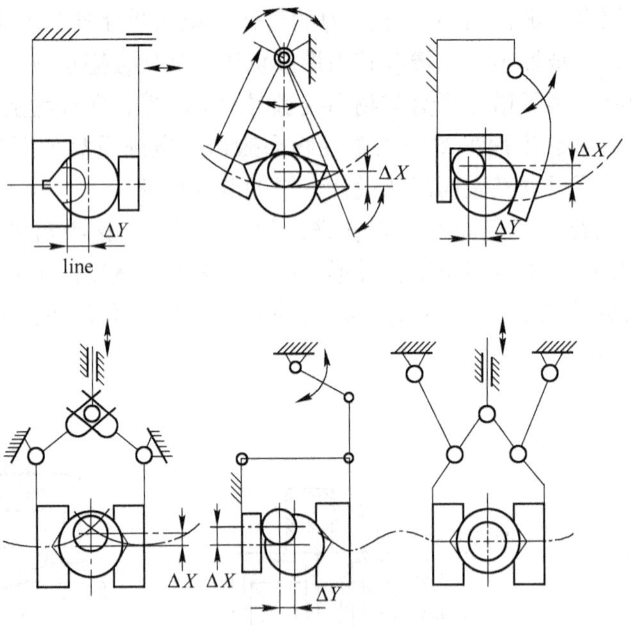

图 2-29　不同运动学构型的抓取运动方式

2.4.2　灵巧手

采用单自由的抓持缺乏稳定性，从 20 世纪 70 年代开始进行灵巧手的研究。人类的手具有最高的灵活性，一只手有 5 个手指 14 个关节，而通过人造系统来实现异常地困难。

实现简单的操作功能至少需要3个手指和9个自由度。

20世纪70年代Okada手采用3指结构，分别模仿人的拇指、食指和中指，总共11个自由度，采用直流电动机驱动，为了避免手的尺寸过于庞大，将电动机置于手结构之外，用钢丝绳进行传动。

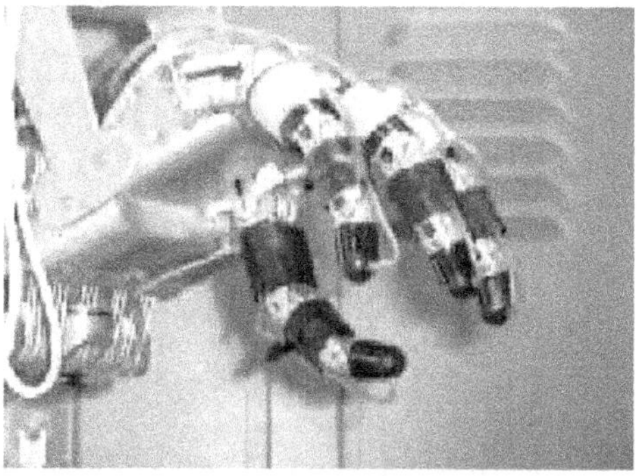

图2-30 Stanford/JPL灵巧手

20世纪80年代，Salisbury提出了力控制和刚度控制的模型和方法，并开发了Stanford/JPL灵巧手，如图2-30所示，其3个手指的结构相同，各有3个自由度，总共9个自由度。手指的布局没有模仿人手，而是基于对手指的工作空间的运动学优化，该灵巧手类似于Okada手。

20世纪80年代中期，美国Utah大学与MIT合作开发了Utah/MIT手，该灵巧手兼顾了仿人和简单性的原则，采用模块化设计思想，将4个手指设计成相同的结构，在掌上进行仿人式布局。每个手指4个自由度，整手共16个自由度。

1999年由美国宇航中心（NASA）研制的Robonaut灵巧手（图2-31）是一种面向国际空间站应用的灵巧多指手。Robonaut灵巧手在外形上更接近于人手，由1个用于安装电动机和电路板的前臂、1个手腕和5个手指组成，共14个自由度。该手在外形和尺寸上与人手相似，且有冗余关节，在机器人灵巧手领域得到了一致的认同，但关键部件均置于前臂内、通过腱传动的结构方案，不利于臂手系统的集成和灵巧手的维护与维修。

Gifu大学于2002年研制了GifuⅡ灵巧手（图2-32），有5个手指、16个自由度，每个手指有3个自由度，末端的两个关节通过连杆耦合运动，拇指另有一个相对手掌和其余4指开合的自由度，类似人手的拇指。采用集成在手内部的微型直流电动机驱动，具有指尖六维力/力矩、触觉等感知功能。GifuⅡ手在外形和尺寸上与人手相差较远。

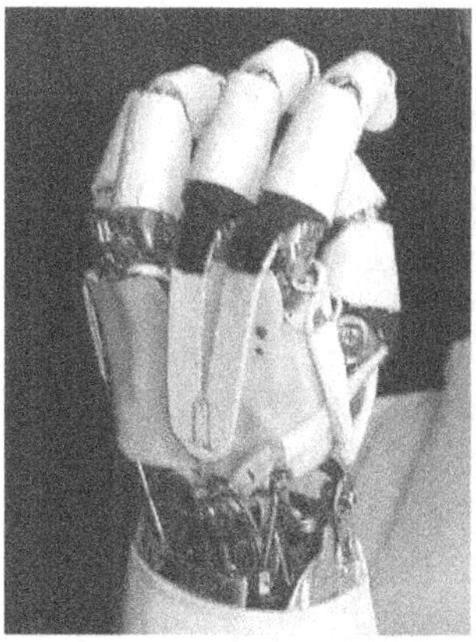

图2-31 Robonaut灵巧手

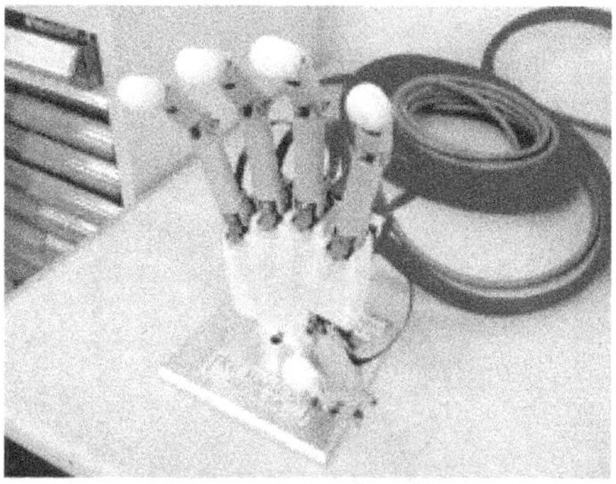

图2-32 GifuⅡ灵巧手

自1997年，德国宇航中心相继研制了两代机器人灵巧手：DLRⅠ手和DLRⅡ手，这两种灵巧手是具有多种感知功能的、高度集成的、机电一体化的多指灵巧手。DLRⅠ手的腱传动方式以及模拟信号的大量采用，导致了其可靠性的降低和维护难度的加大。基于DLR Ⅰ 灵巧手，DLR Ⅱ 灵巧手更为有力、更加可靠，被认为是当时世界上最好的灵巧手。但由于关键部件的选型，特别是非商业化的直线驱动器的采用等，增加了灵巧手的加工、制造难度，而且灵巧手的体积远远大于人手的体积，见图 2-33。

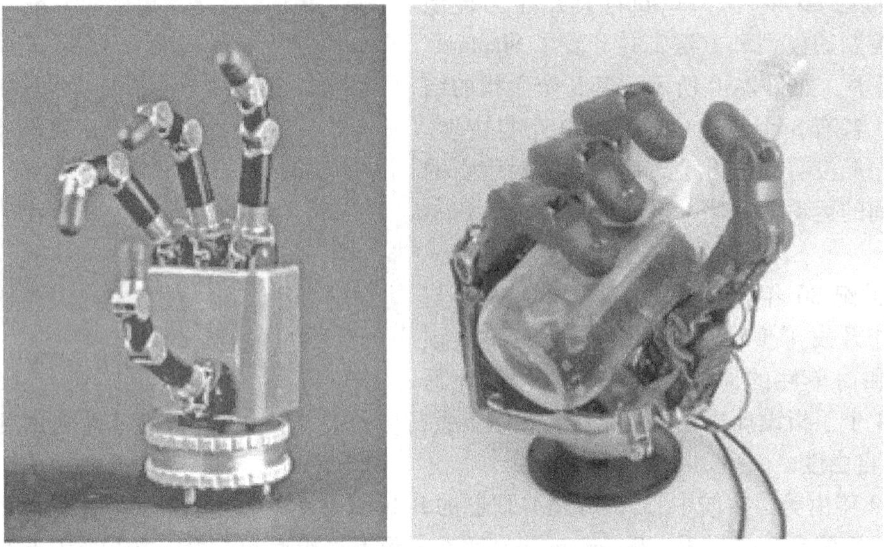

(a)　　(b)

图 2-33　DLR 灵巧手

（a）DLR Ⅰ 灵巧手；（b）DLR Ⅱ 灵巧手

从 2001 年开始，以 DLR Ⅱ 灵巧手为基础，哈尔滨工业大学和 DLR 联合研制 4 指灵巧手：DLR/HIT Ⅰ 手，它是具有多种感知功能、高度集成的 4 指灵巧手，共具有 13 个自由度，如图 2-34a 所示。它具有相同结构的 4 个手指，每个手指有 3 个自由度、4 个关节，

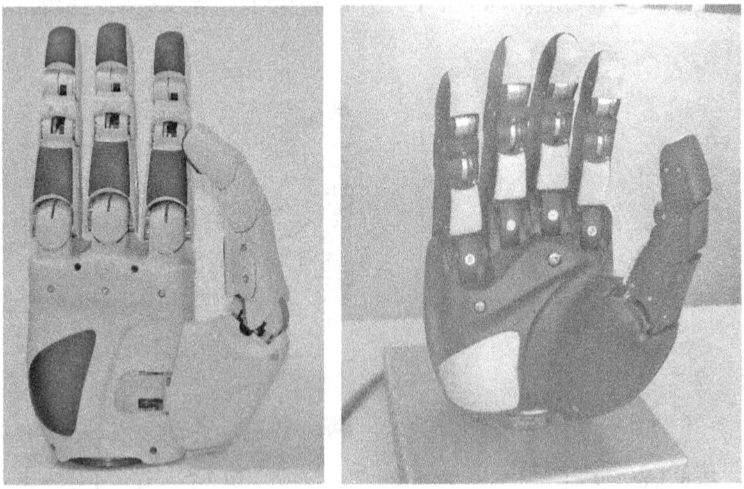

(a)　　(b)

图 2-34　DLR/HIT 灵巧手

（a）DLR/HIT Ⅰ；（b）DLR/HIT Ⅱ

末端的两个关节通过连杆机构耦合运动。

HIT 和 DLR 于 2007 年研制成功了 5 指机器人灵巧手。DLR/HIT Ⅱ灵巧手是具有多种感知功能的、集成的 5 指灵巧手，共具有 15 个自由度，如图 2-34b 所示。为了实现手指的模块化设计，5 个手指完全相同。每个手指有 3 个自由度、4 个关节，末端的两个关节通过钢丝机构耦合运动。所有的驱动器、电路板、通信控制等都集成在手指内部。

在早期设计开发的灵巧手中，3 关节手指机构较为常见，图 2-35a 表示 Stanford/JPL 灵巧手所采用的手指机构，每个关节有 1 个自由度，分别实现下指节的侧摆及中指节、上指节的两个屈曲运动。侧摆轴与屈曲轴垂直，且与手掌相连，称为侧摆型。图 2-35b 为 Okada 手的拇指所采用的手指机构，与前者不同之处是与手掌相连的为屈曲轴，称为屈曲型。

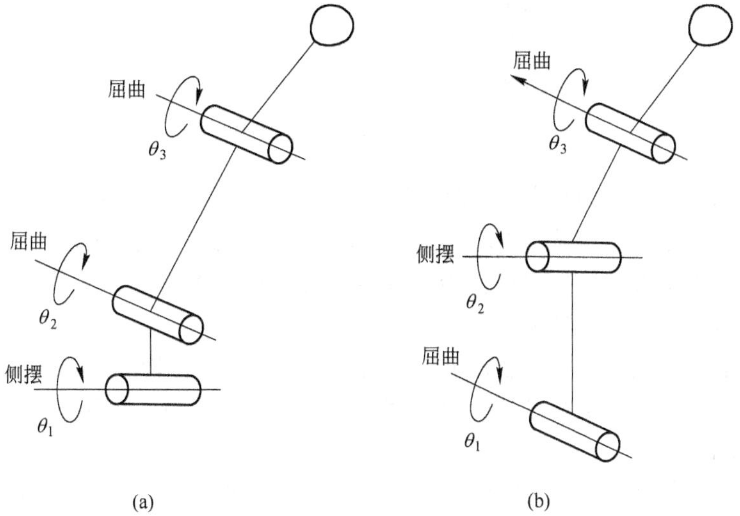

图 2-35　3 关节手指

2.5 移动机器人的机构

固定式工业机器人是对人类手臂动作和功能的模拟和扩展，具有移动功能的机器人就是对人类行走功能的模拟和扩展。具有移动功能的机器人称为移动机器人（mobile robot）。

移动式机器人的最成功应用是自动化生产系统中的物料搬运，用以完成机床之间、机床与自动仓库之间的工件传送，以及机床与工具库间的工具传送。移动机器人的运动灵活性能，大大增加了生产系统的柔性和自动化程度。在自动化车间广泛采用的移动机器人中，把无轨运行的称为自动导引车（AGV），如图 2-36 所示；把有轨运行的称为有轨运输车（RGV）或堆垛机（staker crane）。车间中应用的机器人的行走机构均为轮式。

星际探索和海洋开发是促使移动机器人发展的重要因素。从 20 世纪 60 年代，美国 MIT 开始研究火星探索移动机器人，以便在火星上进行移动收集探测数据。由于火星表面地形的复杂性以及机器人自主技术进展不够理想，这项研究工作目前仍在进行着，并扩大到多所大学和研究机构。海洋开发方面，移动机器人的作用是资源调查、石油矿藏开采、水下设施维护、沉船的打捞、勘测等。我国从 20 世纪 80 年代开始研制水下机器人。

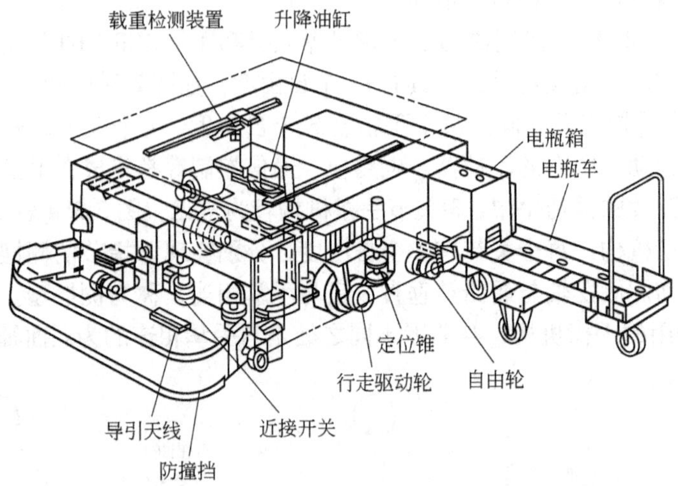

图 2-36 自动引导车的结构

现在，移动式机器人的研究开发除上述应用外，还涉及许多其他应用领域，如在建筑领域完成混凝土的铺平、壁面装修、检查和清洗；采矿业中进行隧道的掘进和矿藏的开采；农林业中从事水果采摘、树枝修剪、圆木搬运；军事上用于探测侦察、爆炸物处理；医疗方面进行盲人引导、病员护理等。

从移动机器人所处的环境来看，可以分为结构环境和非结构环境两类。

结构环境：移动环境是在导轨上（一维）；铺设好的道路（二维）上。在这种场合，能利用车轮移动。

非结构环境：陆上二维、三维环境；海上、海中环境；空中、宇宙环境等原有的自然环境。陆上建筑物的内外环境（阶梯、电梯、张紧的钢丝）、间隙、沟、踏脚石（不连续环境）等；海上、海中的混凝土，作为构筑物的桩、钢丝绳等有人工制作物的环境。在这样的非结构环境领域，可参考自然界动物的移动机构，也可以利用人们开发的履带、驱动器。例如 2 足、4 足、6 足及多足等步行机构。

移动机器人的移动机构形式主要有：

(1) 车轮式移动机构；

(2) 履带式移动机构；

(3) 腿足式移动机构。

此外，还有步进式移动机构、蠕动式移动机构、混合式移动机构和蛇行式移动机构等，适合于各种特别的场合。

2.5.1 车轮型移动机构

车轮型移动机构可按车轮数来分类。

2.5.1.1 2 轮车

人们把非常简单、便宜的自行车或 2 轮摩托车用在机器人上的试验很早就进行了，但是人们很容易地就认识到 2 轮车的速度、倾斜等物理量精度不高，而进行机器人化，所需简单、便宜、可靠性高的传感器也很难获得。

此外，2 轮车制动时以及低速行走时也极不稳定。图 2-37 是装备有陀螺仪的 2 轮车。人们在驾驶 2 轮车时，依靠手的操作和重心的移动才能稳定地行驶，这种陀螺 2 轮车，把与车体倾斜成比例的力矩作用在轴系上，利用陀螺效应使车体稳定。

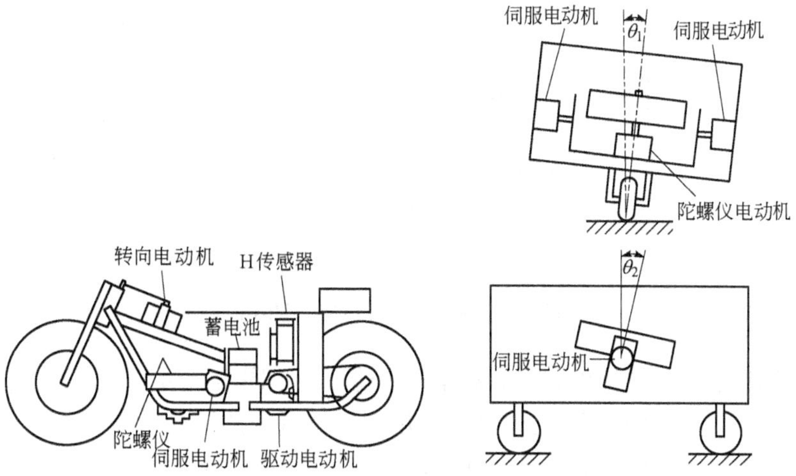

(a) (b)

图 2-37 利用陀螺仪的 2 轮车

2.5.1.2 3 轮车

3 轮移动机构是车轮型机器人的基本移动机构，其原理如图 2-38 所示。

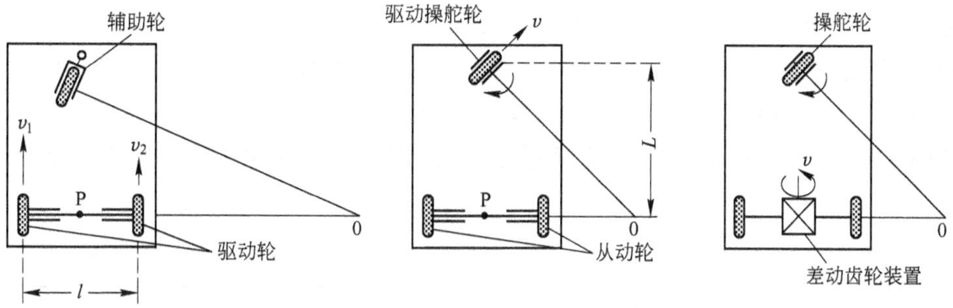

(a) (b) (c)

图 2-38 3 轮车轮型移动机器人的机构

图 2-38a 是后轮用 2 轮独立驱动，前轮用小脚轮构成的辅助轮组合而成。这种机构的特点是机构组成简单，而且旋转半径可从 0 到无限大，任意设定。但是它的旋转中心是在连接两驱动轴的连线上，所以旋转半径即使是 0，旋转中心也与车体的中心不一致。

图 2-38b 中前轮由操舵机构和驱动机构合并而成。与图 2-38a 相比，操舵和驱动的驱动器都集中在前轮部分，所以机构复杂。其旋转半径可以从 0 到无限大连续变化。

图 2-38c 是为避免图 2-38b 机构的缺点，通过差动齿轮进行驱动的方式。近来不再用差动齿轮，而采用左右轮分别独立驱动的方法。

2.5.1.3 4 轮车

4 轮车的驱动机构和运动基本上与 3 轮车相同。图 2-39a 是两轮独立驱动，前后带有辅助轮的方式。与图 2-39a 相比，当旋转半径为 0 时，由于能绕车体中心旋转，所以有利于在狭窄场所改变方向。图 2-39b 是汽车方式，适合于高速行走，稳定性好。

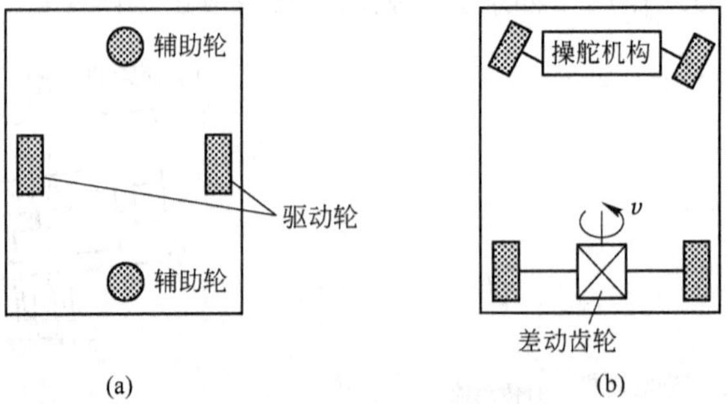

图 2-39 4 轮车的驱动机构和运动

根据使用目的，还有使用 6 轮驱动车和车轮直径不同的轮胎车，也有人提出利用具有柔性机构车辆的方案。图 2-40 是火星探测用的小漫游车的结构示意图，它的轮子可以根据地形上下调整高度，以提高其稳定性，适合在外星表面运行。

2.5.1.4 全方位移动车

前面的车轮式移动机构基本上是 2 个自由度的，因此不可能简单地实现车体任意的定位和定向。机器人的定位，用 4 轮构成的车可通过控制各轮的转向角来实现。全方位移动机构能够在保持机体方位不变的前提下沿平面上任意方向移动。有些全方位车轮机构除具备全方位移动能力外，还可以像普遍车辆那样改变机体方位。由于这种机构的灵活操控性能，特别适合于窄小空间（通道）中的移动作业。

图 2-41 是一种全轮偏转式全方位移动机构的传动原理图。行走电动机 M_1 运转时，通过蜗杆蜗轮副 5 和锥齿轮副 2 带动车轮 1 转动。当转向电动机 M_2 运转时，通过另一对蜗杆蜗轮副 6、齿轮副 9 带动车轮支架 10 适当偏转。当各车轮采取不同的偏转组合，并配以

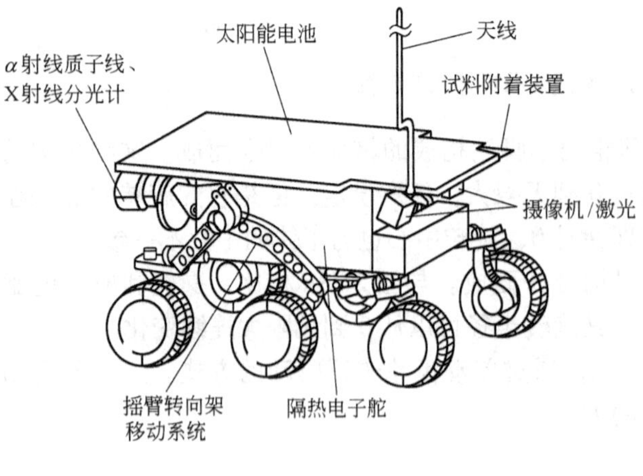

图 2-40 火星探测用小漫游车

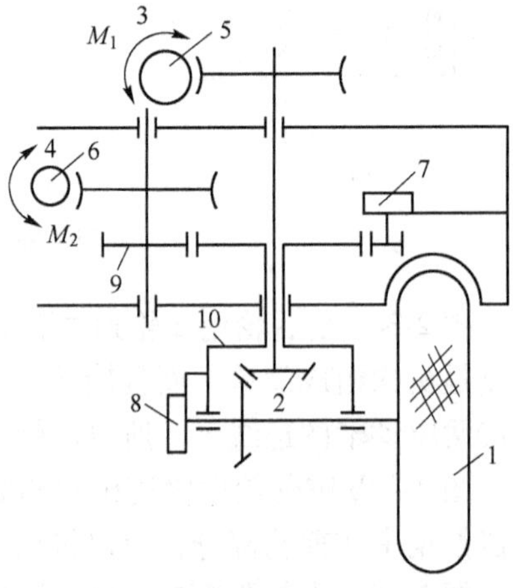

图 2-41 全轮偏转式全方位车轮

1—车轮；2—锥齿轮副；3，4—电动机；5，6—蜗杆蜗轮副；7，8—固接；9—齿轮副；10—车轮支架

相应的车轮速度后，便能够实现图 2-42 所示的不同移动方式。

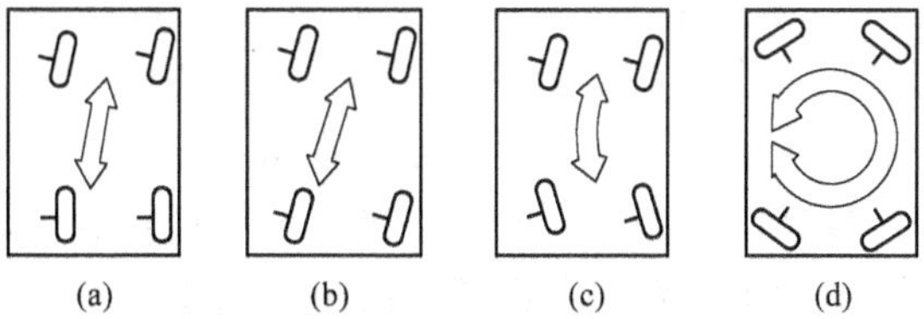

图 2-42 全轮偏转式全方位车辆的移动方式

（a）前轮操舵；（b）全方位方式；（c）四轮操舵；（d）原地回转

应用更为广泛的全方位四轮移动机构采用一种称为麦卡纳姆轮（Mecanum wheels）的新型车轮。图 2-43a 所示为麦卡纳姆车轮的外形，这种车轮由两部分组成，即主动的轮毂和沿轮毂外缘按一定方向均匀分布着的多个被动辊子。当车轮旋转时，轮芯相对于地面的速度 v 是轮毂速度 v_h 与辊子滚动速度 v_r 的合成，v 与 v_h 有一个偏离角 θ，如图 2-43b 所示。由于每个车轮均有这个特点，经适当组合后就可以实现车体的全方位移动和原地转向运动，见图 2-44。

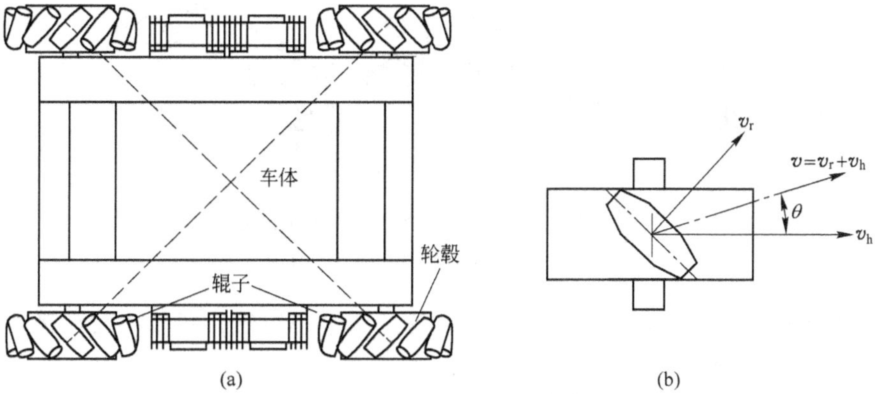

图 2-43 麦卡纳姆车轮及其速度合成

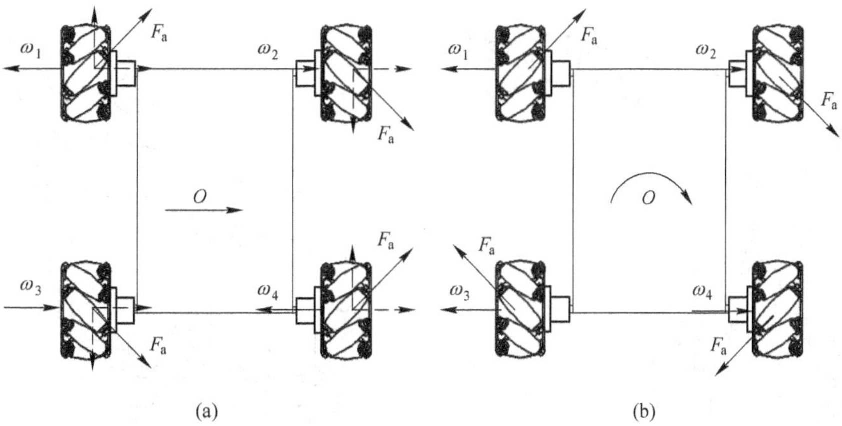

图 2-44 全方位移动平台的运动方式

（a）横向右移；（b）原地转动

2.5.1.5 上下台阶车轮式机构

将普通车轮进行适当的改装后，能够实现在阶梯上的移动。图 2-45 所示为一可以上下阶梯的车轮机构。车轮的大小取决于台阶的尺寸。在平坦地面上，由小车轮回转行走。当最前方小轮碰到台阶后，大轮（即小轮的支架）就如图 2-45b 所示那样带着小轮一起公转，并变成一个小轮与地面接触，与此同时，本体也逐渐被抬起一定高度。随着大轮公转到图 2-45c 所示状态时，由于小轮 *b* 的自转继续前移，当小轮 *b* 碰到第二个台阶后，大轮又公转并重复进行下去直至登完台阶。该机构为了保持工作时的高度要求，并适应爬台阶时重心应降低以满足稳定性的需求，本体与车轮架之间用曲臂连接。工作时曲臂呈铅垂状态，上下台阶时曲臂呈水平状态。

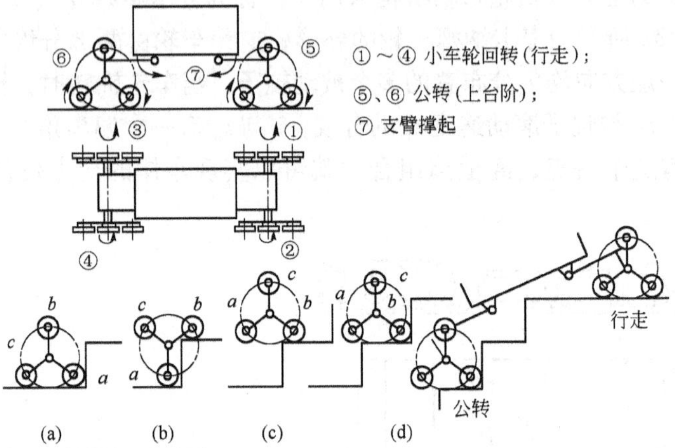

图 2-45 三小轮式上下台阶的车轮机构
(a)，(d) 接触；(b) 公转；(c) 行走

图 2-46 为另一种上下台阶车轮式机构，通过两个小轮的自转和小轮连接臂的公转，同样可以实现上下台阶。

2.5.1.6 不平地面移动的多节车轮式机构

图 2-47 为一种多节车辆的示意图。每一节小车有 3 个自由度：驱动自由度 *S*、升降自

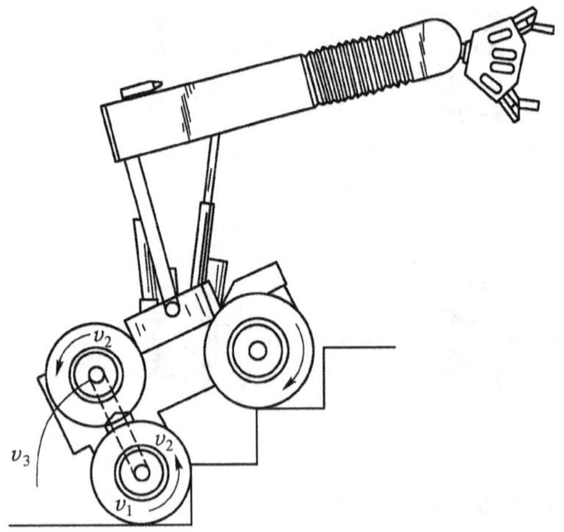

图 2-46 两小轮式上下台阶的车轮机构

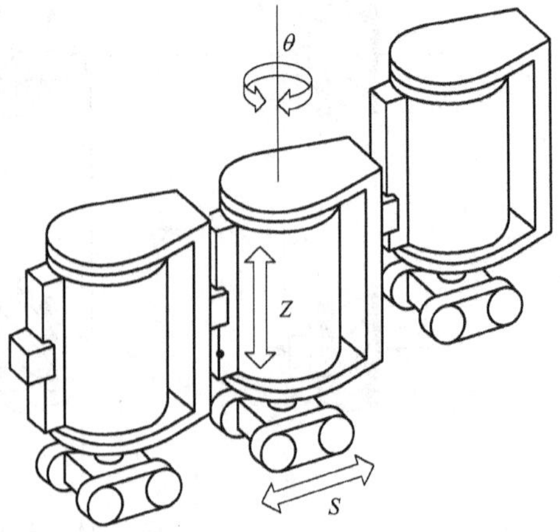

图 2-47 多节小车 KORYU-I 型

由度 Z 和转向自由度 θ。该移动机构能够跨越障碍和沟坎，能够上下楼梯，还可通过窄小弯曲的通道。图 2-48 所示为其在不平地面行走时保持本体姿态的情况。

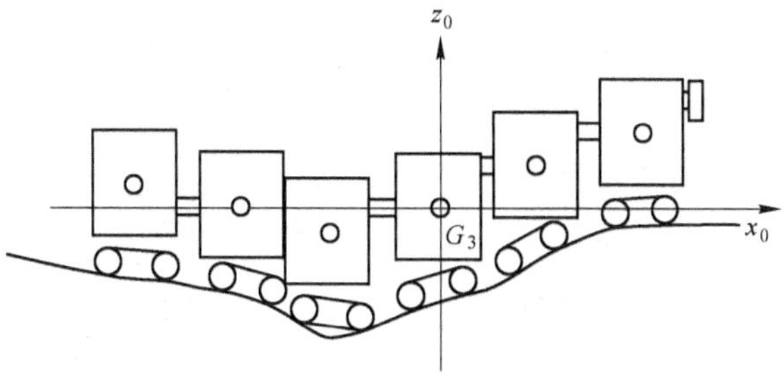

图 2-48 KORYO-I 的姿态控制

令人感兴趣的多节车辆的应用是星球考察，由于多数场合只能对其进行遥控，所以其倾覆后的自复位功能显得尤其重要。图 2-49 所示为用于火星考察的多节小车的机构简图。1、2 两节间由三轴旋转关节和一个移动关节相连；2、3 两节间由三轴旋转关节相连。这种机构构成不仅可以爬越沟坎（图 2-50），还能够从倾覆状态自行恢复到正常状态（图 2-51）。

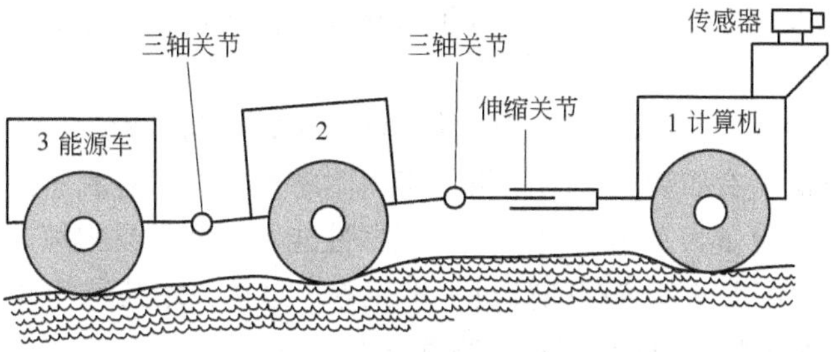

图 2-49 星球考察用多节小车

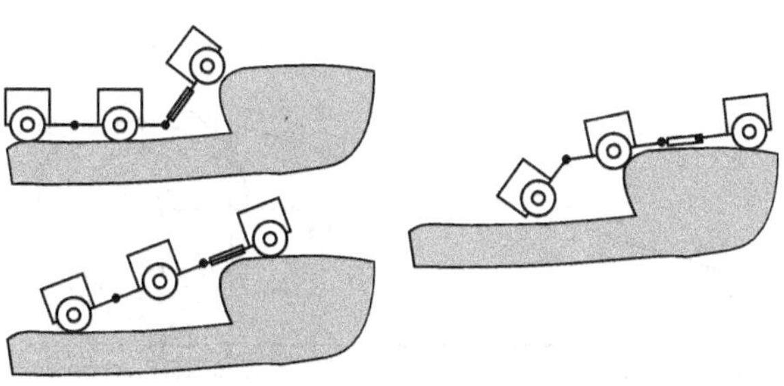

图 2-50 多节小车跨越障碍

2.5.2 履带式移动机构

履带式机构称为无限轨道方式，其最大特征是将圆环状的无限轨道履带（crawler belt）卷绕在多个车轮上，使车轮不直接与路面接触。利用履带可以缓冲路面状态，因此

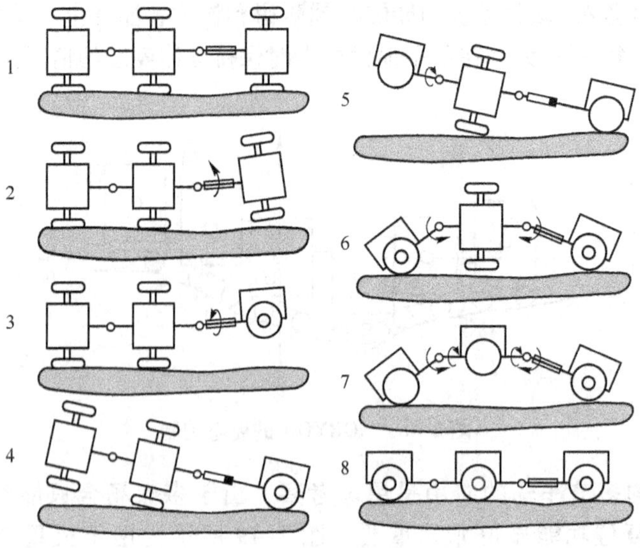

图 2-51 多节小车自行复位过程

可以在各种路面条件下行走。

履带移动机构与轮式移动机构相比，有如下特点：

（1）支承面积大，接地比压小。适合于松软或泥泞场地进行作业，下陷度小，滚动阻力小，通过性能较好。

（2）越野机动性好，爬坡、越沟等性能均优于轮式移动机构。

（3）履带支承面上有履齿，不易打滑，牵引附着性能好，有利于发挥较大的牵引力。

（4）结构复杂，质量大，运动惯性大，减振性能差，零件易损坏。

常见的使用履带传动的装置有拖拉机、坦克等，这里介绍几种特殊的履带结构。

2.5.2.1 卡特彼勒（Caterpillar）高架链轮履带机构

高架链轮履带机构是美国卡特彼勒公司开发的一种非等边三角形构形的履带机构。如图 2-52 所示，将驱动轮高置，并采用半刚性悬挂或弹性悬挂装置。

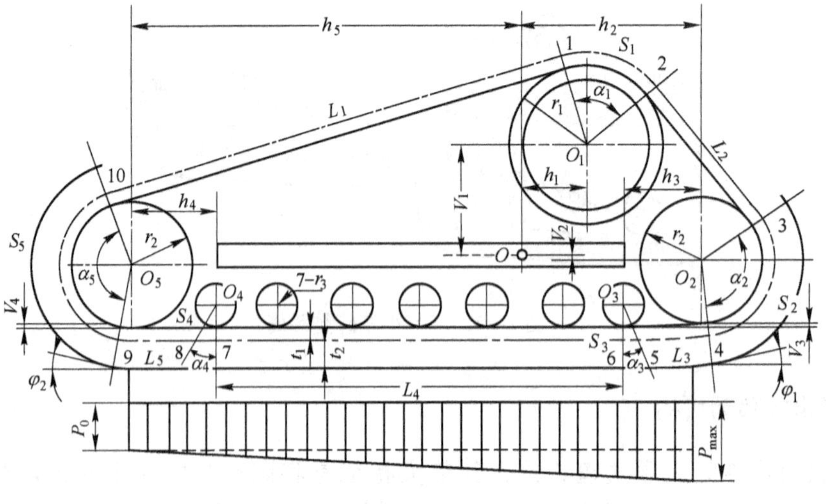

图 2-52 高架链轮履带移动机构示意图

与传统的履带行走机构相比，高架链轮弹性悬挂行走机构具有以下特点：

（1）将驱动轮高置，不仅隔离了外部传来的载荷，使所有载荷都由悬挂的摆动机构和枢轴吸收而不直接传给驱动链轮。驱动链轮只承受扭转载荷，而且使其远离地面环境，减小了由于杂物带入而引起的链轮齿与链节间的磨损。

（2）弹性悬挂行走机构能够保持更多的履带接触地面，使载荷均布。因此，同样机重情况下可以选用尺寸较小的零件。

（3）弹性悬挂行走机构具有承载能力大，行走平稳，噪声小，离地间隙大和附着性好等优点，使机器在不影响稳定性的前提下，具有更高的机动灵活性，减少了由于履带打滑而导致的功率损失。行走机构各零部件检修容易。

2.5.2.2 形状可变履带机构

形状可变履带机构指履带的构形可以根据需要进行变化的机构。图 2-53 是一种形状可变履带的外形。它由两条形状可变的履带组成，分别由两个主电动机驱动。当履带速度相同时，实现前进或后退移动；当两履带速度不同时，整个机器实现转向运动。当主臂杆绕履带架上的轴旋转时，带动行星轮转动，从而实现履带的不同构形，以适应不同的移动环境。

2.5.2.3 位置可变履带机构

位置可变履带机构指履带相对于机体的位置可以发生改变的履带机构。这种位置的改变可以是一个自由度的，也可以是两个自由度的。图 2-54 所示为一种两自由度的变位履带移动机构。各履带能够绕机体的水平轴线和垂直轴线偏转，从而改变移动机构的整体构形。这种变位履带移动机构集履带机构与全方位轮式机构的优点于一身，当履带沿一个自由度变位时，用于爬越阶梯和跨越沟渠；当沿另一个自由度变位时，可实现车轮的全方位行走方式。

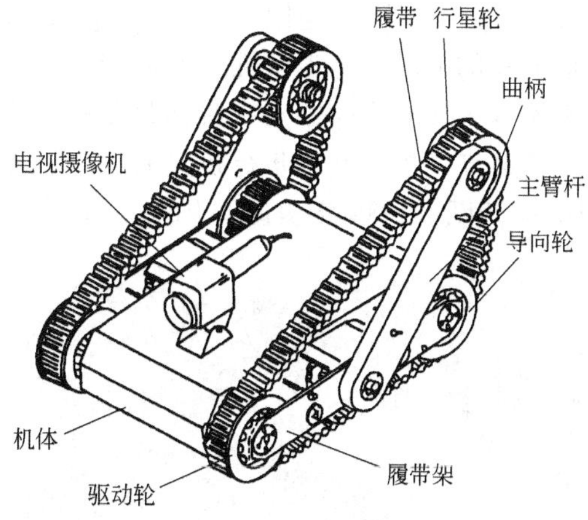

图 2-53 形状可变履带移动机构

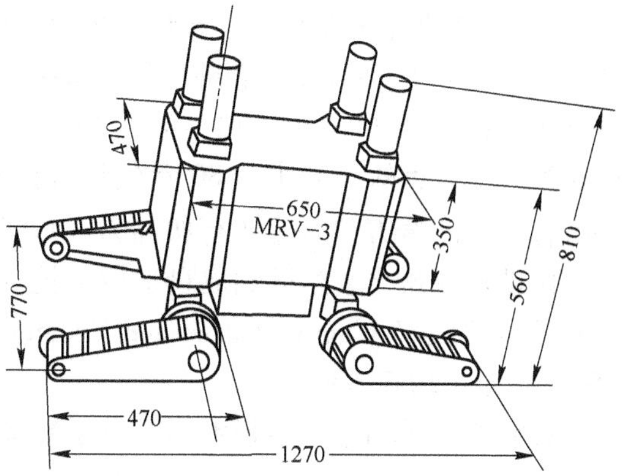

图 2-54 两自由度变位履带移动机构

2.5.3 多足步行机器人

人类自从发明了轮子制成车，确实得到莫大的好处。由远古的木轮推车一直发展到今天形形色色的汽车，仍然采用轮子技术。确实轮子为人类生存和征服自然做出了重大贡献。当今人类为扩大自身活动空间，要开发宇宙、开发海洋，要在没有人工道路的自然环境行走，再用轮子就有很多困难，有时甚至无法移动。于是人们脱离传统机械概念，研究和模仿动物甚至研究人类的自身，设计和创造对自然环境具有高度适应能力的步行技术。

步行机器人是由机体和若干条腿所组成。通常，机器人机体是一个规则平台，每条腿通过臀关节与机体相连。根据臀关节布置方式的不同，机器人的机构及其运动特征就有所区别。如图 2-55 所示，图 2-55a 表示类似爬行动物的四足机器人运动机构，图 2-55b 表示类似爬行动物的六足机器人运动机构，而图 2-55c 则表示类似哺乳动物的四足机器人运动机构。不难理解，当臀关节轴心线和机器人机体平面平行时，机器人的运动形式类似于哺乳动物的运动形式，而当臀关节轴心线和机体平面垂直时，机器人的运动形式类似于爬行动物的运动形式。

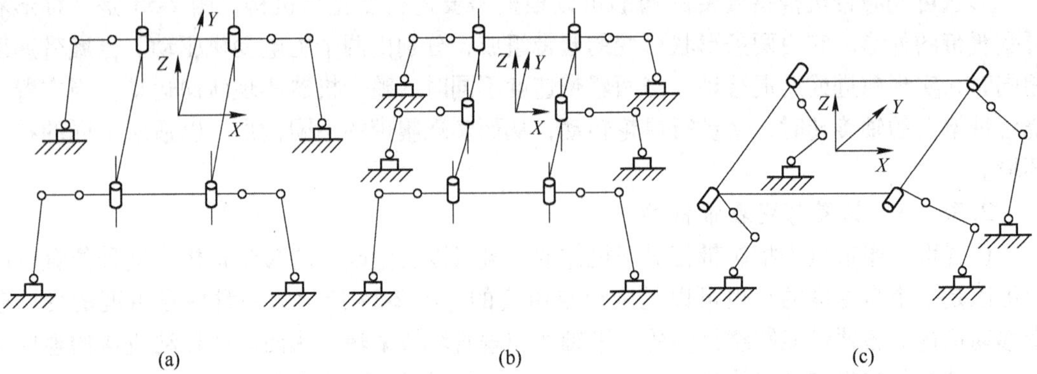

图 2-55 多足步行机器人的机构

具有 3 足以上的步行机器人称为多足步行机器人。1893 年，美国人 L. A. Rygg 构思了只能在平坦地面爬行的机构，并获得专利。1966 ~ 1967 年，美国人 R. B. Mcghee 和 A. A. Frank 在加利福尼亚大学设计了名为加利福尼亚马的电动四足步行机。1968 年美国通用电气公司 R. S. Mosher 与美陆军移动系统实验室 R. A. Liston 合作制成一种四足步行机实用样机。1968 年 J. D. 麦克尼和 J. V. Miner 研制了多足步行机，这种步行机具有固定程序以探索行星为目的。20 世纪 80 年代步行机研制更加活跃。1984 年美国 Odetics 公司发明平行杆机构的全方位六足步行机器人。1986 年美国俄亥俄州立大学研制成自适应悬挂六足步行机器人（Adaptive Suspension Vehicle，ASV)，如图 2-56 所示。

图 2-56 ASV

1988 年日本日立机械研究所研制出能动步行四足步行机器人。日本小松研制出自重达多吨的八足步行机器人，已经成功地完成海底施工作业。此外，法国、南斯拉夫和印度等国也在研究步行机器人。

我国对步行机构研究历史较早，但由于失传至今无法复原。多足步行机构取得成就应该是在20世纪80年代。在国家高技术项目支持下，清华大学研制成全方位双三足步行载体（DTNM），实现被动式地势适应技术，在机构上有所创新，获得专利。上海交通大学研制出全方位四足步行机器人（JTUWM-1），采用缩放机构，成功地实现四足静步行移动。中国科学院沈阳自动化研究所也研制成功全方位六足步行机器人，不仅能在平地行走，而且还能上楼梯。该所还研制了“海蟹号”水下六足步行机器人，和采用连杆机构实现步行的四足步行机模型。

具有两条腿机构的机器人称为2足步行机器人。2足步行机器人基本上是模拟人的下肢的机构，或者是用其简化形态做成的。图2-57是人的下肢踝关节以上的部分模拟步行机能的连杆机构模型，即左右对称，每条腿踝关节有纵摇轴和横摇轴2个自由度，膝关节有纵摇轴和横摇轴2个自由度，髋关节有纵摇轴、横摇轴、偏转轴3个自由度，共计7个自由度，两条腿共计14个自由度，为串联开式链连杆机构。

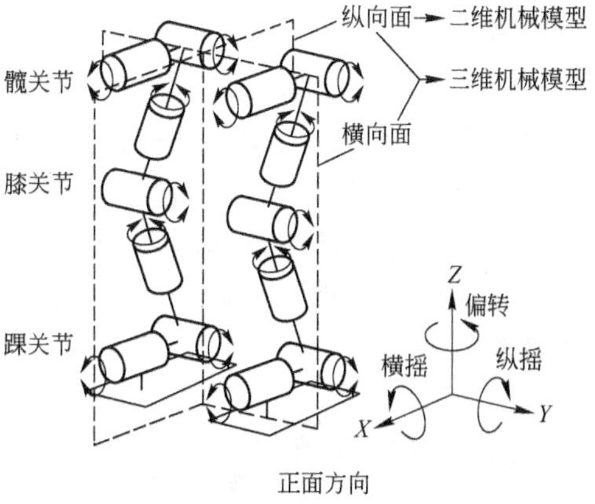

图2-57　人体下肢机构模型

2足步行机器人在控制方面本质上是不稳定系统，很难做到稳定控制，因而作为移动作业机械在实用化方面需要解决的问题很多。但是，人类却使这样复杂不稳定的系统通过结合左右脚的运动，实现了稳定移动。受到这一事实的启发，人们又进行了许多2足步行的实验研究，从非常简单的倒立振子，到利用逆转力矩作用在步行机器人上，使其倾斜姿态复原的控制地面反力中心点的方法等，证实了实际上的2足步行机可以稳定移动。

目前世界上已投入使用的步行机还很少，由瑞士的Menzi公司生产的轮腿结合式步行机是其中之一，如图2-58所示。这种步行机的行走机构是由两条液压驱动的前腿和装在两条后臂上的轮子组成。两条后臂也由液压驱动，可以上下摆动。轮子是无驱动的自由轮，但是可以制动。轮腿结合式步行机用于在崎岖不平的地域上工作，如挖掘、铺设电缆和管道及运送树木和其他重物。其工作臂帮助步行运动，如果需要步行机运动时，

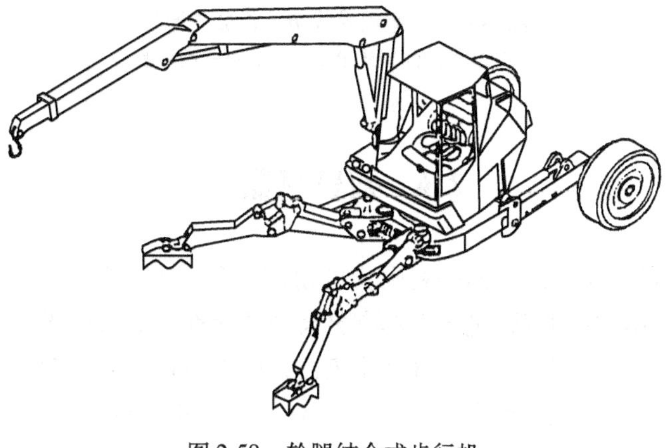
图2-58　轮腿结合式步行机

则让工作臂的低点与地面接触后，两前腿抬起，让工作臂和两个轮子一起支撑机身。根据所需的运动方向，驱动工作臂的关节，在保持工作臂支撑点在地面上不滑动的情况下，相应地改变工作臂支撑点相对机身的位置，以达到牵引机身的目的。当工作臂改变其支撑点时，两前腿放下，机身不能运动，直到工作臂再一次与地面接触并且两前腿抬起，所以此种步行机机身的运动是不连续的。两前腿和工作臂动作的每一步都需要人操作。

日本名古屋大学福田敏男基于黑猩猩的真实骨骼模型开发了多运动模式仿人机器人 MLR，如图 2-59a 所示。该机器人的具体参数如下：高 1.0 m，重约 22 kg，全身共有 24 个自由度，其中每条腿包含 6 个自由度，每个手臂有 5 个自由度，腰部 2 个自由度。关节及连杆式结构如图 2-59b 所示。手部有一个手指，具有和黑猩猩类似的结构，可完成梯子横挡的抓握任务，为防止打滑，机器人脚底板处粘贴有摩擦性能良好的薄橡胶。

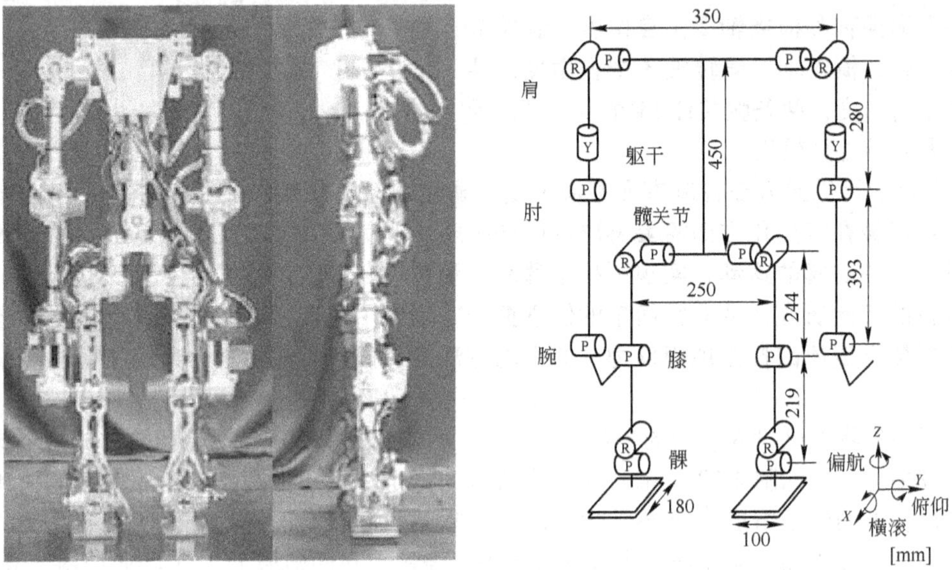

(a) (b)

图 2-59 多运动模式仿人机器人原型

(a) MLR；(b) MLR 关节与连杆式结构图

2.6 双臂机器人

双臂机器人起源于生产线上两个机器人的协同工作，用于精巧操作复杂的装配任务。而拟人双臂机器人比普通的双臂机器人具有更高的灵活性，更适合于特殊复杂作业环境的操作任务需求。第一个商用的同步双臂操作机器人由 Motoman 在 2005 年推出，它有 13 个运动轴：每只手 6 个，以及机座上的 1 个转动轴。2014 年 ABB 展出了首台真正实现人机协作的机器人 YuMi，如图 2-60 所示。

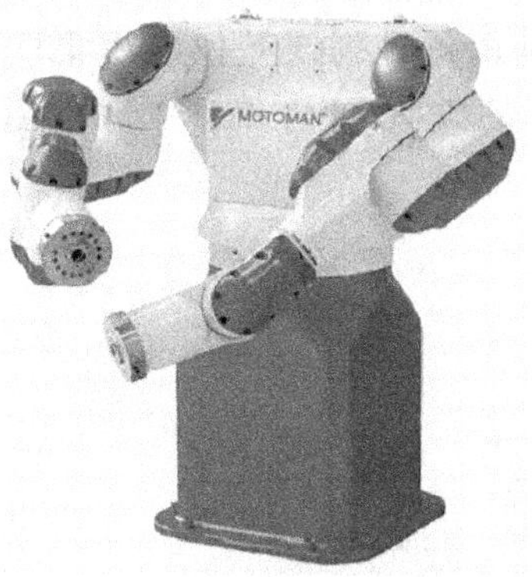

(a)

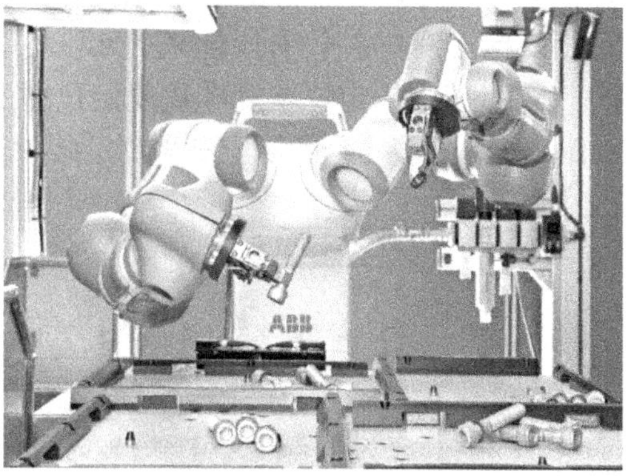

(b)

图 2-60　双臂机器人
（a）Motoman 的 DA-20 双臂机器人；（b）ABB 的双臂机器人 YuMi

2.7　工业机器人的技术参数

技术参数是各种机器人制造商在产品供货时所提供的技术数据。表 2-2 是从工业机器人产品样本摘录的主要技术参数。

表 2-2　工业机器人的主要技术参数

机 器 人 型 号	质量/kg	承载能力/kg	重复定位精度/mm	承载能力/质量
ABB IRB 140T	98	5	±0.03	0.051
ABB IRB 2400L	380	7	±0.06	0.01842
ABB IRB 4400/45	980	45	±0.1	0.04591
ABB IRB 6400R/3.0-100	1600	100	±0.15	0.0625
Fanuc Arc Mate 100i	138	6	±0.08	0.04347
Fanuc Arc Mate 120i	370	16	±0.1	0.04324
Fanuc M420iA	620	40	±0.5	0.064516
Fanuc R-2000iA 165F	1210	165	±0.3	0.13636
Fanuc S-900iB/200	1970	200	±0.5	0.101523
Kuka KR 6	235	6	±0.1	0.02553
Kuka KR 60-3	665	60	±0.2	0.09022
Kuka KR 100	1155	100	±0.15	0.08658

尽管各厂商所提供的技术参数项目不完全一样，工业机器人的结构、用途等有所不同，且用户的要求也不同，但是，工业机器人的主要技术参数一般都应有：自由度、重复定位精度、工作范围、最大工作速度、承载能力等。

2.7.1　自由度

参见 2.1 节。

2.7.2　重复定位精度

工业机器人精度是指定位精度和重复定位精度。定位精度是指机器人手部实际到达位置与目标位置之间的差异。重复定位精度是指机器人重复定位其手部于同一目标位置的能力，可以用标准偏差这个统计量来表示，它是衡量一列误差值的密集度，即重复度。图 2-61 为工业机器人定位精度和重复定位精度的典型情况，图 2-61a 为重复定位精度的测定；图 2-61b、c、d 分别对应三种测定结果。

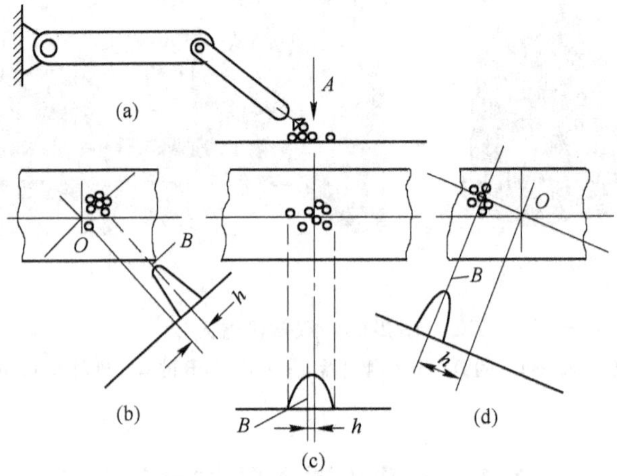

图 2-61 工业机器人定位精度和重复定位精度的典型情况

(a) 重复定位精度的测定；(b) 合理定位精度，良好重复定位精度；
(c) 良好定位精度，很差重复定位精度；(d) 很差定位精度，良好重复定位精度

2.7.3 工作空间

工作空间是指机器人手臂末端或手腕中心所能到达的所有点的集合，也称为工作区域。因为末端操作器的形状和尺寸是多种多样的，为了真实反映机器人的特征参数，所以工作空间是指不安装末端操作器时的工作区域。工作空间的形状和大小是十分重要的，机器人在执行某作业时可能会因为存在手部不能到达的作业死区（dead zone）而不能完成任务。图 2-62 和图 2-63 所示为 PUMA 机器人和 A4020 机器人的工作空间。

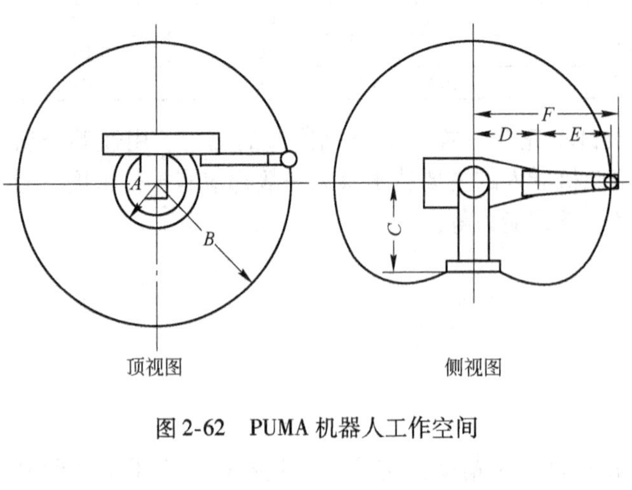

图 2-62 PUMA 机器人工作空间

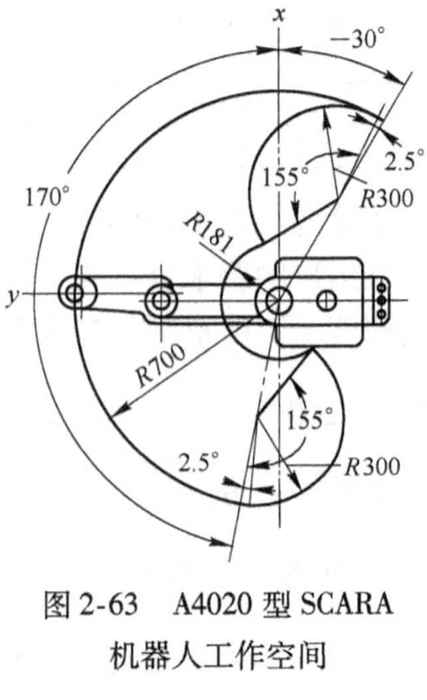

图 2-63 A4020 型 SCARA 机器人工作空间

2.7.4 最大工作速度

最大工作速度，有的厂家指工业机器人主要自由度上最大的稳定速度，有的厂家指手臂末端最大的合成速度，通常都在技术参数中加以说明。工作速度愈高，工作效率愈高。但是，工作速度愈高就要花费更多的时间加速或减速，或者对工业机器人的最大加速度率或最大减速度率的要求更高。

2.7.5 承载能力

承载能力是指机器人在工作范围内的任何位姿上所能承受的最大重量。承载能力不仅决定于负载的质量，还与机器人运行的速度和加速度的大小和方向有关。为了安全起见，承载能力这一技术指标是指高速运行时的承载能力。通常，承载能力不仅指负载，而且还包括了机器人末端操作器的重量。可以通过承载能力/机器人质量比来表示机器人的性能指标。

习　题

2-1　什么是机器人的自由度，在设计机器人时如何选择自由度？

2-2　简述 PUMA 机器人和 SCARA 机器人的结构特点。

2-3　并联机构机器人有哪些特点，它适用于哪些场合？

2-4　查阅文献比较变胞机构与变拓扑结构机器人的差别。

3 机器人运动学

3.1 引　　言

机器人运动学是在不考虑力和质量等因素的影响下运用几何学的方法来研究机器人的运动。机器人的运动学包括位置、速度和加速度分析。本章仅讨论串联结构机器人的运动学问题。

串联机器人由机器人的构件通过运动副（关节）连接。在分析中，将机器人的各个构件称为杆件（link），机器人操作机的机座（manipulator base）看成第 1 个杆件，与末端执行器（end-effector）固联的杆件为最后一个杆件（也可称机器人的末端杆件为末端执行器）。

机器人系统的运动学分析需要建立若干个坐标系。GB/T 16977—2005/ISO 9787：1999 定义了 4 种坐标系，全部坐标系由正交的右手定则来确定。绝对坐标系是与机器人的运动无关，以地球为参照系的固定坐标系（world coordinate system），也称为世界坐标系；机座坐标系是以机器人机座安装平面为参照系的坐标系；机械接口坐标系是以机械接口为参照系的坐标系；工具坐标系是以安装在机械接口上的末端执行器为参照系的坐标系。图 3-1 为工业机器人插销操作的坐标系。

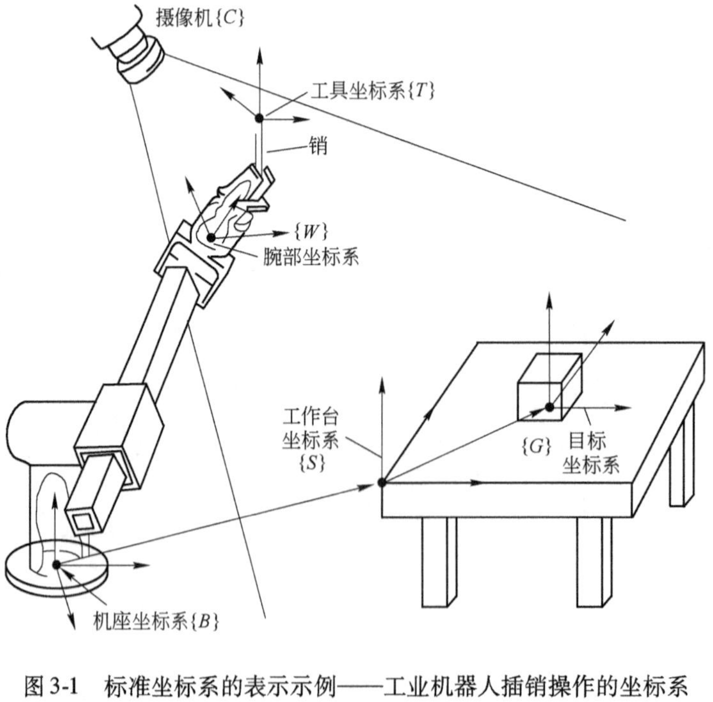

图 3-1　标准坐标系的表示示例——工业机器人插销操作的坐标系

机器人运动学的位置分析有两个基本问题：

（1）对一给定的机器人，已知杆件几何参数和关节变量，求末端执行器相对于给定坐标系的位置和姿态。给定坐标系以固定在大地上的笛卡儿坐标系作为机器人的固定坐标系。

（2）已知机器人杆件的几何参数，给定末端执行器相对于固定（或机座）坐标系的位置和姿态，确定关节变量的大小。

第1个问题常称为运动学正问题（DKP-Direct Kinematic Problems），第2个问题常称为运动学逆问题（IKP-Inverse Kinematic Problems）。机器人手臂的关节变量是独立变量，而末端执行器的作业通常在机座坐标系中说明。根据末端执行器在机座坐标系中的位姿来确定相应各关节变量要进行运动学逆问题的求解。机器人运动学的正问题和逆问题体现了在关节空间和笛卡儿空间的映射关系。机器人运动学逆问题是编制机器人运动控制系统软件所必备的知识。

同样的，速度分析和加速度分析也有正问题和逆问题之分。

3.2 坐标变换

当机器人固定在地球上时，机器人的各杆件的运动可在机座坐标系中描述，在每个杆件上建立一个附体坐标系。运动学问题便归结为寻求联系附体坐标系和机座坐标系的变换矩阵。

3.2.1 旋转变换

如图3-2所示，参考坐标系 *OXYZ* 是三维空间中的固定坐标系，在机器人运动中将它作为机座坐标系，把 *OUVW* 看成是附体坐标系，也就是说它固定在机器人杆件上，并随它一起运动。空间某点 *P* 在 *OUVW* 坐标系中固定不变，点 *P* 在 *OXYZ* 系和 *OUVW* 系的坐标分别表示为：

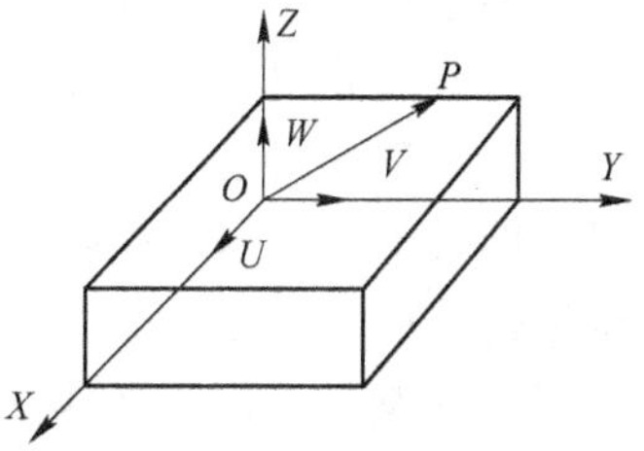

图3-2 参考坐标系和附体坐标系

$$\boldsymbol{p}_{xyz} = (p_x, p_y, p_z)^{\mathrm{T}}, \boldsymbol{p}_{uvw} = (p_u, p_v, p_w)^{\mathrm{T}} \tag{3-1}$$

式中，$\boldsymbol{p}_{xyz}$、$\boldsymbol{p}_{uvw}$ 表示的是在不同坐标系中的同一空间点；上角标T为矩阵转置符。

当 *OUVW* 系绕任一轴线转动后，均可通过一个 3×3 旋转矩阵 $\boldsymbol{R}$ 将原坐标 $\boldsymbol{p}_{uvw}$ 变换到 *OXYZ* 系中的坐标 $\boldsymbol{p}_{xyz}$，即：

$$\boldsymbol{p}_{xyz} = \boldsymbol{R}\boldsymbol{p}_{uvw} \tag{3-2}$$

由矢量分量的定义有

$$\boldsymbol{p}_{uvw} = p_u\boldsymbol{i}_u + p_v\boldsymbol{j}_v + p_w\boldsymbol{k}_w \tag{3-3}$$

p_u、p_v 和 p_w 分别表示 $\boldsymbol{p}_{uvw}$ 沿 *OU*、*OV*、*OW* 轴的分量，或 $\boldsymbol{p}_{uvw}$ 在各轴上的投影，利用标量积的定义和式（3-3），可得

$$p_x = \boldsymbol{i}_x \cdot \boldsymbol{p}_{uvw} = \boldsymbol{i}_x \cdot \boldsymbol{i}_u p_u + \boldsymbol{i}_x \cdot \boldsymbol{j}_v p_v + \boldsymbol{i}_x \cdot \boldsymbol{k}_w p_w$$

$$p_y = \boldsymbol{j}_y \cdot \boldsymbol{p}_{uvw} = \boldsymbol{j}_y \cdot \boldsymbol{i}_u p_u + \boldsymbol{j}_y \cdot \boldsymbol{j}_v p_v + \boldsymbol{j}_y \cdot \boldsymbol{k}_w p_w$$

$$p_z = \boldsymbol{k}_z \cdot \boldsymbol{p}_{uvw} = \boldsymbol{k}_z \cdot \boldsymbol{i}_u p_u + \boldsymbol{k}_z \cdot \boldsymbol{j}_v p_v + \boldsymbol{k}_z \cdot \boldsymbol{k}_w p_w \tag{3-4}$$

将上式写成矩阵形式：

$$\begin{bmatrix} p_x \\ p_y \\ p_z \end{bmatrix} = \begin{bmatrix} \boldsymbol{i}_x \cdot \boldsymbol{i}_u & \boldsymbol{i}_x \cdot \boldsymbol{j}_v & \boldsymbol{i}_x \cdot \boldsymbol{k}_w \\ \boldsymbol{j}_y \cdot \boldsymbol{i}_u & \boldsymbol{j}_y \cdot \boldsymbol{j}_v & \boldsymbol{j}_y \cdot \boldsymbol{k}_w \\ \boldsymbol{k}_z \cdot \boldsymbol{i}_u & \boldsymbol{k}_z \cdot \boldsymbol{j}_v & \boldsymbol{k}_z \cdot \boldsymbol{k}_w \end{bmatrix} \begin{bmatrix} p_u \\ p_v \\ p_w \end{bmatrix} \tag{3-5}$$

比较式（3-2）和式（3-5），有

$$R = \begin{bmatrix} \boldsymbol{i}_x \cdot \boldsymbol{i}_u & \boldsymbol{i}_x \cdot \boldsymbol{j}_v & \boldsymbol{i}_x \cdot \boldsymbol{k}_w \\ \boldsymbol{j}_y \cdot \boldsymbol{i}_u & \boldsymbol{j}_y \cdot \boldsymbol{j}_v & \boldsymbol{j}_y \cdot \boldsymbol{k}_w \\ \boldsymbol{k}_z \cdot \boldsymbol{i}_u & \boldsymbol{k}_z \cdot \boldsymbol{j}_v & \boldsymbol{k}_z \cdot \boldsymbol{k}_w \end{bmatrix} = \begin{bmatrix} n_x & o_x & a_x \\ n_y & o_y & a_y \\ n_z & o_z & a_z \end{bmatrix} = [\boldsymbol{n} \quad \boldsymbol{o} \quad \boldsymbol{a}] \tag{3-6}$$

类似地，由坐标 $\boldsymbol{p}_{xyz}$ 可求得坐标 $\boldsymbol{p}_{uvw}$：

$$\boldsymbol{p}_{uvw} = \boldsymbol{R}^{-1}\boldsymbol{p}_{xyz} = \boldsymbol{Q}\boldsymbol{p}_{xyz} \tag{3-7}$$

其中

$$\boldsymbol{R}^{-1} = \boldsymbol{Q} = \begin{bmatrix} \boldsymbol{i}_u \cdot \boldsymbol{i}_x & \boldsymbol{i}_u \cdot \boldsymbol{j}_y & \boldsymbol{i}_u \cdot \boldsymbol{k}_z \\ \boldsymbol{j}_v \cdot \boldsymbol{i}_x & \boldsymbol{j}_v \cdot \boldsymbol{j}_y & \boldsymbol{j}_v \cdot \boldsymbol{k}_z \\ \boldsymbol{k}_w \cdot \boldsymbol{i}_x & \boldsymbol{k}_w \cdot \boldsymbol{j}_y & \boldsymbol{k}_w \cdot \boldsymbol{k}_z \end{bmatrix} = \boldsymbol{R}^{\mathrm{T}} = [\boldsymbol{n}^{\mathrm{T}} \quad \boldsymbol{o}^{\mathrm{T}} \quad \boldsymbol{a}^{\mathrm{T}}]^{\mathrm{T}} \tag{3-8}$$

旋转矩阵的几个性质可以概括为：

（1）旋转矩阵的逆阵就是它的转置。

（2）旋转矩阵的每一列矢量代表了参考坐标系坐标轴单位矢量表示的转动坐标轴单位矢量，即表示动坐标系各轴在参考坐标系下的方向余弦；而每一行矢量代表用动坐标系转动轴单位向量表示的参考坐标系坐标轴单位矢量。

（3）正交性：由于所建立的坐标系为正交坐标系，所以每一列或每一行各矢量均相互正交，即

$$\boldsymbol{n} \cdot \boldsymbol{o} = \boldsymbol{o} \cdot \boldsymbol{a} = \boldsymbol{a} \cdot \boldsymbol{n} = 0$$

（4）正则性：旋转矩阵的每一列或每一行为单位矢量，即

$$|\boldsymbol{n}| = |\boldsymbol{o}| = |\boldsymbol{a}| = 1$$

其行列式的值对于右手坐标系为 +1，而对于左手坐标系为 -1。

如果 *OUVW* 坐标系绕 *OX* 轴转动 α 角，则变换矩阵 $\boldsymbol{R}_{x,\alpha}$ 称为绕 *OX* 轴旋转 α 角的旋转矩阵，$\boldsymbol{R}_{x,\alpha}$ 可用上述变换矩阵的概念导出，即：

$$\boldsymbol{p}_{xyz} = \boldsymbol{R}_{x,\alpha}\boldsymbol{p}_{uvw} \tag{3-9}$$

这里，$\boldsymbol{i}_x = (1,0,0)^{\mathrm{T}}$，$\boldsymbol{j}_y = (0,1,0)^{\mathrm{T}}$，$\boldsymbol{k}_z = (0,0,1)^{\mathrm{T}}$。而 $\boldsymbol{i}_u = \boldsymbol{i}_x = (1,0,0)^{\mathrm{T}}$，$\boldsymbol{j}_v = (0,\cos\alpha,\sin\alpha)^{\mathrm{T}}$，$\boldsymbol{k}_w = (0,-\sin\alpha,\cos\alpha)^{\mathrm{T}}$，从而

$$\boldsymbol{R}_{x,\alpha} = \begin{bmatrix} \boldsymbol{i}_x \cdot \boldsymbol{i}_u & \boldsymbol{i}_x \cdot \boldsymbol{j}_v & \boldsymbol{i}_x \cdot \boldsymbol{k}_w \\ \boldsymbol{j}_y \cdot \boldsymbol{i}_u & \boldsymbol{j}_y \cdot \boldsymbol{j}_v & \boldsymbol{j}_y \cdot \boldsymbol{k}_w \\ \boldsymbol{k}_z \cdot \boldsymbol{i}_u & \boldsymbol{k}_z \cdot \boldsymbol{j}_v & \boldsymbol{k}_z \cdot \boldsymbol{k}_w \end{bmatrix} = \begin{bmatrix} 1 & 0 & 0 \\ 0 & \cos\alpha & -\sin\alpha \\ 0 & \sin\alpha & \cos\alpha \end{bmatrix} \tag{3-10}$$

类似地，绕 OY 轴转 φ 角和绕 OZ 轴转 θ 角的 3×3 旋转矩阵分别为

$$\boldsymbol{R}_{y,\varphi}=\begin{bmatrix}\cos\varphi & 0 & \sin\varphi\\ 0 & 1 & 0\\ -\sin\varphi & 0 & \cos\varphi\end{bmatrix},\ \boldsymbol{R}_{z,\theta}=\begin{bmatrix}\cos\theta & -\sin\theta & 0\\ \sin\theta & \cos\theta & 0\\ 0 & 0 & 1\end{bmatrix} \tag{3-11}$$

矩阵 $\boldsymbol{R}_{x,\alpha}$、$\boldsymbol{R}_{y,\varphi}$ 和 $\boldsymbol{R}_{z,\theta}$ 称为基本旋转矩阵。

为了表示绕 $OXYZ$ 坐标系各轴的多次转动，可把基本旋转矩阵连乘起来。由于矩阵乘法不可交换，故完成转动的次序是重要的。除绕 $OXYZ$ 参考系的坐标轴转动外，$OUVW$ 坐标系也可以绕它自己的坐标轴转动。如果 $OUVW$ 坐标系绕 $OXYZ$ 坐标系的一坐标轴转动则可对旋转矩阵左乘相应的基本旋转矩阵；如果 $OUVW$ 坐标系绕自己的坐标轴转动，则可对旋转矩阵右乘相应的基本旋转矩阵。

例如：当 $OUVW$ 坐标系绕 $OXYZ$ 坐标系顺序绕 OX 轴旋转 α 角，绕 OY 轴旋转 φ 角，绕 OZ 轴旋转 θ 角时，旋转变换矩阵为

$$\boldsymbol{R}=\boldsymbol{R}_{z,\theta}\boldsymbol{R}_{y,\varphi}\boldsymbol{R}_{x,\alpha}$$

例 3-1 求表示绕 OY 轴转 φ 角，然后绕 OW 轴转 θ 角，再绕 OU 轴转 α 角的合成旋转矩阵。

解：

$$\boldsymbol{R}=\boldsymbol{R}_{y,\varphi}\cdot\boldsymbol{R}_{w,\theta}\cdot\boldsymbol{R}_{u,\alpha}$$

$$=\begin{bmatrix}\mathrm{c}\varphi & 0 & \mathrm{s}\varphi\\ 0 & 1 & 0\\ -\mathrm{s}\varphi & 0 & \mathrm{c}\varphi\end{bmatrix}\begin{bmatrix}\mathrm{c}\theta & -\mathrm{s}\theta & 0\\ \mathrm{s}\theta & \mathrm{c}\theta & 0\\ 0 & 0 & 1\end{bmatrix}\begin{bmatrix}1 & 0 & 0\\ 0 & \mathrm{c}\alpha & -\mathrm{s}\alpha\\ 0 & \mathrm{s}\alpha & \mathrm{c}\alpha\end{bmatrix}$$

$$=\begin{bmatrix}\mathrm{c}\varphi\mathrm{c}\theta & \mathrm{s}\varphi\mathrm{s}\alpha-\mathrm{c}\varphi\mathrm{s}\theta\mathrm{c}\alpha & \mathrm{c}\varphi\mathrm{s}\theta\mathrm{s}\alpha+\mathrm{s}\varphi\mathrm{c}\alpha\\ \mathrm{s}\theta & \mathrm{c}\theta\mathrm{c}\alpha & -\mathrm{c}\theta\mathrm{s}\alpha\\ -\mathrm{s}\varphi\mathrm{c}\theta & \mathrm{s}\varphi\mathrm{s}\theta\mathrm{c}\alpha+\mathrm{c}\varphi\mathrm{s}\alpha & \mathrm{c}\varphi\mathrm{c}\alpha-\mathrm{s}\varphi\mathrm{s}\theta\mathrm{s}\alpha\end{bmatrix}$$

式中，$\mathrm{c}\varphi=\cos\varphi$，$\mathrm{s}\varphi=\sin\varphi$，其余类同。

3.2.2 绕任意轴转动的旋转矩阵

考虑动坐标系 $OUVW$ 绕任意单位矢量 $\boldsymbol{r}$ 转动 φ 角，研究这种转动的好处是对于某种角运动，可以用 $OUVW$ 坐标系绕某轴 $\boldsymbol{r}$ 的一次转动代替绕 $OUVW$ 坐标系或 $OXYZ$ 坐标系坐标轴的数次转动。设单位矢量 $\boldsymbol{r}=(r_x,r_y,r_z)^{\mathrm{T}}$，如图 3-3 所示，旋转过程为：绕 OX 轴旋转 α，再绕 OY 轴旋转 $-\beta$ 角，使 $\boldsymbol{r}$ 轴指向 OZ 轴的方向，然后绕 $\boldsymbol{r}$ 轴转过 φ 角，再顺序绕 OY 轴旋转 β 角，绕 OX 轴旋转 $-\alpha$，使 $\boldsymbol{r}$ 轴转回到它原来的位置，即：

$$\boldsymbol{R}_{r,\varphi}=\boldsymbol{R}_{x,-\alpha}\boldsymbol{R}_{y,\beta}\boldsymbol{R}_{z,\varphi}\boldsymbol{R}_{y,-\beta}\boldsymbol{R}_{x,\alpha}=\begin{bmatrix}r_x^2\mathrm{V}\varphi+\mathrm{c}\varphi & r_xr_y\mathrm{V}\varphi-r_z\mathrm{s}\varphi & r_xr_z\mathrm{V}\varphi+r_y\mathrm{s}\varphi\\ r_xr_y\mathrm{V}\varphi+r_z\mathrm{s}\varphi & r_y^2\mathrm{V}\varphi+\mathrm{c}\varphi & r_yr_z\mathrm{V}\varphi-r_x\mathrm{s}\varphi\\ r_xr_z\mathrm{V}\varphi-r_y\mathrm{s}\varphi & r_yr_z\mathrm{V}\varphi+r_x\mathrm{s}\varphi & r_z^2\mathrm{V}\varphi+\mathrm{c}\varphi\end{bmatrix} \tag{3-12}$$

式中，$\mathrm{V}\varphi=1-\cos\varphi$。

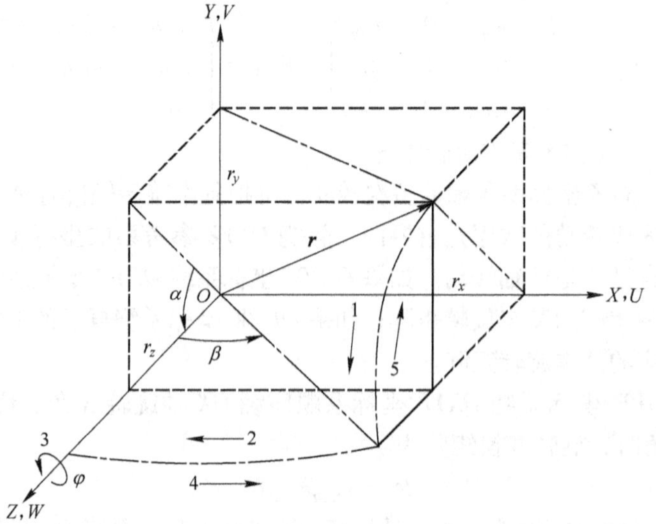

图 3-3 绕任意轴旋转

1—$\boldsymbol{R}_{x,\alpha}$；2—$\boldsymbol{R}_{y,-\beta}$；3—$\boldsymbol{R}_{z,\varphi}$；4—$\boldsymbol{R}_{y,\beta}$；5—$\boldsymbol{R}_{x,-\alpha}$

3.2.3 以欧拉角表示的旋转矩阵

描述转动刚体相对于参考坐标系的方向可以用3个角度作为广义坐标，这3个角度称为欧拉角。有24种不同类型的欧拉角表示方法，它们均可描述刚体相对于固定参考系的姿态。下面介绍三种最常用的欧拉角。

欧拉角方式Ⅰ：绕 OZ 轴转 φ 角，接着绕转动后的 OU 轴转 θ 角，最后再绕转动后的 OW 轴转 ψ 角。这种表示法通常用于陀螺运动（图3-4为框架陀螺仪原理图），旋转的结果为：

$$\boldsymbol{R}_{\varphi,\theta,\psi}=\boldsymbol{R}_{z,\varphi}\boldsymbol{R}_{u,\theta}\boldsymbol{R}_{w,\psi}$$

$$=\begin{bmatrix} c\varphi & -s\varphi & 0 \\ s\varphi & c\varphi & 0 \\ 0 & 0 & 1 \end{bmatrix}\begin{bmatrix} 1 & 0 & 0 \\ 0 & c\theta & -s\theta \\ 0 & s\theta & c\theta \end{bmatrix}\begin{bmatrix} c\psi & -s\psi & 0 \\ s\psi & c\psi & 0 \\ 0 & 0 & 1 \end{bmatrix}$$

$$=\begin{bmatrix} c\varphi c\psi - s\varphi c\theta s\psi & -c\varphi s\psi - s\varphi c\theta c\psi & s\varphi s\theta \\ s\varphi c\psi + c\varphi c\theta s\psi & -s\varphi s\psi + c\varphi c\theta c\psi & -c\varphi s\theta \\ s\theta s\psi & s\theta c\psi & c\theta \end{bmatrix} \tag{3-13}$$

欧拉角方式Ⅱ：绕 OZ 轴转 φ 角，绕转动后的 OV 轴转 θ 角，最后绕转动后的 OW 轴转 ψ 角。

$$\boldsymbol{R}_{\varphi,\theta,\psi}=\boldsymbol{R}_{z,\varphi}\boldsymbol{R}_{v,\theta}\boldsymbol{R}_{w,\psi}$$

$$
=\begin{bmatrix} c\varphi & -s\varphi & 0 \\ s\varphi & c\varphi & 0 \\ 0 & 0 & 1 \end{bmatrix}\begin{bmatrix} c\theta & 0 & s\theta \\ 0 & 1 & 0 \\ -s\theta & 0 & c\theta \end{bmatrix}\begin{bmatrix} c\psi & -s\psi & 0 \\ s\psi & c\psi & 0 \\ 0 & 0 & 1 \end{bmatrix}
$$

$$
=\begin{bmatrix} c\varphi c\theta c\psi - s\varphi s\psi & -c\varphi c\theta s\psi - s\varphi c\psi & c\varphi s\theta \\ s\varphi c\theta c\psi + c\varphi s\psi & -s\varphi c\theta s\psi + c\varphi c\psi & s\varphi s\theta \\ -s\theta c\psi & s\theta s\psi & c\theta \end{bmatrix} \tag{3-14}
$$

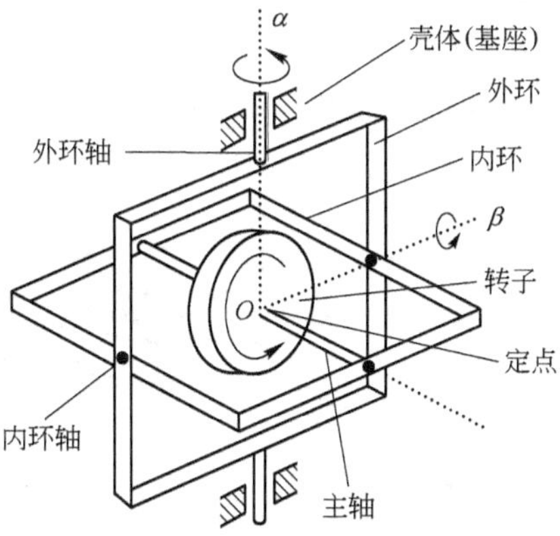

图 3-4 框架陀螺仪原理图

还有一种表示转动的欧拉角称为横滚（roll）、俯仰（pitch）和偏航（yaw）角（RPY），这种形式主要用于航空工程中分析飞行器的运动（图 3-5），它对应于如下的转动次序：（1）绕 OX 轴转 ψ 角（横滚）；（2）绕 OY 轴转 θ 角（俯仰）；（3）绕 OZ 轴转 φ 角（偏航）。其旋转矩阵：

$$
\boldsymbol{R}_{\varphi,\theta,\psi}=\boldsymbol{R}_{z,\varphi}\boldsymbol{R}_{y,\theta}\boldsymbol{R}_{x,\psi}
$$

$$
=\begin{bmatrix} c\varphi & -s\varphi & 0 \\ s\varphi & c\varphi & 0 \\ 0 & 0 & 1 \end{bmatrix}\begin{bmatrix} c\theta & 0 & s\theta \\ 0 & 1 & 0 \\ -s\theta & 0 & c\theta \end{bmatrix}\begin{bmatrix} 1 & 0 & 0 \\ 0 & c\psi & -s\psi \\ 0 & s\psi & c\psi \end{bmatrix}
$$

$$
=\begin{bmatrix} c\varphi c\theta & c\varphi s\theta s\psi - s\varphi c\psi & c\varphi s\theta c\psi - s\varphi s\psi \\ s\varphi c\theta & s\varphi s\theta s\psi + c\varphi c\psi & s\varphi s\theta c\psi + c\varphi s\psi \\ -s\theta & c\theta s\psi & c\theta c\psi \end{bmatrix} \tag{3-15}
$$

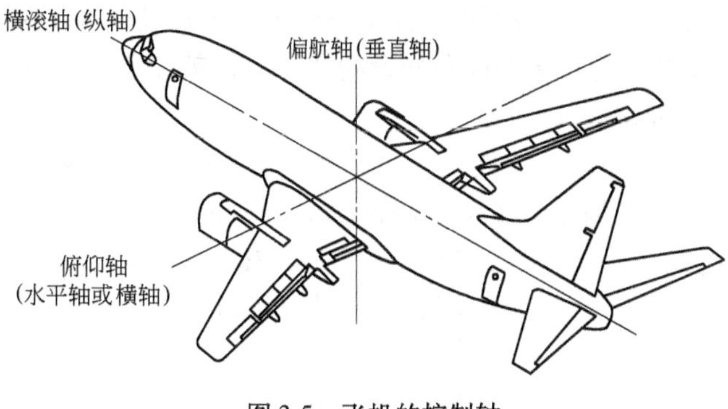

图 3-5 飞机的控制轴

3.2.4 坐标系原点不重合下的坐标变换

图3-6为坐标系原点不重合下的坐标变换关系，动坐标系 $OUVW$ 的原点在参考坐标系 $OXYZ$ 下的位置矢量为 $\boldsymbol{d}$，旋转矩阵为 R，点 P 在动坐标下的位置矢量为 $\boldsymbol{p}_{uvw}$，在动坐标下的位置矢量为 $\boldsymbol{p}_{xyz}$。由图中可见 $\overrightarrow{OP}=\overrightarrow{OO'}+\overrightarrow{O'P}$，注意到 $\overrightarrow{O'P}$ 需要在参考坐标系 $OXYZ$ 下表示，从而可得

$$\boldsymbol{p}_{xyz}=\boldsymbol{d}+R\boldsymbol{p}_{uvw} \tag{3-16}$$

式（3-16）给出了原点不重合条件下给定动坐标系下的位置矢量变换到参考坐标系的变换式，其逆关系为

$$\boldsymbol{p}_{uvw}=\boldsymbol{R}^{\mathrm{T}}(-\boldsymbol{d}+\boldsymbol{p}_{xyz}) \tag{3-17}$$

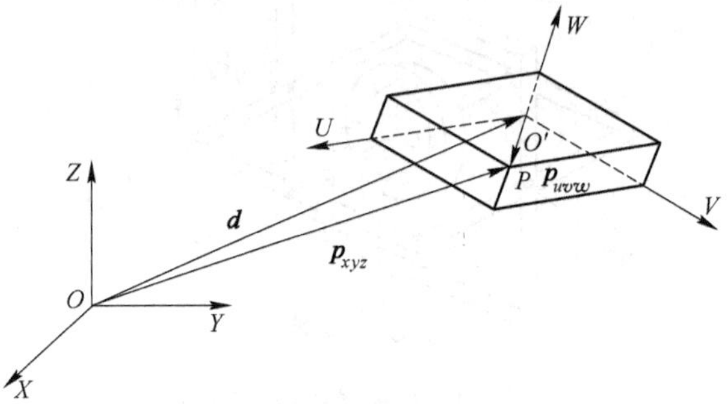

图3-6 坐标系原点不重合下的坐标变换

3.2.5 齐次坐标和齐次变换矩阵

齐次坐标是用 $n+1$ 维坐标来描述 n 维空间中的位置，其第 $n+1$ 个分量（元素）称为比例因子。引入齐次坐标不仅对坐标变换的数学表达带来方便，而且具有坐标值缩放功能。对三维空间位置矢量 $\boldsymbol{p}=(p_x,p_y,p_z)^{\mathrm{T}}$，其齐次坐标可以表示为 $\hat{\boldsymbol{p}}=(wp_x,wp_y,wp_z,w)^{\mathrm{T}}$。实际坐标和齐次坐标的关系如下：

$$p_x=\frac{wp_x}{w},\ p_y=\frac{wp_y}{w},\ p_z=\frac{wp_z}{w}$$

可以看出，直角坐标系 $OXYZ$ 原点的齐次坐标为 $[0,0,0,a]^{\mathrm{T}}$，a 为非零实数。齐次坐标 $[1,0,0,0]^{\mathrm{T}}$ 表示 OX 轴的无穷远点，同理齐次坐标 $[0,1,0,0]^{\mathrm{T}}$ 和 $[0,0,1,0]^{\mathrm{T}}$ 分别指向 OY 轴和 OZ 轴的无穷远点。三维空间的位置矢量的齐次坐标表达并不是唯一的。但若将 w 取为1，则位置矢量变换后的齐次坐标和矢量的实际坐标就相同了。在机器人运动学与动力学分析的应用中 w 总是取为1。

齐次变换矩阵是 4×4 矩阵，它能把一个以齐次坐标表示的位置矢量由一个坐标系映射到另一个坐标系。齐次变换矩阵 T（homogeneors transformation matrix）写成以下形式

$$\boldsymbol{T}=\begin{bmatrix} t_{11} & t_{12} & t_{13} & t_{14}\\ t_{21} & t_{22} & t_{23} & t_{24}\\ t_{31} & t_{32} & t_{33} & t_{34}\\ t_{41} & t_{42} & t_{43} & t_{44} \end{bmatrix} \tag{3-18}$$

对纯转动变换，若三维空间中的点 P 在动坐标下的位置矢量为 $\boldsymbol{p}_{uvw}$，在参考坐标下的位置矢量为 $\boldsymbol{p}_{xyz}$，它们的齐次坐标为 $\hat{\boldsymbol{p}}_{uvw} = [p_u \quad p_v \quad p_w \quad 1]^{\mathrm{T}}$ 和 $\hat{\boldsymbol{p}}_{xyz} = [p_x \quad p_y \quad p_z \quad 1]^{\mathrm{T}}$，那么利用变换矩阵的概念，两个齐次坐标的变换关系可表示为

$$\hat{\boldsymbol{p}}_{xyz} = \boldsymbol{T}\hat{\boldsymbol{p}}_{uvw} = \begin{bmatrix} \boldsymbol{R}_{3\times3} & 0_{3\times1} \\ 0_{1\times3} & 1_{1\times1} \end{bmatrix} \hat{\boldsymbol{p}}_{uvw} \tag{3-19}$$

这里，将 3×3 旋转矩阵扩展成了 4×4 齐次变换矩阵，其基本齐次变换矩阵可写成

$$\boldsymbol{T}_{x,\alpha} = \begin{bmatrix} 1 & 0 & 0 & 0 \\ 0 & \cos\alpha & -\sin\alpha & 0 \\ 0 & \sin\alpha & \cos\alpha & 0 \\ 0 & 0 & 0 & 1 \end{bmatrix}$$

$$\boldsymbol{T}_{y,\beta} = \begin{bmatrix} \cos\beta & 0 & \sin\beta & 0 \\ 0 & 1 & 0 & 0 \\ -\sin\beta & 0 & \cos\beta & 0 \\ 0 & 0 & 0 & 1 \end{bmatrix}$$

$$\boldsymbol{T}_{z,\theta} = \begin{bmatrix} \cos\theta & -\sin\theta & 0 & 0 \\ \sin\theta & \cos\theta & 0 & 0 \\ 0 & 0 & 1 & 0 \\ 0 & 0 & 0 & 1 \end{bmatrix} \tag{3-20}$$

对纯平移变换，齐次平移矩阵 $\boldsymbol{T}_{\text{tran}}$ 使 *OUVW* 坐标系的原点平移到参考坐标系的 $[d_x \quad d_y \quad d_z]^{\mathrm{T}}$ 点，而且保持坐标轴平行。

$$\boldsymbol{T}_{\text{tran}} = \begin{bmatrix} 1 & 0 & 0 & d_x \\ 0 & 1 & 0 & d_y \\ 0 & 0 & 1 & d_z \\ 0 & 0 & 0 & 1 \end{bmatrix} = \begin{bmatrix} 1_{3\times3} & \boldsymbol{d}_{3\times1} \\ 0_{1\times3} & 1_{1\times1} \end{bmatrix} \tag{3-21}$$

式（3-20）与式（3-21）是基本齐次变换矩阵。

基本齐次变换矩阵可以相乘以求得合成齐次变换矩阵，可是矩阵乘法是不可交换的，必须注意这些矩阵的相乘次序。也就是说：若动坐标系 *OUVW* 绕（或沿）*OXYZ* 系主轴转动（或平移），则用相应的基本齐次矩阵左乘齐次变换矩阵；若动坐标系 *OUVW* 绕（或沿）它自己的主轴转动（或平移），则用相应的基本齐次旋转（或平移）矩阵右乘齐次变换矩阵。

对于原点不重合条件下的齐次变换，可将式（3-16）中的矢量用齐次坐标表示，即

$$\hat{\boldsymbol{p}}_{xyz} = \begin{bmatrix} \boldsymbol{R}_{3\times3} & \boldsymbol{d}_{3\times1} \\ 0_{1\times3} & 1_{1\times1} \end{bmatrix} \hat{\boldsymbol{p}}_{uvw} = \begin{bmatrix} 旋转矩阵_{3\times3} & 位置矢量_{3\times1} \\ 0_{1\times3} & 1_{1\times1} \end{bmatrix} \hat{\boldsymbol{p}}_{uvw} \tag{3-22}$$

齐次变换矩阵式（3-22）可看作为定义式，也可由式（3-19）和式（3-21）中的变换

矩阵相乘得出，即

$$\boldsymbol{T}=\begin{bmatrix}1_{3\times3} & \boldsymbol{d}_{3\times1}\\0_{1\times3} & 1_{1\times1}\end{bmatrix}\begin{bmatrix}\boldsymbol{R}_{3\times3} & 0_{3\times1}\\0_{1\times3} & 1_{1\times1}\end{bmatrix}=\begin{bmatrix}1 & 0 & 0 & d_x\\0 & 1 & 0 & d_y\\0 & 0 & 1 & d_z\\0 & 0 & 0 & 1\end{bmatrix}\begin{bmatrix}n_x & o_x & a_x & 0\\n_y & o_y & a_y & 0\\n_z & o_z & a_z & 0\\0 & 0 & 0 & 1\end{bmatrix}=\begin{bmatrix}\boldsymbol{R}_{3\times3} & \boldsymbol{d}_{3\times1}\\0_{1\times3} & 1_{1\times1}\end{bmatrix}$$

或者根据式（3-16）直接写出

$$\hat{\boldsymbol{p}}_{xyz}=\begin{bmatrix}\boldsymbol{R} & \boldsymbol{d}\\0^{\mathrm{T}} & 1\end{bmatrix}\hat{\boldsymbol{p}}_{uvw} \tag{3-23}$$

类似地，从式（3-17）可直接得出

$$\hat{\boldsymbol{p}}_{uvw}=\begin{bmatrix}\boldsymbol{R}^{\mathrm{T}} & -\boldsymbol{R}^{\mathrm{T}}\boldsymbol{d}\\0^{T} & 1\end{bmatrix}=\begin{bmatrix}n_x & n_y & n_z & -\boldsymbol{d}\cdot\boldsymbol{n}\\o_x & o_y & o_z & -\boldsymbol{d}\cdot\boldsymbol{o}\\a_x & a_y & a_z & -\boldsymbol{d}\cdot\boldsymbol{a}\\0 & 0 & 0 & 1\end{bmatrix}\hat{\boldsymbol{p}}_{xyz} \tag{3-24}$$

总之，4×4 齐次变换矩阵把在 *OUVW* 坐标系中用齐次坐标表示的矢量映射到 *OXYZ* 参考坐标系中去，即

$$\boldsymbol{T}=\begin{bmatrix}n_x & o_x & a_x & d_x\\n_y & o_y & a_y & d_y\\n_z & o_z & a_z & d_z\\0 & 0 & 0 & 1\end{bmatrix}=\begin{bmatrix}\boldsymbol{n} & \boldsymbol{o} & \boldsymbol{a} & \boldsymbol{d}\\0 & 0 & 0 & 1\end{bmatrix} \tag{3-25}$$

3.2.6 变换方程

对于图 3-1 所示的坐标系，设工具坐标系与腕部坐标系的变换矩阵为 ${}^W\boldsymbol{T}_T$、腕部坐标系与机座坐标系的变换矩阵为 ${}^B\boldsymbol{T}_W$；工具坐标系与目标坐标系的变换矩阵为 ${}^G\boldsymbol{T}_T$、目标坐标系与工作台坐标系的变换矩阵为 ${}^S\boldsymbol{T}_G$、工作台坐标系与机座坐标系的变换矩阵为 ${}^B\boldsymbol{T}_S$，则工具坐标系相对于机座坐标系的变换可表示为

$${}^B\boldsymbol{T}_T={}^B\boldsymbol{T}_W{}^W\boldsymbol{T}_T$$

$${}^B\boldsymbol{T}_T={}^B\boldsymbol{T}_S{}^S\boldsymbol{T}_G{}^G\boldsymbol{T}_T$$

从而,可得

$${}^B\boldsymbol{T}_W{}^W\boldsymbol{T}_T={}^B\boldsymbol{T}_S{}^S\boldsymbol{T}_G{}^G\boldsymbol{T}_T \tag{3-26}$$

式（3-26）为变换方程，若其中只有一个变换未知，可从变换方程中求出。例如求工具坐标系与目标坐标系的变换矩阵为

$${}^G\boldsymbol{T}_T={}^S\boldsymbol{T}_G^{-1}{}^B\boldsymbol{T}_S^{-1}{}^B\boldsymbol{T}_W{}^W\boldsymbol{T}_T$$

同样的，摄像机相对于工作台坐标系的变换矩阵为 ${}^S\boldsymbol{T}_C$、摄像机相对于目标坐标系的变换矩阵为 ${}^G\boldsymbol{T}_C$，有

$$^{S}\boldsymbol{T}_{C}={}^{S}\boldsymbol{T}_{G}{}^{G}\boldsymbol{T}_{C}$$

目标坐标系与工作台坐标系的变换矩阵为

$$^{S}\boldsymbol{T}_{G}={}^{G}\boldsymbol{T}_{C}^{-1}{}^{S}\boldsymbol{T}_{C}$$

3.3 Denavt-Hartenberg(D-H)表示法与机器人运动学位置分析正问题

3.3.1 Denavt-Hartenberg(D-H)表示法

从机构学角度看，工业机器人（或机械手）为串联机构，通过转动或平移关节（或运动副）将机器人的各个构件连接在一起。每一对关节-杆件构成一个自由度。通常将组成机器人的各构件称为杆件（link）。若将机座（base）也看成组成机器人系统的杆件，一个 n 个自由度的串联结构机器人有 $n+1$ 个杆件，n 个单自由度运动副（关节）。

杆件的编号由手臂的固定机座开始，固定机座可看成杆件0，第一个运动体是杆件1，依次类推，最后一个杆件与工具相连；关节1处于连接杆件1和机座之间，每个杆件最多与另外两个杆件相连，而不构成闭环，如图3-7所示。杆件 i 距机座近的一端（简称近端）的关节为第 i 个关节，距机座远的一端（简称远端）的关节为第 $i+1$ 个关节。通常，在近端关节上提供相应的驱动。

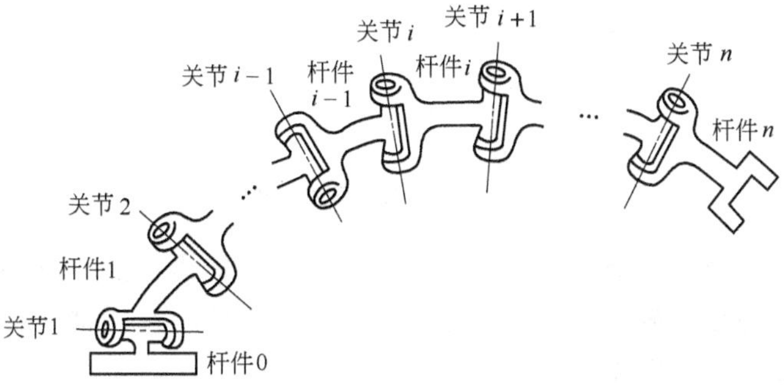

图3-7 串联结构机器人的杆件和关节序号

任何杆件 i 都可以用两个尺度表征，如图3-8所示，杆件 i 的长度 a_i 是杆件上两个关节轴线的最短距离；杆件 i 的扭转角 α_i 是两个关节轴线的夹角。

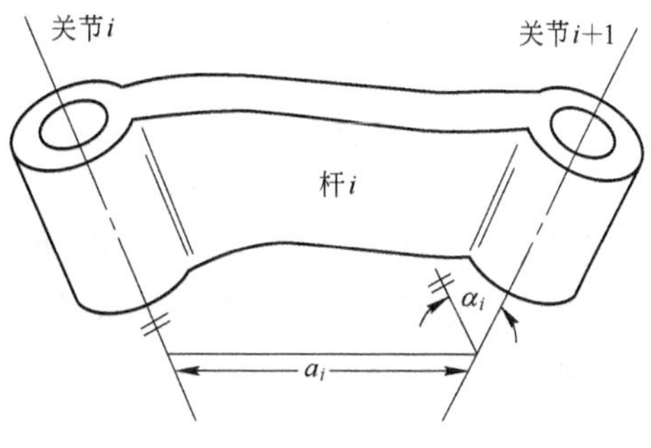

图3-8 杆件的特征参数

Denavt 和 Hartenberg（1955）提出了一种为关节链中的每一杆件建立附体坐标系的矩阵方法。D-H 方法是为每个关节处的杆件坐标系建立 4×4 齐次变换矩阵，表示它与前一杆件坐标系的关系。这样逐次变换，用“手部坐标”表示的末端执行器可被变换并用机座坐标表示。

通常，在每个关节轴线上连接有两根杆件，每个杆件各有一根和轴线垂直的法线。两个杆件的相对位置由两杆间的距离 d_i（关节轴上两个法线的距离）和夹角 θ_i（关节轴上两个法线的夹角）确定。

3.3.1.1　坐标系的建立

n 关节机器人需建立 $n+1$ 个坐标系，其中参考（机座）坐标系为 $O_0X_0Y_0Z_0$，机械手末端的坐标系为 $O_nX_nY_nZ_n$（工具坐标系），第 i 关节上的坐标系为 $O_{i-1}X_{i-1}Y_{i-1}Z_{i-1}$。确定和建立每个坐标系应根据下面三条规则（参见图3-9）：

(1) Z_{i-1} 轴沿着第 i 关节的运动轴；

(2) X_i 轴垂直于 Z_{i-1} 轴和 Z_i 轴并指向离开 Z_{i-1} 轴的方向；

(3) Y_i 轴按右手坐标系的要求建立。

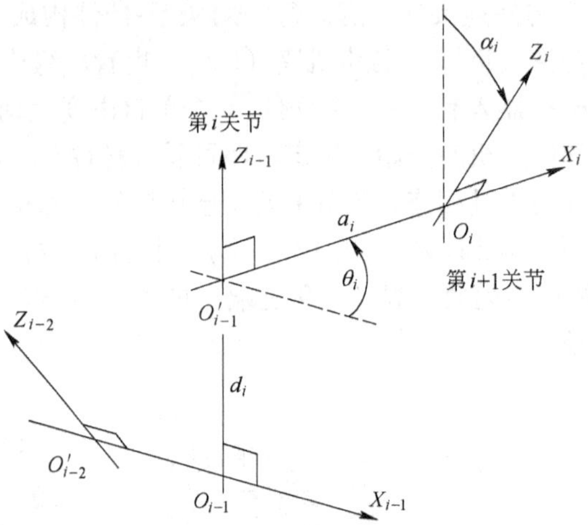

图3-9　杆件的参数和坐标系

按照这些规则，第0号坐标系在机座上的位置和方向可任选，只要 Z_0 轴沿着第一关节运动轴。第 n 坐标系可放在手的任何部位，只要 X_n 轴与 Z_{n-1} 轴垂直。

3.3.1.2　几何参数定义

根据上述对杆件参数及坐标系的定义，描述串联机器人相邻坐标系之间的关节关系可归结为如下4个参数：

关节角（joint angle）θ_i ——绕 Z_{i-1} 轴（右手规则）由 X_{i-1} 轴向 X_i 轴的关节角；

偏距（link offset）d_i ——从第 $i-1$ 坐标系的原点到 Z_{i-1} 轴和 X_i 轴的交点沿 Z_{i-1} 轴的距离；

杆长（link length）a_i ——从 Z_{i-1} 和 X_i 的交点到第 i 坐标系原点沿 X_i 轴的偏置距离（或者说，是 Z_{i-1} 和 Z_i 两轴间的最小距离）；

扭转角（link twist）α_i ——绕 X_i 轴（右手规则）由 Z_{i-1} 轴转向 Z_i 轴的偏角。

对于转动关节，d_i、α_i 和 a_i 是关节参数，θ_i 是关节变量。移动关节的关节参数是 θ_i、α_i 和 a_i，d_i 是关节变量。

3.3.1.3　建立 i 坐标系和 $i-1$ 坐标系的齐次变换矩阵

将第 i 个坐标系表示的点 r_i 在 $i-1$ 坐标系表示，需建立 i 坐标系和 $i-1$ 坐标系的齐次变换矩阵，因而需经过以下变换：

（1）将坐标系 $O_{i-1}X_{i-1}Y_{i-1}Z_{i-1}$ 绕 Z_{i-1} 轴转 θ_i 角，使 X_{i-1} 轴与 X_i 轴平行并指向同一方向；

（2）将坐标系 $O_{i-1}X_{i-1}Y_{i-1}Z_{i-1}$ 沿 Z_{i-1} 轴平移距离 d_i，使 X_{i-1} 轴与 $O_iX_iY_iZ_i$ 的 X_i 轴重合；

（3）将坐标系 $O_{i-1}X_{i-1}Y_{i-1}Z_{i-1}$ 沿 X_{i-1} 轴平移距离 a_i，使两坐标系的原点重合；

（4）将坐标系 $O_{i-1}X_{i-1}Y_{i-1}Z_{i-1}$ 绕 X_{i-1} 轴转 α_i 角，使两坐标系完全重合。

从而，i 坐标系和 $i-1$ 坐标系的齐次变换矩阵 ${}^{i-1}\boldsymbol{A}_i$ 可以根据矩阵的合成规则得到，${}^{i-1}\boldsymbol{A}_i$ 称为相邻坐标系 i 和 $i-1$ 的 D-H 变换矩阵，即：

$$
\begin{aligned}
{}^{i-1}\boldsymbol{A}_i &= \boldsymbol{R}_{z,\theta}\boldsymbol{T}_{z,d}\boldsymbol{T}_{x,a}\boldsymbol{R}_{x,\alpha} \\
&= \begin{bmatrix} \cos\theta_i & -\sin\theta_i & 0 & 0 \\ \sin\theta_i & \cos\theta_i & 0 & 0 \\ 0 & 0 & 1 & 0 \\ 0 & 0 & 0 & 1 \end{bmatrix}
\begin{bmatrix} 1 & 0 & 0 & 0 \\ 0 & 1 & 0 & 0 \\ 0 & 0 & 1 & d_i \\ 0 & 0 & 0 & 1 \end{bmatrix}
\begin{bmatrix} 1 & 0 & 0 & a_i \\ 0 & 1 & 0 & 0 \\ 0 & 0 & 1 & 0 \\ 0 & 0 & 0 & 1 \end{bmatrix}
\begin{bmatrix} 1 & 0 & 0 & 0 \\ 0 & \cos\alpha_i & -\sin\alpha_i & 0 \\ 0 & \sin\alpha_i & \cos\alpha_i & 0 \\ 0 & 0 & 0 & 1 \end{bmatrix} \\
&= \begin{bmatrix} \cos\theta_i & -\cos\alpha_i\sin\theta_i & \sin\alpha_i\sin\theta_i & a_i\cos\theta_i \\ \sin\theta_i & \cos\alpha_i\cos\theta_i & -\sin\alpha_i\cos\theta_i & a_i\sin\theta_i \\ 0 & \sin\alpha_i & \cos\alpha_i & d_i \\ 0 & 0 & 0 & 1 \end{bmatrix}
\end{aligned}
\tag{3-27}
$$

对于在第 i 坐标系中的位置矢量 $\boldsymbol{r}_i$ 的齐次坐标在第 $i-1$ 坐标系中表示为：

$$\hat{\boldsymbol{r}}_{i-1} = {}^{i-1}\boldsymbol{A}_i\hat{\boldsymbol{r}}_i$$

确定第 i 坐标系相对于机座坐标系的位置的齐次变换矩阵 ${}^0\boldsymbol{T}_i$ 是各齐次变换矩阵 ${}^{i-1}\boldsymbol{A}_i$ 的连乘积，可表示成

$$
\begin{aligned}
{}^0\boldsymbol{T}_i &= {}^0\boldsymbol{A}_1{}^1\boldsymbol{A}_2\cdots{}^{i-1}\boldsymbol{A}_i = \prod_{j=1}^{i}{}^{j-1}\boldsymbol{A}_j \\
&= \begin{bmatrix} \boldsymbol{n}_i & \boldsymbol{o}_i & \boldsymbol{a}_i & \boldsymbol{p}_i \\ 0 & 0 & 0 & 1 \end{bmatrix} = \begin{bmatrix} {}^0\boldsymbol{R}_i & {}^0\boldsymbol{p}_i \\ 0 & 1 \end{bmatrix}
\end{aligned}
\tag{3-28}
$$

式中，$[\boldsymbol{n}_i \quad \boldsymbol{o}_i \quad \boldsymbol{a}_i]$ 是固连在杆件 i 上的第 i 个坐标系的姿态矩阵；$\boldsymbol{p}_i$ 是由机座坐标系原点指向第 i 个坐标系原点的位置矢量。特别当 $i=6$ 时，求得的 $\boldsymbol{T}$ 矩阵，$\boldsymbol{T}={}^0\boldsymbol{A}_6$，它确定了机械手的末端相对于机座坐标系的位置和姿态。可以把 $\boldsymbol{T}$ 矩阵写成

$$
\boldsymbol{T} = \begin{bmatrix} \boldsymbol{n}_6 & \boldsymbol{o}_6 & \boldsymbol{a}_6 & \boldsymbol{p}_6 \\ 0 & 0 & 0 & 1 \end{bmatrix} = \begin{bmatrix} {}^0\boldsymbol{R}_6 & {}^0\boldsymbol{p}_6 \\ 0 & 1 \end{bmatrix} = \begin{bmatrix} \boldsymbol{n} & \boldsymbol{o} & \boldsymbol{a} & \boldsymbol{p} \\ 0 & 0 & 0 & 1 \end{bmatrix} = \begin{bmatrix} n_x & o_x & a_x & p_x \\ n_y & o_y & a_y & p_y \\ n_z & o_z & a_z & p_z \\ 0 & 0 & 0 & 1 \end{bmatrix}
\tag{3-29}
$$

式中，$\boldsymbol{n}$ 为手的法向矢量；$\boldsymbol{o}$ 为手的滑动矢量；$\boldsymbol{a}$ 为手的接近矢量；$\boldsymbol{p}$ 为手的位置矢量，如图 3-10 所示。

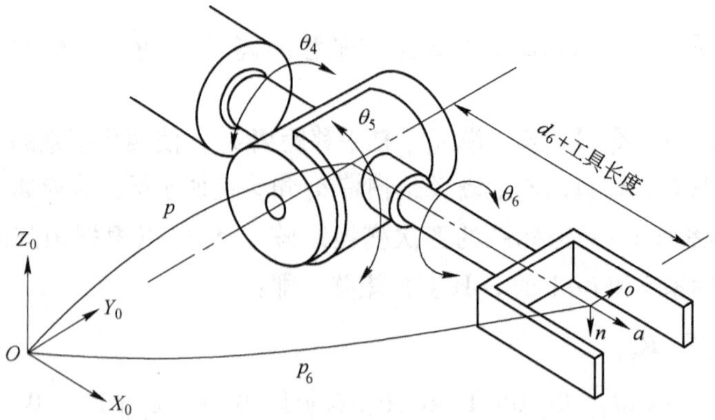

图 3-10　手部坐标系

式（3-29）为串联结构机器人运动学位置方程。

在 D-H 表示方法中，杆件 i 的近端关节为 i，远端关节为 $i+1$，杆件 i 的驱动力（或力矩）是经由关节 i 施加到杆件 i 上的，将关节 i 的轴称为杆件 i 的驱动轴（driving axis），关节 $i+1$ 的作用是将杆件 i 的运动和力传递到杆件 $i+1$ 上，故将 $i+1$ 上轴称为杆件 i 的传动轴（transmitting axis），所以标准的 D-H 表示方法是传动（远端）坐标系方法。这种坐标系建立方法的明显缺点是：对于树形或含闭链的机器人，有的杆件会存在多于 1 个传动轴，有可能产生歧义。

Khalil 和 Kleinfinger（1986）提出了一种修改 D-H 方法，其特点是选取和杆件 i 固联坐标系的 $\boldsymbol{Z}_i$ 轴沿杆件 i 的驱动轴轴向，故称这种方法建立的附体坐标系为驱动轴坐标系，修改的 D-H 方法克服了上述缺点。

值得注意的是：在前述的 D-H 参数定义中，a_i 和 α_i 分别为杆件 i 的长度和的扭转角；关节角 θ_i 和偏距 d_i 是杆件 i 相对于第 $i-1$ 的，用以表示第 i 个关节的关节角和偏距；另一种 D-H 参数定义的方法是：a_i 和 α_i 仍然分别为杆件 i 的长度和扭转角；而关节角和偏距表示为 θ_{i+1} 和 d_{i+1}，它们分别为杆件 $i+1$ 相对于杆件 i 的关节角和偏距，如图 3-11 所示。此时，相邻坐标系之间的变换矩阵为

$$
\begin{aligned}
{}^{i-1}\boldsymbol{A}_i &= \boldsymbol{R}_{x,\alpha_i}\boldsymbol{T}_{x,a_i}\boldsymbol{R}_{z_{i+1},\theta}\boldsymbol{T}_{z,d_{i+1}} \\
&= \begin{bmatrix} 1 & 0 & 0 & 0 \\ 0 & \cos\alpha_i & -\sin\alpha_i & 0 \\ 0 & \sin\alpha_i & \cos\alpha_i & 0 \\ 0 & 0 & 0 & 1 \end{bmatrix}
\begin{bmatrix} 1 & 0 & 0 & a_i \\ 0 & 1 & 0 & 0 \\ 0 & 0 & 1 & 0 \\ 0 & 0 & 0 & 1 \end{bmatrix}
\begin{bmatrix} 1 & 0 & 0 & 0 \\ 0 & 1 & 0 & 0 \\ 0 & 0 & 1 & d_{i+1} \\ 0 & 0 & 0 & 1 \end{bmatrix}
\begin{bmatrix} \cos\theta_{i+1} & -\sin\theta_{i+1} & 0 & 0 \\ \sin\theta_{i+1} & \cos\theta_{i+1} & 0 & 0 \\ 0 & 0 & 1 & 0 \\ 0 & 0 & 0 & 1 \end{bmatrix} \\
&= \begin{bmatrix} \cos\theta_{i+1} & -\sin\theta_{i+1} & 0 & a_i \\ \sin\theta_{i+1}\cos\alpha_i & \cos\theta_{i+1}\cos\alpha_i & -\sin\alpha_i & d_{i+1}\sin\alpha_i \\ \sin\theta_{i+1}\sin\alpha_i & \cos\theta_{i+1}\sin\alpha_i & \cos\alpha_i & d_{i+1}\cos\alpha_i \\ 0 & 0 & 0 & 1 \end{bmatrix}
\end{aligned}
\tag{3-30}
$$

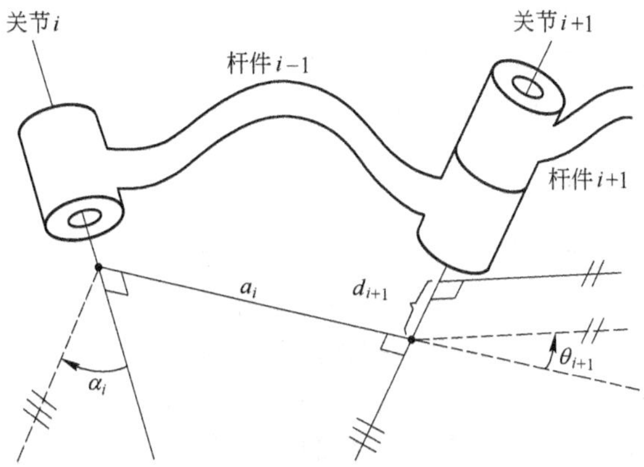

图 3-11 Khalil 和 Kleinfinger 修改 D-H 方法的 D-H 参数的确定

例 3-2 建立图 3-12 所示的 2 个自由度平面机械臂末端相对于机座的齐次变换矩阵。

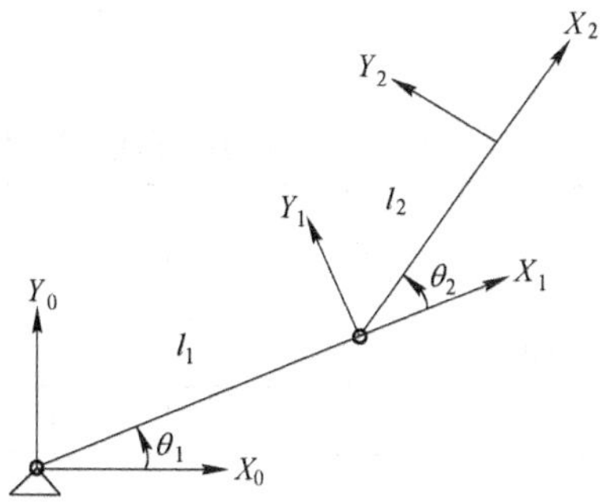

图 3-12 两个杆件的臂及其坐标系

解：建立的坐标系如图 3-12 所示，这是二维坐标系（在三维空间中，各坐标系的 Z 轴垂直于纸面），其相邻坐标系的变换矩阵为

$$
{}^{0}\boldsymbol{A}_1=\boldsymbol{R}_{z,\theta}\boldsymbol{T}_{x,l1}=\begin{bmatrix} c_1 & -s_1 & 0 \\ s_1 & c_1 & 0 \\ 0 & 0 & 1 \end{bmatrix}\begin{bmatrix} 1 & 0 & l_1 \\ 0 & 1 & 0 \\ 0 & 0 & 1 \end{bmatrix}=\begin{bmatrix} c_1 & -s_1 & l_1c_1 \\ s_1 & c_1 & l_1s_1 \\ 0 & 0 & 1 \end{bmatrix}
$$

$$
{}^{1}\boldsymbol{A}_2=\begin{bmatrix} c_2 & -s_2 & l_2c_2 \\ s_2 & c_2 & l_2s_2 \\ 0 & 0 & 1 \end{bmatrix}
$$

$$
\boldsymbol{T}={}^{0}\boldsymbol{A}_1{}^{1}\boldsymbol{A}_2=\begin{bmatrix} c_1 & -s_1 & l_1c_1 \\ s_1 & c_1 & l_1s_1 \\ 0 & 0 & 1 \end{bmatrix}\begin{bmatrix} c_2 & -s_2 & l_2c_2 \\ s_2 & c_2 & l_2s_2 \\ 0 & 0 & 1 \end{bmatrix}
$$

$$
=\begin{bmatrix} c_1c_2-s_1s_2 & -c_1s_2-s_1c_2 & l_2(c_1c_2-s_1s_2)+l_1c_1 \\ s_1c_2+c_1s_2 & -s_1s_2+c_1c_2 & l_2(s_1c_2+c_1s_2)+l_2s_1 \\ 0 & 0 & 1 \end{bmatrix}=\begin{bmatrix} c_{12} & -s_{12} & l_2c_{12}+l_1c_1 \\ s_{12} & c_{12} & l_2s_{12}+l_2s_1 \\ 0 & 0 & 1 \end{bmatrix}
$$

式中，$c_{12}=\cos(\theta_1+\theta_2)$；$s_{12}=\sin(\theta_1+\theta_2)$。

容易验证上式的正确性，即：末端位置为 $[l_1c_1+l_2c_{12}\quad l_1s_1+l_2s_{12}]^T$，姿态为 $\theta_1+\theta_2$。

3.3.2 机器人运动学正问题

机器人运动学正问题是已知机器人各关节、各连杆参数及各关节变量，求机器人手端坐标在参考坐标系中的位置和姿态，用于机器人的工作空间的确定与机器人设计。对于串联结构机器人，只需要将关节变量带入运动学位置方程求出末端相对于参考坐标系的齐次变换（位置和姿态）矩阵。

例 3-3 确定图 3-13 所示 Stanford 机器人（由 Victor Scheinman 于 1969 年提出）的位置和姿态。

解：用 D-H 法建立坐标系转换矩阵，首先列出各连杆及关节参数，如表 3-1 所示。

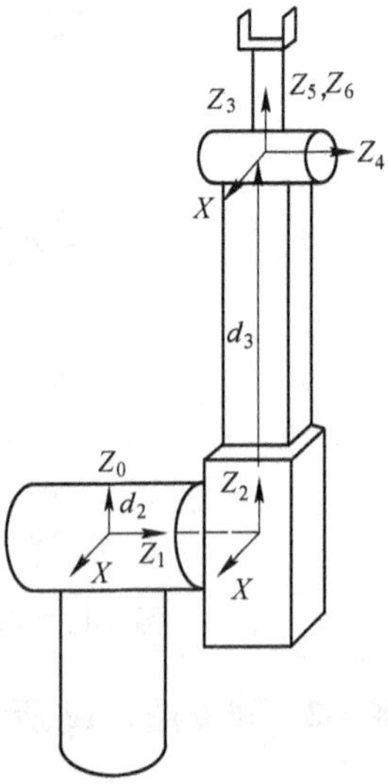

图 3-13 Stanford 机器人及其坐标系

表 3-1 Stanford 机器人的连杆及关节参数

连　杆	关节变量	$\alpha_i/(°)$	d_i/mm	a_i/mm	$\cos\alpha$	$\sin\alpha$
1	θ_1	-90	0	0	0	-1
2	θ_2	90	d_2	0	0	1
3	d_3	0	d_3	0	1	0
4	θ_4	-90	0	0	0	-1
5	θ_5	90	0	0	0	1
6	θ_6	0	0	0	1	0

将表 3-1 中的参数分别代入式（3-27）可得如下变换矩阵。

$$^0\boldsymbol{A}_1=\begin{bmatrix} c_1 & 0 & -s_1 & 0\\ s_1 & 0 & c_1 & 0\\ 0 & -1 & 0 & 0\\ 0 & 0 & 0 & 1\end{bmatrix}\qquad ^1\boldsymbol{A}_2=\begin{bmatrix} c_2 & 0 & -s_2 & 0\\ s_2 & 0 & -c_2 & 0\\ 0 & 1 & 0 & d_2\\ 0 & 0 & 0 & 1\end{bmatrix}$$

$$^2\boldsymbol{A}_3=\begin{bmatrix} 1 & 0 & 0 & 0\\ 0 & 1 & 0 & 0\\ 0 & 0 & 1 & d_3\\ 0 & 0 & 0 & 1\end{bmatrix}\qquad ^3\boldsymbol{A}_4=\begin{bmatrix} c_4 & 0 & -s_4 & 0\\ s_4 & 0 & c_4 & 0\\ 0 & -1 & 0 & 0\\ 0 & 0 & 0 & 1\end{bmatrix}$$

$$^4\boldsymbol{A}_5=\begin{bmatrix} c_5 & 0 & s_5 & 0\\ s_5 & 0 & -c_5 & 0\\ 0 & 1 & 0 & 0\\ 0 & 0 & 0 & 1\end{bmatrix}\qquad ^5\boldsymbol{A}_6=\begin{bmatrix} c_6 & -s_6 & 0 & 0\\ s_6 & c_6 & 0 & 0\\ 0 & 0 & 1 & 0\\ 0 & 0 & 0 & 1\end{bmatrix}$$

由手端坐标逐一向机座坐标变换，其过程如下：

$$ {}^5\boldsymbol{T}_6 = {}^5\boldsymbol{A}_6 = \begin{bmatrix} c_6 & -s_6 & 0 & 0 \\ s_6 & c_6 & 0 & 0 \\ 0 & 0 & 1 & 0 \\ 0 & 0 & 0 & 1 \end{bmatrix} $$

$$ {}^4\boldsymbol{T}_6 = {}^4\boldsymbol{A}_5{}^5\boldsymbol{A}_6 = \begin{bmatrix} c_5c_6 & -c_5s_6 & s_5 & 0 \\ s_5c_6 & -s_5s_6 & -c_5 & 0 \\ s_6 & c_6 & 0 & 0 \\ 0 & 0 & 0 & 1 \end{bmatrix} $$

$$ {}^3\boldsymbol{T}_6 = {}^3\boldsymbol{A}_4{}^4\boldsymbol{A}_5{}^5\boldsymbol{A}_6 = \begin{bmatrix} c_4c_5c_6 - s_4s_6 & -c_4c_5s_6 - s_4c_6 & c_4s_5 & 0 \\ s_4c_5c_6 + c_4s_6 & -s_4c_5s_6 + c_4c_6 & s_4s_5 & 0 \\ -s_5c_6 & s_5s_6 & c_5 & 0 \\ 0 & 0 & 0 & 1 \end{bmatrix} $$

$$ {}^2\boldsymbol{T}_6 = {}^2\boldsymbol{A}_3{}^3\boldsymbol{A}_4{}^4\boldsymbol{A}_5{}^5\boldsymbol{A}_6 = \begin{bmatrix} c_4c_5c_6 - s_4s_6 & -c_4c_5s_6 - s_4c_6 & c_4s_5 & 0 \\ s_4c_5c_6 + c_4s_6 & -s_4c_5s_6 + c_4c_6 & s_4s_5 & 0 \\ -s_5c_6 & s_5s_6 & c_5 & d_3 \\ 0 & 0 & 0 & 1 \end{bmatrix} $$

$$ {}^1\boldsymbol{T}_6 = {}^1A_2{}^2A_3{}^3A_4{}^4A_5{}^5A_6 $$

$$ = \begin{bmatrix} c_2(c_4c_5c_6 - s_4s_6) - s_2s_5c_6 & -c_2(c_4c_5s_6 + s_4c_6) + s_2s_5s_6 & c_2c_4s_5 + s_2c_5 & s_2d_3 \\ s_2(c_4c_5c_6 - s_4s_6) + c_2s_5c_6 & -s_2(c_4c_5s_6 + s_4c_6) - c_2s_5s_6 & s_2c_4s_5 - c_2c_5 & -c_2d_3 \\ s_4c_5c_6 + c_4s_6 & -s_4c_5s_6 + c_4c_6 & s_4s_5 & d_2 \\ 0 & 0 & 0 & 1 \end{bmatrix} $$

$$ \boldsymbol{T} = {}^0\boldsymbol{A}_1{}^1\boldsymbol{T}_6 = \begin{bmatrix} n_x & o_x & a_x & p_x \\ n_y & o_y & a_y & p_y \\ n_z & o_z & a_z & p_z \\ 0 & 0 & 0 & 1 \end{bmatrix} $$

式中：

$$ n_x = c_1[c_2(c_4c_5c_6 - s_4s_6) - s_2s_5c_6] - s_1(s_4c_5c_6 + c_4s_6) $$
$$ n_y = s_1[c_2(c_4c_5c_6 - s_4s_6) - s_2s_5c_6] + c_1(s_4c_5c_6 + c_4s_6) $$
$$ n_z = -s_2(c_4c_5c_6 - s_4s_6) - c_2s_5c_6 $$
$$ o_x = c_1[-c_2(c_4c_5s_6 + s_4c_6) + s_2s_5s_6] - s_1(-s_4c_5s_6 + c_4c_6) $$
$$ o_y = s_1[-c_2(c_4c_5s_6 - s_4c_6) + s_2s_5s_6] + c_1(-s_4c_5s_6 + c_4c_6) $$
$$ o_z = s_2(c_4c_5s_6 + s_4c_6) + c_2s_5s_6 $$
$$ a_x = c_1(c_2c_4s_5 + s_2c_5) - s_1s_4s_5 $$

$$a_y = s_1(c_2c_4s_5 + s_2c_5) + c_1s_4s_5$$
$$a_z = -s_2c_4s_5 + c_2c_5$$
$$p_x = c_1s_2d_3 - s_1d_2$$
$$p_y = s_1s_2d_3 + c_1d_2$$
$$p_z = c_2d_3$$

例 3-4 建立图 3-14 所示 PUMA 机器人相邻坐标系间的变换矩阵，确定末端相对于参考坐标系的齐次变换（位置和姿态）矩阵。

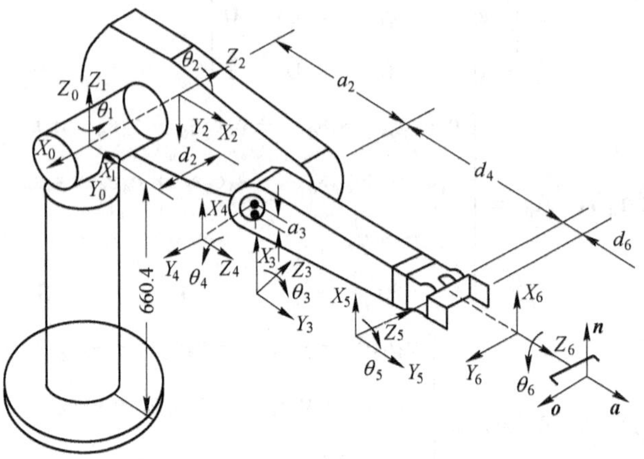

图 3-14 PUMA 机器人结构及坐标系

解：用 D-H 法建立坐标系变换矩阵，应首先列出各连杆及关节参数表。

将表 3-2 中的参数分别代入式（3-27）可得如下变换矩阵。

表 3-2 PUMA 机器人的连杆及关节参数

关节 i	关节变量	关节变量值/(°)	α_i/(°)	d_i/mm	a_i/mm	关节变量范围/(°)	cosα	sinα
1	θ_1	90	-90	0	0	-160 ~ +160	0	-1
2	θ_2	0	0	149.09	431.8	-225 ~ 45	1	0
3	θ_3	90	90	0	-20.32	-45 ~ 225	0	1
4	θ_4	0	-90	433.07	0	-110 ~ 170	0	-1
5	θ_5	0	90	0	0	-100 ~ 100	0	1
6	θ_6	0	0	56.25	0	-266 ~ 266	1	0

$$^0\boldsymbol{A}_1 = \begin{bmatrix} c_1 & 0 & -s_1 & 0 \\ s_1 & 0 & c_1 & 0 \\ 0 & -1 & 0 & 0 \\ 0 & 0 & 0 & 1 \end{bmatrix} \qquad ^1\boldsymbol{A}_2 = \begin{bmatrix} c_2 & -s_2 & 0 & a_2c_2 \\ s_2 & c_2 & 0 & a_2s_2 \\ 0 & 0 & 1 & d_2 \\ 0 & 0 & 0 & 1 \end{bmatrix}$$

$$^2\boldsymbol{A}_3 = \begin{bmatrix} c_3 & 0 & s_3 & 0 \\ s_3 & 0 & -c_3 & 0 \\ 0 & 1 & 0 & 0 \\ 0 & 0 & 0 & 1 \end{bmatrix} \qquad ^3\boldsymbol{A}_4 = \begin{bmatrix} c_4 & 0 & -s_4 & 0 \\ s_4 & 0 & c_4 & 0 \\ 0 & -1 & 0 & d_4 \\ 0 & 0 & 0 & 1 \end{bmatrix}$$

$$
{}^4\boldsymbol{A}_5 = \begin{bmatrix} c_5 & 0 & s_5 & 0 \\ s_5 & 0 & -c_5 & 0 \\ 0 & 1 & 0 & 0 \\ 0 & 0 & 0 & 1 \end{bmatrix} \qquad {}^5\boldsymbol{A}_6 = \begin{bmatrix} c_6 & -s_6 & 0 & 0 \\ s_6 & c_6 & 0 & 0 \\ 0 & 0 & 1 & d_6 \\ 0 & 0 & 0 & 1 \end{bmatrix}
$$

式中，c_i和 s_i分别代表 $\cos\theta_i$和 $\sin\theta_i$。

$$
\boldsymbol{T} = \begin{bmatrix} n_x & o_x & a_x & p_x \\ n_y & o_y & a_y & p_y \\ n_z & o_z & a_z & p_z \\ 0 & 0 & 0 & 1 \end{bmatrix}
$$

式中：

$$
\begin{aligned}
n_x &= c_1[c_{23}(c_4c_5c_6 - s_4s_6) - s_{23}s_5c_6] - s_1(s_4c_5c_6 + c_4s_6) \\
n_y &= s_1[c_{23}(c_4c_5c_6 - s_4s_6) - s_{23}s_5c_6] + c_1(s_4c_5c_6 + c_4s_6) \\
n_z &= -s_{23}(c_4c_5c_6 - s_4s_6) - c_{23}s_5c_6 \\
o_x &= c_1[c_{23}(-c_4c_5s_6 - s_4c_6) + s_{23}s_5s_6] + s_1(c_4c_6 - s_4c_5s_6) \\
o_y &= s_1[c_{23}(-c_4c_5s_6 - s_4c_6) + s_{23}s_5s_6] - c_1(c_4c_6 - s_4c_5s_6) \\
o_z &= -s_{23}(-c_4c_5s_6 - s_4c_6) + c_{23}s_5s_6 \\
a_x &= c_1(c_{23}c_4s_5 + s_{23}c_5) - s_1s_4s_5 \\
a_y &= s_1(c_{23}c_4s_5 + s_{23}c_5) + c_1s_4s_5 \\
a_z &= -s_{23}c_4s_5 + c_{23}c_5 \\
p_x &= c_1[d_6(c_{23}c_4s_6 + s_{23}c_5) + d_4s_{23} + a_3c_{23} + a_2c_2] - s_1(d_6s_4s_5 + d_2) \\
p_x &= s_1[d_6(c_{23}c_4s_6 + s_{23}c_5) + d_4s_{23} + a_3c_{23} + a_2c_2] + c_1(d_6s_4s_5 + d_2) \\
p_z &= d_6(c_{23}c_5 - s_{23}c_4c_5) - a_3s_{23} - a_2s_2 + d_4c_{23}
\end{aligned}
$$

3.4 机器人运动学逆问题

在编制机器人控制程序时总是在世界坐标系中来指定机械手末端工具的位置和姿态，为使机械手末端工具到达指定位置并具有指定姿态，必须驱动机器人各关节由当前位置到达与末端工具位姿相应的位置。对于通用机器人，求解各关节相应位置的工作由机器人系统程序完成。

对于串联结构机器人，运动学位置分析正问题不论结构参数如何，都可以将关节变量代入运动学位置方程求出末端相对于参考坐标系的齐次变换（位置和姿态）矩阵。而运动学位置分析的逆问题，若机器人的自由度为 n 时，串联结构机器人运动学位置方程可表示为

$$
{}^0\boldsymbol{T}_n = {}^0\boldsymbol{A}_1{}^1\boldsymbol{A}_2\cdots{}^{n-1}\boldsymbol{A}_n = \prod_{j=1}^{n}{}^{j-1}\boldsymbol{A}_j = \begin{bmatrix} \boldsymbol{n}_n & \boldsymbol{o}_n & \boldsymbol{a}_n & \boldsymbol{p}_n \\ 0 & 0 & 0 & 1 \end{bmatrix} = \begin{bmatrix} {}^0\boldsymbol{R}_n & {}^0\boldsymbol{p}_n \\ 0 & 1 \end{bmatrix} \tag{3-31}
$$

运动学逆问题是在已知末端的齐次变换（位置和姿态）矩阵下求出 ${}^{j-1}\boldsymbol{A}_j$ 中所包含的关节变量。注意到旋转矩阵中只有 3 个独立的参数，式（3-31）为具有 6 个独立的标量方

程，因而问题转化为用6个标量方程求出 n 个关节变量。当 $n>6$ 时，未知数多于方程数，有无穷多组解；当 $n<6$ 时，未知数少于方程数，无法得出精确解。当 $n=6$ 时，未知数与方程数相同，可以定解。然而，由于所得到的方程组为非线性的超越方程，当采用消元法求解方程时非常困难。在研究过程中提出了反变换、旋量代数、对偶矩阵、对偶四元数、图解法、半图解法等方法。我国的李宏友和梁崇高采用透析消元方法导出16次的单变量多项式，得出一般结构的6自由度串联结构机器人共有16组解。对于具有多组解的机器人系统，实际控制机器人的运动只能选用其中的一组解，这就存在解的选择问题，较为合理的选择应当是取“最短行程”解。

只有满足下列两个充分条件之一，才可获得显式解析解：

(1) 3个相邻关节轴交于一点；(2) 3个相邻关节轴平行。

例3-5 已知图3-13所示Stanford机器人位置和姿态，即已知式（3-31）矩阵中各元素的值，试确定机器人各关节变量。

解：用 ${}^0\boldsymbol{A}_1^{-1}$ 左乘式（3-29）得

$$ {}^0\boldsymbol{A}_1^{-1}\boldsymbol{T} = {}^1\boldsymbol{A}_2{}^2\boldsymbol{A}_3{}^3\boldsymbol{A}_4{}^4\boldsymbol{A}_5{}^5\boldsymbol{A}_6 = {}^1\boldsymbol{T}_6 \tag{3-32}$$

方程（3-32）左端为

$$ {}^0\boldsymbol{A}_1^{-1}\boldsymbol{T} = \begin{bmatrix} c_1 & s_1 & 0 & 0 \\ 0 & 0 & -1 & 0 \\ -s_1 & c_1 & 0 & 0 \\ 0 & 0 & 0 & 1 \end{bmatrix} \begin{bmatrix} n_x & o_x & a_x & p_x \\ n_y & o_y & a_y & p_y \\ n_z & o_z & a_z & p_z \\ 0 & 0 & 0 & 1 \end{bmatrix} $$

将它表示为

$$ {}^0\boldsymbol{A}_1^{-1}\boldsymbol{T} = \begin{bmatrix} f_{11}(n) & f_{11}(o) & f_{11}(a) & f_{11}(p) \\ f_{12}(n) & f_{12}(o) & f_{12}(a) & f_{12}(p) \\ f_{13}(n) & f_{13}(o) & f_{13}(a) & f_{13}(p) \\ 0 & 0 & 0 & 1 \end{bmatrix} \tag{3-33}$$

其中

$$ \begin{aligned} f_{11}(i) &= c_1 i_x + s_1 i_y \\ f_{12}(i) &= -i_z \\ f_{13}(i) &= -s_1 i_x + c_1 i_y \\ i &= n, o, a, p \end{aligned} $$

然而

$$ {}^1\boldsymbol{T}_6 = {}^1\boldsymbol{A}_2{}^2\boldsymbol{A}_3{}^3\boldsymbol{A}_4{}^4\boldsymbol{A}_5{}^5\boldsymbol{A}_6 $$

$$ = \begin{bmatrix} c_2(c_4c_5c_6 - s_4s_6) - s_2s_5c_6 & -c_2(c_4c_5s_6 + s_4c_6) + s_2s_5s_6 & c_2c_4s_5 + s_2c_5 & s_2d_3 \\ s_2(c_4c_5c_6 - s_4s_6) + c_2s_5c_6 & -s_2(c_4c_5s_6 + s_4c_6) - c_2s_5s_6 & s_2c_4s_5 - c_2c_5 & -c_2d_3 \\ s_4c_5c_6 + c_4s_6 & -s_2c_5s_6 + c_4c_6 & s_4s_5 & d_2 \\ 0 & 0 & 0 & 1 \end{bmatrix} \tag{3-34}$$

式（3-34）中3行4列元素为常数，利用式（3-33）对应元素的相等关系可得

$$f_{13}(p) = d_2$$

即

$$-s_1p_x + c_1p_y = d_2 \tag{3-35}$$

为了解此类方程，做如下三角代换

$$\begin{cases} p_x = r\cos\varphi \\ p_y = r\sin\varphi \end{cases} \tag{3-36}$$

式中

$$r = \sqrt{p_x^2 + p_y^2}$$

$$\varphi = \arctan\left(\frac{p_y}{p_x}\right)$$

将式（3-36）代入式（3-35）得

$$\sin\varphi\cos\theta_1 - \cos\varphi\sin\theta_1 = d_2/r$$

简化成

$$\sin(\varphi - \theta_1) = d_2/r$$

由于

$$0 < d_2/r \leqslant 1$$

说明角度 $\varphi - \theta_1$ 在 $0 \sim \pi$ 范围内为

$$0 < \varphi - \theta_1 < \pi$$

进而可得

$$\cos(\varphi - \theta_1) = \pm\sqrt{1 - \sin^2(\varphi - \theta_1)} = \pm\sqrt{1 - (d_2/r)^2}$$

又由于

$$\varphi - \theta_1 = \arctan\frac{d_2}{\pm\sqrt{r^2 - d_2^2}}$$

最后得

$$\theta_1 = \arctan\frac{p_y}{p_x} - \arctan\frac{d_2}{\pm\sqrt{r^2 - d_2^2}}$$

根据机器人运动连续性及回避障碍的需要，确定一个 θ_1，从而式（3-33）左边已知。由式（3-33）的1行4列及2行4列和式（3-34）对应元素相等，列出

$$s_2d_3 = c_1p_x + s_1p_y$$

$$-c_2d_3 = -p_z$$

由于 d_3 大于0，故可唯一确定 θ_2

$$\theta_2 = \arctan\frac{c_1p_x + s_1p_y}{p_z}$$

同时可确定 d_3 为

$$d_3 = s_2(c_1p_x + s_1p_y) + c_2p_z$$

用 ${}^{1}\boldsymbol{A}_2^{-1}, {}^{2}\boldsymbol{A}_3^{-1}, {}^{3}\boldsymbol{A}_4^{-1}, {}^{4}\boldsymbol{A}_5^{-1}$ 依次左乘方程（3-34）可得以下4个方程

$$ {}^{1}\boldsymbol{A}_2^{-1}{}^{0}\boldsymbol{A}_1^{-1}\boldsymbol{T} = {}^{2}\boldsymbol{T}_6 = {}^{2}\boldsymbol{A}_3{}^{3}\boldsymbol{A}_4{}^{4}\boldsymbol{A}_5{}^{5}\boldsymbol{A}_6 \tag{3-37} $$

$$ {}^{2}\boldsymbol{A}_3^{-1}{}^{1}\boldsymbol{A}_2^{-1}{}^{0}\boldsymbol{A}_1^{-1}\boldsymbol{T} = {}^{3}\boldsymbol{T}_6 = {}^{3}\boldsymbol{A}_4{}^{4}\boldsymbol{A}_5{}^{5}\boldsymbol{A}_6 \tag{3-38} $$

$$ {}^{3}\boldsymbol{A}_4^{-1}{}^{2}\boldsymbol{A}_3^{-1}{}^{1}\boldsymbol{A}_2^{-1}{}^{0}\boldsymbol{A}_1^{-1}\boldsymbol{T} = {}^{4}\boldsymbol{T}_6 = {}^{4}\boldsymbol{A}_5{}^{5}\boldsymbol{A}_6 \tag{3-39} $$

$$ {}^{4}\boldsymbol{A}_5^{-1}{}^{3}\boldsymbol{A}_4^{-1}{}^{2}\boldsymbol{A}_3^{-1}{}^{1}\boldsymbol{A}_2^{-1}{}^{0}\boldsymbol{A}_1^{-1}\boldsymbol{T} = {}^{5}\boldsymbol{T}_6 = {}^{5}\boldsymbol{A}_6 \tag{3-40} $$

计算式（3-40）得

$$ \begin{bmatrix} f_{41}(n) & f_{41}(o) & f_{41}(a) & 0 \\ f_{42}(n) & f_{42}(o) & f_{42}(a) & 0 \\ f_{43}(n) & f_{43}(o) & f_{43}(a) & 0 \\ 0 & 0 & 0 & 1 \end{bmatrix} = \begin{bmatrix} c_5c_6 & -c_5s_6 & s_5 & 0 \\ s_5c_6 & -s_5s_6 & -c_5 & 0 \\ s_6 & c_6 & 0 & 0 \\ 0 & 0 & 0 & 1 \end{bmatrix} \tag{3-41} $$

式中

$$ f_{41}(i) = c_4[c_2(c_1i_x + s_1i_y) - s_2i_z] + s_4(-s_1i_x + c_1i_y) $$

$$ f_{42}(i) = -s_2(c_1i_x + s_1i_y) - c_2i_z $$

$$ f_{43}(i) = -s_4[c_2(c_1i_x + s_1i_y) - s_2i_z] + c_4(-s_1i_x + c_1i_y)\quad (i = n, o, a, p) $$

由式（3-41）第3行3列为0可得

$$ f_{43}(a) = 0 $$

即

$$ -s_4[c_2(c_1a_x + s_1a_y) - s_2a_z] + c_4(-s_1a_x + c_1a_y) = 0 $$

解得

$$ \theta_{41} = \arctan\frac{-s_1a_x + c_1a_y}{c_2(c_1a_x + s_1a_y) - s_2a_z} $$

$$ \theta_{42} = \arctan\frac{-(-s_1a_x + c_1a_y)}{-[c_2(c_1a_x + s_1a_y) - s_2a_z]} $$

由式（3-41）第1行3列和第2行3列可得

$$ s_5 = c_4[c_2(c_1a_x + s_1a_y) - s_2a_z] + s_4(-s_1a_x + c_1a_y) $$

$$ c_5 = s_2(c_1a_x + s_1a_y) + c_2a_z $$

解得

$$ \theta_5 = \arctan\frac{c_4[c_2(c_1a_x + s_1a_y) - s_2a_z] + s_4(-s_1a_x + c_1a_y)}{s_2(c_1a_x + s_1a_y) + c_2a_z} $$

由式（3-40）可得

$$ \begin{bmatrix} f_{51}(n) & f_{51}(o) & 0 & 0 \\ f_{52}(n) & f_{52}(o) & 0 & 0 \\ f_{53}(n) & f_{53}(o) & 1 & 0 \\ 0 & 0 & 0 & 1 \end{bmatrix} = \begin{bmatrix} c_6 & -s_6 & 0 & 0 \\ s_6 & c_6 & 0 & 0 \\ 0 & 0 & 1 & 0 \\ 0 & 0 & 0 & 1 \end{bmatrix} $$

类似地有

$$s_6 = -c_5\{c_4[c_2(c_1o_x+s_1o_y)-s_2o_z]+s_4(-s_1o_x+c_1o_y)\}+s_5[s_2(c_1o_x+s_1o_y)+c_2o_z]$$

$$c_6 = -s_4[c_2(c_1o_x+s_1o_y)-s_2o_z]+c_4(-s_1o_x+c_1o_y)$$

可得

$$\theta_6 = \arctan\frac{s_6}{c_6}$$

上面的求解过程只是简化地给出逆问题的基本方法，所得解还需验证，其求解过程是通过直觉观察和经验所得出的。事实上，Stanford 机器人手臂的部分为 2 个转动关节和 1 个平移关节，手部逆问题有 4 组解，手腕部分有 2 组解，共有 8 组解。

运动学位置分析逆问题的求解代数方法是将包含变量的超越函数，通过三角恒等式变换为代数方程进行求解。三角恒等式为

$$\theta_i \equiv \frac{1-\tau_i^2}{1+\tau_i^2},\quad s_i \equiv \frac{2\tau_i}{1+\tau_i^2}$$

这里 $\tau_i \equiv \tan\left(\frac{\theta_i}{2}\right)$。

3.5 机器人的速度分析与雅可比矩阵

利用雅克比矩阵可以建立起机器人手端在机座坐标中的速度与各关节速度间的关系，以及手部与外界接触力和对应各关节力间的关系，因此机器人雅克比矩阵在机器人技术中占有重要地位。

3.5.1 速度关系与雅克比矩阵

对于一个 n 自由度机器人，其关节变量向量可写为

$$\boldsymbol{q} = [q_1 \quad q_2 \quad \cdots \quad q_n]^{\mathrm{T}}$$

设机器人手部在机座坐标系下的位置和姿态为 $\boldsymbol{p}$，则

$$\begin{aligned}\boldsymbol{p} &= [x_e \quad y_e \quad z_e \quad \theta_{ex} \quad \theta_{ey} \quad \theta_{ez}]^{\mathrm{T}} \\ &= [p_1 \quad p_2 \quad p_3 \quad p_4 \quad p_5 \quad p_6]^{\mathrm{T}}\end{aligned} \tag{3-42}$$

其中前 3 个元素表示位置，后 3 个元素表示姿态。它们都是 n 个关节变量的函数，所以也可写为

$$\boldsymbol{p} = \Phi(q_1 \quad q_2 \quad \cdots \quad q_n) \tag{3-43}$$

为了求手部在机座坐标系中的速度，可对式（3-43）求导

$$\frac{\mathrm{d}\boldsymbol{p}}{\mathrm{d}t} = \frac{\partial\Phi}{\partial q}\cdot\frac{\partial\boldsymbol{q}}{\partial t} \tag{3-44}$$

简写成

$$\dot{\boldsymbol{p}} = \boldsymbol{J}\dot{\boldsymbol{q}} \tag{3-45}$$

式（3-44）或式（3-45）表示手部在机座坐标系中的速率 $\dot{\boldsymbol{p}}$ 与关节速率 $\dot{\boldsymbol{q}}$ 间的关系，联结它们的纽带为矩阵 $\boldsymbol{J}$，称其为雅克比矩阵，它的展开式为

$$\boldsymbol{J} = \frac{\partial \boldsymbol{\Phi}}{\partial \boldsymbol{q}} = \begin{bmatrix} \frac{\partial p_1}{\partial q_1} & \cdots & \frac{\partial p_1}{\partial q_n} \\ \vdots & & \vdots \\ \frac{\partial p_6}{\partial q_1} & \cdots & \frac{\partial p_6}{\partial q_n} \end{bmatrix}_{6\times n}$$

式（3-45）为机器人运动学速率分析方程，由此方程形式上可直接求出运动学速率分析正问题的解，即当已知各关节速度和雅可比矩阵 $\boldsymbol{J}$ 时，将它们代入式（3-45）就可以求出末端的速率（速度和角速度）。

3.5.2 雅克比矩阵的求法

手部速度 $\dot{\boldsymbol{p}}$ 的前3个元素表示手的线速度，后3个元素表示手的角速度，所以将 $\dot{\boldsymbol{p}}$ 写成分块形式

$$\dot{\boldsymbol{p}} = \begin{bmatrix} \boldsymbol{v}_e \\ \boldsymbol{\omega}_e \end{bmatrix}_{6\times 1}$$

进而，式（3-45）也可写成分块形式

$$\dot{\boldsymbol{p}} = \begin{bmatrix} \boldsymbol{v}_e \\ \boldsymbol{\omega}_e \end{bmatrix} = \begin{bmatrix} \boldsymbol{J}_{L1}\boldsymbol{J}_{L2}\cdots\boldsymbol{J}_{Ln} \\ \boldsymbol{J}_{A1}\boldsymbol{J}_{A2}\cdots\boldsymbol{J}_{An} \end{bmatrix} \begin{bmatrix} \dot{q}_1 \\ \vdots \\ \dot{q}_n \end{bmatrix}$$

$$= \begin{bmatrix} \boldsymbol{J}_{L1}\dot{q}_1 + \boldsymbol{J}_{L2}\dot{q}_2 + \cdots + \boldsymbol{J}_{Ln}\dot{q}_n \\ \boldsymbol{J}_{A1}\dot{q}_1 + \boldsymbol{J}_{A2}\dot{q}_2 + \cdots + \boldsymbol{J}_{An}\dot{q}_n \end{bmatrix} = \begin{bmatrix} \sum_{i=1}^{n} \boldsymbol{J}_{Li}\dot{q}_i \\ \sum_{i=1}^{n} \boldsymbol{J}_{Ai}\dot{q}_i \end{bmatrix} \tag{3-46}$$

式中，$\boldsymbol{J}_{Li}$ 和 $\boldsymbol{J}_{Ai}$ 分别表示第 i 个关节变量引起的三维线速度系数和三维角速度系数。由此式可见，只要求出 $\boldsymbol{J}_{Li}$ 和 $\boldsymbol{J}_{Ai}(i = 1, 2, \cdots, n)$，即可确定雅克比矩阵 $\boldsymbol{J}$。

3.5.2.1 $\boldsymbol{J}_{Li}$的求法

（1）第 i 个关节为移动关节时，$q_i = d_i, \dot{q}_i = \dot{d}_i$，如图3-15所示。

设某时刻仅此关节运动，其余的关节静止不动，由式（3-46）可得

$$v_e = \boldsymbol{J}_{Li}\dot{q}_i \tag{3-47}$$

设 $\boldsymbol{b}_{i-1}$ 为 Z_{i-1} 轴在机座坐标系的单位矢量，利用它可将局部坐标下的平移速度 $\dot{d}_i$ 转换成机座坐标系下的速度

$$v_e = \boldsymbol{b}_{i-1}\dot{d}_i \tag{3-48}$$

比较式（3-47）与式（3-48），并注意到 $\dot{q}_i = \dot{d}_i$，可得

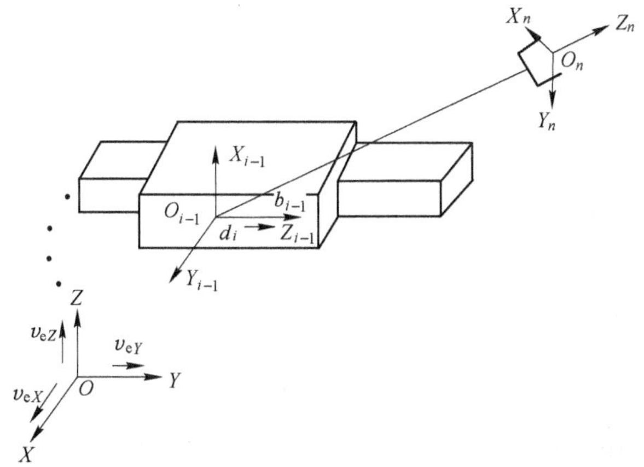

图 3-15 仅平移关节产生的线速度

$$\boldsymbol{J}_{\mathrm{L}i} = \boldsymbol{b}_{i-1} \tag{3-49}$$

（2）第 i 个关节为转动关节时，$\dot{q}_i = \dot{\theta}_i$，如图 3-16 所示。设某时刻仅此关节运动，其余的关节静止不动，仍然利用 $\boldsymbol{b}_{i-1}$ 将 Z_{i-1} 轴上的角速度转化到机座坐标系中去。

$$\boldsymbol{\omega}_i = \boldsymbol{b}_{i-1}\dot{\theta}_i \tag{3-50}$$

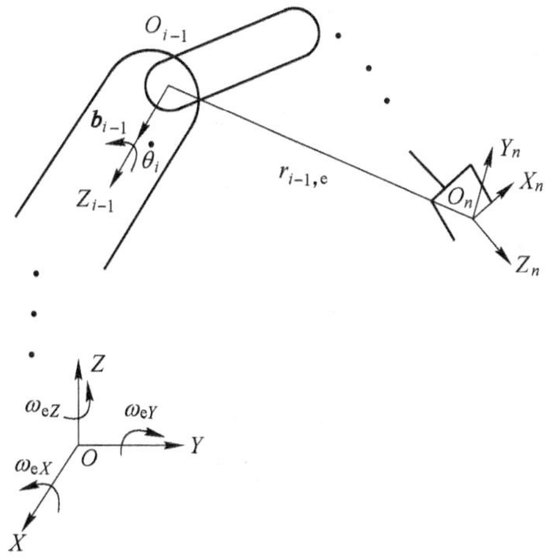

图 3-16 仅旋转关节产生的线速度

图 3-16 中的矢量 $\boldsymbol{r}_{i-1,\mathrm{e}}$ 起于 O_{i-1}，止于 O_n，所以由 $\boldsymbol{\omega}_i$ 产生的线速度为

$$v_{\mathrm{e}} = \boldsymbol{\omega}_i \times \boldsymbol{r}_{i-1,\mathrm{e}}$$

而

$$v_{\mathrm{e}} = \boldsymbol{J}_{\mathrm{L}i}\dot{q}_i$$

所以

$$\boldsymbol{J}_{\mathrm{L}i}\dot{q}_i = \boldsymbol{\omega}_i \times \boldsymbol{r}_{i-1,\mathrm{e}} \tag{3-51}$$

把式（3-50）代入式（3-51）得

$$\boldsymbol{J}_{\mathrm{L}i}\dot{q}_i = (\boldsymbol{b}_{i-1}\dot{\theta}_i) \times \boldsymbol{r}_{i-1,\mathrm{e}} = (\boldsymbol{b}_{i-1} \times \boldsymbol{r}_{i-1,\mathrm{e}})\dot{\theta}_i$$

又因 $\dot{q}_i = \dot{\theta}_i$，故得

$$\boldsymbol{J}_{\mathrm{L}i} = \boldsymbol{b}_{i-1} \times \boldsymbol{r}_{i-1,\mathrm{e}} \tag{3-52}$$

3.5.2.2 $\boldsymbol{J}_{\mathrm{A}i}$的求法

（1）第 i 个关节为移动关节时，$q_i = d_i$，$\dot{q}_i = \dot{d}_i$，由于移动关节的平移不对手部产生角速度，所以此时

$$\boldsymbol{J}_{\mathrm{A}i} = 0 \tag{3-53}$$

（2）第 i 个关节为转动关节时，$\dot{q}_i = \dot{\theta}_i$，由式（3-50）得

$$\boldsymbol{\omega}_i = \boldsymbol{J}_{\mathrm{A}i}\dot{q}_i = \boldsymbol{b}_{i-1}\dot{\theta}_i$$

所以此时

$$\boldsymbol{J}_{\mathrm{A}i} = \boldsymbol{b}_{i-1} \tag{3-54}$$

综合式（3-49）、式（3-52）、式（3-53）、式（3-54）可得

当第 i 个关节为移动关节时

$$\begin{bmatrix} \boldsymbol{J}_{\mathrm{L}i} \\ \boldsymbol{J}_{\mathrm{A}i} \end{bmatrix} = \begin{bmatrix} \boldsymbol{b}_{i-1} \\ 0 \end{bmatrix} \tag{3-55}$$

当第 i 个关节为转动关节时

$$\begin{bmatrix} \boldsymbol{J}_{\mathrm{L}i} \\ \boldsymbol{J}_{\mathrm{A}i} \end{bmatrix} = \begin{bmatrix} \boldsymbol{b}_{i-1} \times \boldsymbol{r}_{i-1,\mathrm{e}} \\ \boldsymbol{b}_{i-1} \end{bmatrix} \tag{3-56}$$

3.5.2.3 确定 $\boldsymbol{b}_{i-1}$和 $\boldsymbol{r}_{i-1,\mathrm{e}}$

用 $\boldsymbol{b}$ 表示第 $i-1$ 坐标系中 Z_{i-1}轴的单位向量，为

$$\boldsymbol{b} = \begin{bmatrix} 0 \\ 0 \\ 1 \end{bmatrix}$$

把它转换在机座坐标系中，即为

$$\boldsymbol{b}_{i-1} = {}^0\boldsymbol{R}_1(q_1)\,{}^1\boldsymbol{R}_2(q_2)\cdots{}^{i-2}\boldsymbol{R}_{i-1}(q_{i-1})\boldsymbol{b} \tag{3-57}$$

如图 3-17 所示，用 O、O_{i-1}、O_n 分别表示机座坐标系、$i-1$ 号坐标及手部坐标系的原点。用矢量 $\boldsymbol{x}$ 表示在各自坐标系中的原点。

$$\boldsymbol{x} = [0 \quad 0 \quad 0 \quad 1]^{\mathrm{T}}$$

$$\boldsymbol{r}_{i-1,\mathrm{e}} = \boldsymbol{OO}_n - \boldsymbol{OO}_{i-1}$$

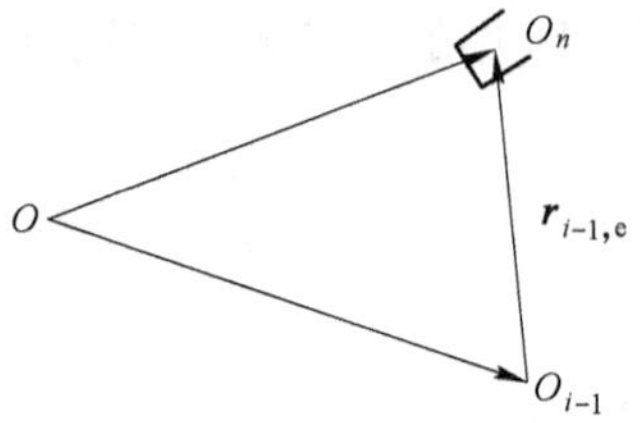

图 3-17 向量间的关系

把 $\boldsymbol{r}_{i-1,\mathrm{e}}$ 用齐次坐标表示，令

$$\boldsymbol{x}_{i-1,e}=\begin{bmatrix}\boldsymbol{r}_{i-1,e}\\1\end{bmatrix}$$

所以

$$\begin{aligned}\boldsymbol{x}_{i-1}&=\begin{bmatrix}\boldsymbol{r}_{i-1,e}\\1\end{bmatrix}={}^{0}\boldsymbol{A}_1(q_1)\,{}^{1}\boldsymbol{A}_2(q_2)\cdots{}^{n-1}\boldsymbol{A}_n(q_n)\boldsymbol{x}-{}^{0}\boldsymbol{A}_1(q_1)\cdots{}^{i-2}\boldsymbol{A}_{i-1}(q_{i-1})\boldsymbol{x}\\&=[p_x\quad p_y\quad p_z\quad 1]^{\mathrm{T}}-{}^{0}\boldsymbol{A}_1(q_1)\cdots{}^{i-2}\boldsymbol{A}_{i-1}(q_{i-1})\boldsymbol{x}\end{aligned}\tag{3-58}$$

由式（3-58）可方便地确定 $\boldsymbol{r}_{i-1,e}$。

例 3-6 建立图 3-6 的雅克比矩阵，并求出末端速度。

解：

$$\boldsymbol{J}_{L1}=\boldsymbol{b}_0\times\boldsymbol{r}_{0,e}=\begin{vmatrix}i&j&k\\0&0&1\\l_1c_1+l_2c_{12}&l_1s_1+l_2s_{12}&0\end{vmatrix}=\begin{bmatrix}-l_1s_1-l_2s_{12}\\l_1c_1+l_2c_{12}\\0\end{bmatrix}$$

$$\boldsymbol{J}_{L2}=\boldsymbol{b}_1\times\boldsymbol{r}_{1,e}=\begin{vmatrix}i&j&k\\0&0&1\\l_2c_{12}&l_2s_{12}&0\end{vmatrix}=\begin{bmatrix}-l_2s_{12}\\l_2c_{12}\\0\end{bmatrix}$$

$$\boldsymbol{J}_{A1}=\boldsymbol{b}_0=\begin{bmatrix}0\\0\\1\end{bmatrix},\quad \boldsymbol{J}_{A2}=\boldsymbol{b}_1=\begin{bmatrix}0\\0\\1\end{bmatrix}$$

$$\boldsymbol{J}=\begin{bmatrix}\boldsymbol{J}_{L1}&\boldsymbol{J}_{L2}\\\boldsymbol{J}_{A1}&\boldsymbol{J}_{A2}\end{bmatrix}=\begin{bmatrix}-l_1s_1-l_2s_{12}&-l_2s_{12}\\l_1c_1+l_2c_{12}&l_2c_{12}\\0&0\\0&0\\0&0\\1&1\end{bmatrix}$$

可以简写成

$$\boldsymbol{J}=\begin{bmatrix}-l_1s_1-l_2s_{12}&-l_2s_{12}\\l_1c_1+l_2c_{12}&l_2c_{12}\\1&1\end{bmatrix}$$

机械臂末端的速度为

$$\dot{\boldsymbol{r}}=\boldsymbol{J}\dot{\theta}=\begin{bmatrix}-l_1s_1-l_2s_{12}&-l_2s_{12}\\l_1c_1+l_2c_{12}&l_2c_{12}\\1&1\end{bmatrix}\begin{bmatrix}\dot{\theta}_1\\\dot{\theta}_2\end{bmatrix}=\begin{bmatrix}(-l_1s_1-l_2s_{12})\dot{\theta}_1-l_2s_{12}\dot{\theta}_2\\(l_1c_1+l_2c_{12})\dot{\theta}_1+l_2c_{12}\dot{\theta}_2\\\dot{\theta}_1+\dot{\theta}_2\end{bmatrix}$$

3.5.3 雅克比矩阵的逆

对于在三维空间运动的 n 关节机器人，其雅克比矩阵的阶数为 $6\times n$。当 $n=6$ 时，$\boldsymbol{J}$ 是 6×6 方阵，可直接求其逆，即

$$\dot{\boldsymbol{q}} = \boldsymbol{J}^{-1}\dot{\boldsymbol{p}} \tag{3-59}$$

根据矩阵求逆方法可知，将笛卡儿空间的速率 $\dot{\boldsymbol{p}}$ 映射到关节空间的速率 $\dot{\boldsymbol{q}}$ 的条件为：雅克比矩阵 $\boldsymbol{J}$ 为非奇异的，即 $|\boldsymbol{J}|\neq 0$。当 $|\boldsymbol{J}|=0$ 时，机器人的杆件运动到奇异位形，对于串联结构机器人，其自由度将减少。一般结构的 6 自由度串联机器人，雅克比矩阵 $\boldsymbol{J}$ 的求逆需要通过计算机程序进行；只有特殊结构的机器人才能得到解析关系。

当 $n\neq6$ 时，$\boldsymbol{J}$ 不是方阵，此时若用雅克比矩阵的逆就用其伪逆，用 $\boldsymbol{J}^+$ 表示伪逆。

$$\boldsymbol{J}^+ = \boldsymbol{J}^{\mathrm{T}}(\boldsymbol{J}\boldsymbol{J}^{\mathrm{T}})^{-1} \tag{3-60}$$

3.5.4 雅克比矩阵的应用

3.5.4.1 分离速度控制

由式（3-59）可见，当已知手端速率向量 $\dot{\boldsymbol{p}}$，可通过左乘雅克比逆矩阵计算出机器人的关节速率向量 $\dot{\boldsymbol{q}}$，所以式（3-59）为运动学逆问题的速度关系式，是对机器人进行速度控制的基本关系式。

采用计算机控制时，把速度表示为位置增量的形式，故将式（3-59）写为

$$\Delta\boldsymbol{q} = \begin{bmatrix}\Delta q_1\\ \vdots \\ \Delta q_n\end{bmatrix} = \boldsymbol{J}^{-1}\Delta\boldsymbol{p} \tag{3-61}$$

式中，$\Delta\boldsymbol{p}$ 为手部在机座坐标下一个采样周期的位移（线位移、角位移）；$\Delta\boldsymbol{q}$ 为在同一周期内关节变量的增量。

当要求机器人沿某轨迹运动时，$\Delta\boldsymbol{p}$ 为已知，将它代入式（3-61）中求得关节变量增量 $\Delta\boldsymbol{q}$，于是可确定各关节变量值，由伺服系统实现位置控制，这就是分离速度控制原理，如图 3-18 所示。

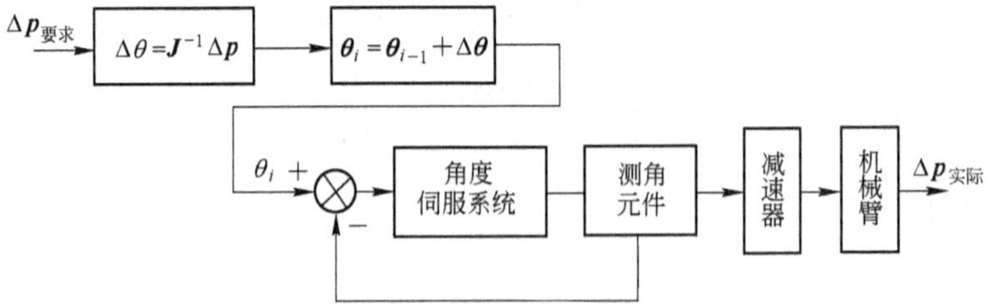

图 3-18　分离速度控制原理

3.5.4.2 在静力分析中的应用

有些机器人的工作需要与环境接触，并保持一定的接触力，如图 3-19 所示。接触力 $\boldsymbol{f}$

可表示为一个六维力向量：

$$\boldsymbol{f} = [\ f_x f_y f_z n_x n_y n_z\ ]^{\mathrm{T}}$$

设一个驱动器只驱动一个关节，则 n 个关节需求 n 个驱动力。

可组成一个 n 维关节力向量：

$$\boldsymbol{t} = [\tau_1 \quad \tau_2 \quad \cdots \quad \tau_n]^{\mathrm{T}}$$

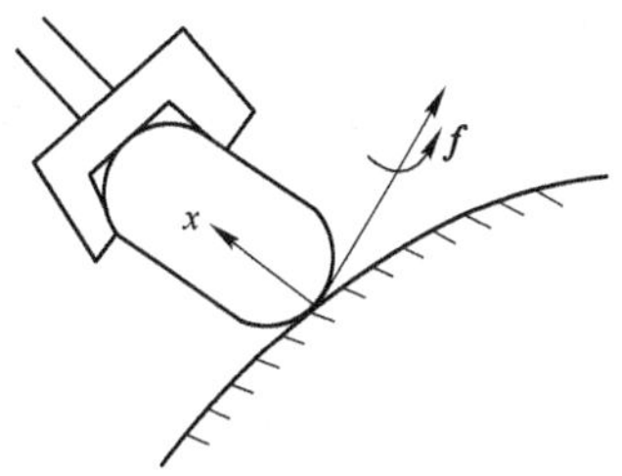

图 3-19 接触力

它与接触力 $\boldsymbol{f}$ 的关系可表示为

$$\boldsymbol{t} = \boldsymbol{J}^{\mathrm{T}}\boldsymbol{f} \tag{3-62}$$

证明如下：

若用 $\boldsymbol{q}$ 表示关节位移，则关节处总功为

$$\boldsymbol{W}_{\mathrm{q}} = \boldsymbol{t}^{\mathrm{T}}\boldsymbol{q}$$

若用 $\boldsymbol{p}$ 表示末端接触处做的总功

$$\boldsymbol{W}_{\mathrm{c}} = \boldsymbol{f}^{\mathrm{T}}\boldsymbol{p}$$

当处于静止或低速匀速运动时，这两个总功相等，即

$$\boldsymbol{t}^{\mathrm{T}}\boldsymbol{q} = \boldsymbol{f}^{\mathrm{T}}\boldsymbol{p}$$

根据虚位移原理

$$\boldsymbol{t}^{\mathrm{T}}\delta\boldsymbol{q} = \boldsymbol{f}^{\mathrm{T}}\delta\boldsymbol{p} \tag{3-63}$$

由于 $\delta\boldsymbol{p} = \boldsymbol{J}\delta\boldsymbol{q}$，代入式（3-62）得

$$\boldsymbol{t}^{\mathrm{T}}\delta\boldsymbol{q} = \boldsymbol{f}^{\mathrm{T}}\boldsymbol{J}\delta\boldsymbol{q}$$

由于 $\delta\boldsymbol{q}$ 不总为零，所以

$$\boldsymbol{t}^{\mathrm{T}} = \boldsymbol{f}^{\mathrm{T}}\boldsymbol{J} \tag{3-64}$$

将式（3-64）转置即得式（3-62）。

例 3-7 2 自由度机械臂如图 3-20 所示，取 $\theta_1 = 0$，$\theta_2 = \pi/2$ 的构型时，分别求解当手

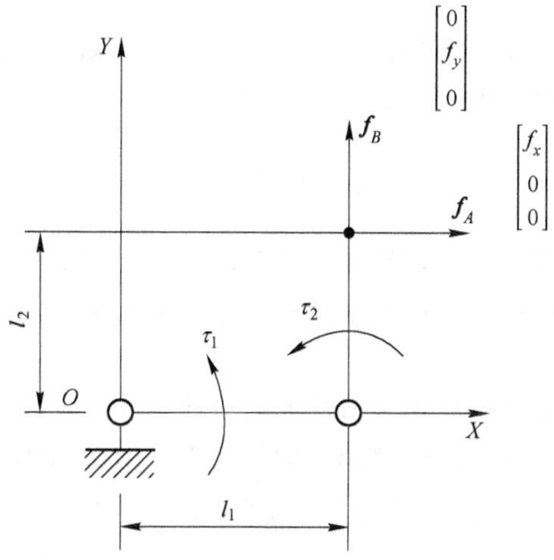

图 3-20 求关节驱动力图

爪力 $\boldsymbol{f}_A = [f_x \quad 0 \quad 0]^{\mathrm{T}}$ 和 $\boldsymbol{f}_B = [0 \quad f_y \quad 0]^{\mathrm{T}}$ 的驱动力 $\boldsymbol{\tau}_A$，$\boldsymbol{\tau}_B$。

解：由构型和例 3-6，可得

$$\boldsymbol{J} = \begin{bmatrix} -l_1 s_1 - l_2 s_{12} & -l_1 s_1 \\ l_1 c_1 + l_2 c_{12} & l_1 c_1 \\ 1 & 1 \end{bmatrix} = \begin{bmatrix} -l_2 & -l_2 \\ l_1 & 0 \\ 1 & 1 \end{bmatrix}$$

所以得到

$$\boldsymbol{\tau}_A = \begin{bmatrix} \tau_1 \\ \tau_2 \end{bmatrix} = \boldsymbol{J}^{\mathrm{T}} \boldsymbol{f}_A = \begin{bmatrix} -l_2 & l_1 & 1 \\ -l_2 & 0 & 1 \end{bmatrix} \begin{bmatrix} f_x \\ 0 \\ 0 \end{bmatrix} = \begin{bmatrix} -l_2 f_x \\ -l_2 f_x \end{bmatrix}$$

$$\boldsymbol{\tau}_B = \begin{bmatrix} \tau_1 \\ \tau_2 \end{bmatrix} = \boldsymbol{J}^{\mathrm{T}} \boldsymbol{f}_B = \begin{bmatrix} -l_2 & l_1 & 1 \\ -l_2 & 0 & 1 \end{bmatrix} \begin{bmatrix} 0 \\ f_y \\ 0 \end{bmatrix} = \begin{bmatrix} l_1 f_y \\ 0 \end{bmatrix}$$

由驱动力矩为手爪力和力臂的积容易验证本例的结果。

3.5.4.3 加速度关系

机器人手端在机座坐标系中的加速度向量 $\ddot{\boldsymbol{p}}$ 与关节在关节坐标系中的加速度向量 $\ddot{\boldsymbol{q}}$ 间的关系可由式（3-45）求得。将式（3-45）对时间求导得

$$\ddot{\boldsymbol{p}} = \dot{\boldsymbol{J}}\dot{\boldsymbol{q}} + \boldsymbol{J}\ddot{\boldsymbol{q}} \tag{3-65}$$

式中，$\dot{\boldsymbol{J}}$ 为雅克比矩阵对时间的导数，其中第 i 行第 j 列的元素为

$$\dot{J}_{i,j} = \sum_{k=1}^{n} \frac{\partial}{\partial q_k}\left[\frac{\partial p_i}{\partial q_j}\right]\dot{q}_k \tag{3-66}$$

式（3-65）为机器人运动学正问题的加速度关系式，即已知关节加速度时，可求手端加速度。当雅克比矩阵非奇异时，由式（3-65）可得

$$\ddot{\boldsymbol{q}} = J^{-1}(\ddot{\boldsymbol{p}} - \dot{\boldsymbol{J}}\dot{\boldsymbol{q}}) \tag{3-67}$$

式（3-67）为机器人运动学逆问题的加速度关系式，即已知手端加速度时，可求关节加速度。在对手端进行加速度规划时，可根据此式确定关节加速度向量的希望值（加速度控制的给定值）。

机器人运动学的正问题主要应用于机器人的设计，通过正问题的求解可以得出机器人的工作空间，以及给定关节速率后，得到末端的速率，用以检验工作速度，进而，应用运动方程以 D-H 参数为变量对性能指标优化。机器人的工作任务总是直接地在笛卡儿空间给出，而实际运动是通过各个关节的运动实现的，因而，逆运动学的求解直接提供了机器人的运动控制和编程方法。

习　题

3-1 （1）已知齐次变换矩阵 $\boldsymbol{T}=\begin{bmatrix} n_x & o_x & a_x & p_x \\ n_y & o_y & a_y & p_y \\ n_z & o_z & a_z & p_z \\ 0 & 0 & 0 & 1 \end{bmatrix}$，证明 $\boldsymbol{T}^{-1}=\begin{bmatrix} n_x & n_y & n_z & -\boldsymbol{p}\cdot\boldsymbol{n} \\ o_x & o_y & o_z & -\boldsymbol{p}\cdot\boldsymbol{o} \\ a_x & a_y & a_z & -\boldsymbol{p}\cdot\boldsymbol{a} \\ 0 & 0 & 0 & 1 \end{bmatrix}$。

（2）求齐次变换矩阵 $\boldsymbol{T}=\begin{bmatrix} \frac{\sqrt{3}}{2} & -\frac{1}{2} & 0 & 4 \\ \frac{1}{2} & \frac{\sqrt{3}}{2} & 0 & 3 \\ 0 & 0 & 1 & 0 \\ 0 & 0 & 0 & 1 \end{bmatrix}$ 的逆。

3-2 求下列转动变换矩阵及其合成变换矩阵，比较其结果的异同。

（1）先绕参考坐标系 z 轴转 30°，然后绕参考坐标系 x 轴转 30°；

（2）先绕参考坐标系 z 轴转 30°，然后绕动坐标系 x 轴转 30°；

（3）先绕参考坐标系 x 轴转 30°，然后绕参考坐标系 z 轴转 30°；

（4）先绕参考坐标系 x 轴转 30°，然后绕动坐标系 z 轴转 30°。

3-3 图 3-21 为 3 自由度机械手。

（1）用 D-H 方法建立各附体坐标系；

（2）列出连杆的 D-H 参数表；

（3）建立运动学方程；

（4）建立雅克比矩阵。

3-4 求 PUMA 机器人（图 3-14）各关节变量的解 $\theta_i, i=1,2,\cdots,6$。

3-5 对图 3-21 的 3 自由度机械手，取 $\theta_1=0$，$\theta_2=\pi/2$，$\theta_3=\pi/2$ 的姿态（图 3-22），试分别求出生成手爪力 $\boldsymbol{f}_A=[f_x\ \ 0\ \ 0]^{\mathrm{T}}$，$\boldsymbol{f}_B=[0\ \ f_y\ \ 0]^{\mathrm{T}}$，$\boldsymbol{f}_C=[0\ \ 0\ \ N]^{\mathrm{T}}$ 的驱动力矩 $\boldsymbol{\tau}_A,\boldsymbol{\tau}_B,\boldsymbol{\tau}_C$。

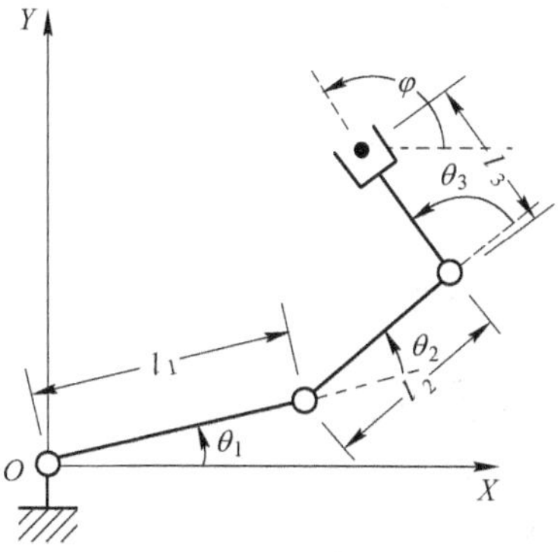

图 3-21　3 自由度机械手

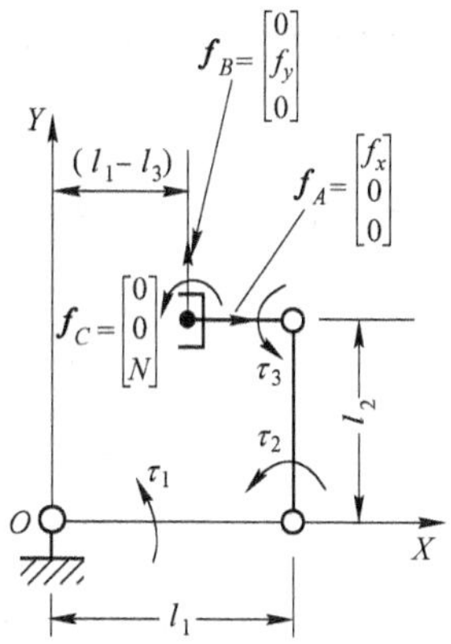

图 3-22　求驱动力矩

3-6 编写计算机程序，对 PUMA 机器人进行运动学仿真。

（1）求出工作空间；

（2）通过计算机仿真用动画描述机器手末端在工作空间从任意一点到另一点的运动过程。

4 机器人静力学与动力学

机器人动力学研究机器人运动与关节驱动力（力矩）间的动态关系。描述这种动态关系的微分方程称为机器人动力学模型。由于机器人结构的复杂性，机器人的动力学模型也常常很复杂，因此很难实现基于机器人动力学模型的实时控制。然而高质量的控制应当基于被控对象动态特性，如何合理简化机器人动力学模型使其适合于实时控制的要求一直是机器人动力学研究者追求的目标。

本质上，机器人系统由多体通过运动副（关节）连接成一个系统，属于多体动力学问题。若不考虑杆件的柔性和关节的刚度，机器人系统的动力学问题归结为多刚体动力学问题。建立机器人系统动力学模型的基本方法是：基于牛顿力学的牛顿-欧拉方法和基于分析力学的拉格朗日-欧拉方法。

4.1 机器人静力学

从牛顿力学的角度来看，静力学和动力学具有类似的表达式，只是动力学关系是应用达朗贝尔原理将惯性力（矩）计入。

机器人静力学研究机器人静止或者缓慢运动时作用在手臂上的力和力矩问题，特别是当手端与外界环境有接触力时，各关节力矩与接触力的关系。

图 4-1 表示作用在机器人手臂杆件 i 上的力和力矩。其中 ${}^{i-1}\boldsymbol{f}_i$ 为杆件 $i-1$ 对杆 i 的作用力，$-{}^{i}\boldsymbol{f}_{i+1}$ 为杆 $i+1$ 对杆 i 的作用力，${}^{i-1}\boldsymbol{n}_i$ 为杆件 $i-1$ 对杆 i 的作用力矩，$-{}^{i}\boldsymbol{n}_{i+1}$ 为杆 $i+1$ 对杆 i 的作用力矩，C_i 为杆 i 的质心。根据力、力矩平衡原理有

$$ {}^{i-1}\boldsymbol{f}_i - {}^{i}\boldsymbol{f}_{i+1} + m_i\boldsymbol{g} = 0 \quad (i = 1,2,\cdots,n) \tag{4-1}$$

$$ {}^{i-1}\boldsymbol{n}_i - {}^{i}\boldsymbol{n}_{i+1} - ({}^{i-1}\boldsymbol{p}_i + {}^{i}\boldsymbol{p}_{ci}) \times {}^{i-1}\boldsymbol{f}_i + (-{}^{i}\boldsymbol{p}_{ci}) \times (-{}^{i}\boldsymbol{f}_{i+1}) = 0 \quad (i = 1,2,\cdots,n) \tag{4-2}$$

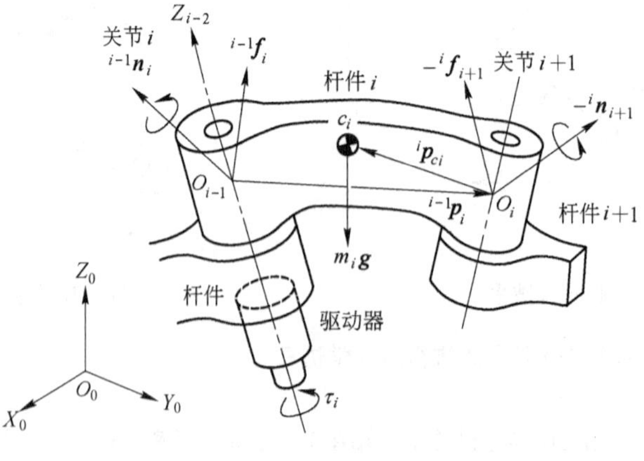

图 4-1　作用在杆 i 的力和力矩

上面的表达式是在机座坐标系下，其中：$^{i-1}\boldsymbol{p}_i=\boldsymbol{p}_i-\boldsymbol{p}_{i-1}$，如图4-2所示。由于第$i$坐标系附在第$i$个杆件上，在$O_iX_iY_iZ_i$坐标系中的重心的位置矢量$\boldsymbol{p}_{ci}$总是不变的，其在机座坐标系中重心矢量$^i\boldsymbol{p}_{ci}$为

$$^i\boldsymbol{p}_{ci}={}^0\boldsymbol{T}_i\,\boldsymbol{p}_{ci} \tag{4-3}$$

$^{i-1}\boldsymbol{p}_{ci}$为第$i-1$坐标系原点到第$i$个杆件质心的位置矢量

$$^{i-1}\boldsymbol{p}_{ci}={}^{i-1}\boldsymbol{p}_i-{}^i\boldsymbol{p}_{ci}=\boldsymbol{p}_i-\boldsymbol{p}_{i-1}-{}^i\boldsymbol{p}_{ci}$$

手端与环境接触力和关节力矩的关系如式（3-62）所示。

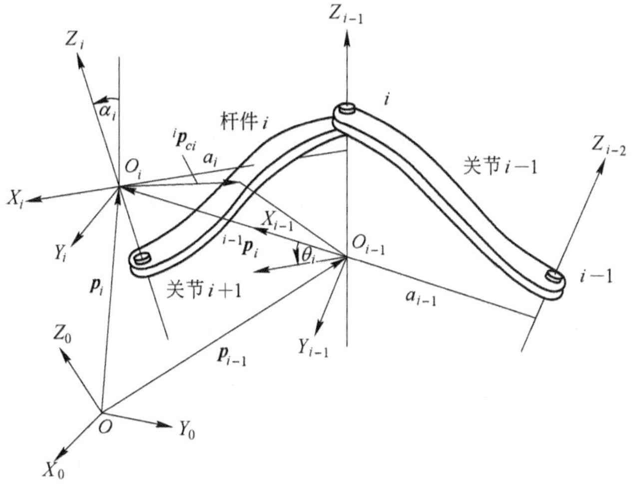

图4-2 坐标系$OX_0Y_0Z_0$、$O_{i-1}X_{i-1}Y_{i-1}Z_{i-1}$、$O_iX_iY_iZ_i$之间的关系

4.2 惯量张量

4.2.1 转动惯量

对于质点或平动刚体，是以其质量来衡量它们的惯性大小的，但转动刚体是用转动惯量来度量其惯性大小的，它不仅取决于质量，而且也取决于刚体的质量分布。

当刚体绕Z轴转动时，转动惯量I_{zz}为

$$I_{zz}=\sum r_i^2\Delta m_i=\int_m r_i^2\mathrm{d}m=\int_m\rho(x^2+y^2)\mathrm{d}V$$

4.2.2 惯量张量

如图4-3所示，设刚体绕固定点O转动，它的瞬间角速度为ω，刚体上微单元的体积为$\mathrm{d}V$，单元处的密度为ρ，其质量为$\mathrm{d}m=\rho\mathrm{d}V$。刚体对$O$点的动量矩$\boldsymbol{g}$是

$$\boldsymbol{g}=\int_m\boldsymbol{r}_i\times v_i\mathrm{d}m$$

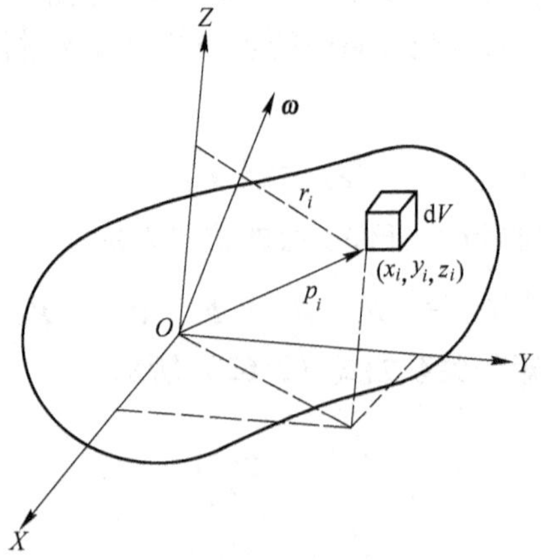

图 4-3 三维空间的微单元的惯量计算

由于 $v_i = \boldsymbol{\omega} \times \boldsymbol{r}_i$，并利用 $\boldsymbol{r} \times (\boldsymbol{\omega} \times \boldsymbol{r}_i) = (\boldsymbol{r}_i \cdot \boldsymbol{r}_i)\boldsymbol{\omega} - (\boldsymbol{r}_i \cdot \boldsymbol{\omega})\boldsymbol{r}_i$，故

$$\boldsymbol{g} = \int_m \boldsymbol{r}_i^2 \boldsymbol{\omega} \mathrm{d}m - \int_m (\boldsymbol{r}_i \cdot \boldsymbol{\omega})\boldsymbol{r}_i \mathrm{d}m$$

将 $\boldsymbol{r}_i = x_i i + y_i j + z_i k$，$\boldsymbol{\omega} = \omega_x i + \omega_x j + \omega_x k$ 代入上式，可得

$$\begin{aligned} g_x &= \omega_x \int_m (x_i^2 + y_i^2 + z_i^2) \mathrm{d}m - \int_m (x_i\omega_x + y_i\omega_y + z_i\omega_z) x_i \mathrm{d}m \\ &= \int_m (y_i^2 + z_i^2)\omega_x \mathrm{d}m - \int_m (x_i y_i)\omega_y \mathrm{d}m - \int_m (z_i x_i)\omega_z \mathrm{d}m \end{aligned}$$

同理可求出 g_y、g_z 于是有

$$\boldsymbol{g} = \begin{bmatrix} g_x \\ g_y \\ g_z \end{bmatrix} \boldsymbol{\omega} = \begin{bmatrix} \int_m (y_i^2 + z_i^2)\mathrm{d}m & -\int_m (x_i y_i)\mathrm{d}m & -\int_m (z_i x_i)\mathrm{d}m \\ -\int_m (x_i y_i)\mathrm{d}m & \int_m (z_i^2 + x_i^2)\mathrm{d}m & -\int_m (y_i z_i)\mathrm{d}m \\ -\int_m (z_i x_i)\mathrm{d}m & -\int_m (y_i z_i)\mathrm{d}m & \int_m (x_i^2 + y_i^2)\omega_x \mathrm{d}m \end{bmatrix} \boldsymbol{\omega} \tag{4-4}$$

即

$$\boldsymbol{g} = \boldsymbol{I\omega}$$

式中，$\boldsymbol{I}$ 是刚体的惯量矩阵，由于它符合张量的定义和运算规则，称为二阶惯量张量。

对 X 轴的惯量为：$I_{xx} = \sum m_i(y_i^2 + z_i^2) = \int (y^2 + z^2)\mathrm{d}m$

对 Y 轴的惯量为：$I_{yy} = \sum m_i(z_i^2 + x_i^2) = \int (z^2 + x^2)\mathrm{d}m$

对 Z 轴的惯量为：$I_{zz} = \sum m_i(x_i^2 + y_i^2) = \int (x^2 + y^2)\mathrm{d}m$

对 X、Y 轴的惯量为：$I_{xy} = \sum m_i x_i y_i = \int x_i y_i \mathrm{d}m$

对 Y、Z 轴的惯量为：$I_{yz} = \sum m_i y_i z_i = \int y_i z_i \mathrm{d}m$

对 Z、X 轴的惯量为：$I_{zx} = \sum m_i z_i x_i = \int z_i x_i \mathrm{d}m$

于是刚体的惯量张量可表示为

$$\boldsymbol{I} = \begin{bmatrix} I_{xx} & -I_{xy} & -I_{zx} \\ -I_{xy} & I_{yy} & -I_{yz} \\ -I_{zx} & -I_{yz} & I_{zz} \end{bmatrix} \tag{4-5}$$

机器人杆件是在三维空间中运动的，杆件在机座坐标系下的惯性张力随运动变化，而在附体坐标系下惯性张力是不变的。设 $\bar{\boldsymbol{I}}_i$ 为杆 i 在自身坐标系中的惯性张量，它取决于杆件自身的质量分布，是不变的；$\boldsymbol{I}_i$ 为杆 i 在机座坐标系中的惯性张量，它随杆 i 及其前面各杆的姿态变化。若用 ${}^0\boldsymbol{R}_i$ 表示由杆 i 向机座坐标转换的旋转变换矩阵，则杆 i 在机座坐标系中的惯性张量为

$$\boldsymbol{I}_i = {}^0\boldsymbol{R}_i \bar{\boldsymbol{I}}_i ({}^0\boldsymbol{R}_i)^{\mathrm{T}}$$

例 4-1 求图 4-4 所示的坐标系中密度均匀的长方体的惯性张量，其密度为 ρ。

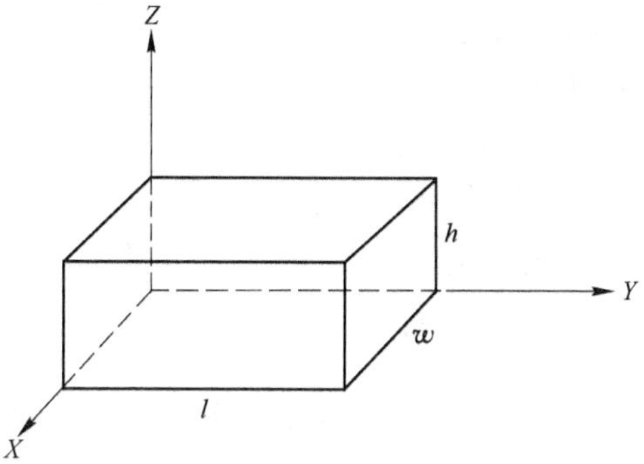

图 4-4 密度均匀的刚体

解：对 X 轴的惯性矩为

$$\begin{aligned} I_{xx} &= \int_V \rho(z^2 + y^2)\mathrm{d}V = \int_0^h \int_0^l \int_0^w \rho(z^2 + y^2)\mathrm{d}x\mathrm{d}y\mathrm{d}z \\ &= \int_0^h \int_0^l \rho w(z^2 + y^2)\mathrm{d}y\mathrm{d}z = \int_0^h \rho w\left(\frac{l^3}{3} + y^2 l\right)\mathrm{d}z \\ &= \rho\left(\frac{hl^3 w}{3} + \frac{h^3 lw}{3}\right) = \frac{m}{3}(l^2 + h^2) \end{aligned}$$

式中，$m = \rho lhw$ 为刚体的总质量。同理，对 Y 轴和 Z 轴的惯性矩为

$$I_{yy} = \frac{m}{3}(w^2 + h^2)$$

$$I_{zz} = \frac{m}{3}(l^2 + w^2)$$

对 Y 轴和 Z 轴的混合矩为

$$I_{xx} = \int_V \rho(z^2 + y^2)\mathrm{d}V = \int_0^h \int_0^l \int_0^w \rho xy\mathrm{d}x\mathrm{d}y\mathrm{d}z$$

$$= \int_0^h \int_0^l \rho w (z^2 + y^2) \mathrm{d}y \mathrm{d}z = \int_0^h \rho w \left(\frac{l^3}{3} + y^2 l \right) \mathrm{d}z$$

$$= \rho \left(\frac{h l^3 w}{3} + \frac{h^3 l w}{3} \right) = \frac{m}{3} (l^2 + h^2)$$

4.3 机器人动力学方程建立方法

4.3.1 牛顿-欧拉方程

牛顿-欧拉方程是应用矢量（牛顿）力学建立机器人系统的动力学方程。通常将力矢量部分建立的动力学方程称为牛顿方程，力矩矢量部分建立的动力学方程称为欧拉方程。

在考虑速度与加速度影响的情况下，作用在机器人手臂杆 i 上的力和力矩如图 4-5 所示。其中 v_{ci} 和 $\boldsymbol{\omega}_i$ 分别为杆 i 质心的平移速度向量和此杆的角速度向量。与图 4-1 相比，图中标出了质心的速度和角速度，其对应的惯性力为 $m_i \dot{v}_{ci}$，杆件的惯性矩为 $\boldsymbol{\mu}_i = \boldsymbol{I}_i \boldsymbol{\omega}_i$，惯性力矩为 $\frac{\mathrm{d}\boldsymbol{\mu}_i}{\mathrm{d}t} = \dot{\boldsymbol{I}}_i \omega_i + \boldsymbol{I}_i \dot{\boldsymbol{\omega}}_i = \boldsymbol{\omega}_i \times \boldsymbol{I}_i \boldsymbol{\omega}_i + \boldsymbol{I}_i \dot{\boldsymbol{\omega}}_i$。

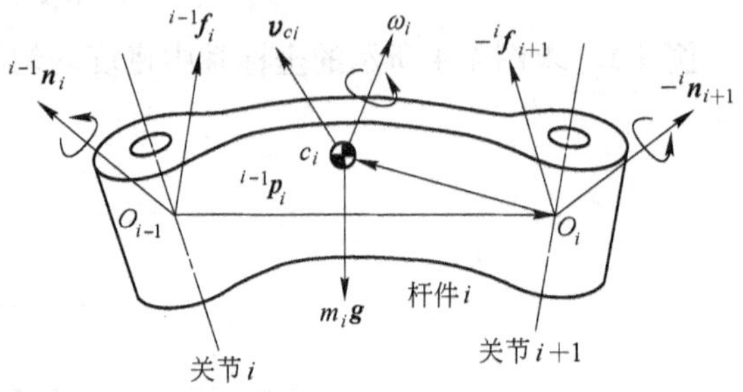

图 4-5 作用在杆 i 的力和力矩

应用达朗贝尔原理，并根据力、力矩平衡原理有

$$^{i-1}\boldsymbol{f}_i - {}^{i}\boldsymbol{f}_{i+1} + m_i \boldsymbol{g} - m_i \dot{v}_{ci} = 0 \quad (i = 1,2,\cdots,n) \tag{4-6}$$

$$^{i-1}\boldsymbol{n}_i - {}^{i}\boldsymbol{n}_{i+1} + {}^{i}\boldsymbol{p}_{ci} \times {}^{i}\boldsymbol{f}_{i+1} - {}^{i-1}\boldsymbol{p}_{ci} \times {}^{i-1}\boldsymbol{f}_i - \boldsymbol{I}_i \dot{\boldsymbol{\omega}} - \omega_i \times (\boldsymbol{I}_i \omega_i) = 0 \quad (i = 1,2,\cdots,n) \tag{4-7}$$

称式（4-6）为牛顿方程，式（4-7）为欧拉方程。

式中，$\boldsymbol{I}_i$ 为杆 i 绕其质心的惯性张量。

由式（4-6）和式（4-7）表示的牛顿-欧拉方程没有明显地表示出关节位移与关节力间的关系，可以通过递推关系建立杆件的递归方程。每个运动杆件有 6 个方程，若有 n 个运动杆件，则有 $6 \times n$ 个方程。而每个关节只有 1 个自由度，其他 5 个为关节约束，系统的自由度为 n，只有 n 个独立的方程，可以通过约束方程消掉 $5 \times n$ 个方程，从而得出表示关节位移与关节力间关系的机器人封闭动力学方程，如下式所示。

$$\tau_i = \sum_{j=1}^{n} h_{ij} \ddot{q}_j + \sum_{j=1}^{n} \sum_{k=1}^{n} h_{ijk} \dot{q}_j \dot{q}_k + G_i \quad (i = 1,2,\cdots,n) \tag{4-8}$$

此方程右边首项为惯性力项，第二项来源于哥氏力和离心力，第三项为重力项。当机器人手端与环境接触时必须修改方程的右侧。

例 4-2 图 4-6 为例 3-2 给出的机械臂，分别求出牛顿-欧拉运动方程和用关节变量 θ_1、

θ_2 及关节力矩 τ_1、τ_2 表示的封闭动态方程。

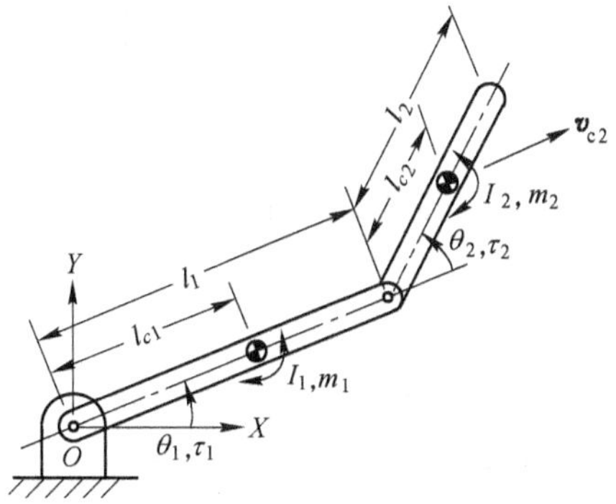

图 4-6　两个杆件手臂的质量参数

解：因杆件是平面机构惯性张量，可用标量 I_i 表示。杆件 1 的牛顿-欧拉方程可以表示为

$$^0\boldsymbol{f}_1 - {}^1\boldsymbol{f}_2 + m_1\boldsymbol{g} - m_1\dot{v}_{c1} = 0 \tag{4-9}$$

$$^0\boldsymbol{n}_1 - {}^1\boldsymbol{n}_2 + {}^1\boldsymbol{p}_{c1} \times {}^1\boldsymbol{f}_2 - {}^0\boldsymbol{p}_{c1} \times {}^0\boldsymbol{f}_1 - \boldsymbol{I}_1\dot{\boldsymbol{\omega}}_1 = 0 \tag{4-10}$$

杆件 2 的牛顿-欧拉方程可以表示为

$$^1\boldsymbol{f}_2 + m_2\boldsymbol{g} - m_2\dot{v}_{c2} = 0 \tag{4-11}$$

$$^1\boldsymbol{n}_2 - {}^1\boldsymbol{p}_{c2} \times {}^1\boldsymbol{f}_2 - \boldsymbol{I}_2\dot{\boldsymbol{\omega}}_2 = 0 \tag{4-12}$$

为了得到封闭动态方程，在方程中显式表示关节力矩需消除约束力。由关节力矩和耦合力矩相等，有

$$^{i-1}\boldsymbol{n}_i = \boldsymbol{\tau}_i \tag{4-13}$$

由于这里为平面问题，惯性张力降阶为惯性矩，将式（4-13）代入式（4-12），消去 $^1f_2$，可得

$$\tau_2 - {}^1\boldsymbol{p}_{c2} \times m_2\dot{v}_{c2} + {}^1\boldsymbol{p}_{c2} \times m_2\boldsymbol{g} - I_2\dot{\boldsymbol{\omega}}_2 = 0 \tag{4-14}$$

同样，消去 $^0f_1$，得到

$$\tau_1 - \tau_2 - {}^0\boldsymbol{p}_{c1} \times m_1\dot{v}_{c1} - {}^0\boldsymbol{p}_{c1} \times m_2\dot{v}_{c2} + {}^1\boldsymbol{p}_{c1} \times m_1\boldsymbol{g} + {}^0\boldsymbol{p}_1 \times m_1\boldsymbol{g} + {}^0\boldsymbol{p}_1 \times m_2\boldsymbol{g} - I_1\dot{\boldsymbol{\omega}}_1 = 0 \tag{4-15}$$

$$^0\boldsymbol{p}_1 = {}^0\boldsymbol{A}_1\begin{bmatrix}0\\0\\1\end{bmatrix} = \begin{bmatrix}c_1 & -s_1 & l_1c_1\\ s_1 & c_1 & l_1s_1\\ 0 & 0 & 1\end{bmatrix}\begin{bmatrix}0\\0\\1\end{bmatrix} = \begin{bmatrix}l_1c_1\\ l_1s_1\\ 1\end{bmatrix}$$

类似地

$$^0\boldsymbol{p}_{c1} = {}^0\boldsymbol{A}_{c1}\begin{bmatrix}0\\0\\1\end{bmatrix} = \begin{bmatrix}c_1 & -s_1 & l_{c1}c_1\\ s_1 & c_1 & l_{c1}s_1\\ 0 & 0 & 1\end{bmatrix}\begin{bmatrix}0\\0\\1\end{bmatrix} = \begin{bmatrix}l_{c1}c_1\\ l_{c1}s_1\\ 1\end{bmatrix}$$

$$ {}^{1}\boldsymbol{p}_{c2} = {}^{1}\boldsymbol{A}_{c2}\begin{bmatrix}0\\0\\1\end{bmatrix} = \begin{bmatrix}c_2 & -s_2 & l_{c2}c_2\\ s_2 & c_2 & l_{c2}s_2\\ 0 & 0 & 1\end{bmatrix}\begin{bmatrix}0\\0\\1\end{bmatrix} = \begin{bmatrix}l_{c2}c_2\\ l_{c2}s_2\\ 1\end{bmatrix} $$

由 $\boldsymbol{J}_1 = \begin{bmatrix}-l_1s_1 - l_2s_{12}\\ l_1c_1 + l_2c_{12}\\ 1\end{bmatrix}$，对于杆件 1 的重心：$\boldsymbol{J}_{c1} = \begin{bmatrix}-l_{c1}s_1\\ l_{c1}c_1\\ 1\end{bmatrix}$

$$ \dot{\boldsymbol{r}}_{c1} = \boldsymbol{J}_{c1}\dot{\theta}_1 = \begin{bmatrix}-l_{c1}s_1\\ l_{c1}c_1\\ 1\end{bmatrix}\dot{\theta}_1 = \begin{bmatrix}-l_{c1}s_1\dot{\theta}_1\\ l_{c1}c_1\dot{\theta}_1\\ \dot{\theta}_1\end{bmatrix} $$

同样地

$$ \dot{\boldsymbol{r}}_{c2} = \boldsymbol{J}_{c2}\dot{\theta} = \begin{bmatrix}-l_1s_1 - l_{c2}s_{12} & -l_{c2}s_{12}\\ l_1c_1 + l_{c2}c_{12} & l_{c2}c_{12}\\ 1 & 1\end{bmatrix}\begin{bmatrix}\dot{\theta}_1\\ \dot{\theta}_2\end{bmatrix} = \begin{bmatrix}(-l_1s_1 - l_{c2}s_{12})\dot{\theta}_1 - l_{c2}s_{12}\dot{\theta}_2\\ (l_1c_1 + l_{c2}c_{12})\dot{\theta}_1 + l_{c2}c_{12}\dot{\theta}_2\\ \dot{\theta}_1 + \dot{\theta}_2\end{bmatrix} $$

从而

$$ v_{c1} = \begin{bmatrix}-l_{c1}s_1\dot{\theta}_1\\ l_{c1}c_1\dot{\theta}_1\end{bmatrix},\ \omega_1 = \dot{\theta}_1 $$

$$ v_{c2} = \begin{bmatrix}(-l_1s_1 - l_{c2}s_{12})\dot{\theta}_1 - l_{c2}s_{12}\dot{\theta}_2\\ (l_1c_1 + l_{c2}c_{12})\dot{\theta}_1 + l_{c2}c_{12}\dot{\theta}_2\end{bmatrix},\ \omega_2 = \dot{\theta}_1 + \dot{\theta}_2 $$

将上两式进行时间微分，并将相关参数代入式（4-14）和式（4-15），可得：

$$ \boldsymbol{\tau} = \boldsymbol{H}(\boldsymbol{\theta})\ddot{\boldsymbol{\theta}}_1 + \boldsymbol{C}(\boldsymbol{\theta},\dot{\boldsymbol{\theta}})\dot{\boldsymbol{\theta}} + \boldsymbol{g}(\boldsymbol{\theta}) \tag{4-16} $$

$$ \boldsymbol{H}(\boldsymbol{\theta}) = \begin{bmatrix}h_{11} & h_{12}\\ h_{21} & h_{22}\end{bmatrix},\ \boldsymbol{C}(\boldsymbol{\theta},\dot{\boldsymbol{\theta}}) = \begin{bmatrix}c_1\\ c_2\end{bmatrix},\ \boldsymbol{g}(\boldsymbol{\theta}) = \begin{bmatrix}g_1\\ g_2\end{bmatrix} $$

式中：

$$ h_{11} = m_2l_{c2}^2 + I_1 + m_2[l_1^2 + l_{c2}^2 + 2l_1l_{c2}c_2] + I_2 $$
$$ h_{12} = h_{21} = m_2l_1l_{c2}c_2 + m_2l_{c2}^2 + I_2 $$
$$ h_{22} = m_2l_{c2}^2 + I_2 $$
$$ c_1 = m_2l_1l_{c2}s_2(\dot{\theta}_2 + 2\dot{\theta}_1) $$

$$c_2 = m_2 l_1 l_{c2} s_2 \dot{\theta}_1$$
$$g_1 = m_1 l_{c1} g c_1 + m_2 g (l_{c2} c_{12} + l_1 c_1)$$
$$g_2 = m_2 g l_{c2} c_{12}$$

标量 g 是指向 Y 轴负方向的重力加速度。

本例说明了可将牛顿-欧拉方程所建立的动力学方程转换为封闭的动力学方程。

4.3.2 拉格朗日-欧拉方程

拉格朗日函数为

$$L(q_i, \dot{q}_i) = T - U \tag{4-17}$$

式中，q_i 为广义坐标，在研究机器人动力学中为关节变量；T、U 分别代表机器人手臂的动能和势能。

机器人的拉格朗日方程为

$$\frac{\mathrm{d}}{\mathrm{d}t}\frac{\partial L}{\partial \dot{q}_i} - \frac{\partial L}{\partial q_i} = Q_i \quad (i = 1,2,\cdots,n) \tag{4-18}$$

式中，Q_i 为对应广义坐标的广义力。为了用拉格朗日方程求机器人的动力学方程，首先要求机器人手臂的动能、势能和广义力。

设机器人手臂杆 i 质心在机座坐标系中的平移速度向量为v_{ci}、角速度向量为 $\boldsymbol{\omega}_i$、质量为 m_i、相对质心的惯性张量为 $\boldsymbol{I}_i$，则杆 i 的动能为

$$T_i = \frac{1}{2} m_i v_{ci}^{\mathrm{T}} v_{ci} + \frac{1}{2} \boldsymbol{\omega}_i^{\mathrm{T}} \boldsymbol{I}_i \boldsymbol{\omega}_i \tag{4-19}$$

式中，第一项为质量 m_i 平移运动的动能；第二项为绕质心旋转的动能。

由于能量是可以叠加的，所以手臂总动能为

$$T = \sum_{i=1}^{n} T_i \tag{4-20}$$

与式（3-46）类似，杆 i 在机座坐标系中的速度与第 i 号杆及其之前各杆关节速度间的关系可表示为

$$\begin{bmatrix} v_{ci} \\ \boldsymbol{\omega}_i \end{bmatrix} = \begin{bmatrix} \boldsymbol{J}_{\mathrm{L1}}^{(i)} & \boldsymbol{J}_{\mathrm{L2}}^{(i)} & \cdots & \boldsymbol{J}_{\mathrm{L}i}^{(i)} & \cdots & 0 \\ \boldsymbol{J}_{\mathrm{A1}}^{(i)} & \boldsymbol{J}_{\mathrm{A2}}^{(i)} & \cdots & \boldsymbol{J}_{\mathrm{L}i}^{(i)} & \cdots & 0 \end{bmatrix} \begin{bmatrix} \dot{q}_1 \\ \vdots \\ \dot{q}_n \end{bmatrix} = \begin{bmatrix} \boldsymbol{J}_{\mathrm{L}}^{(i)} \dot{\boldsymbol{q}}_i \\ \boldsymbol{J}_{\mathrm{A}}^{(i)} \dot{\boldsymbol{q}}_i \end{bmatrix} \tag{4-21}$$

其中 $\dot{\boldsymbol{q}}_i = [\dot{q}_1 \quad \cdots \quad \dot{q}_i]^{\mathrm{T}}$，雅克比矩阵子块 $\boldsymbol{J}_{\mathrm{L}j}^{(i)}$，$\boldsymbol{J}_{\mathrm{A}j}^{(i)}$ $(j \leqslant i)$ 为

当杆 j 为平移关节时

$$\begin{bmatrix} \boldsymbol{J}_{\mathrm{L}j}^{(i)} \\ \boldsymbol{J}_{\mathrm{A}j}^{(i)} \end{bmatrix} = \begin{bmatrix} \boldsymbol{b}_{i-1} \\ 0 \end{bmatrix} \tag{4-22}$$

当杆 j 为转动关节时

$$\begin{bmatrix} \boldsymbol{J}_{\mathrm{L}j}^{(i)} \\ \boldsymbol{J}_{\mathrm{A}j}^{(i)} \end{bmatrix} = \begin{bmatrix} \boldsymbol{b}_{i-1} \times {}^{j-1}\boldsymbol{p}_{ci} \\ \boldsymbol{b}_{i-1} \end{bmatrix} \tag{4-23}$$

式中，${}^{j-1}\boldsymbol{p}_{ci}$ 为在机座坐标系中第 $j-1$ 号坐标原点至杆 i 质心的向量。

把式（4-21）代入式（4-19），再代入式（4-20）中得

$$T = \frac{1}{2}\sum_{i=1}^{n}\left(m_i\dot{\boldsymbol{q}}^{\mathrm{T}}\boldsymbol{J}_{\mathrm{L}}^{(i)\mathrm{T}}\boldsymbol{J}_{\mathrm{L}}^{(i)}\dot{\boldsymbol{q}} + \dot{\boldsymbol{q}}^{\mathrm{T}}\boldsymbol{J}_{\mathrm{A}}^{(i)\mathrm{T}}\boldsymbol{I}_i\boldsymbol{J}_{\mathrm{A}}^{(i)}\dot{\boldsymbol{q}}\right) = \frac{1}{2}\dot{\boldsymbol{q}}^{\mathrm{T}}\boldsymbol{H}\dot{\boldsymbol{q}} \tag{4-24}$$

$\boldsymbol{H}$ 为 $n\times n$ 阶惯性矩阵，为

$$\boldsymbol{H} = \sum_{i=1}^{n}\left(m_i\boldsymbol{J}_{\mathrm{L}}^{(i)\mathrm{T}}\boldsymbol{J}_{\mathrm{L}}^{(i)} + \boldsymbol{J}_{\mathrm{A}}^{(i)\mathrm{T}}\boldsymbol{I}_i\boldsymbol{J}_{\mathrm{A}}^{(i)}\right) \tag{4-25}$$

如果用 h_{ij} 表示惯性矩阵 $\boldsymbol{H}$ 的元素，则由式（4-24）表示的动能可用下式表示

$$T = \frac{1}{2}\sum_{i=1}^{n}\sum_{j=1}^{n}h_{ij}\dot{q}_i\dot{q}_j \tag{4-26}$$

机器人手臂的势能为

$$U = \sum_{i=1}^{n}m_i\boldsymbol{g}^{\mathrm{T}\,\mathrm{o}}\boldsymbol{p}_{ci} \tag{4-27}$$

式中，$\boldsymbol{g}$ 为在机座坐标系中的重力加速度向量；${}^{\mathrm{o}}\boldsymbol{p}_{ci}$ 为在机座坐标系中由坐标原点到杆 i 质心的向量。

广义力为

$$\boldsymbol{Q} = \boldsymbol{\tau} + \boldsymbol{J}^{\mathrm{T}}\boldsymbol{f} \tag{4-28}$$

式中，$\boldsymbol{\tau}$ 和 $\boldsymbol{f}$ 分别表示关节力向量和手端与环境的接触力向量。

将机器人手臂的动能、势能和广义力代入拉格朗日方程（4-17），可得机器人动力学方程。首先将由式（4-24）表示的动能代入方程（4-18）的首项：

$$\frac{\mathrm{d}}{\mathrm{d}t}\left(\frac{\partial T}{\partial\dot{q}_i}\right) = \frac{\mathrm{d}}{\mathrm{d}t}\left(\sum_{j=1}^{n}h_{ij}\dot{q}_j\right) = \sum_{j=1}^{n}h_{ij}\ddot{q}_j + \sum_{j=1}^{n}\frac{\mathrm{d}h_{ij}}{\mathrm{d}t}\dot{q}_j \tag{4-29}$$

由于 h_{ij} 是 $q_i(i=1, 2, \cdots, n)$ 的函数，所以 h_{ij} 对时间的导数为

$$\frac{\mathrm{d}h_{ij}}{\mathrm{d}t} = \sum_{k=1}^{n}\frac{\partial h_{ij}}{\partial q_k}\frac{\mathrm{d}q_k}{\mathrm{d}t} = \sum_{k=1}^{n}\frac{\partial h_{ij}}{\partial q_k}\dot{q}_k \tag{4-30}$$

式（4-18）第二项含对动能 T 求对 q_i 的偏导数，所以

$$\frac{\partial T}{\partial q_i} = \frac{\partial}{\partial q_i}\left(\frac{1}{2}\sum_{j=1}^{n}\sum_{k=1}^{n}h_{jk}\dot{q}_j\dot{q}_k\right) = \frac{1}{2}\sum_{j=1}^{n}\sum_{k=1}^{n}\frac{\partial h_{jk}}{\partial q_i}\dot{q}_j\dot{q}_k \tag{4-31}$$

势能对 q_i 的偏导数为重力项

$$g_i = \frac{\partial U}{\partial q_i} = \sum_{j=1}^{n}m_j\boldsymbol{g}^{\mathrm{T}}\frac{\partial\,{}^{\mathrm{o}}\boldsymbol{p}_{cj}}{\partial q_i} = \sum_{j=1}^{n}m_j\boldsymbol{g}^{\mathrm{T}}\boldsymbol{J}_{\mathrm{L}i}^{(j)} \tag{4-32}$$

将式(4-29) ~ 式(4-32)代入式(4-18)得机器人手臂的动力学方程

$$\sum_{j=1}^{n}h_{ij}\ddot{q}_j + \sum_{j=1}^{n}\sum_{k=1}^{n}c_{ijk}\dot{q}_j\dot{q}_k + g_i = Q_i \tag{4-33}$$

式中 Q_i 由式（4-28）确定，c_{ijk}由下式确定

$$c_{ijk} = \frac{\partial h_{ij}}{\partial q_k} - \frac{1}{2}\frac{\partial h_{jk}}{\partial q_i} \tag{4-34}$$

显然，动力学方程（4-34）中的首项为惯性力项，第二项来源于哥氏力和离心力。

例 4-3 用拉格朗日-欧拉方程建立例 3-2 的平面二杆机器人动力学方程。

解：由于

$$\begin{bmatrix} v_{c1} \\ \omega \end{bmatrix} = \begin{bmatrix} -l_{c1}s_1 & 0 \\ l_{c1}c_1 & 0 \\ 0 & 0 \\ 0 & 0 \\ 0 & 0 \\ 1 & 1 \end{bmatrix}\begin{bmatrix} \dot\theta_1 \\ \dot\theta_2 \end{bmatrix},\ \begin{bmatrix} v_{c2} \\ \omega \end{bmatrix} = \begin{bmatrix} -l_1s_1 - l_{c2}s_{12} & -l_{c2}s_{12} \\ l_1c_1 + l_{c2}c_{12} & l_{c2}c_{12} \\ 0 & 0 \\ 0 & 0 \\ 0 & 0 \\ 1 & 1 \end{bmatrix}\begin{bmatrix} \dot\theta_1 \\ \dot\theta_2 \end{bmatrix}$$

有

$$\boldsymbol{J}_{\mathrm{L}}^1 = \begin{bmatrix} -l_{c1}s_1 & 0 \\ l_{c1}c_1 & 0 \\ 0 & 0 \end{bmatrix},\ \boldsymbol{J}_{\mathrm{A}}^1 = \begin{bmatrix} 0 & 0 \\ 0 & 0 \\ 1 & 0 \end{bmatrix},\ \boldsymbol{J}_{\mathrm{L}}^2 = \begin{bmatrix} -l_1s_1 - l_{c2}s_{12} & -l_{c2}s_{12} \\ l_1c_1 + l_{c2}c_{12} & l_{c2}c_{12} \\ 0 & 0 \end{bmatrix},\ \boldsymbol{J}_{\mathrm{A}}^2 = \begin{bmatrix} 0 & 0 \\ 0 & 0 \\ 1 & 1 \end{bmatrix}$$

代入 $\boldsymbol{H} = \sum_{i=1}^{2}(m_i\boldsymbol{J}_{\mathrm{L}}^{(i)\mathrm{T}}\boldsymbol{J}_{\mathrm{L}}^{(i)} + \boldsymbol{J}_{\mathrm{A}}^{(i)\mathrm{T}}\boldsymbol{I}_i\boldsymbol{J}_{\mathrm{A}}^{(i)})$ 中得到

$$\boldsymbol{H} = \begin{bmatrix} m_1l_{c1}^2 + I_1 + m_2(l_1^2 + l_{c2}^2 + 2l_1l_{c2}c_2) + I_2 & m_2(l_{c2}^2 + l_1l_{c2}c_2) + I_2 \\ m_2(l_{c2}^2 + l_1l_{c2}c_2) + I_2 & m_2l_{c2}^2 + I_2 \end{bmatrix}$$

应用公式
$$c_{ijk} = \frac{\partial h_{ij}}{\partial q_k} - \frac{1}{2}\frac{\partial h_{jk}}{\partial q_i}$$

令 $i = 1,2$、$j = 1,2$、$k = 1,2$，可求出 $h_{111}, h_{112}, \cdots, h_{222}$。

其中：$c_{111} = 0$，$c_{112} = c_{121} = -m_2l_1l_{c2}s_2$，$c_{122} = -m_2l_1l_{c2}s_2$，$c_{211} = m_2l_1l_{c2}s_2$，$c_{212} = c_{221} = c_{222} = 0$。

应用 $g_i = \sum_{j=1}^{2} m_j\boldsymbol{g}^{\mathrm{T}}\boldsymbol{J}_{\mathrm{L}i}^{(j)}$，$i = 1,2$ 可得

$$g_1 = \boldsymbol{g}^{\mathrm{T}}(m_1\boldsymbol{J}_{\mathrm{L1}}^1 + m_2\boldsymbol{J}_{\mathrm{L1}}^2) = m_1gl_{c1}c_1 + m_2g(l_1c_1 + l_{c2}c_{12})$$

$$g_2 = \boldsymbol{g}^{\mathrm{T}}(m_1\boldsymbol{J}_{\mathrm{L2}}^1 + m_2\boldsymbol{J}_{\mathrm{L2}}^2) = m_2gl_{c2}c_{12}$$

由 $\boldsymbol{Q} = \tau + \boldsymbol{J}^{\mathrm{T}}\boldsymbol{F}$，得 $Q_1 = \tau_1$，$Q_2 = \tau_2$。

将以上各式代入式（4-33）得

$$\tau_1 = h_{11}\ddot\theta_1 + h_{12}\ddot\theta_2 + (c_{112} + c_{121})\dot\theta_1\dot\theta_2 + c_{122}\dot\theta_2^2 + g_1$$

$$\tau_2 = h_{21}\ddot\theta_1 + h_{22}\ddot\theta_2 + c_{211}\dot\theta_2^2 + g_2$$

4.4 机器人动力学逆问题的递推计算方法

机器人动力学逆问题对于机器人运动控制具有重要意义，因为机器人动力学逆问题是研究在已知机器人运动状态时确定各关节驱动力矩（对于平移关节为力）的问题。机器人的计算力矩控制方法就是基于逆动力学算法。为了满足实时控制的要求，算法要简捷有效。为此，本节介绍以牛顿-欧拉方程为基础的递推法。

逆动力学问题的递推算法分为运动学量和关节力（矩）两个阶段。运动学量的递推是从机座开始，当给定关节速度（角速度）和加速度（角加速度）时，以此外向递推，求出各杆件的运动学参数；关节力（矩）的递推是从末端的受力开始向内递推，求出各关节的驱动力（矩）。

4.4.1 附体动坐标系与机座坐标系的速度和加速度关系

4.4.1.1 旋转坐标系中固定向量的速度

在图 4-7 中，坐标系 $O_0X_0Y_0Z_0$ 为机座坐标系，设坐标系 $OXYZ$ 的原点不动，在机座坐标系中以角速度 ω 旋转。任意向量 $\boldsymbol{s}$ 固定在坐标系 $OXYZ$ 中，随旋转坐标系运动。为了确定 $\boldsymbol{s}$ 在机座坐标系中的速度，可考虑经微小时间间隔 Δt，动坐标系旋转的角度为 $|\Delta\theta| = |\omega|\Delta t$，向量 $\boldsymbol{s}$ 从点 A 运动至点 B，由图中的几何关系可知向量 $\boldsymbol{s}$ 的变化量为

$$\begin{aligned}\overline{AB} &= \overline{AC}\,|\Delta\theta| \\ &= \overline{AO}\sin\phi\,|\omega|\Delta t \\ &= |s|\,|\omega|\sin\phi\Delta t\end{aligned} \tag{4-35}$$

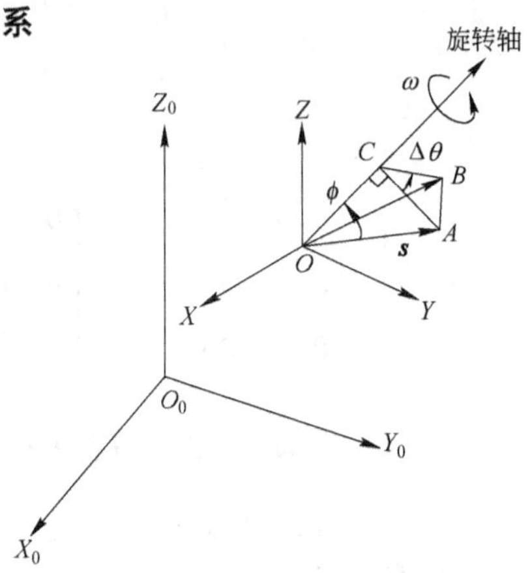

图 4-7 旋转坐标系中固定向量变化量

由于向量 $\overline{AB}$ 垂直于旋转轴和向量 $\boldsymbol{s}$，所以 $\overline{AB}$ 平行向量积 $\boldsymbol{\omega} \times \boldsymbol{s}$，又由式（4-35）可知，在旋转坐标系中向量 $\boldsymbol{s}$ 的速度为

$$\left.\frac{\mathrm{d}\boldsymbol{s}}{\mathrm{d}t}\right|_f = \boldsymbol{\omega} \times \boldsymbol{s} \tag{4-36}$$

式中，角标 f 表示在机座坐标系中。

4.4.1.2 相对动坐标系的运动

在图 4-8 中，坐标系 $O_0X_0Y_0Z_0$、$O_iX_iY_iZ_i$ 和 $O_{i+1}X_{i+1}Y_{i+1}Z_{i+1}$ 分别为机座坐标系、固定在杆 i 和杆 $i+1$ 的坐标系。由图可知

$${}^0\boldsymbol{p}_{i+1} = {}^0\boldsymbol{p}_i + {}^i\boldsymbol{p}_{i+1} \tag{4-37}$$

在机座坐标系中对上式求导，可得

$$\left.\frac{\mathrm{d}\,{}^0\boldsymbol{p}_{i+1}}{\mathrm{d}t}\right|_f = \left.\frac{\mathrm{d}\,{}^0\boldsymbol{p}_i}{\mathrm{d}t}\right|_f + \left.\frac{\mathrm{d}\,{}^i\boldsymbol{p}_{i+1}}{\mathrm{d}t}\right|_f \tag{4-38}$$

由于向量 ${}^0\boldsymbol{p}_{i+1}$ 和 ${}^0\boldsymbol{p}_i$ 是在机座坐标系中以其原点为起点的向量，所以它们对时间的导数为在机座坐标系中的速度，用 v_{i+1} 和 v_i 表示。而向量 ${}^i\boldsymbol{p}_{i+1}$ 表示以动坐标为参考的相对位移，

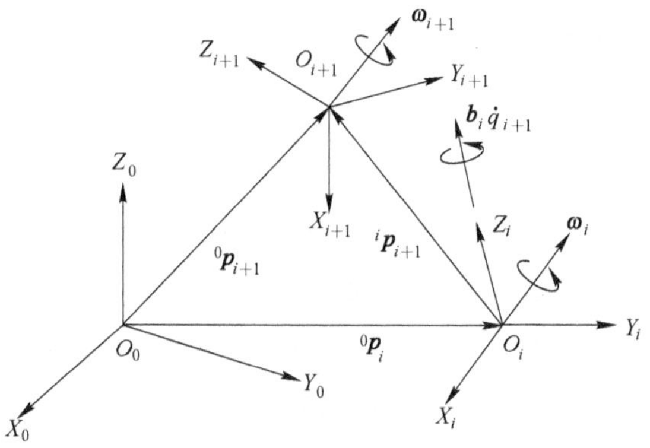

图 4-8　相对动坐标系运动

在机座坐标系中，它对时间的导数可分解成相对动坐标系的速度与由于动坐标的旋转而产生的速度，即

$$\left.\frac{\mathrm{d}^i\boldsymbol{p}_{i+1}}{\mathrm{d}t}\right|_f = \left.\frac{\mathrm{d}^i\boldsymbol{p}_{i+1}}{\mathrm{d}t}\right|_r + \boldsymbol{\omega}\times{}^i\boldsymbol{p}_{i+1} \tag{4-39}$$

式中，角标 r 表示在动坐标系中的运算。

由此可见，对任意在旋转坐标系中向量的微分都可以用如下微分算子进行

$$\left.\frac{\mathrm{d}}{\mathrm{d}t}\right|_f = \left.\frac{\mathrm{d}}{\mathrm{d}t}\right|_r + \boldsymbol{\omega}\times \tag{4-40}$$

显然，式（4-38）可写成

$$v_{i+1} = v_i + \left.\frac{\mathrm{d}^i\boldsymbol{p}_{i+1}}{\mathrm{d}t}\right|_r + \boldsymbol{\omega}\times{}^i\boldsymbol{p}_{i+1} \tag{4-41}$$

利用式（4-40）表示的算子，对式（4-41）微分得

$$\left.\frac{\mathrm{d}v_{i+1}}{\mathrm{d}t}\right|_f = \left.\frac{\mathrm{d}\,v_i}{\mathrm{d}t}\right|_f + \left.\frac{\mathrm{d}}{\mathrm{d}t}\left(\left.\frac{\mathrm{d}^i\boldsymbol{p}_{i+1}}{\mathrm{d}t}\right|_r\right)\right|_f + \left.\frac{\mathrm{d}\boldsymbol{\omega}_i}{\mathrm{d}t}\right|_f\times{}^i\boldsymbol{p}_{i+1} + \boldsymbol{\omega}_i\times\left.\frac{\mathrm{d}^i\boldsymbol{p}_{i+1}}{\mathrm{d}t}\right|_f$$

上式左边和右边第一项分别表示在机座坐标中动坐标原点 O_{i+1} 和 O_i 的加速度，若分别用 $\boldsymbol{a}_{i+1}$ 和 $\boldsymbol{a}_i$ 表示，并进一步利用微分算子可得

$$\boldsymbol{a}_{i+1} = \boldsymbol{a}_i + \left.\frac{\mathrm{d}^{2\,i}p_{i+1}}{\mathrm{d}t^2}\right|_r + \dot{\boldsymbol{\omega}}_i\times{}^i\boldsymbol{p}_{i+1} + 2\boldsymbol{\omega}_i\times\left.\frac{\mathrm{d}^i\boldsymbol{p}_{i+1}}{\mathrm{d}t}\right|_r + \boldsymbol{\omega}_i\times(\boldsymbol{\omega}_i\times{}^i\boldsymbol{p}_{i+1}) \tag{4-42}$$

4.4.2　运动学量的递推关系

利用 4.4.1 节所得结果，可得机器人运动学各量的递推关系。

4.4.2.1　求角速度 $\boldsymbol{\omega}_{i+1}$ 及角加速度 $\dot{\boldsymbol{\omega}}_{i+1}$

（1）当关节 $i+1$ 是平移关节时，杆 $i+1$ 的角速度和角加速度与前面的杆相同，即

$$\boldsymbol{\omega}_{i+1} = \boldsymbol{\omega}_i \tag{4-43}$$

$$\dot{\boldsymbol{\omega}}_{i+1} = \dot{\boldsymbol{\omega}}_i \tag{4-44}$$

（2）当关节 $i+1$ 是旋转关节时，坐标系 $i+1$ 将绕固定于杆 i 的动坐标系 Z_i 轴以角速度 $\dot{q}_{i+1}\boldsymbol{b}_i$ 和角加速度 $\ddot{q}_{i+1}\boldsymbol{b}_i$ 旋转。在机座坐标系中，杆 $i+1$ 的角速度为

$$\boldsymbol{\omega}_{i+1} = \boldsymbol{\omega}_i + \dot{q}_{i+1}\boldsymbol{b}_i \tag{4-45}$$

对上式求导得在机座坐标系中杆 $i+1$ 的角加速度为

$$\dot{\boldsymbol{\omega}}_{i+1} = \dot{\boldsymbol{\omega}}_i + \ddot{q}_{i+1}\boldsymbol{b}_i + \boldsymbol{\omega}_i \times \dot{q}_{i+1}\boldsymbol{b}_i \tag{4-46}$$

4.4.2.2　求平移速度 v_{i+1} 和平移加速度 $\boldsymbol{a}_{i+1}$

（1）当关节 $i+1$ 是平移关节时，杆 $i+1$ 在坐标原点 O_{i+1}处的平移速度为

$$v_{i+1} = v_i + \dot{q}_{i+1}\boldsymbol{b}_i + \boldsymbol{\omega}_i \times {}^i\boldsymbol{p}_{i+1} \tag{4-47}$$

式中，等号右边第二项是关节 $i+1$ 的平移而产生的，第三项是关节 i 的角速度产生的，其中 ${}^i\boldsymbol{p}_{i+1}$ 是由坐标系原点 O_i 至 O_{i+1}的向量。而杆 $i+1$ 在坐标原点 O_{i+1}处的平移加速度可通过对式（4-47）求导得

$$\boldsymbol{a}_{i+1} = \boldsymbol{a}_i + \ddot{q}_{i+1}\boldsymbol{b}_i + \dot{\boldsymbol{\omega}} \times {}^i\boldsymbol{p}_{i+1} + 2\boldsymbol{\omega}_i \times \dot{q}_{i+1}\boldsymbol{b}_i + \boldsymbol{\omega}_i \times (\boldsymbol{\omega}_i \times {}^i\boldsymbol{p}_{i+1}) \tag{4-48}$$

（2）当关节 $i+1$ 是旋转关节时，杆 $i+1$ 在坐标原点 O_{i+1}处的平移速度为

$$v_{i+1} = v_i + \boldsymbol{\omega}_{i+1} \times {}^i\boldsymbol{p}_{i+1} \tag{4-49}$$

式中，等号右边第二项是关节 $i+1$ 的角速度产生的。而杆 $i+1$ 在坐标原点 O_{i+1}处的平移加速度可通过对式（4-49）求导得

$$\boldsymbol{a}_{i+1} = \boldsymbol{a}_i + \dot{\boldsymbol{\omega}}_{i+1} \times {}^i\boldsymbol{p}_{i+1} + \boldsymbol{\omega}_{i+1} \times (\boldsymbol{\omega}_{i+1} \times {}^i\boldsymbol{p}_{i+1})$$

4.4.2.3　求质心处的加速度 $\boldsymbol{a}_{c,i+1}$

如图 4-9 所示，坐标原点 O_{i+1}处的平移速度转化到质心处的速度为

$$v_{ci} = v_i + \boldsymbol{\omega}_i \times {}^i\boldsymbol{p}_{ci} \tag{4-50}$$

将上式对时间求导得质心处的平移加速度

$$\boldsymbol{a}_{ci} = \boldsymbol{a}_i + \dot{\boldsymbol{\omega}}_i \times {}^i\boldsymbol{p}_{ci} + \boldsymbol{\omega}_i \times (\boldsymbol{\omega}_i \times {}^i\boldsymbol{p}_{ci}) \tag{4-51}$$

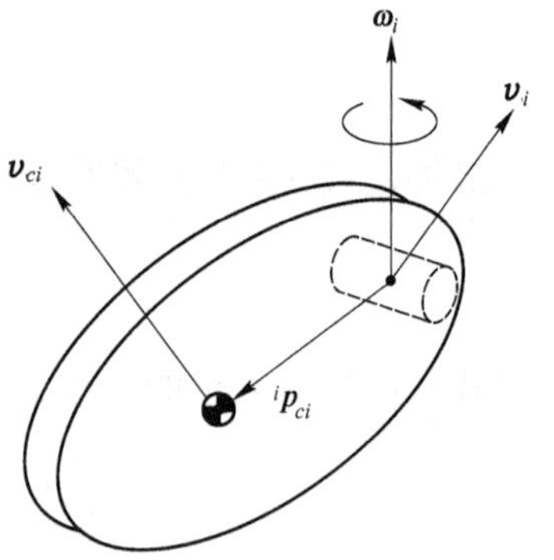

图 4-9　坐标原点和质心处的速度

4.4.3　关节力矩的递推法

为求出控制用的关节驱动力矩（对于平移关节为驱动力），首先应确定关节间的耦合力及耦合力矩。由式（4-6）和式（4-7）可得递推公式如下：

$${}^{i-1}\boldsymbol{f}_i = {}^i\boldsymbol{f}_{i+1} - m_i\boldsymbol{g} + m_i\boldsymbol{a}_{ci} \tag{4-52}$$

$${}^{i-1}\boldsymbol{n}_i = {}^i\boldsymbol{n}_{i+1} - {}^i\boldsymbol{p}_{ci} \times {}^i\boldsymbol{f}_{i+1} + {}^{i-1}\boldsymbol{p}_{ci} \times {}^{i-1}\boldsymbol{f}_i + \boldsymbol{I}_i\dot{\boldsymbol{\omega}}_i + \boldsymbol{\omega}_i \times (\boldsymbol{I}_i\boldsymbol{\omega}_i) \tag{4-53}$$

这个步骤是从杆 n 开始直至 $i=1$ 为止。当求出了各关节的耦合力和耦合力矩后，可根据下式确定关节驱动力矩（对于平移关节为力）。

对于平移关节：

$$\tau_i = \boldsymbol{b}_{i-1}^{\mathrm{T}}\ {}^{i-1}\boldsymbol{f}_i \tag{4-54}$$

对于转动关节：

$$\tau_i = \boldsymbol{b}_{i-1}^{\mathrm{T}}\ {}^{i-1}\boldsymbol{n}_i \tag{4-55}$$

式中，$\boldsymbol{b}_{i-1}$ 为坐标轴 Z_{i-1} 上的（在关节 i 轴上）单位向量。式（4-54）和式（4-55）表明，关节驱动器只要平衡 ${}^{i-1}\boldsymbol{n}_i$ 或 ${}^{i-1}f_i$（对于滑动关节）在关节轴上的分量即可，而其他方向的分量则为内力，由关节机械结构来平衡。

利用式（4-52）和式（4-53）计算关节耦合力及力矩所需要的运动学量也用递推法确定。为此，需要首先分析在动坐标中所决定的相对运动关系。

4.5　机器人动力学的正问题

将式（4-32）写成矩阵形式为

$$\boldsymbol{H}(\boldsymbol{q})\ddot{\boldsymbol{q}} + \boldsymbol{C}(\boldsymbol{q},\dot{\boldsymbol{q}})\dot{\boldsymbol{q}} + \boldsymbol{g}(\boldsymbol{q}) = \boldsymbol{\tau} \tag{4-56}$$

式中，$\boldsymbol{H}(\boldsymbol{q})$ 为质量矩阵，它是关节变量的函数；$\boldsymbol{C}(\boldsymbol{q},\dot{\boldsymbol{q}})$ 为哥氏力和离心力系数矩阵，它是关节变量和关节速率的函数；$\boldsymbol{g}(\boldsymbol{q})$ 是重力项，也是关节变量的函数；$\boldsymbol{\tau}$ 为关节上的驱动力（矩）矢量。

机器人动力学正问题研究机器人手臂在关节力矩作用下的动态响应，它主要用于机器人系统的动力学仿真。若仿真的时间区间为 $[t_0,t_f]$，可将时间区间分为若干小区间 Δt。从 $t = t_0$ 开始，在已知 $\boldsymbol{q}(t)$、$\dot{\boldsymbol{q}}(t)$ 和 $\boldsymbol{\tau}(t)$ 时，用式（4-56）计算出 $\ddot{\boldsymbol{q}}(t)$，即

$$\ddot{\boldsymbol{q}} = \frac{1}{\boldsymbol{H}(\boldsymbol{q})}[\boldsymbol{\tau} - \boldsymbol{C}(\boldsymbol{q},\dot{\boldsymbol{q}})\dot{\boldsymbol{q}} - \boldsymbol{g}(\boldsymbol{q})]$$

当已知 t 时刻的 $\ddot{\boldsymbol{q}}(t)$ 后，采用近似积分法计算下一时刻的关节位置和速率，即

$$\dot{\boldsymbol{q}}(t+\Delta t) = \dot{\boldsymbol{q}}(t) + \ddot{\boldsymbol{q}}(t)\Delta t$$

$$\boldsymbol{q}(t+\Delta t) = \boldsymbol{q}(t) + \dot{\boldsymbol{q}}(t)\Delta t + \frac{1}{2}\ddot{\boldsymbol{q}}(t)\Delta t$$

通过迭代计算，可求出时间区间 $[t_0,t_f]$ 机器人的运动。

为了提高计算精度，可以通过缩短积分步长或采用 Runge-Kutta 等微分方程的数值求解方法进行，在求解时需要关注求解方法的数值稳定性。

习　题

4-1　简述牛顿-欧拉方法建立机器人动力学方程的步骤及其特点。

4-2　2 连杆机械手如图 4-10 所示，设连杆 1 为质量为 m_1、长度为 l_1 的均质细长杆件；连杆 2 的质量为 m_2，且完全集中于杆件顶端，长度为 l_2，分别用牛顿-欧拉方法和拉格朗日-欧拉方法导出动力学方程。

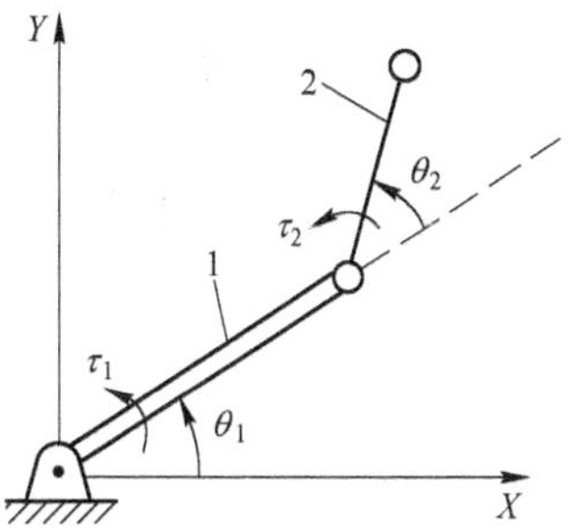

图 4-10　2 连杆机械手

4-3　列出牛顿-欧拉方法的动力学正问题和逆问题的递推方程。

4-4　编写计算机程序对 PUMA 机器人进行动力学仿真。

5　机器人的运动控制与力控制的基本方法

5.1　机器人控制系统的作用及结构

5.1.1　机器人控制系统的作用及其组成

机器人控制系统一般是以机器人单轴或多轴运动协调为目的的控制系统，包括高性能的计算机及相应的系统硬件和控制算法及软件。

如图 5-1 所示，机器人控制系统可分为 4 部分：机器人及其感知器、环境、任务、控制器。机器人是由各种机构组成的装置，它通过感知器的内部传感器实现本体和环境状态的检测和信息交互，也是控制的最终目标；环境即指机器人所处的周围环境，它包括几何条件及相对位置等；任务是指机器人要完成的操作，它需要用适当的程序语言来描述，并把它们存入控制计算机中，随着系统的不同，任务的输入可能是程序方式，或文字、图形或声音方式；控制器包括软件（控制策略与算法以及实现算法的软件程序）和硬件两大部分，它以计算机或专用控制器运行程序的方式来完成给定任务。为实现具体作业的控制运动还需要相应的用机器人化语言开发的用户程序。

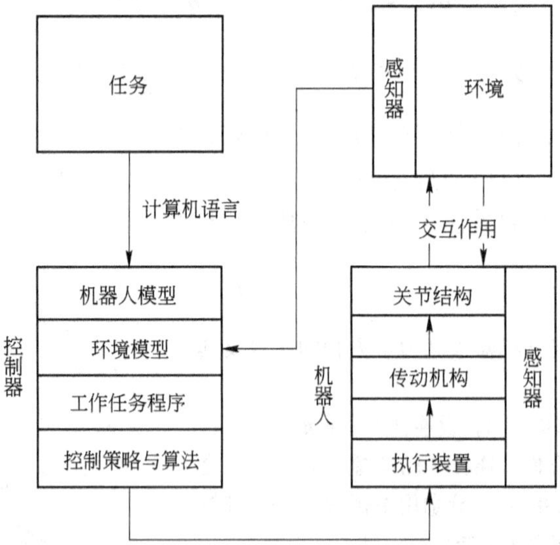

图 5-1　机器人控制系统组成

在控制器中，控制策略与算法主要指机器人控制系统结构、控制信息产生模型与计算方法、控制信息传递方式等。根据对象和要求不同，可采用多种不同的控制策略与算法，如控制系统结构可以采用分布式或集中式，控制信息传递方式可以采用开环控制或 PID 伺服关节运动控制，控制信息产生模型可以是基于模型或自适应等。在第一、二代商品化机器人上仍多数采用多层计算机控制结构模式，以及基于 PID 伺服反馈的控制技术方法。目前，机器人控制技术与系统的研究已由专用控制系统发展到通用开放式计算机控制体系结构，并逐渐向智能控制技术及其实际应用发展。

控制系统硬件一般包括 3 个部分：

（1）感知部分：用来收集机器人的内部和外部信息，如位置、速度、加速度传感器可感受机器人本体状态，而视觉、触觉、力觉等传感器可感受机器人工作环境的外部状态；

（2）控制装置用来处理各种信息，完成控制算法，产生必要的控制指令，它包括计算机主机、I/O 模板及相应的接口，通常为多 CPU、多层式控制模块结构；

（3）伺服驱动部分：为了使机器人完成操作及移动功能，机器人各关节的驱动器通常采用交流、直流电动机或气动、液压传动装置等。

工业机器人主要包括：本体、控制柜、示教盒和相关线缆，如图 5-2 所示。本体（又称操作机）是机器人系统的执行机构，它由驱动电动机（伺服电动机）、高精度减速机（RV 或谐波减速机）、传动机构（同步带、锥齿轮等）、机器人臂、关节以及内部传感器（编码盘）等组成。它的任务是精确地保证末端操作器所要求的位置、姿态和实现其运动，其运动受控于控制柜。

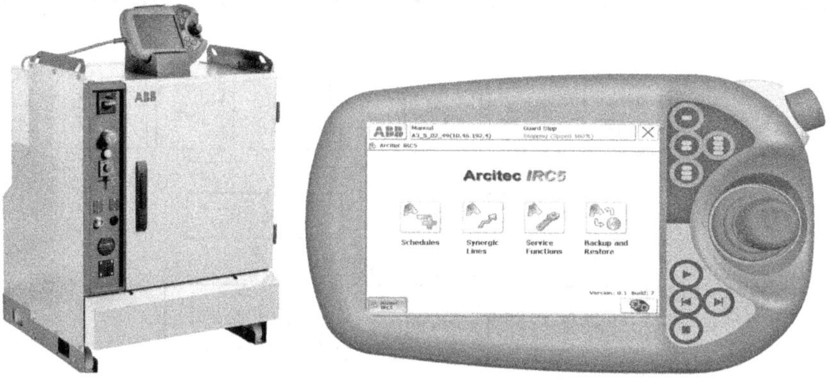

图 5-2 控制柜和示教盒（器）

控制柜是整个机器人系统的神经中枢，它由计算机硬件、软件和一些专用电路（伺服驱动等）构成，其软件包括控制器系统软件、机器人专用语言、机器人运动学及动力学软件、机器人控制软件、机器人自诊断及自保护软件等。控制柜负责处理机器人工作过程中的全部信息和控制其全部动作。

机器人示教盒是控制系统与操作者的人机界面，具备机器人操作、轨迹示教、编程、控制、显示等功能。

例如 ABB 机器人最新一代控制柜型号为 IRC5，如图 5-2 所示。IRC5 采用模块化设计，具有安全性高、运动控制技术先进、支持多种通信方式、支持多机器人协调及 6 轴防碰撞功能等特点。IRC5 控制柜开放性较高，为高级用户提供了很多的扩展功能和发挥空间，但操作相对较复杂。ABB 机器人示教器除设置急停、坐标切换、快捷键等少量钮外，采用全触摸屏操作和彩色显示，机器人运动采用操作杆控制。

5.1.2 PUMA-562 的软、硬件配置

尽管近年来机器人的控制系统发展迅速，但基本控制方法与 PUMA 机器人基本相同。下面通过 PUMA 机器人来说明机器人的控制系统。

PUMA 机器人是美国 Unimation 公司于 20 世纪 70 年代末推出的商品化工业机器人。PUMA 机器人有 200、500、700 等多个系列的产品。每个系列产品的机器人都有腰旋转、肩旋转和肘旋转三个基本轴，加上手腕的回转、弯曲和旋转轴，构成 6 自由度的开链式机构。PUMA 机器人控制器采用计算机分级控制结构，使用 VAL 机器人编程语言。由于 PUMA 机器人具有速度快、精度高、灵活精巧、编程控制容易，以及 VAL 语言系统功能完善等特点，它在工业生产、实验室研究都得到了广泛的应用。这里介绍 PUMA-562 机器人的控制系统结构和工作原理。

5.1.2.1 PUMA-562 控制器硬件配置及结构

PUMA-562 控制器原理框图如图 5-3 所示。图中除 I/O 设备和伺服电机外，其余各部件均安装在控制柜内。PUMA-562 控制器为多 CPU 两级控制结构，上位计算机配有 64kB RAM 内存，两块四串口接口板，一块 I/O 并行接口板，与下位机通信的 A 接口板。上位计算机系统采用 Q-Bus 总线作为系统总线。

与上位机连接的 I/O 设备有 CRT 显示器和键盘、示教盒、软盘驱动器，通过串口板

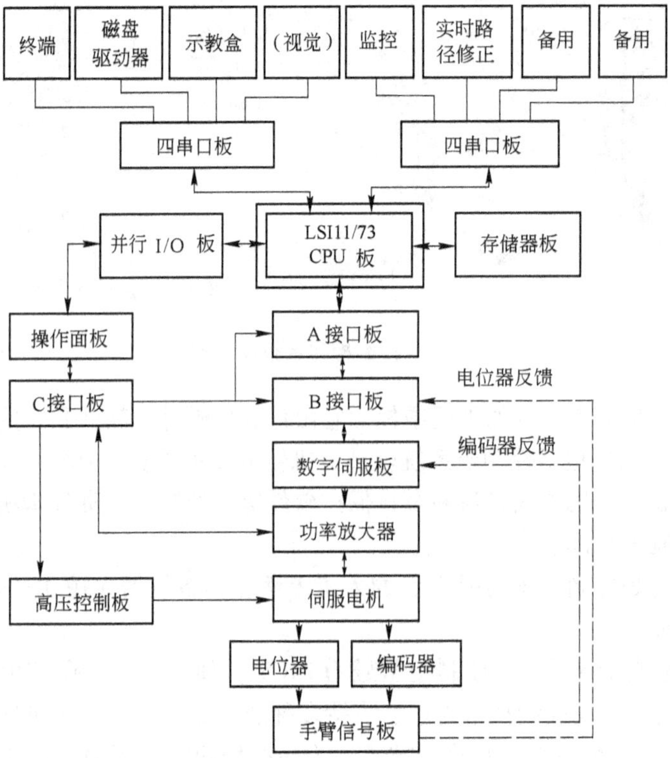

图 5-3 PUMA-562 机器人控制器原理框图

还可接入视觉传感器、高层监控计算机、实时路径修正控制计算机。

接口板A、B是上、下位机通信的桥梁。上位机经过A、B接口板向下位机发送命令和读取下位机信息。A板插在上位机的Q-Bus总线上，B板插在下位机的J-Bus总线上，A、B接口板之间通过扁平信号电缆通信。B板上有一个A/D转换器，用于读取B接口板传递的各关节电位器信息，电位器用于各关节绝对位置的定位。

下位计算机系统由6块以6503CPU为核心的单板机组成，每块板负责一个关节的驱动，构成六个独立的数字伺服控制回路。下位计算机及B接口板、手臂信号板插在专门设计的J-Bus总线上。下位机的每块单板机上都有一个D/A转换器，其输出分别接到6块功率放大器板的输入端。功率放大器输出与6台直流伺服电动机相接，用于检测位置的光电码盘与电动机同轴旋转。6路编码器反馈信号经手臂信号接口板滤波处理后，由J-Bus通道送往各数字伺服板，用于检测各关节绝对位置的电位器滑动臂是否装在齿轮轴上。电位器信号经由手臂信号板、J-Bus通道，被送往B接口板。

PUMA-562机器人控制器硬件还包括一块C接口板、一块高压控制板和6块功率放大器板，这几块板插在另外的一个专门设计的功率放大器总线（Power Amp Bus）上。C接口板用于手臂电源和电动机制动的控制信号传递、故障检测、制动控制。高压控制板提供电动机所需的电压，还控制手爪开闭电磁阀。

5.1.2.2 PUMA-562控制器软件系统原理

PUMA-562控制器系统软件分为上位机软件和下位机软件两部分。上位机软件为系统编程软件，下位机软件为伺服软件。

系统软件提供软件系统的各种系统定义、命令、语言及其编译系统。系统软件针对各种运动形式的轨迹规划、坐标变换，完成以28ms时间间隔的轨迹插补点的计算、与下位机的信息交换、执行用户编写的VAL语言机器人作业控制程序、示教盒信息处理、机器人标定、故障检测及异常保护等。

PUMA-562控制系统下位机软件驻留在下位单片机的EPROM中。下位机控制系统硬件结构见图5-4。从图中可以看到，下位机的关节控制器是各自独立的，即各单片机之间

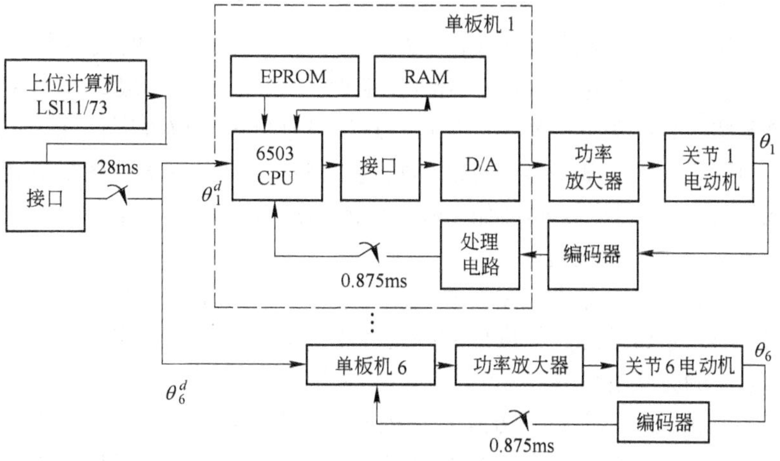

图5-4 PUMA-562下位机控制系统框图

没有信息交换。每隔 28ms 上位机向六块单板机发送轨迹设定点信息，6503 微处理器计算关节误差，以 0.875ms 的周期伺服控制各关节的运动。

和一般工业机器人一样，PUMA 机器人采用了独立关节的 PID 伺服控制。由于机器人的非线性特点，即惯性力、关节间的耦联及重力均与机器人的位姿（或位姿和速度）有关，是变化的，但伺服系统的反馈系数是确定不变的，因此这种控制方法难于保证在高速、变速或变载荷情况下的精度。

5.2 轨迹规划

5.2.1 轨迹的生成方式

机器人轨迹泛指工业机器人在运动过程中的运动轨迹，即运动点的位移、速度和加速度。轨迹规划可采用：(1) 关节空间运动。这种运动直接在关节空间里进行。由于动力学参数及其极限值直接在关节空间里描述，所以用这种方式求最短时间运动很方便。(2) 空间直线运动。这是一种直角空间里的运动，它便于描述空间操作，计算量小，适宜简单的作业。(3) 空间曲线运动。这是一种在描述空间中用明确的函数表达的运动，如圆周运动、螺旋运动等。

在编制机器人工作程序时，了解在其路径上有无障碍（障碍约束）以及它是否必须沿特定路径运动是必须的。把障碍约束和了解路径约束组合起来，形成四种可能的控制方式，如表 5-1 所示。机械手由初始点（位置和姿态）运动到终止点，经过的空间曲线称为路径。

表 5-1 机械手控制方式

项目		障碍约束	
		有	无
路径约束	有	离线无碰撞路径规划加在线路径跟踪	离线路径规划加在线路径跟踪
	无	位置控制加在线障碍检测和避障	位置控制

轨迹规划方法一般是在机器人初始位置和目标位置之间用多项式函数来“内插”或“逼近”给定的路径，并产生一系列“控制设定点”。路径端点一般是在机座坐标中给出的。如果需要某些位置的关节坐标，则可调用运动学逆问题求解程序，进行必要的转换。

在给定的两端点之间，常有多条可能的轨迹。例如，可以要求机械手沿连接端点的直线运动（直线轨迹）；也可以要求它沿一条光滑的圆弧轨迹运动，在两端点处满足位置和姿态约束（关节变量插值轨迹）。

而轨迹控制就是控制机器人手端沿着一定的目标轨迹运动。因此，目标轨迹的给定方法和如何控制机器人手臂使之高精度地跟踪目标轨迹的方法是轨迹控制的两个主要内容。

给定目标轨迹的方式有两种：

(1) 示教再现方式。示教再现方式是在机器人工作之前，让机器人手端沿目标轨迹移动，同时将位置及速度等数据存入机器人控制计算机中。在机器人工作时再现所示教的动作，使手端沿目标轨迹运动。示教时使机器人手臂运动的方法有两种，一种是用示教盒上的控制按钮发出各种运动指令；另一种是操作者直接用手抓住机器人手部，使其手端按目标轨迹运动。轨迹记忆再现的方式有点位控制（PTP）和连续路径控制（CP），如图 5-5 所示。点位控制主要用于点焊作业、更换刀具或其他工具等情况。连续路径控制主要用于弧焊、喷漆等作业。PTP 控制中重要的是示教点处的位置和姿态，点与点之间的路径一般不重要，但在给机器人编制工作程序时，要求指出点与点之间路径的情况，比如是直线、圆弧还是任意的。CP 控制按示教的方式也分两种，一种是在连续路径上示教许多点，使机器人按这些点运动时，基本上使实际路径与目标路径吻合；另一种是在示教点之间用直线或圆弧线插补。

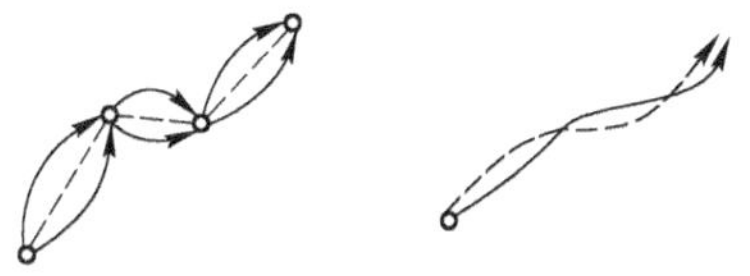

图 5-5 PTP 控制（a）和 CP 控制（b）
--o--示教点，示教路径；——→再生轨迹举例

（2）数控方式。数控方式与数控机床的控制方式一样，是把目标轨迹用数值数据的形式给出。这些数据是根据工作任务的需要设置的。

5.2.2 工业机器人的关节空间运动规划

无论是采用示教再现方式还是用数控方式，都需要生成点与点之间的目标轨迹。此种目标轨迹要根据不同的情况要求生成，但是也要遵循一些共同的原则。例如：生成的目标轨迹应是实际上能实现的平滑的轨迹；要保证位置、速度及加速度的连续性。保证手端轨迹、速度及加速度的连续性，是通过各关节变量的连续性实现的。

轨迹规划方法有多项式、摆线函数、样条函数插值等多种方式。这里仅介绍一种 5 次多项式插值方法。

设手端在点 $\boldsymbol{r}_0$ 和 $\boldsymbol{r}_f$ 间运动。对应的关节变量为 $\boldsymbol{q}_0$ 和 $\boldsymbol{q}_f$，它们可通过运动学逆问题算法求出。为了说明轨迹生成过程，把关节向量中的任意一个关节变量 q_i 记为 ξ，其初始值和终止值分别为

$$\xi(0) = \xi_0, \quad \xi(t_f) = \xi_f \tag{5-1}$$

把这两时刻的速度和加速度作为边界条件，表示为

$$\dot{\xi}(0) = \dot{\xi}_0, \quad \dot{\xi}(t_f) = \dot{\xi}_f \tag{5-2}$$

$$\ddot{\xi}(0) = \ddot{\xi}_0, \quad \ddot{\xi}(t_f) = \ddot{\xi}_f \tag{5-3}$$

满足这些条件的平滑函数虽然有许多，但其中时间 t 的多项式是最简单的。能同时满足条件式(5-1) ~ 式(5-3)的多项式最低次数是 5，所以设

$$\xi(t) = a_0 + a_1 t + a_2 t^2 + a_3 t^3 + a_4 t^4 + a_5 t^5 \tag{5-4}$$

其中的待定系数可求出如下：

$$a_0 = \xi_0, a_1 = \dot{\xi}_0, a_2 = \frac{1}{2}\ddot{\xi}_0, a_3 = \frac{1}{2t_f^3}[20\xi_f - 20\xi_0 - (8\dot{\xi}_f + 12\dot{\xi}_0)t_f - (3\ddot{\xi}_0 - \ddot{\xi}_f)t_f^2]$$

$$a_4 = \frac{1}{2t_f^4}[30\xi_0 - 30\xi_f + (14\dot{\xi}_f + 16\dot{\xi}_0)t_f + (3\ddot{\xi}_0 - 2\ddot{\xi}_f)t_f^2]$$

$$a_5 = \frac{1}{2t_f^5}[12\xi_f - 12\xi_0 - (6\dot{\xi}_f + 6\dot{\xi}_0)t_f - (\ddot{\xi}_0 - \ddot{\xi}_f)t_f^2]$$

当 $\ddot{\xi}_0 = \ddot{\xi}_f = 0$，$\xi_0$、$\xi_f$、$\dot{\xi}_0$、$\dot{\xi}_f$ 满足如下关系

$$\xi_f - \xi_0 = \frac{1}{2}(\dot{\xi}_0 + \dot{\xi}_f)t_f \tag{5-5}$$

当 $a_5 = 0$，这时 $\xi(t)$ 变为四次多项式。将此四次多项式和直线插补结合起来，可给出多种轨迹。如图 5-6 所示，$\xi(t)$ 的起始位置 ξ_0 为静止状态，经加速、等速、减速，最后在 ξ_f 处停止。先选择加减速时间参数 Δ，然后确定中间辅助点 ξ_{02}，ξ_{f1}：首先让 $\xi_{01}=\xi_0$，$\xi_{f2}=\xi_f$，连接 ξ_{01}，ξ_{f2}，在连线上取 ξ_{02}，ξ_{f1}。如图 5-6 所示，$0<t<2\Delta$ 为加速区，$2\Delta \leqslant t \leqslant t_f-2\Delta$ 为等速区，$t_f-2\Delta<t<t_f$ 为减速区。在点 ξ_0、ξ_{02}、ξ_{f1}、ξ_f 处的加速度为零，则在 ξ_0 和 ξ_{02} 之间的路径及 ξ_{f1} 和 ξ_f 之间的路径都可用 t 的四次多项式给出。如果对点 ξ_0、ξ_{02}、ξ_{f1}、ξ_f 处的加速度无要求，则这两段路径分别可用三次多项式给出。

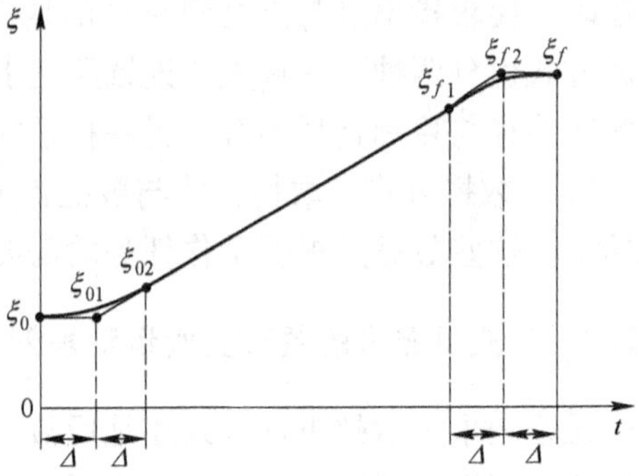

图 5-6 目标轨迹的形成

由于机器人手端的位移、速度及加速度与关节变量间不是线性关系，通过生成平滑的关节轨迹不能保证生成平滑的手端路径，因此有必要首先直接生成手端的平滑路径，然后根据运动学逆问题求解关节位移、速度及加速度变化规律。

如果用 $\boldsymbol{q}_0$ 和 $\boldsymbol{q}_f$ 分别表示开始点和终止点手端位姿，要生成这两点间手端的平滑路径。由于对于手端某一位姿要用 6 个坐标来描述，其中 3 个表示位置，另 3 个表示姿态。分别把这 6 个坐标变量用 $\xi(t)$ 表示，用上述生成关节平滑轨迹的方法分别生成这些坐标变量，然后再用机器人正运动学计算出各关节的运动规律。

5.3 机器人的运动控制

对于自由运动机器人来说，其控制器设计可以按是否考虑机器人的动力学特性分两类：一类是完全不考虑机器人的动力学特性，只是按照机器人实际轨迹与期望轨迹间的偏差进行负反馈控制；另一类控制器设计方法通常被称为动态控制（dynamic control），这类方法是根据机器人动力学模型的性质设计出更精细的非线性控制律，所以又常称为以模型为基础的控制（model-based control）。

广义上，机器人的运动控制可以分别在关节空间和操作空间上进行。关节空间上的控制是将操作空间上的运动通过运动学逆问题的求解，得出各个关节的位置、速度和加速度，从而将多输入-多输出的系统转化为单关节控制问题。

5.3.1 机器人关节伺服控制

大部分机器人的控制系统像 PUMA 机器人一样分为上位机和下位机。从运动控制

的角度看，上位机做运动规划，并将手部的运动转化成各关节的运动，按控制周期传给下位机。下位机进行运动的插补运算及对关节进行伺服控制，所以常用多轴运动控制器作为机器人的关节控制器。多轴运动控制器的各轴伺服控制也是独立的，每个轴对应一个关节。多轴控制器已经商品化。这种控制方法并没有考虑实际机器人各关节的耦合作用，因此对于高速运动、变载荷控制的伺服性能也不会太好。实际上，可以对单关节机器人做控制设计，对于多关节、高速变载荷情况可以在单关节控制的基础上作补偿。

控制器设计的目的是使控制系统具有良好的伺服性能。下面以直流伺服电动机作为驱动元件为例说明单轴控制器的设计方法，采用固定定子励磁电压，控制电枢电压达到控制电动机转速、转角的目的，如图 5-7 所示。系统的参数如下：

J——转子总惯量，包括电动机转子、减速器和手臂及手端载荷质量等效到电动机轴上的转动惯量；

f——折合到电动机转子上的总阻尼系数；

R_a——转子线圈电阻；

K_T——电动机力矩系数；

K_e——电动机反电动势常数；

V_a——电枢电压；

θ——电动机转角；

τ_a——电动机输出转矩。

对图 5-7 所示的系统，忽略转子线圈的电感，其数学模型为

$$R_a J\ddot{\theta} + (R_a f + K_T K_e)\dot{\theta} = K_T V_a \tag{5-6}$$

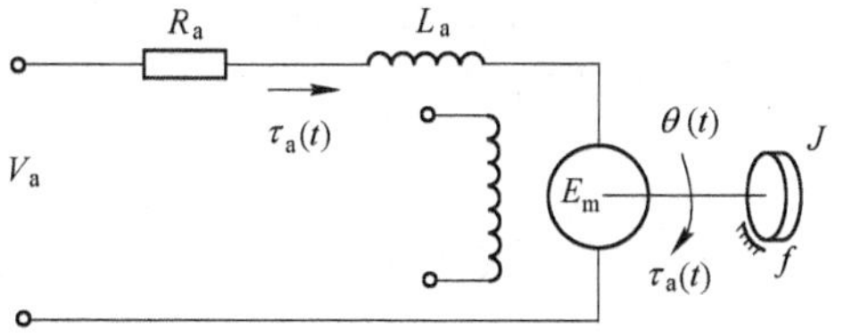

图 5-7 直流伺服电动机驱动

如果电动机转角和电枢输入电压的初始值为零，则可求此系统以 θ 为输出，V_a 为输入的传递函数，即对式（5-6）两边取拉氏变换，得：

$$G_d(s) = \frac{\Theta(s)}{V_a(s)} = \frac{K_T}{R_a f + K_e K_T} \times \frac{1}{s\left(\dfrac{R_a J}{R_a f + K_e K_T}s + 1\right)} = \frac{K_0}{s(T_0 s + 1)} \tag{5-7}$$

其中：
$$K_0 = \frac{K_T}{R_a f + K_e K_T},\quad T_0 = \frac{R_a J}{R_a f + K_e K_T}$$

注意到 $\tau_a = J\ddot{\theta} + f\dot{\theta}$。

对上式两边进行拉氏变换得

$$\Theta(s) = \frac{1}{s(Js+f)}T_a(s)$$

将上述关系画成方框图，如图5-8所示。

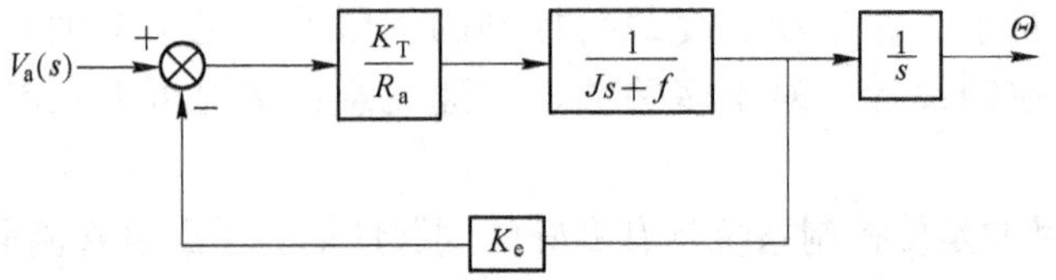

图5-8 电枢电压 V_a 与输出角 Θ 的关系

因为变化的载荷及关节的耦合都可以引起 J 和 f 的变化，由图5-8可见系统也随之发生变化，因而要求对系统进行伺服控制。当给定信号用 θ_d 表示，实际输出为 θ，则偏差为

$$e = \theta_d - \theta \tag{5-8}$$

对上式两边取拉氏变换后，得：

$$E(s) = \Theta_d(s) - \Theta(s)$$

实际控制系统的偏差 e 以电压信号体现，要对它进行前置放大，设放大系数为 K_f，再进行功率放大，设放大系数为 K_g，则作用在电枢上的电压 $V_a(t)$ 为

$$V_a(t) = K_f K_g e$$

对上式取拉氏变换后，得

$$V_a(s) = K_f K_g E(s) \tag{5-9}$$

为了保证系统的响应速度，需要对系统进行速度反馈，设反馈速度系数为 K_v。综上，可将图5-8所示的系统变换成图5-9所示的系统。

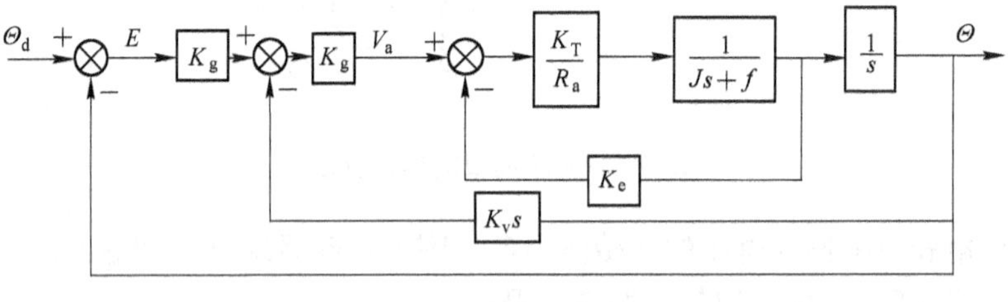

图5-9 有位置反馈和速度反馈的控制系统

简化框图5-9，得图5-10。此系统为典型I型系统，其一般形式见图5-11。

图5-11中：

$$K = \frac{K_g K_0 K_f}{K_v K_g K_0 + 1},\ T = \frac{T_0}{K_v K_g K_0 + 1} \tag{5-10}$$

由式（5-10）第二式可见，由于速度反馈系数 K_v 的存在可缩小时间常数 T，从而提高系统的响应速度。

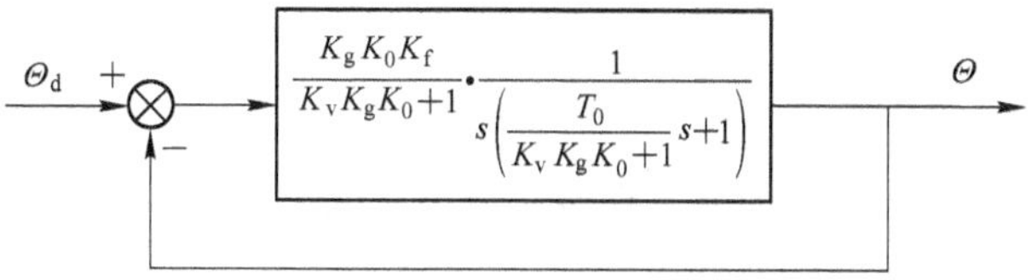

图 5-10 简化的系统框图

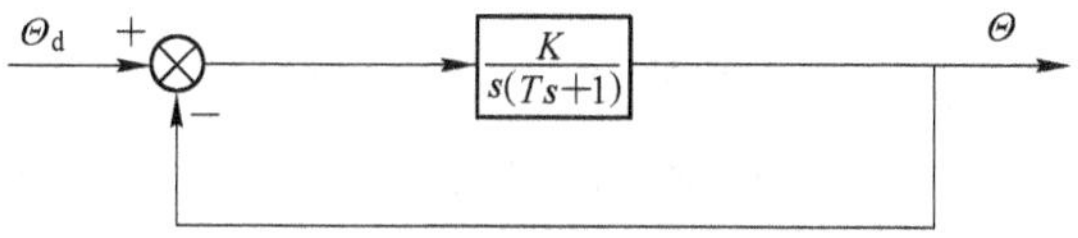

图 5-11 典型 I 型系统

典型 I 型系统实际上是二阶系统，可以按着希望特性来选择 KT 乘积值。典型 I 型系统的性能指标与 KT 值的关系可参见表 5-2。

表 5-2 典型 I 型系统性能指标与参数的关系

参数关系 KT	0.25	0.39	0.5	0.69	1.0
阻尼比 ξ	1.0	0.8	0.707	0.6	0.5
超调量 M_p/%	0	1.5	4.3	9.5	16.3
调整时间 t_s	$9.4T$	$6T$	$6T$	$6T$	$6T$
上升时间 t_r	∞	$6.67T$	$4.72T$	$3.34T$	$2.41T$
相位裕度 γ/(°)	76.3	69.9	65.3	59.2	51.8
谐振峰值 M_r	1	1	1	1.04	1.15
谐振频率 ω_r	0	0	0	$0.44/T$	$0.707/T$
闭环带宽 ω_b	$0.32/T$	$0.54/T$	$0.707/T$	$0.95/T$	$1.27/T$
幅值交界频率 ω_c	$0.24/T$	$0.37/T$	$0.46/T$	$0.59/T$	$0.79/T$
无阻自振频率 ω_n	$0.5/T$	$0.62/T$	$0.707/T$	$0.83/T$	$1/T$

从表 5-2 中可以看到，当 $0.25 \leqslant KT \leqslant 1.0$ 时，系统具有足够的稳定裕度，通过适当地选择时间常数 T 可获得适当的快速性，并且在调整时间 t_s 时达到一定的稳态精度。

其中 $KT = 0.5$ 时称为最佳二阶系统，此时系统具有最佳综合性能。本例调整 K_g、K_0、K_f、K_v，以达到满足 $KT = 0.5$，此种设计方法称为按希望特性设计法，按此方法设计的系统可以稳定地、快速地和精确地实现位置伺服控制。

对于多关节的机器人系统，采用 P-D 控制的控制律可表达为

$$\boldsymbol{\tau} = \boldsymbol{K}_P(\boldsymbol{q}_d - \boldsymbol{q}) - \boldsymbol{K}_D\dot{\boldsymbol{q}} \tag{5-11}$$

当增加重力补偿项时，为

$$\tau = \boldsymbol{K}_P(\boldsymbol{q}_d - \boldsymbol{q}) - \boldsymbol{K}_D\dot{\boldsymbol{q}} + \boldsymbol{g}(\boldsymbol{q}) \tag{5-12}$$

5.3.2 动态控制

机器人系统的动力学方程为

$$\boldsymbol{H}(\boldsymbol{q})\ddot{\boldsymbol{q}} + \boldsymbol{C}(\boldsymbol{q},\dot{\boldsymbol{q}})\dot{\boldsymbol{q}} + \boldsymbol{g}(\boldsymbol{q}) = \boldsymbol{\tau}$$

当给定杆件参数时，可以计算出 $\boldsymbol{H}(\boldsymbol{q})$、$\boldsymbol{C}(\boldsymbol{q},\dot{\boldsymbol{q}})$ 和 $\boldsymbol{g}(\boldsymbol{q})$ 的估计值 $\hat{\boldsymbol{H}}(\boldsymbol{q})$、$\hat{\boldsymbol{C}}(\boldsymbol{q},\dot{\boldsymbol{q}})$ 和 $\hat{\boldsymbol{g}}(\boldsymbol{q})$。以 $\boldsymbol{u} = \ddot{\boldsymbol{q}}$ 作为新的输入量来考虑下列非线性反馈控制律：

$$\boldsymbol{\tau} = \hat{\boldsymbol{H}}(\boldsymbol{q})\ddot{\boldsymbol{q}} + \hat{\boldsymbol{C}}(\boldsymbol{q},\dot{\boldsymbol{q}})\dot{\boldsymbol{q}} + \hat{\boldsymbol{g}}(\boldsymbol{q}) \tag{5-13}$$

如果估计值全为正值，假设无外部干扰施加于系统，目标轨迹的关节期望加速度为 $\ddot{\boldsymbol{q}}_{\mathrm{d}}$，并取 $\boldsymbol{u} = \ddot{\boldsymbol{q}}_{\mathrm{d}}$，于是可以完全实现目标轨迹的跟踪任务，这种考虑方法称为转矩计算法。但是，通常机器人的物理参数的估计值不可能完全正确，另外，也很难不考虑外加干扰，所以考虑到这些因素的影响，应通过设计伺服补偿器来降低这种不利影响。例如，可以考虑采用下列所谓的 PD 反馈控制律（参见图 5-12）：

$$\boldsymbol{u} = \ddot{\boldsymbol{q}}_{\mathrm{d}} + \boldsymbol{K}_{\mathrm{V}}(\dot{\boldsymbol{q}}_{\mathrm{d}} - \dot{\boldsymbol{q}}) + \boldsymbol{K}_{\mathrm{P}}(\boldsymbol{q}_{\mathrm{d}} - \boldsymbol{q}) \tag{5-14}$$

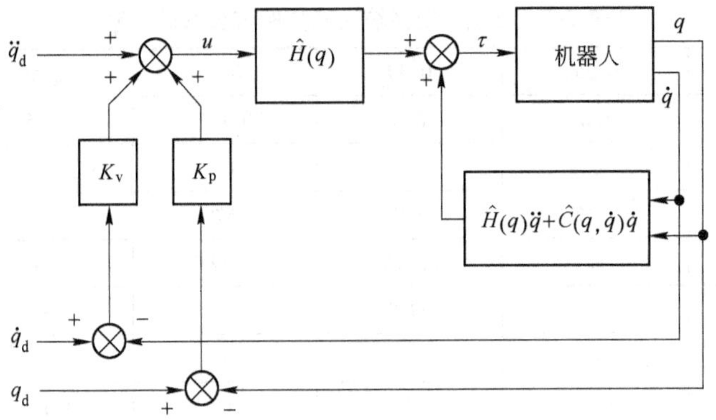

图 5-12 计算转矩与 PD 反馈控制

这时，如果考虑用下式表示轨迹误差

$$\boldsymbol{e} = \boldsymbol{q}_{\mathrm{d}} - \boldsymbol{q}$$

可以得出

$$\ddot{\boldsymbol{e}} + \boldsymbol{K}_{\mathrm{v}}\dot{\boldsymbol{e}} + \boldsymbol{K}_{\mathrm{P}}\boldsymbol{e} = 0$$

对于该式，通过适当地设定 $\boldsymbol{K}_{\mathrm{v}}$ 和 $\boldsymbol{K}_{\mathrm{P}}$ 就有可能使轨迹误差收敛到 0 。

为减少控制算法的计算量采用的 PID 控制律为

$$\tau = \tilde{\boldsymbol{H}}(\boldsymbol{q})\ddot{\boldsymbol{q}}_{\mathrm{d}} + \boldsymbol{K}_{\mathrm{v}}(\dot{\boldsymbol{q}}_{\mathrm{d}} - \dot{\boldsymbol{q}}) + \boldsymbol{K}_{\mathrm{p}}(\boldsymbol{q}_{\mathrm{d}} - \boldsymbol{q}) + \boldsymbol{K}_{\mathrm{i}}\int(\boldsymbol{q}_{\mathrm{d}} - \boldsymbol{q})\mathrm{d}t \tag{5-15}$$

忽略 $\boldsymbol{C}(\boldsymbol{q},\dot{\boldsymbol{q}})\dot{\boldsymbol{q}}$、$\boldsymbol{g}(\boldsymbol{q})$，$\tilde{\boldsymbol{H}}(\boldsymbol{q})$ 为保留 $\hat{\boldsymbol{H}}(\boldsymbol{q})$ 对角元素。

5.4 机器人的力控制

机器人擦玻璃或擦飞机以及转动曲柄、拧螺丝等都属于机器人手端与环境接触而产生的同时具有位置控制和力控制的问题，这类位置控制和力控制融合在一起的控制问题就是位置和力混合控制问题。步行机器人在行走时，足与地面的接触力在不断变化，对腿的各关节控制是一个典型且严格的位置和力混合控制问题。腿在支撑状态时，由于机体的运动，支撑点与步行机器人重心间的相对位置在不断变化，导致足与地面接触力的不断变化，同时要对各关节的位置进行控制。在这种情况下，位置控制与力控制组成一个有机整体，力控制是在正确的位置控制基础上进一步的控制内容。

5.4.1 作业约束与力控制

当机器人手端（常为机器人手臂端部安装的工具）与环境（作业对象）接触时，环境的几何特性构成对作业的约束，这种约束称为自然约束。自然约束是指在某种特定的接触情况下自然发生的约束，而与机器人的希望或打算作的运动无关。例如，当手部与固定刚性表面接触时，不能自由穿过这个表面，称为自然位置约束；若这个表面是光滑的，则不能对手施加沿表面切线方向的力，称为自然力约束。一般可将接触表面定义为一个广义曲面，沿曲面法线方向定义自然位置约束，沿切线方向定义自然力约束。按这两类约束确定各自的控制准则。

图 5-13 表示两种具有自然约束的作业。为了描述自然约束，需要建立约束坐标系。在图 5-13a 中，约束坐标系建在曲柄上，随曲柄一起运动。其中 $\hat{X}$ 轴总指向曲柄的转轴。手指紧握曲柄的手把，手把套在一个小轴上，可绕小轴转动。在图 5-13b 中，约束坐标系建在螺丝刀顶端，在操作时随螺丝刀一起转动。为了不使螺丝刀从螺钉槽中滑出，在 $\hat{Y}$ 方向的力为零作为约束条件之一。如果假设螺钉与被拧入材料无摩擦，则在 $\hat{Z}$ 方向的力矩为零也作为约束条件之一。

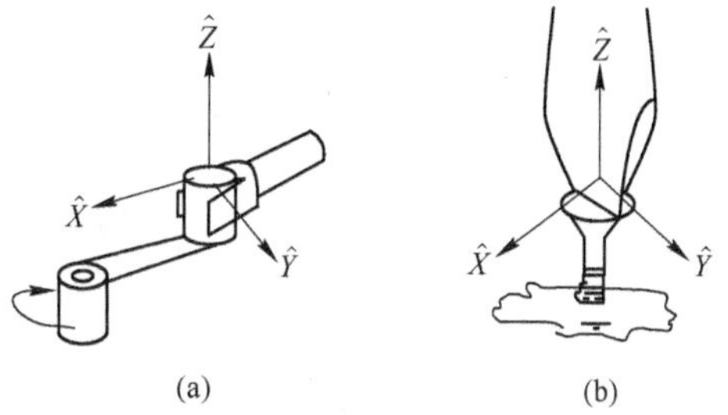

图 5-13　两种不同作业的自然约束

在图 5-13 中所示情况，位置约束可以用手端在约束坐标系中的位置分量表示，手端速度在约束坐标系中的分量 $[v_x v_y v_z \omega_x \omega_y \omega_z]^T$ 表示位置约束；而力约束则为在约束坐标系中的力/力矩分量 $\boldsymbol{f} = [f_x f_y f_z \tau_x \tau_y \tau_z]^T$。

与自然约束对应的是人为约束，它与自然约束一起规定出希望的运动或作用力。人为约束也定义在广义曲面的法线和切线方向上，但人为力约束在法线方向上，人为位置约束在切线方向上，以保证与自然约束相容。

图 5-14 表示两种作业的自然约束和人为约束。在约束坐标系中的某个自由度若有自然位置约束，则在该自由度上就应规定人为力约束，反之亦然。为适应位置和力的约束，在约束坐标系中的任何给定自由度都要受控制。

图 5-15 表示将一个销子插入孔中的装配过程。首先把销放在孔左侧平面上，然后在平面上平移滑动，直到掉入孔中，再将销向下插入孔底。

将约束坐标系建在销子上，销子在空中向下落时，是自由的，如图 5-15a 所示。与环境无接触，所以其自然约束为

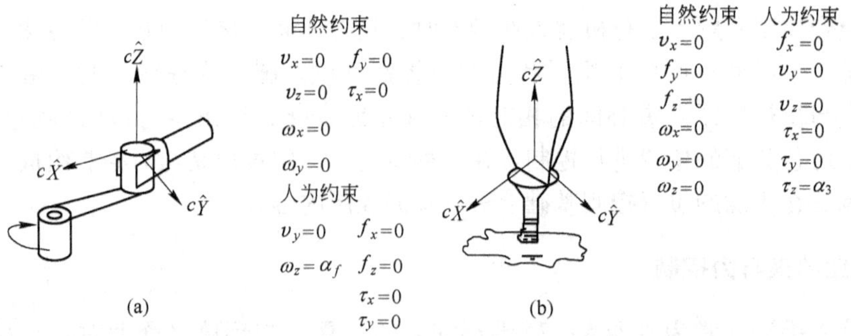

图 5-14 两种作业的自然约束和人为约束

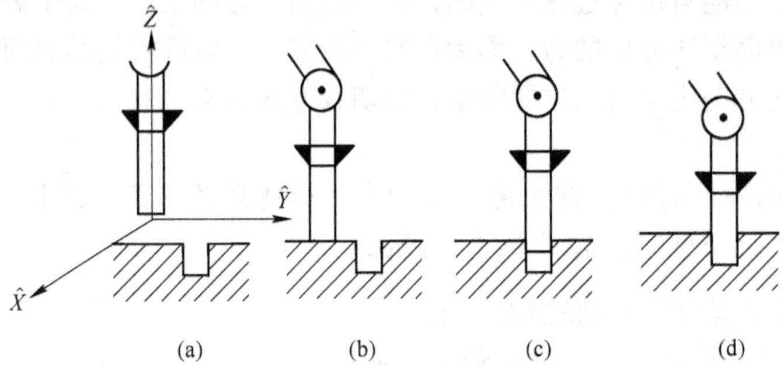

图 5-15 插销入孔的过程

$$\boldsymbol{f} = 0$$

人为约束产生一个沿 $\hat{Z}$ 轴向下的运动

$$v = [0 \quad 0 \quad v_z \quad 0 \quad 0 \quad 0]^{\mathrm{T}}$$

式中，v_z 为竖直向下的速度。

当销子下降到与平面接触时，如图 5-15b 所示，可以通过力传感器确定接触的发生，从此建立了新的自然约束：沿 $\hat{Z}$ 轴不能自由运动、不能绕其他两轴转动、在其他三个自由度上不能自由地作用力，故可将此自然约束表示为

$$v_z = 0 \quad \omega_x = 0 \quad \omega_y = 0 \quad f_x = 0 \quad f_y = 0 \quad \tau_z = 0$$

人为约束要考虑在平面上沿 $\hat{X}$ 轴滑动和为保持与平面接触所需要的小的正压力，所以人为约束为

$$v_x = v_{\mathrm{h}} \quad v_y = 0 \quad \omega_z = 0 \quad f_z = f_{\mathrm{j}} \quad \tau_x = 0 \quad \tau_y = 0$$

式中，f_{j} 为销子对平面的正压力；v_{h} 为销子的滑动速度。

当检测到沿 $\hat{Z}$ 轴的速度，则表明销子进入了孔中，如图 5-15c 所示，新的自然约束为

$$v_x = 0 \quad v_y = 0 \quad \omega_x = 0 \quad \omega_y = 0 \quad f_z = 0 \quad \tau_z = 0$$

人为约束可选为

$$v_z = v_c \quad \omega_z = 0 \quad f_x = 0 \quad f_y = 0 \quad \tau_x = 0 \quad \tau_y = 0$$

式中，v_c 为销子插入孔中的速度。

图 5-15d 表示销子插入孔底的情况，当 $\hat{Z}$ 方向上的力达到一定值时即可察觉此情况的发生。

由以上过程可见：(1) 自然约束发生变化的情况总是通过对一些量的检测发现的，而检测量并不是受控量；(2) 手部的位置控制是沿着有自然力约束的方向；(3) 手部的力控制是沿着有自然位置约束的方向。

上述知识是指导编制机器人工作程序的准则之一。

5.4.2 位置和力控制系统结构

具有力反馈的控制系统如图 5-16 所示，其工作过程为：机器人开始工作时常为位置运动，即机器人手端（或安装在手臂端部的工具）按指令要求沿目标轨迹和给定速度运动。当手端与环境接触时，安装在机器人上的接触传感器或力传感器感知到接触的发生。机器人控制程序按新的自然约束和人工约束来执行新的控制策略，即位置与力的混合控制。

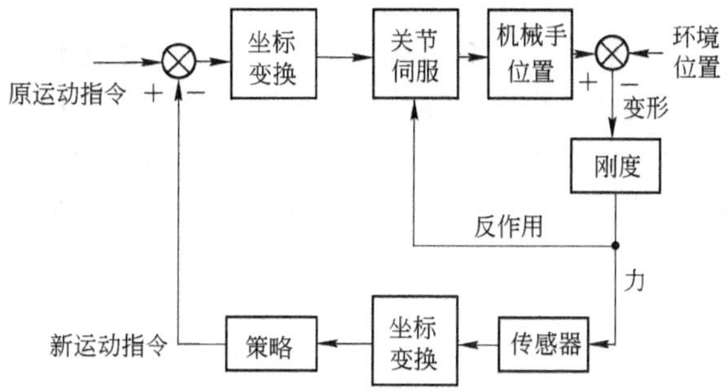

图 5-16 力反馈的一般结构

对应在位置约束方向上关节的位移将产生机器人杆件和接触表面的变形，微小的变形将产生较大的力作用，所以不能以位移作为控制量，必须直接对力的大小进行控制，也就是必须对力进行检测和反馈。

位置和力反馈控制系统如图 5-17 所示，其中 $\boldsymbol{p}$ 为约束坐标系中的位置向量，$\boldsymbol{p}_E$为接触

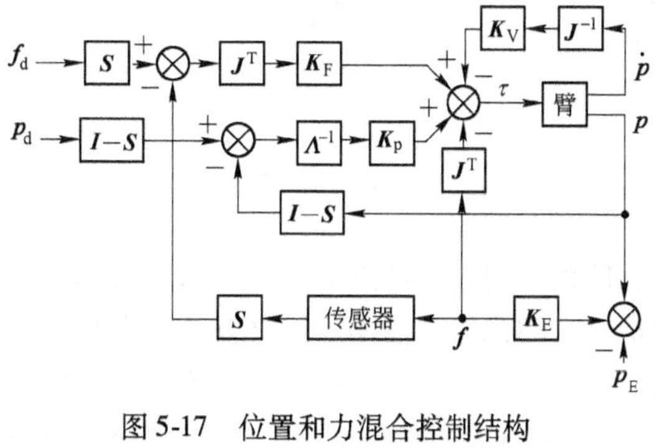

图 5-17 位置和力混合控制结构

环境的位置向量，K_E 为与接触有关的结构（手臂、传感器、环境等）的综合刚度，f 为接触力向量，J 为雅克比矩阵，Λ 为运动学逆问题计算，f_d 为在约束坐标系中的希望力向量，p_d 为在约束坐标系中的希望位置向量，S 为对角元素为 1 或 0 的对角矩阵，常称其为选择矩阵，其维数为 6×6，I 为 6×6 维的单位矩阵。由选择矩阵 S 确定约束坐标系 6 个自由度中的哪个自由度受力控制，哪个自由度受位置控制。由图可见，系统具有位置控制回路、力控制回路和速度阻尼回路。

对于运动控制部分，控制律为

$$\tau = (I - S)(p_d - p)K_p\Lambda - K_V J^{-1}\dot{p} - K_E(p - p_E)J^T \tag{5-16}$$

对于力控制部分，控制律为

$$\tau = S[f_E - K_E(p - p_E)]J^T K_F \tag{5-17}$$

5.4.3 顺应控制

顺应控制本质上也是力与位置混合控制。顺应控制分为两类：一类为被动式顺应控制；另一类为主动式顺应控制。近年来又出现主动和被动相组合的方法。被动式顺应控制实质上是设计一种特殊的机械，这种装置是由 DRAP 实验室 Whitney 等人制作的，称为 RCC（remote center compliance，RCC），见图 5-18，有多轴移动功能，可以调解工件的位置和角度误差。RCC 在插入轴方向上具有柔性中心，在这一点上作用一个力只产生力方向的直线位移，而在这点作用力矩只产生转动。随着装配机器人应用的日益扩大，被动式顺应控制受到了人们的重视，可以利用低精度机械手进行高精度的装配作业。被动柔性手腕响应速度很快，但它的设计针对性强，通用性不强，作业方位与重力方向偏差时会影响机器人的定位精度。

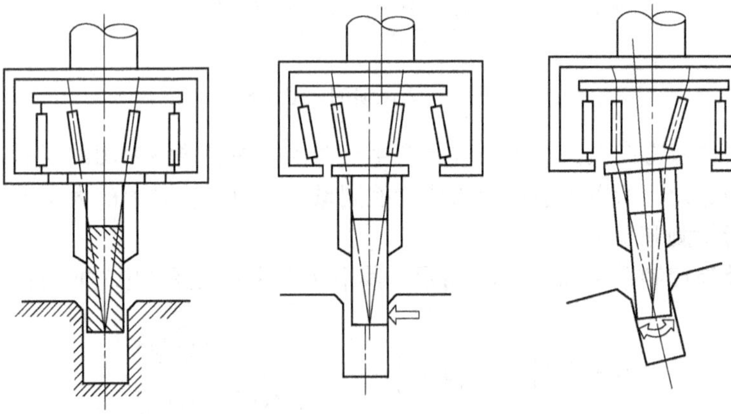

图 5-18 RCC 手

主动式顺应控制是在位置控制中，通过力传感器引入力信号，通过数据处理，采用适当的控制策略产生控制指令驱动机器人运动。这种方法一般采用机器人腕力传感器，它使用灵活、通用性强，被广泛地应用于机器人控制作业研究中。但单独使用腕力传感器存在一些问题，由于机器人腕力传感器刚度大，要求机器人的重复精度高，工件定位准确，否则一旦定位偏差过大，作用力超出一定范围就会造成传感器及工件损伤。

主动与被动顺应相结合的方法是，通过力传感器来感知机器人手腕部所受到外力和力矩的大小、方向，根据被动 RCC 的刚度系数，将力信息变成相应的位置调整量，通过主控机控制机械手绕 RCC 顺应中心作适量的平移或旋转，使机械手末端所夹持的工件处于最佳位置和姿态，以保证所进行的操作顺利完成。

5.4.4 刚性控制

位置和力混合控制系统的特点是位置和力是独立控制的以及控制规律是以关节坐标给出的。但当作业环境的约束给出后，在实际环境约束中有不确定的部分，就可能出现控制不稳定的危险。例如，在理应有约束的方向上没有约束时，由于按照作用力保持一定进行控制，就有失控的危险；在理应没有约束的方向上出现了约束时，由于位置控制而产生过大的力。刚性控制就是为了解决此类问题而产生的。刚性控制是将位置和力联合起来进行控制，即在纯粹的位置控制和力控制之间采用能实现弹簧特性的控制，并用作业坐标系表示控制规律。

$$\boldsymbol{f} = \boldsymbol{K}_{sp}(\boldsymbol{x}_d - \boldsymbol{x}) \tag{5-18}$$

式中，$\boldsymbol{f}$ 为作业坐标系中的力向量；$\boldsymbol{x}_d$ 为作业坐标系中的目标位置向量；$\boldsymbol{x}$ 为作业坐标系中的当前位置向量；$\boldsymbol{K}_{sp}$ 为作业坐标系中的位置反馈增益，即弹簧常数。

若考虑稳定性和速度控制，可增加阻尼特性的控制，则

$$\boldsymbol{f} = \boldsymbol{K}_{sp}(\boldsymbol{x}_d - \boldsymbol{x}) + \boldsymbol{K}_{sd}(\dot{\boldsymbol{x}}_d - \dot{\boldsymbol{x}}) \tag{5-19}$$

式中，$\boldsymbol{K}_{sd}$ 为作业坐标系中的速度反馈增益，即阻尼系数。

由式（5-19）可见，通过改变 $\boldsymbol{x}_d$、$\boldsymbol{K}_{sp}$、$\boldsymbol{K}_{sd}$ 即可间接地控制位置和力，即使发生了没有想到的约束变化，也不会有失控和产生过大作用力的危险。图 5-19 表示这种控制系统的结构。

如图 5-19 所示，为了产生作用力 $\boldsymbol{f}$ 就必须具有关节驱动力 $\boldsymbol{\tau}$，它们的关系为 $\boldsymbol{\tau} = \boldsymbol{J}^T\boldsymbol{f}$，而加在手端上的力和位移间的关系见式（5-18）。图中 ${}^c\boldsymbol{T}_h$ 为力的转换矩阵，它把由传感器测得的力 ${}^h\boldsymbol{f}$ 变换到作业坐标中去。如果在自由约束的情况下，手端力为零，则由式(5-19)

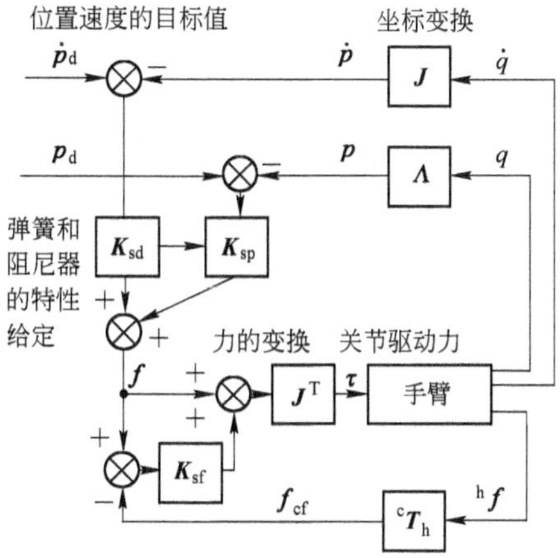

图 5-19 刚性控制系统

可知

$$\boldsymbol{K}_{\mathrm{sp}}(\boldsymbol{x}_{\mathrm{d}}-\boldsymbol{x})+\boldsymbol{K}_{\mathrm{sd}}(\dot{\boldsymbol{x}}_{\mathrm{d}}-\dot{\boldsymbol{x}})=0 \tag{5-20}$$

当手臂的惯性不能忽视时，由图 5-19 可知

$$\boldsymbol{H}\ddot{\boldsymbol{p}}=\boldsymbol{f}+(\boldsymbol{f}-\boldsymbol{f}_{\mathrm{cf}})\boldsymbol{K}_{\mathrm{sf}}$$

当手臂自由时，$\boldsymbol{f}_{\mathrm{cf}}=0$，其运动方程为

$$\frac{\boldsymbol{H}}{1+\boldsymbol{K}_{\mathrm{sf}}}\ddot{\boldsymbol{x}}+\boldsymbol{K}_{\mathrm{sp}}(\boldsymbol{p}_{\mathrm{d}}-\boldsymbol{p})+\boldsymbol{K}_{\mathrm{sd}}(\dot{\boldsymbol{p}}_{\mathrm{d}}-\dot{\boldsymbol{p}})=0 \tag{5-21}$$

式中，$\boldsymbol{K}_{\mathrm{sf}}$为力控制的反馈增益；$\boldsymbol{H}$ 为作业坐标系中的手臂惯性矩阵。若增大 $\boldsymbol{K}_{\mathrm{sf}}$，可降低手臂惯性的影响，通常这种系统是稳定的。

习　　题

5-1　推导基于直流伺服电动机的单关节控制的数学模型。

5-2　如何实现机器人的运动分解控制？

5-3　要求一个单杆件旋转机器人在 2s 内由 $\theta(0)=30°$ 运动到 $\theta(2)=100°$，关节速度和加速度在初始和终止位置均为 0。试确定实现此运动的 5 次多项式的系数。

5-4　说明自然约束和人为约束的含义。

5-5　什么是顺应控制？说明被动顺应控制的实现方法。

6 机器人现代控制技术

机器人系统为现代控制理论、智能控制、人工智能提供了重要的研究背景。随着机器人的工作速度和精度的提高，特别是直接驱动型机器人和带有柔性臂机器人的出现，很多现代控制理论应用到机器人控制领域，以解决高度非线性及强耦合系统的控制问题。这些控制技术包括最优控制、解耦控制、自适应控制、变结构滑模控制及神经元网络控制等。

由于机器人控制所处理的对象的质量、摩擦力等参数变动大，重复性小，并无法准确知道，实践证明，最优控制和解耦控制往往不能保证机器人控制的最佳特性，显得效果不十分明显。但自适应控制、变结构控制和智能控制有适应系统变化能力，尤其是后两种方法，在本质上可以实现非线性控制，因此发展迅速，很有前途。本章介绍变结构控制、自适应控制和一种学习控制方法。

6.1 变结构控制

变结构控制是对具有不定性动力学系统进行控制的一种重要方法。变结构系统是一种非连续反馈控制系统，其主要特点是它在一种开关曲面上建立滑动模型，称为“滑模”。滑模变结构系统对系统参数及外界干扰不敏感，因而能忽略机器人关节间的相互作用。变结构控制器的设计不需要精确的动力学模型，只需要参数的范围，所以变结构控制适合机器人的运动控制。

6.1.1 变结构控制系统的基本原理

6.1.1.1 设计问题

系统动态方程可写为

$$\dot{\boldsymbol{x}}(t)=\boldsymbol{f}(\boldsymbol{x},\boldsymbol{u},t) \tag{6-1}$$

式中，$\boldsymbol{x}$ 为 n 维状态向量；$\boldsymbol{u}$ 为输入向量；$\boldsymbol{f}$ 为状态向量与输入向量的非线性函数。

$$\boldsymbol{u}_i(\boldsymbol{x},t)=\begin{cases}\boldsymbol{u}_i^+(\boldsymbol{x},t),\text{当 } s_i(\boldsymbol{x})>0\\ \boldsymbol{u}_i^-(\boldsymbol{x},t),\text{当 } s_i(\boldsymbol{x})<0\end{cases} \tag{6-2}$$

式中，$s_i(\boldsymbol{x})=0$ 是 m 维切换函数

$$\boldsymbol{s}(\boldsymbol{x})=0 \tag{6-3}$$

的第 i 个分量。在几何上，$\boldsymbol{s}(\boldsymbol{x})=0$ 又称为切换曲面、超平面或流形，它通常包含状态空间的坐标原点。不难看出，不连续曲面 $\boldsymbol{s}(\boldsymbol{x})=0$ 将状态空间分割为 2^m 个区域或 2^m 个连续子系统，而每个子系统具有不同的控制器结构，所以整个空间中控制是不连续的。因此，由式（6-1）和式（6-2）组成的闭环系统称为变结构控制系统，简记为 VSCS 或 VSS。

控制设计目标是选择 s_i、$\boldsymbol{u}_i^+$ 和 $\boldsymbol{u}_i^-$，使变结构控制系统的性能达到预定要求。例如，使从任意初态 $\boldsymbol{x}(t_0)=\boldsymbol{x}_0$ 出发的系统状态 $\boldsymbol{x}$，随着 t 的增加而渐近达到状态空间原点。

6.1.1.2　滑动和滑态

当系统状态 $\boldsymbol{x}$ 位于某个切换曲面 $s_i(\boldsymbol{x})=0$ 的邻域中时，式（6-2）的控制总是使状态趋向这个切换曲面。因此，系统的状态将迅速达到曲面 $s_i=0$，且保留在这个曲面内，如图 6-1a 所示。

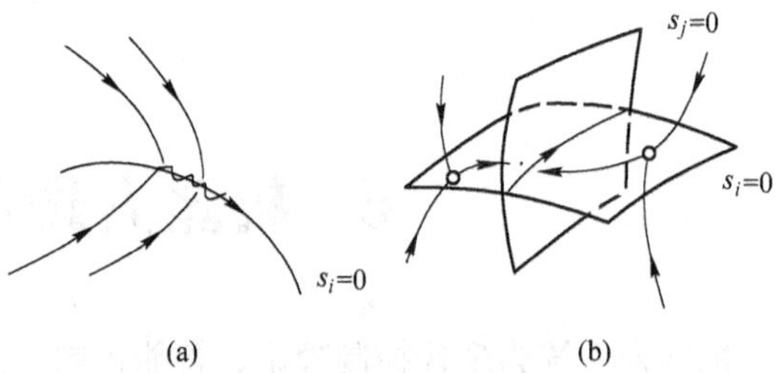

图 6-1　滑动和滑态

系统状态沿 $s_i=0$ 的运动称为滑动，根据控制律式（6-2）的形式，滑动可以发生在单个的切换曲面上，或若干曲面的交集上，也可发生在所有切换曲面的交集上，如图 6-1b 所示。因此，可能发生滑动的子空间或区域为

$$R_{\mathrm{u}}=\bigcup_{i=1}^{m}R_i$$

式中

$$R_i=\{\boldsymbol{x}:s_i(\boldsymbol{x})=0\}$$

各切换曲面所共有的交空间为

$$R_{\mathrm{I}}=\bigcap_{i=1}^{m}R_i$$

显然，子空间 R_{u} 和 R_{I} 都是状态空间的一个子空间。当系统状态在并空间 R_{u} 特别是在交空间 R_{I} 上滑动时，就称系统处于滑态。只要状态空间的原点是渐近稳定的，则系统在滑态下将收敛于原点。

6.1.1.3　基本性质

滑态是变结构控制的主要特征，它赋予变结构控制系统许多优越的性能。

（1）降阶。在滑态下，系统的运动被约束在某个子空间内，所以采用一个低阶微分方程便可描述系统的行为。实际上，既然滑态轨线位于流形 $\boldsymbol{s}(\boldsymbol{x})=0$ 上，而 $\boldsymbol{s}(\boldsymbol{x})$ 为 m 维，所以交空间 R_{I} 为 $n-m$ 维，因而滑态方程的阶次也为 $n-m$，它比原系统降低 m 阶。

（2）解耦。在实际变结构控制系统中，滑动与控制无关，仅取决于对象的性质和切换函数，这就把原设计问题解耦为两个独立的低维子问题。在控制设计中，控制仅用来使系统处于滑态，这是一个 m 维的设计任务。所需的 R_{I} 上的运动特征，可通过适当选择切换曲面方程来实现，这是一个 $n-m$ 维的设计问题。

（3）鲁棒性和不变性。变结构控制系统的运动由两个独立部分组成。一个是快速运动，它的任务是把系统状态引向能发生滑动的切换曲面上，因此在 $s_i=0$ 的邻域中控制常常是双位式的。另一个是慢速滑动，它的任务是使位于 R_{I} 上的系统状态渐近达到状态空间原点。这样，变结构控制系统就能在不丧失稳定性的条件下，实现快速的零输入响应和渐近的状态调节。仅前者与系统参数和外部扰动有关，但它的过程时间很短，而且又采用了双位式控制形式，所以系统参数和外抗的影响甚微。换句话说，变结构控制系统对系统参数和外部扰动具有完全的或较强的鲁棒性和不变性，因此，它与线性控制系统的设计不同，它能同时兼顾动态精度和静态精度的要求。它的性能宛如一个高（无穷大）增益控制系统，却无需过大的控制动作。

（4）抖动。滑动是系统状态沿希望轨线前进的运动。在没有收敛到稳定状态之前，由于执行机构或多或少存在一定的延迟或惯性，所以在状态滑动时总伴有颤震，即系统状态实际上是沿希望轨线来回穿行的，而不是滑行。实际应用中得不到理想滑态，只能达到实际滑态。这种抖动在工程上是不希望的，这是一个缺点。有幸的是，现代电子工业已能提供无惯性开关式电子执行机构，再加上一定的设计技巧，这就使抖动问题得到了大大的缓解。

（5）动态特性。设计切换曲面时，在确保基本性能的前提下，尚有若干自由设计参数，因此可用它们来改善整个控制系统的动态品质。

6.1.1.4 综合步骤

在设计 VSCS 时，基本综合步骤大致如下：

（1）建立设计方程。将式（6-2）代入式（6-1），得

$$\dot{\boldsymbol{x}}(t)=f(\boldsymbol{x},u(\boldsymbol{x},t),t)$$

这就是 VSCS 的闭环系统方程，它的右边是一个不连续函数，且不满足 Lipshitz 条件。因此，相应于交空间 R_{I} 的轨线来求解系统式（6-1）和式（6-2）时，无法利用常规的存在性和唯一性定理。此外，控制式（6-2）在 R_{I} 上还没有定义。

因此，在设计变结构控制器时，必须首先建立或选用一种数学模型，它能正确描述 VSCS 在切换曲面上的行为。

考虑系统

$$\dot{\boldsymbol{x}}(t)=\boldsymbol{f}(\boldsymbol{x},t)+\boldsymbol{B}(\boldsymbol{x},t)\boldsymbol{u}(t) \tag{6-4}$$

对它采用控制式（6-2），且

$$\boldsymbol{s}(\boldsymbol{x})=\boldsymbol{C}\boldsymbol{x}=\boldsymbol{0} \tag{6-5}$$

既然在滑态时状态被约束在交空间 R_{I} 上，所以不妨认为存在一个连续的等价控制 $\boldsymbol{u}_{\mathrm{eq}}$，它使状态速度向量沿 $\boldsymbol{s}=\boldsymbol{0}$ 的正切方向，且使

$$\boldsymbol{s}=\boldsymbol{0},\ \dot{\boldsymbol{s}}=\boldsymbol{0}$$

于是，由 $\dot{\boldsymbol{s}}=\boldsymbol{0}$ 便可求得 $\boldsymbol{u}_{\mathrm{eq}}$，因为

$$\dot{\boldsymbol{s}}=\boldsymbol{C}\dot{\boldsymbol{x}}=\boldsymbol{C}\boldsymbol{f}+\boldsymbol{C}\boldsymbol{B}\boldsymbol{u}_{\mathrm{eq}}=\boldsymbol{0}$$

所以，如果 $\det(\boldsymbol{CB})\neq\boldsymbol{0}$，则有

$$\boldsymbol{u}_{\mathrm{eq}}(t)=-(\boldsymbol{CB})^{-1}\boldsymbol{C}\boldsymbol{f}(\boldsymbol{x},t)$$

将 $\boldsymbol{u}_{\mathrm{eq}}$ 代替式（6-4）中的 $\boldsymbol{u}$ 得

$$\dot{\boldsymbol{x}}(t)=[\boldsymbol{I}-\boldsymbol{B}(\boldsymbol{CB})^{-1}\boldsymbol{C}]\boldsymbol{f}(\boldsymbol{x},t)$$

这就是所需的滑态方程。

等价控制概念在变结构控制器设计中起着重要的作用。

（2）切换曲面的设计。这一步的实质是解决滑态的存在性问题。通常要求 VSCS 有一个稳定的理想滑态、良好的动态品质和较高的鲁棒性。因此本步骤要解决极点配置、极小

化目标函数、特征向量结构和不变性条件等一系列设计问题。

(3) 控制设计。控制设计的主要目标是解决滑态的能达性问题，它应能迅速地将任何初始状态驱向切换曲面并最大限度地使状态不离开切换曲面。此外，它还应尽可能地减小参数变化和外部扰动的影响。

十分明显，为了使位于 $s_i(\boldsymbol{x}) = 0$ 的邻域中的任一状态都指向 $s_i(\boldsymbol{x}) = 0$，必须满足

$$\begin{cases} \lim\limits_{s_i \to 0^+} \dot{s}_i < 0 \\ \lim\limits_{s_i \to 0^-} \dot{s}_i > 0 \end{cases} \tag{6-6}$$

或

$$\lim_{s_i \to 0} s_i \dot{s}_i \leqslant 0$$

进一步,写成

$$s\dot{s} \leqslant \lambda |s|, \ \lambda > 0 \tag{6-7}$$

式 (6-6)、式 (6-7) 就是能达性条件，变结构控制器应满足这个条件。此外，若初始状态为 $\boldsymbol{x}(t_0) = \boldsymbol{x}_0$，而达到切换曲面的时间为 t_s，则控制还应使 $t_s - t_0$ 尽可能小。只要抖动不明显增加，这样做总是有益的。

6.1.2 机器人的滑模变结构控制

含有 n 个关节的机械手动力学模型为

$$\boldsymbol{H}(\boldsymbol{q})\ddot{\boldsymbol{q}} + \boldsymbol{c}(\boldsymbol{q},\dot{\boldsymbol{q}}) + \boldsymbol{g}(\boldsymbol{q}) = \boldsymbol{\tau} \tag{6-8}$$

式中，$\boldsymbol{H}(\boldsymbol{q})$ 为惯性矩阵；$\boldsymbol{c}(\boldsymbol{q},\dot{\boldsymbol{q}})$ 为黏性阻尼、哥氏力、离心力等非线性力列阵；$\boldsymbol{g}(\boldsymbol{q})$ 为重力向量；$\boldsymbol{\tau}$ 为关节力（力矩）列阵。

为简化起见，令

$$\boldsymbol{w}(\boldsymbol{q},\dot{\boldsymbol{q}}) = \boldsymbol{c}(\boldsymbol{q},\dot{\boldsymbol{q}}) + \boldsymbol{g}(\boldsymbol{q})$$

可把式 (6-8) 变为

$$\boldsymbol{H}(\boldsymbol{q})\ddot{\boldsymbol{q}} + \boldsymbol{w}(\boldsymbol{q},\dot{\boldsymbol{q}}) = \boldsymbol{\tau}$$

由于惯性矩阵 $\boldsymbol{D}(\boldsymbol{q})$ 总是非奇异矩阵，则上式可以写成

$$\ddot{\boldsymbol{q}} = -\boldsymbol{H}^{-1}(\boldsymbol{q})\boldsymbol{w}(\boldsymbol{q},\dot{\boldsymbol{q}}) + \boldsymbol{H}^{-1}(\boldsymbol{q})\boldsymbol{\tau} \tag{6-9}$$

进一步,设

$$\boldsymbol{B}(\boldsymbol{q}) = \boldsymbol{H}^{-1}(\boldsymbol{q})$$

则有

$$\ddot{\boldsymbol{q}} = -\boldsymbol{B}(\boldsymbol{q})\boldsymbol{w}(\boldsymbol{q},\dot{\boldsymbol{q}}) + \boldsymbol{B}(\boldsymbol{q})\boldsymbol{\tau}$$

如果设 $\boldsymbol{x}_{\mathrm{I}} = \boldsymbol{q}$，$\boldsymbol{x}_{\mathrm{II}} = \dot{\boldsymbol{q}}$，则可以将式 (6-9) 写成状态方程的形式

$$\dot{\boldsymbol{x}}_{\mathrm{I}} = \boldsymbol{x}_{\mathrm{II}}$$

$$\dot{\boldsymbol{x}}_{\mathrm{II}} = -\boldsymbol{B}(\boldsymbol{x}_{\mathrm{I}})\boldsymbol{w}(\boldsymbol{x}_{\mathrm{I}},\boldsymbol{x}_{\mathrm{II}}) + \boldsymbol{B}(\boldsymbol{x}_{\mathrm{I}})\boldsymbol{\tau} \tag{6-10}$$

设期望的轨迹 $\boldsymbol{q}_{\mathrm{d}} = \boldsymbol{x}_{\mathrm{I\,d}}$，$\dot{\boldsymbol{q}}_{\mathrm{d}} = \boldsymbol{x}_{\mathrm{II\,d}}$，则轨迹误差为

$$\boldsymbol{e} = \boldsymbol{x}_{\mathrm{I\,d}} - \boldsymbol{x}_{\mathrm{I}}$$

进而有

$$\dot{\boldsymbol{e}} = \dot{\boldsymbol{x}}_{\mathrm{I\,d}} - \dot{\boldsymbol{x}}_{\mathrm{I}} = \boldsymbol{x}_{\mathrm{II\,d}} - \boldsymbol{x}_{\mathrm{II}}$$

$$\ddot{\boldsymbol{e}} = \ddot{\boldsymbol{x}}_{\mathrm{I\,d}} - \ddot{\boldsymbol{x}}_{\mathrm{I}} = \dot{\boldsymbol{x}}_{\mathrm{II\,d}} - \dot{\boldsymbol{x}}_{\mathrm{II}}$$

选择滑动面函数为

$$\boldsymbol{s} = \dot{\boldsymbol{e}} + \boldsymbol{h}\boldsymbol{e} \tag{6-11}$$

式中，$\boldsymbol{s} = [s_1, s_2, \cdots, s_n]^{\mathrm{T}}$；$\boldsymbol{e} = [e_1, e_2, \cdots, e_n]^{\mathrm{T}}$；$\boldsymbol{h} = \mathrm{diag}[h_1, h_2, \cdots, h_n]$，$h_i = \mathrm{const} > 0$ $(i = 1, 2, \cdots, n)$。

假定系统状态被约束在开关函数曲面上，则产生滑动运动的相应控制量 $\boldsymbol{\tau}$ 可由 $\dot{\boldsymbol{s}} = \boldsymbol{0}$ 求得。

$$\dot{\boldsymbol{s}} = \ddot{\boldsymbol{e}} + \boldsymbol{h}\dot{\boldsymbol{e}} \tag{6-12}$$

将式（6-10）代入 $\dot{\boldsymbol{e}}$、$\ddot{\boldsymbol{e}}$，进而代入式（6-12），有

$$\begin{aligned}\dot{\boldsymbol{s}} &= \dot{\boldsymbol{x}}_{\mathrm{II\,d}} - \dot{\boldsymbol{x}}_{\mathrm{II}} + \boldsymbol{h}(\boldsymbol{x}_{\mathrm{II\,d}} - \boldsymbol{x}_{\mathrm{II}}) \\ &= \dot{\boldsymbol{x}}_{\mathrm{II\,d}} + \boldsymbol{B}(\boldsymbol{x}_{\mathrm{I}})\boldsymbol{w}(\boldsymbol{x}_{\mathrm{I}}, \boldsymbol{x}_{\mathrm{II}}) - \boldsymbol{B}(\boldsymbol{x}_{\mathrm{I}})\boldsymbol{\tau} + \boldsymbol{h}(\boldsymbol{x}_{\mathrm{II\,d}} - \boldsymbol{x}_{\mathrm{II}})\end{aligned} \tag{6-13}$$

为明显起见，将上式写成分离形式为

$$\dot{s}_i = \dot{x}_{\mathrm{II}\,\mathrm{d}i} + \sum_{j=1}^{n} b_{ij} w_j - \sum_{j=1}^{n} b_{ij}\tau_j + h_i(x_{\mathrm{II}\,\mathrm{d}i} - x_{\mathrm{II}\,i}) \tag{6-14}$$

下面的问题是如何选择上式中的 τ_j，使得式（6-7）表示的条件成立。首先设 $\dot{\boldsymbol{s}} = 0$，由式（6-13）得出控制量的估计值 $\boldsymbol{\tau}^*$

$$\boldsymbol{\tau}^* = \boldsymbol{w}(\boldsymbol{x}_{\mathrm{I}}, \boldsymbol{x}_{\mathrm{II}}) + \boldsymbol{H}(\boldsymbol{x}_{\mathrm{I}})[\dot{\boldsymbol{x}}_{\mathrm{II\,d}} + h(\boldsymbol{x}_{\mathrm{II\,d}} - \boldsymbol{x}_{\mathrm{II}})] \tag{6-15}$$

由于在控制系统中式（6-15）中的 $\boldsymbol{w}(\boldsymbol{x}_{\mathrm{I}}, \boldsymbol{x}_{\mathrm{II}})$ 和 $\boldsymbol{H}(\boldsymbol{x}_{\mathrm{I}})$ 不可能给出精确值，所以称 $\boldsymbol{\tau}^*$ 为估计值。在此情况下，在控制量中加入修正量 $\boldsymbol{\tau}_{\mathrm{g}}$，即

$$\boldsymbol{\tau} = \boldsymbol{\tau}^* + \boldsymbol{\tau}_{\mathrm{g}} \tag{6-16}$$

将式（6-15）和式（6-16）代入式（6-13）中，得

$$\dot{\boldsymbol{s}} = -\boldsymbol{B}(\boldsymbol{x}_{\mathrm{I}})\boldsymbol{\tau}_{\mathrm{g}}$$

写出 $\dot{\boldsymbol{s}}$ 的第 i 项

$$\dot{s}_i = -\sum_{j=1}^{n} b_{ij}\tau_{\mathrm{g}j} \tag{6-17}$$

为了确保产生滑动运动的条件 $\dot{s}_i s_i < 0$，$i = 1, 2, \cdots, n$，如下选择修正量 $\tau_{\mathrm{g}i}$

$$\dot{s}_i = -\sum_{j=1}^{n} b_{ij}\tau_{\mathrm{g}j} \leqslant -\lambda_i \mathrm{sgn}(s_i) \quad (i = 1, 2, \cdots, n;\ s_i \neq 0) \tag{6-18}$$

式中，$\mathrm{sgn}(s_i)$ 表示 s_i 的符号，$\lambda_i = \mathrm{const} > 0$，此时

$$\dot{s}_i s_i = -\lambda_i |s_i| < 0$$

将式（6-18）写成矩阵形式

$$\dot{\boldsymbol{s}} = -\boldsymbol{B}(\boldsymbol{x}_{\mathrm{II}})\boldsymbol{\tau}_{\mathrm{g}} = -\lambda \mathrm{sgn}(\boldsymbol{s}) \tag{6-19}$$

式中，$\boldsymbol{\lambda} = \mathrm{diag}(\lambda_1, \lambda_2, \cdots, \lambda_n)$；$\mathrm{sgn}(\boldsymbol{s}) = [\mathrm{sgn}(s_1), \mathrm{sgn}(s_2), \cdots, \mathrm{sgn}(s_n)]^{\mathrm{T}}$。

由式（6-19）可得修正向量

$$\boldsymbol{\tau}_{\mathrm{g}} = \boldsymbol{B}^{-1}(\boldsymbol{x}_{\mathrm{II}})\lambda \mathrm{sgn}(\boldsymbol{s}) = \boldsymbol{H}(\boldsymbol{x}_{\mathrm{II}})\lambda \mathrm{sgn}(\boldsymbol{s}) \tag{6-20}$$

将上式展开，写成

$$\tau_{gi} = \sum_{j=1}^{n} m_{ij}(x_1)\lambda_i \mathrm{sgn}(s_i) \tag{6-21}$$

所以总的控制向量为

$$\boldsymbol{\tau} = \hat{\boldsymbol{w}}(\boldsymbol{x}_{\mathrm{I}}, \boldsymbol{x}_{\mathrm{II}}) + \boldsymbol{H}(\boldsymbol{x}_{\mathrm{I}})[\dot{\boldsymbol{x}}_{\mathrm{IId}} + \boldsymbol{h}(\boldsymbol{x}_{\mathrm{IId}} - \boldsymbol{x}_{\mathrm{II}}) + \lambda \mathrm{sgn}(\boldsymbol{s})] \tag{6-22}$$

6.2 自适应控制

机器人的动力学模型存在非线性和不确定因素，这些因素包括未知的系统参数（如摩擦力）、非线性动态特性（如重力、哥氏力、向心力的非线性）以及当机器人在工作过程中环境和工作对象的性质和特征的变化。这些未知因素和不确定性，将使控制系统性能变差。采用一般的反馈技术不能满足控制要求。一种解决此问题的方法是在运行过程中不断测量受控对象的特性，根据测得的特征信息使控制系统按新的特性实现闭环最优控制，即自适应控制。自适应控制主要分模型参考自适应控制（model reference adaptive control，MRAC）和自校正自适应控制（self-tuning adaptive control）。在此首先介绍机器人动力学特性的状态方程描述法，然后介绍几种机器人自适应控制方法。

6.2.1 机器人状态方程

为了阐述机器人自适应控制原理，需要把机器人动力学方程用状态方程描述。机器人状态方程具有在现代控制论中描述系统动态特性的状态方程的形式，但它仍为复杂的时变非线性方程。

机器人动力学方程的矢量形式为

$$\boldsymbol{\tau} = \boldsymbol{H}(q)\ddot{\boldsymbol{q}} + \boldsymbol{c}(\dot{q}q) + \boldsymbol{g}(q) \tag{6-23}$$

如果定义

$$\boldsymbol{c}(\dot{q}q) = \boldsymbol{C}(\dot{q}q)\dot{\boldsymbol{q}},\ \boldsymbol{g}(q) = \boldsymbol{G}(q)\boldsymbol{q}$$

则式(6-23) 可写成

$$\boldsymbol{\tau} = \boldsymbol{H}(q)\ddot{\boldsymbol{q}} + \boldsymbol{C}(\dot{q}q)\dot{\boldsymbol{q}} + \boldsymbol{G}(q)\boldsymbol{q} \tag{6-24}$$

此式为机器人动力学的拟线性表达式。若定义机器人的状态向量为 $\boldsymbol{x} = [\boldsymbol{q} \quad \dot{\boldsymbol{q}}]^{\mathrm{T}}$，式(6-24)变为机器人的状态方程

$$\dot{\boldsymbol{x}} = \boldsymbol{A}_{\mathrm{p}}(\boldsymbol{x})\boldsymbol{x} + \boldsymbol{B}_{\mathrm{p}}(\boldsymbol{x})\boldsymbol{\tau} \tag{6-25}$$

此方程为 $2n$ 维的，式中

$$A_{\mathrm{p}}(\boldsymbol{x}) = \begin{bmatrix} 0 & \boldsymbol{I} \\ -\boldsymbol{H}^{-1}\boldsymbol{G} & -\boldsymbol{H}^{-1}\boldsymbol{C} \end{bmatrix}_{2n\times 2n} \qquad \boldsymbol{B}_{\mathrm{p}}(\boldsymbol{x}) = \begin{bmatrix} 0 \\ \boldsymbol{H}^{-1} \end{bmatrix}_{2n\times n}$$

式（6-25）表示的机器人动力学模型是机器人自适应控制器的调节对象。

动力学方程中还应包含传动装置的动力学特性

$$\boldsymbol{H}_{\mathrm{a}}\boldsymbol{u} - \boldsymbol{r} = \boldsymbol{J}_{\mathrm{a}}\ddot{\boldsymbol{q}} + \boldsymbol{B}_{\mathrm{a}}\dot{\boldsymbol{q}} \tag{6-26}$$

式中，$\boldsymbol{u}$、$\boldsymbol{q}$、$\boldsymbol{r}$ 分别为传动装置的输入电压、关节位移和扰动力矩，它们均为 n 维向量；$\boldsymbol{H}_{\mathrm{a}}$、$\boldsymbol{J}_{\mathrm{a}}$、$\boldsymbol{B}_{\mathrm{a}}$ 是由传动装置参数所决定的 $n\times n$ 阶矩阵。

干扰力矩是由两部分组成的

$$\boldsymbol{r} = \boldsymbol{\tau} + \boldsymbol{\tau}_{\mathrm{d}} \tag{6-27}$$

式中，$\boldsymbol{\tau}$ 为驱动连杆的力矩；$\boldsymbol{\tau}_{\mathrm{d}}$ 为电动机的非线性产生的输出扭矩变动及摩擦力矩。

联立式（6-24）、式（6-26）、式（6-27），并定义

$$\begin{cases} \boldsymbol{J}(\boldsymbol{q}) = \boldsymbol{H}(\boldsymbol{q}) + \boldsymbol{J}_{\mathrm{a}} \\ \boldsymbol{E}(\boldsymbol{q}) = \boldsymbol{C}(\boldsymbol{q}) + \boldsymbol{B}_{\mathrm{a}} \\ \boldsymbol{h}(\boldsymbol{q})\boldsymbol{q} = \boldsymbol{G}(\boldsymbol{q})\boldsymbol{q} + \boldsymbol{\tau}_{\mathrm{d}} \end{cases}$$

则包含传动装置动力特性的机器人状态方程可写为

$$\dot{\boldsymbol{x}} = \boldsymbol{A}_{\mathrm{p}}(\boldsymbol{x})\boldsymbol{x} + \boldsymbol{B}_{\mathrm{p}}(\boldsymbol{x})\boldsymbol{u} \tag{6-28}$$

其中

$$\boldsymbol{A}_{\mathrm{p}}(\boldsymbol{x}) = \begin{bmatrix} 0 & \boldsymbol{I} \\ -\boldsymbol{J}^{-1}\boldsymbol{H} & -\boldsymbol{J}^{-1}\boldsymbol{E} \end{bmatrix}_{2n\times 2n}$$

$$\boldsymbol{B}_{\mathrm{p}}(\boldsymbol{x}) = \begin{bmatrix} 0 \\ \boldsymbol{J}^{-1}\boldsymbol{H}_{\mathrm{a}} \end{bmatrix}_{2n\times n}$$

方程（6-25）和方程（6-28）具有相同的形式，只是方程（6-25）未包含传动装置的动力特性，它们都作为自适应控制系统的调节对象，但方程（6-28）表示的更全面。

6.2.2 模型参考自适应控制

模型参考自适应控制器的作用是使得系统的输出响应趋近于某种指定的参考模型，其结构如图 6-2 所示。指定的参考模型可选为一稳定的线性定常系统：

$$\dot{\boldsymbol{y}} = \boldsymbol{A}_{\mathrm{m}}\boldsymbol{y} + \boldsymbol{B}_{\mathrm{m}}\boldsymbol{r} \tag{6-29}$$

式中，$\boldsymbol{y}$ 为 $2n$ 参考模型状态向量；$\boldsymbol{r}$ 为 $2n$ 参考模型输入向量。

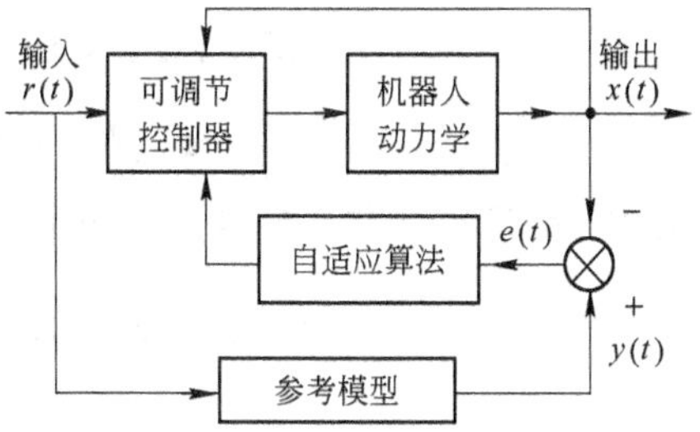

图 6-2 模型参考自适应控制器

且

$$\boldsymbol{A}_{\mathrm{m}} = \begin{bmatrix} 0 & \boldsymbol{I} \\ -\boldsymbol{\Lambda}_1 & -\boldsymbol{\Lambda}_2 \end{bmatrix}, \ \boldsymbol{B}_{\mathrm{m}} = \begin{bmatrix} 0 \\ \boldsymbol{\Lambda}_1 \end{bmatrix}$$

式中，$\boldsymbol{\Lambda}_1$ 为含有 ω_i 项的 $n\times n$ 阶对角矩阵；$\boldsymbol{\Lambda}_2$ 为含有 $2\xi_i\omega_i$ 项的 $n\times n$ 阶对角矩阵。

方程（6-29）具有与方程（6-28）同样的形式，但它表示 n 个含有指定参数 ω_i 和 ξ_i 的无耦联二阶线性常微分方程

$$\ddot{y}_i + 2\xi_i\omega_i\dot{y}_i + \omega_i^2 y_i = \omega_i^2 r \tag{6-30}$$

式中，r 为此控制器输入，是机器人手端理想的运动轨迹。如图 6-2 所示，自适应控制器把系统状态 $x(t)$ 反馈给“可调节控制器”，并通过调整，使机器人状态方程变为可调的。此图还表明，将系统的状态变量 $x(t)$ 与参考模型状态 $y(t)$ 进行比较所得的状态误差 $\boldsymbol{e}$ 作为自适应算法的输入，其调节目标是使状态误差接近于零，以实现使机器人具有参考模型的动态特性。

控制器自适应算法应具有使自适应控制器渐近稳定的功能，可根据李雅普诺夫稳定性判据设计控制器的自适应算法。设机器人状态方程的输入为

$$\boldsymbol{u} = -\boldsymbol{K}_x\boldsymbol{x} + \boldsymbol{K}_u\boldsymbol{r} \tag{6-31}$$

式中，$\boldsymbol{K}_x$、$\boldsymbol{K}_u$ 分别为 $n\times n$ 阶时变可调反馈矩阵和前馈矩阵，它是图 6-2 中“可调节控制器”的功能。

将由式（6-31）表示的输入代入状态方程（6-28），得闭环系统的状态方程

$$\dot{\boldsymbol{x}} = \boldsymbol{A}_s(\boldsymbol{x})\boldsymbol{x} + \boldsymbol{B}_s(\boldsymbol{x})\boldsymbol{r} \tag{6-32}$$

其中

$$\boldsymbol{A}_s(\boldsymbol{x}) = \begin{bmatrix} 0 & 1 \\ -\boldsymbol{J}^{-1}(\boldsymbol{h}+\boldsymbol{H}_a\boldsymbol{K}_{x1}) & -\boldsymbol{J}^{-1}(\boldsymbol{E}+\boldsymbol{H}_a\boldsymbol{K}_{x2}) \end{bmatrix},\ \boldsymbol{B}_s(\boldsymbol{x}) = \begin{bmatrix} 0 \\ \boldsymbol{J}^{-1}\boldsymbol{H}_a\boldsymbol{K}_u \end{bmatrix}$$

式中，$\boldsymbol{K}_{x1}$ 和 $\boldsymbol{K}_{x2}$ 为 $\boldsymbol{K}_x$ 的两个子矩阵。

正确地设计 $\boldsymbol{K}_x$ 和 $\boldsymbol{K}_u$，可使机器人状态方程与参考模型匹配，使

$$\boldsymbol{e}(t) = \boldsymbol{y} - \boldsymbol{x} \tag{6-33}$$

趋于零，由式（6-33）、式（6-29）和式（6-32）可得

$$\dot{\boldsymbol{e}} = (\boldsymbol{A}_m - \boldsymbol{A}_s)\boldsymbol{x} + (\boldsymbol{B}_m - \boldsymbol{B}_s)\boldsymbol{r} \tag{6-34}$$

为了系统的稳定性，选取正定李雅普诺夫函数为

$$\begin{aligned} \boldsymbol{V} = {} & \boldsymbol{e}^{\mathrm{T}}\boldsymbol{P}\boldsymbol{e} + \mathrm{tr}[(\boldsymbol{A}_m - \boldsymbol{A}_s)^{\mathrm{T}}\boldsymbol{F}_A^{-1}(\boldsymbol{A}_m - \boldsymbol{A}_s)] + \\ & \mathrm{tr}[(\boldsymbol{B}_m - \boldsymbol{B}_s)^{\mathrm{T}}\boldsymbol{F}_b^{-1}(\boldsymbol{B}_m - \boldsymbol{B}_s)] \end{aligned} \tag{6-35}$$

利用式（6-33）和式（6-34）并对上式求导得

$$\begin{aligned} \dot{\boldsymbol{V}} = {} & \boldsymbol{e}^{\mathrm{T}}(\boldsymbol{A}_m\boldsymbol{P} + \boldsymbol{P}\boldsymbol{A}_m)\boldsymbol{e} + \mathrm{tr}[(\boldsymbol{A}_m - \boldsymbol{A}_s)^{\mathrm{T}}(\boldsymbol{P}\boldsymbol{e}\boldsymbol{X}^{\mathrm{T}} - \boldsymbol{F}_A^{-1}\dot{\boldsymbol{A}}_s)] + \\ & \mathrm{tr}[(B_m - \boldsymbol{B}_s)^{\mathrm{T}}(\boldsymbol{P}\boldsymbol{e}\boldsymbol{r}^{\mathrm{T}} - \boldsymbol{F}_b^{-1}\dot{\boldsymbol{B}}_s)] \end{aligned} \tag{6-36}$$

根据李雅普诺夫第二稳定理论，保证系统稳定的充分必要条件是 $\dot{\boldsymbol{V}}$ 负定，所以可得

$$\boldsymbol{A}_m^{\mathrm{T}}\boldsymbol{P} + \boldsymbol{P}\boldsymbol{A}_m = -\boldsymbol{Q}$$

$$\dot{\boldsymbol{A}}_s = \boldsymbol{F}_A\boldsymbol{P}\boldsymbol{e}\boldsymbol{x}^{\mathrm{T}} \approx \boldsymbol{B}_p\dot{\boldsymbol{K}}_s$$

$$\dot{\boldsymbol{B}}_{\mathrm{s}} = \boldsymbol{F}_{\mathrm{b}}\boldsymbol{Per}^{\mathrm{T}} \approx \boldsymbol{B}_{\mathrm{p}}\dot{\boldsymbol{K}}_{\mathrm{x}}$$

以及

$$\dot{\boldsymbol{K}}_{\mathrm{u}} = \boldsymbol{K}_{\mathrm{u}}\boldsymbol{B}_{\mathrm{m}}^{+}\boldsymbol{F}_{\mathrm{b}}\boldsymbol{Per}^{\mathrm{T}}, \quad \dot{\boldsymbol{K}}_{\mathrm{x}} = \boldsymbol{K}_{\mathrm{u}}\boldsymbol{B}_{\mathrm{m}}^{+}\boldsymbol{F}_{\mathrm{A}}\boldsymbol{Per}^{\mathrm{T}}$$

式中，$\boldsymbol{P}$ 和 $\boldsymbol{Q}$ 为对称正定矩阵；$\boldsymbol{B}_{\mathrm{m}}^{+}$ 为 $\boldsymbol{B}_{\mathrm{m}}$ 的伪逆矩阵；$\boldsymbol{F}_{\mathrm{A}}$ 和 $\boldsymbol{F}_{\mathrm{b}}$ 为正定自适应增益矩阵。

满足这些条件的 $\boldsymbol{K}_{\mathrm{x}}$ 和 $\boldsymbol{K}_{\mathrm{u}}$ 可使系统渐近稳定，进而实现自适应控制的目的。

6.2.3 自校正自适应控制

机器人自校正自适应控制是把机器人状态方程在目标轨迹附近线性化，形成离散摄动方程，用递推最小二乘法辨识摄动方程中系统参数，并在每个采样周期更新和调整线性化系统的参数和反馈增益，以确定所需的控制力。其结构原理如图 6-3 所示。

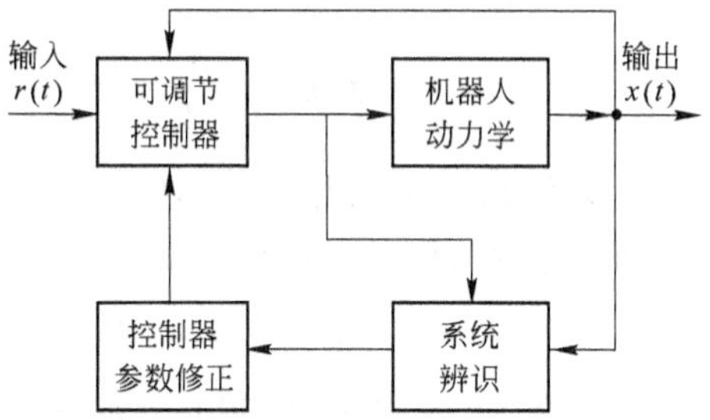

图 6-3 自校正自适应控制系统结构

6.2.3.1 运动的摄动方程

机器人的状态方程（6-28）可写成如下形式

$$\dot{\boldsymbol{x}} = \boldsymbol{f}(\boldsymbol{x},\boldsymbol{u}) \tag{6-37}$$

用泰勒级数将式（6-37）在目标轨迹附近展开，得系统的线性化摄动方程

$$\delta\dot{\boldsymbol{x}}(t) = \boldsymbol{A}(t)\delta\boldsymbol{x}(t) + \boldsymbol{B}(t)\delta\boldsymbol{u}(t) \tag{6-38}$$

式中，$\boldsymbol{A}(t)$ 和 $\boldsymbol{B}(t)$ 为系统的时变参数矩阵，分别是沿目标轨迹计算的雅克比矩阵，即

$$\boldsymbol{A}(t) = \frac{\partial \boldsymbol{f}}{\partial \boldsymbol{x}}, \quad \boldsymbol{B}(t) = \frac{\partial \boldsymbol{f}}{\partial \boldsymbol{u}}$$

在实际的控制系统中，用参数辨识技术确定其中的未知元素。若目标输出及对应的输入分别表示为 $\boldsymbol{x}_{\mathrm{d}}$ 和 $\boldsymbol{u}_{\mathrm{d}}$，则 $\delta\boldsymbol{x} = \boldsymbol{x}(t) - \boldsymbol{x}_{\mathrm{d}}(t)$，$\delta\boldsymbol{u} = \boldsymbol{u}(t) - \boldsymbol{u}_{\mathrm{d}}(t)$。

6.2.3.2 参数辨识及自适应控制

将方程（6-38）离散化为

$$\boldsymbol{x}(k+1) = \boldsymbol{A}(k)\boldsymbol{x}(k) + \boldsymbol{B}(k)\boldsymbol{u}(k) \quad (k = 0,1,\cdots,N-1) \tag{6-39}$$

由于 $\boldsymbol{A}(t)$ 和 $\boldsymbol{B}(t)$ 的阶数分别为 $2n \times 2n$ 和 $2n \times n$，所以在此模型中有 $6n^2$ 个参数需要辨识。在辨识中做以下假设：(1) 当采样间隔取得足够小时，系统参数变化速度小于自适应的调节速度；(2) 测量噪声可忽略；(3) 方程（6-39）的状态变量可测。

在方程（6-39）中第 k 时刻未知参数组成一个向量

$$\boldsymbol{\nu}_{i,k} = [a_{i,1}(k),\cdots,a_{i,2n}(k),b_{i,1}(k),\cdots,b_{i,n}(k)]^{\mathrm{T}} \tag{6-40}$$

将 k 时刻的状态和输入也组成一个向量

$$\boldsymbol{\varphi}_k = [x_1(k),\cdots,x_{2n}(k),u_1(k),\cdots,u_n(k)]^{\mathrm{T}} \tag{6-41}$$

方程（6-39）中的状态向量可写为

$$x(k) = [x_1(k), \cdots, x_{2n}(k)]^{\mathrm{T}} = [x_{1,k}, \cdots, x_{2n,k}]^{\mathrm{T}} \tag{6-42}$$

则方程（6-39）的第 i 行可写成

$$x_{i,k+1} = \boldsymbol{\varphi}_k^{\mathrm{T}} \boldsymbol{\nu}_{i,k} \quad (i = 1,2,\cdots,2n) \tag{6-43}$$

此式为辨识参数的标准形式。递推最小二乘参数辨识的算法为

$$\hat{\boldsymbol{\nu}}_{i,k+1} = \hat{\boldsymbol{\nu}}_{i,k} - \boldsymbol{P}_k \boldsymbol{\varphi}_k [\boldsymbol{\varphi}_k^{\mathrm{T}} \boldsymbol{P}_k \boldsymbol{\varphi}_k + r]^{-1} [\boldsymbol{\varphi}_k^{\mathrm{T}} \hat{\boldsymbol{\nu}}_{i,k} - x_{i,k+1}] \tag{6-44}$$

式中，r 为大于零小于 1 的加权因子；$\boldsymbol{P}_k$ 为 $3n \times 3n$ 维对称正定矩阵，它的递推形式为

$$\boldsymbol{P}_{k+1} = [\boldsymbol{P}_k - \boldsymbol{P}_k \boldsymbol{\varphi}_k [\boldsymbol{\varphi}_k^{\mathrm{T}} \boldsymbol{P}_k \boldsymbol{\varphi}_k + r]^{-1} \boldsymbol{\varphi}_k^{\mathrm{T}} \boldsymbol{P}_k] \tag{6-45}$$

线性化摄动系统的控制问题可化为一个线性二次型问题，在确定 $\boldsymbol{A}(t)$ 和 $\boldsymbol{B}(t)$ 之后，可寻求一个最优控制，使如下性能指标最小

$$\boldsymbol{J}(k) = \frac{1}{2}[\boldsymbol{x}^{\mathrm{T}}(k+1)\boldsymbol{Q}\boldsymbol{x}(k+1) + \boldsymbol{u}^{\mathrm{T}}(k)\boldsymbol{R}\boldsymbol{u}(k)] \tag{6-46}$$

式中，$\boldsymbol{Q}$ 为 $2n \times 2n$ 维半正定矩阵；$\boldsymbol{R}$ 为 $n \times n$ 维正定矩阵。

满足方程（6-39）和性能指标（6-46）为最小的最优控制为

$$\boldsymbol{u}(k) = -[\boldsymbol{R} + \boldsymbol{B}^{\mathrm{T}}(k)\boldsymbol{Q}\boldsymbol{B}(k)]^{-1}\boldsymbol{B}^{\mathrm{T}}\boldsymbol{Q}\boldsymbol{A}(k)\boldsymbol{x}(k) \tag{6-47}$$

一般选取 $\boldsymbol{Q}$、$\boldsymbol{R}$ 以及 $\boldsymbol{P}_k$ 的初值为常数乘以单位矩阵。

6.2.4 基于机器人特性的自适应控制

对于具有 n 个自由度的机器人，用其关节变量描述运动时，可用如下微分方程表示

$$[\boldsymbol{J} + \boldsymbol{H}(\boldsymbol{q})]\ddot{\boldsymbol{q}} + [\boldsymbol{B} + \boldsymbol{H}(\boldsymbol{q})]\dot{\boldsymbol{q}} - \frac{\partial T}{\partial \boldsymbol{q}} + \boldsymbol{g}(\boldsymbol{q}) = \boldsymbol{\tau} \tag{6-48}$$

式中，$\boldsymbol{q}$ 为 n 维关节变量向量；$\boldsymbol{J}$ 为电动机惯性矩组成的对角矩阵；$\boldsymbol{H}(\boldsymbol{q})$ 为杆件形成的惯性矩阵；$\boldsymbol{B}$ 为阻尼系数矩阵；$\boldsymbol{g}(\boldsymbol{q})$ 为重力项；$\boldsymbol{\tau}$ 为广义力向量，在此作为控制输入；T 为机器人动能，可表示为

$$T = \frac{1}{2}[\dot{\boldsymbol{q}}^{\mathrm{T}}\boldsymbol{J}\dot{\boldsymbol{q}} + \dot{\boldsymbol{q}}^{\mathrm{T}}\boldsymbol{H}(\boldsymbol{q})\dot{\boldsymbol{q}}] \tag{6-49}$$

首先假设 $\boldsymbol{g}(\boldsymbol{q}) = 0$，并已知机器人的目标位置/姿态 $\boldsymbol{q}_{\mathrm{d}}$，做如下 PD 反馈控制

$$\tau = -\boldsymbol{K}_1\dot{\boldsymbol{q}} - \boldsymbol{K}_0(\boldsymbol{q} - \boldsymbol{q}_{\mathrm{d}}) \tag{6-50}$$

将此式代入式（6-48）得

$$[\boldsymbol{J} + \boldsymbol{H}(\boldsymbol{q})]\ddot{\boldsymbol{q}} + [\boldsymbol{B} + \dot{\boldsymbol{H}}(\boldsymbol{q}) + \boldsymbol{K}_1]\dot{\boldsymbol{q}} - \frac{\partial T}{\partial \boldsymbol{q}} + \boldsymbol{K}_0\boldsymbol{q} = \boldsymbol{K}_0\boldsymbol{q}_{\mathrm{d}} \tag{6-51}$$

为了讨论由方程（6-51）表示的控制系统的稳定性，给出如下等式

$$\dot{\boldsymbol{q}}^{\mathrm{T}}\frac{\partial T}{\partial \boldsymbol{q}} = \dot{\boldsymbol{q}}^{\mathrm{T}}\frac{\partial}{\partial \boldsymbol{q}}\left(\frac{1}{2}\dot{\boldsymbol{q}}^{\mathrm{T}}\boldsymbol{H}\dot{\boldsymbol{q}}\right) = \frac{1}{2}\sum_{i=1}^{n}\frac{\partial}{\partial q_i}(\dot{\boldsymbol{q}}^{\mathrm{T}}\boldsymbol{H}\dot{\boldsymbol{q}})q_i = \frac{1}{2}\dot{\boldsymbol{q}}^{\mathrm{T}}\boldsymbol{H}\dot{\boldsymbol{q}} \tag{6-52}$$

利用李雅谱诺夫稳定判据，给出李雅谱诺夫函数

$$v(\boldsymbol{q},\dot{\boldsymbol{q}}) = \frac{1}{2}\dot{\boldsymbol{q}}^{\mathrm{T}}[\boldsymbol{J} + \boldsymbol{H}(\boldsymbol{q})]\dot{\boldsymbol{q}} + \frac{1}{2}(\boldsymbol{q} - \boldsymbol{q}_{\mathrm{d}})^{\mathrm{T}}\boldsymbol{K}_0(\boldsymbol{q} - \boldsymbol{q}_{\mathrm{d}}) \tag{6-53}$$

将李雅谱诺夫函数方程（6-53）的解对时间求导

$$\dot{v} = \dot{\boldsymbol{q}}^{\mathrm{T}}\left\{[\boldsymbol{J}+\boldsymbol{H}(\boldsymbol{q})]\ddot{\boldsymbol{q}}+\frac{1}{2}\dot{\boldsymbol{H}}\dot{\boldsymbol{q}}+\boldsymbol{K}_0(\boldsymbol{q}-\boldsymbol{q}_{\mathrm{d}})\right\}$$

$$= -\dot{\boldsymbol{q}}^{\mathrm{T}}(\boldsymbol{B}+\boldsymbol{K}_1)\dot{\boldsymbol{q}}+\dot{\boldsymbol{q}}^{\mathrm{T}}\left(\frac{\partial T}{\partial \boldsymbol{q}}-\frac{1}{2}\dot{\boldsymbol{H}}\dot{\boldsymbol{q}}\right) \tag{6-54}$$

由式（6-54）可知上式第二式为零，所以

$$\dot{v} = -\dot{\boldsymbol{q}}^{\mathrm{T}}(\boldsymbol{B}+\boldsymbol{K}_1)\dot{\boldsymbol{q}} < 0$$

由于李雅谱诺夫函数为正定，其导数为负定，根据李雅谱诺夫稳定定理可知，系统是稳定的，即由方程（6-51）表示的控制系统能保证 $\boldsymbol{q}(t)$ 很好地跟踪目标轨迹 $\boldsymbol{q}_{\mathrm{d}}(t)$。

6.3 学习控制

学习是人类的主要智能之一，学习控制是人工智能技术应用到控制领域的一种智能控制方法。已经提出了各种机器人学习控制方法，如：基于感知器的学习控制、基于小脑模型的学习控制等，这里只介绍一种基于感知器的学习控制方法。

6.3.1 基于感知器的学习控制方法

这种方法首先由 Arimoto 等人提出，方法的程序如图 6-4 所示。

输出值 $Y_1(t)(0 \leqslant t \leqslant T)$ 在首次试验运动中由输入值 $U_1(t)$ 给入系统后得到。然后，实际输出值与期望输出值之间的首次误差 $e_1(t)$ 计算如下

$$e_1(t) = Y_{\mathrm{d}}(t) - Y_1(t) \tag{6-55}$$

第二次输入值 $U_2(t)$ 由下式计算

$$U_2(t) = U_1(t) + G(e_1) \tag{6-56}$$

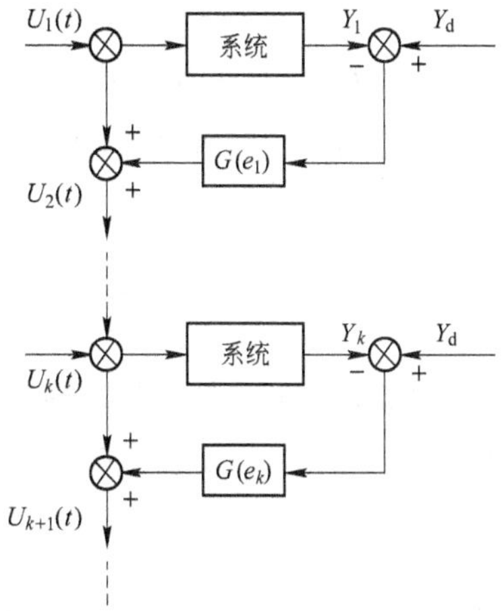

图 6-4 学习控制法程序图

其中，$G(e_k)$ 表示误差修正量，是误差 e_k 的函数，或者是 $\dot{e}_k$、$\ddot{e}_k$ 的函数。

如果力矩作为输入值 U_k，用位置和（或）速度误差的函数不可能在少数几次试验运动中实现期望运动，这是因为在每次试验运动的初始时刻不存在位置和速度误差。因此，这里采用加速度误差来计算 $G(e_k)$。

6.3.2 机器人自学习控制法

n 关节操作手运动的动力学方程可表示为

$$\boldsymbol{H}(\boldsymbol{q})\ddot{\boldsymbol{q}} + \boldsymbol{c}(\boldsymbol{q},\dot{\boldsymbol{q}}) + \boldsymbol{g}(\boldsymbol{q}) = \boldsymbol{\tau} \tag{6-57}$$

式中，$\boldsymbol{\tau}$ 为 $n \times 1$ 力矩矢量；$\boldsymbol{q}$ 为关节角位置；$\dot{\boldsymbol{q}}$ 为关节角速度；$\boldsymbol{c}(\boldsymbol{q},\dot{\boldsymbol{q}})$ 为 n 维与哥氏力和离心力有关的矢量；$\boldsymbol{H}(\boldsymbol{q})$ 为 $n \times n$ 维正定、对称的惯量矩阵。

机器人自学习控制过程如图 6-5 所示。

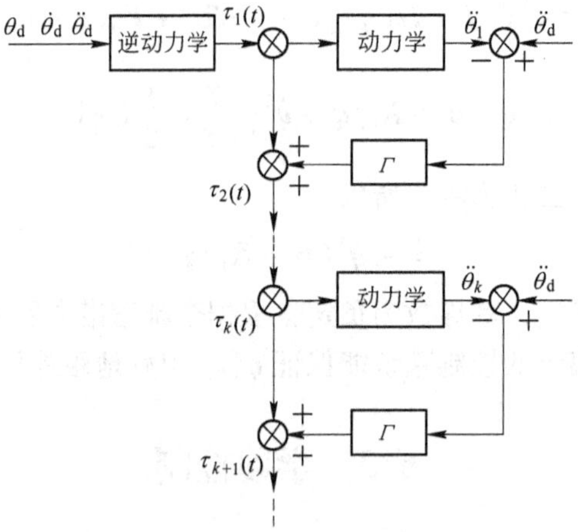

图 6-5　机器人自学习控制过程

使用式（6-57），对于第 $k-1$ 次试验中时刻 t_s 的加速度计算如下

$$\ddot{\boldsymbol{\theta}}_{(k-1,t_s)} = \boldsymbol{H}^{-1}(\boldsymbol{\theta}_{(k-1,t_s)})[\boldsymbol{\tau}_{(k-1,t_s)} - \boldsymbol{c}(\boldsymbol{\theta}_{(k-1,t_s)},\dot{\boldsymbol{\theta}}_{(k-1,t_s)}) - \boldsymbol{g}(\boldsymbol{\theta}_{(k-1,t_s)})] \tag{6-58}$$

下标 $(k-1,t_s)$ 表示在第 $k-1$ 次试验中的时刻 t_s。在第 k 次试验中时刻 t_s 的力矩 $\tau_{(k,t_s)}$ 则由下列方程计算得到

$$\boldsymbol{\tau}_{(k,t_s)} = \boldsymbol{\tau}_{(k-1,t_s)} + \boldsymbol{\Gamma}[\ddot{\boldsymbol{\theta}}_d(t_s) - \ddot{\boldsymbol{\theta}}_{(k-1,t_s)}] \tag{6-59}$$

式中，$\boldsymbol{\Gamma}$ 表示控制系统的学习增益；$\ddot{\boldsymbol{\theta}}_d$ 代表期望关节角加速度在时刻 t_s 的值；$\ddot{\boldsymbol{\theta}}_{(k-1,t_s)}$ 表示关节角加速度在 $k-1$ 次试验中 t_s 时刻的值。可以根据式（6-58）和式（6-59）用下列方程式计算 $\boldsymbol{\tau}_{(k,t_s)}$

$$\boldsymbol{\tau}_{(k,t_s)} = \boldsymbol{\tau}_{(k-1,t_s)} + \boldsymbol{\Gamma}\{\ddot{\boldsymbol{\theta}}_d(t_s) - \boldsymbol{H}^{-1}(\boldsymbol{\theta}_{(k-1,t_s)})[\boldsymbol{\tau}_{(k-1,t_s)} - \boldsymbol{c}(\boldsymbol{\theta}_{(k-1,t_s)},\dot{\boldsymbol{\theta}}_{(k-1,t_s)}) - \boldsymbol{g}(\boldsymbol{\theta}_{(k-1,t_s)})]\} \tag{6-60}$$

$$\boldsymbol{\tau}_{(k,t_s)} = \boldsymbol{A}\boldsymbol{\tau}_{(k-1,t_s)} + \boldsymbol{B} \tag{6-61}$$

$$\boldsymbol{A} = [\boldsymbol{I} - \boldsymbol{\Gamma}\boldsymbol{H}^{-1}(\boldsymbol{\theta}_{(k-1,t_s)})]$$

$$\boldsymbol{B} = \boldsymbol{\Gamma}\{\ddot{\boldsymbol{\theta}}_d(t_s) - \boldsymbol{H}^{-1}(\boldsymbol{\theta}_{(k-1,t_s)})[\boldsymbol{c}(\boldsymbol{\theta}_{(k-1,t_s)},\dot{\boldsymbol{\theta}}_{(k-1,t_s)}) + \boldsymbol{g}(\boldsymbol{\theta}_{(k-1,t_s)})]\}$$

现在讨论在最终试验（$k\to\infty$）时式（6-61）在整个运动时域（$0\leqslant t\leqslant T$）内的收敛条件。由式（6-61）可得

$$\boldsymbol{\tau}_{(1,t_s)} = \boldsymbol{A}\boldsymbol{\tau}_{(0,t_s)} + \boldsymbol{B}$$

$$\boldsymbol{\tau}_{(2,t_s)} = \boldsymbol{A}\boldsymbol{\tau}_{(1,t_s)} + \boldsymbol{B} = \boldsymbol{A}^2\boldsymbol{\tau}_{(0,t_s)} + \boldsymbol{A}\boldsymbol{B} + \boldsymbol{B}$$

$$\vdots$$

$$\begin{aligned}\tau_{(k,t_s)} &= A\tau_{(k-1,t_s)} + B = A^k\tau_{(0,t_s)} + A^{k-1}B + A^{k-2}B + \cdots + B \\ &= A^k\tau_{(0,t_s)} + (I-A)^{-1}(I-A^k)B\end{aligned}$$

从上式可以看出，渐近方程（6-61）的收敛条件为

$$\lim_{k\to\infty} A^k = 0 \tag{6-62}$$

矩阵 A 用对角矩阵 Q 变换成如下形式

$$A^k = P^{-1}QP \tag{6-63}$$

式中，$Q = \mathrm{diag}(\lambda_1, \lambda_2, \cdots, \lambda_n)$。

λ_i 表示矩阵 A 的特征值，满足式（6-62）的条件，对于每个 λ_i 满足如下不等式

$$|\lambda_i| < 1 \tag{6-64}$$

渐近方程（6-61）的收敛速度取决于矩阵 A 收敛到零的速度。于是可以认为学习控制法的速度取决于特征矢量 λ 的长度，即

$$\lambda = \sqrt{\lambda_1^2 + \lambda_2^2 + \cdots + \lambda_n^2} \tag{6-65}$$

从上述描述的计算可以看出，当 λ 取最小值时最佳学习增益 Γ_{opt} 得到确定。

反馈控制的控制率式（6-59）也可以用式（6-66）来包括位移、速度、加速度的反馈信息。

$$\tau_{(k,t_s)} = \tau_{(k-1,t_s)} + K_p[\theta_d(t_s) - \theta_{(k-1,t_s)}] + K_v[\theta_d(t_s) - \theta_{(k-1,t_s)}] + K_a[\ddot{\theta}_d(t_s) - \ddot{\theta}_{(k-1,t_s)}] \tag{6-66}$$

式中，K_p、K_v、K_a 分别为关节的角位置、速度和加速度反馈增益矩阵，它们都是对角的正定常数矩阵。

6.3.3 学习控制在机器人中的应用

把上述学习算法应用到 PUMA560 机器人中去。

PUMA560 机器人前三个关节的动力学方程为

$$\begin{bmatrix} h_{11} & h_{12} & h_{13} \\ h_{21} & h_{22} & h_{23} \\ h_{31} & h_{32} & h_{33} \end{bmatrix}\ddot{\theta} + \begin{bmatrix} c_1(\theta,\dot{\theta}) \\ c_2(\theta,\dot{\theta}) \\ c_3(\theta,\dot{\theta}) \end{bmatrix} + \begin{bmatrix} 0 \\ g_2(\theta) \\ g_3(\theta) \end{bmatrix} = \tau \tag{6-67}$$

现在讨论满足收敛条件式（6-62）时学习增益 Γ 的选择。构成学习控制的主要任务是确定矩阵 A 的稳定性，即满足条件式（6-62），假定矩阵 H 的三个特征值为 σ_1、σ_2、σ_3，则矩阵 H^{-1} 的三个特征值为 σ_1^{-1}、σ_2^{-1}、σ_3^{-1}，于是矩阵 A 的三个特征值为 $\lambda_1 = 1 - \Gamma\sigma_1^{-1}$，$\lambda_2 = 1 - \Gamma\sigma_2^{-1}$，$\lambda_3 = 1 - \Gamma\sigma_3^{-1}$，于是 λ 为

$$\lambda = \sqrt{(1-\Gamma\sigma_1^{-1})^2 + (1-\Gamma\sigma_2^{-1})^2 + (1-\Gamma\sigma_3^{-1})^2} \tag{6-68}$$

对上式取最小值可得最佳学习增益 Γ_{opt} 为

$$\Gamma_{\text{opt}} = \frac{\dfrac{1}{\sigma_1} + \dfrac{1}{\sigma_2} + \dfrac{1}{\sigma_3}}{\left(\dfrac{1}{\sigma_1}\right)^2 + \left(\dfrac{1}{\sigma_2}\right)^2 + \left(\dfrac{1}{\sigma_3}\right)^2} \tag{6-69}$$

将式（6-69）代入式（6-68），得

$$\lambda = \sqrt{3 - \frac{\left(\dfrac{1}{\sigma_1} + \dfrac{1}{\sigma_2} + \dfrac{1}{\sigma_3}\right)^2}{\left(\dfrac{1}{\sigma_1}\right)^2 + \left(\dfrac{1}{\sigma_2}\right)^2 + \left(\dfrac{1}{\sigma_3}\right)^2}} \tag{6-70}$$

可以证明每个 $|\lambda_i| < 1$。由于矩阵 $\boldsymbol{H}$ 的特征值的表达式很难求解，因此有必要将式(6-69)做某些变换。式（6-69）可变换成

$$\Gamma_{\text{opt}} = \frac{\sigma_1\sigma_2\sigma_3(\sigma_1\sigma_2 + \sigma_2\sigma_3 + \sigma_1\sigma_3)}{\sigma_1^2\sigma_2^2 + \sigma_2^2\sigma_3^2 + \sigma_1^2\sigma_3^2} \tag{6-71}$$

式（6-71）进一步改写成

$$\Gamma_{\text{opt}} = \frac{\sigma_1\sigma_2\sigma_3(\sigma_1\sigma_2 + \sigma_2\sigma_3 + \sigma_1\sigma_3)}{(\sigma_1\sigma_2 + \sigma_2\sigma_3 + \sigma_1\sigma_3)^2 - 2\sigma_1\sigma_2\sigma_3(\sigma_1 + \sigma_2 + \sigma_3)} \tag{6-72}$$

因为 σ_1、σ_2、σ_3 是矩阵 $\boldsymbol{H}$ 的 3 个特征根，于是

$$\begin{gathered}\sigma_1 + \sigma_2 + \sigma_3 = h_{11} + h_{22} + h_{33} \\ \sigma_1\sigma_2 + \sigma_2\sigma_3 + \sigma_1\sigma_3 = h_{11}h_{22} + h_{22}h_{33} + h_{33}h_{11} - h_{12}h_{21} - h_{13}h_{31} - h_{23}h_{32} \\ \sigma_1\sigma_2\sigma_3 = |\boldsymbol{H}|\end{gathered} \tag{6-73}$$

将式（6-73）代入式（6-72）得到 Γ_{opt} 相应于关节角 $\boldsymbol{\theta}$ 的函数。其实最佳增益 Γ_{opt} 是随关节角 $\boldsymbol{\theta}$ 和负载质量 m_L 变化的。为了确保学习控制的稳定性，选择学习增益 $\Gamma = \min\limits_{\theta, m \in \Omega} \Gamma_{\text{opt}}$，其中 Ω 为

$$\Omega = \{R: \theta_{1\min} \leqslant \theta_1 \leqslant \theta_{1\max}, \theta_{2\min} \leqslant \theta_2 \leqslant \theta_{2\max}, \theta_{3\min} \leqslant \theta_3 \leqslant \theta_{3\max}, 0 \leqslant m \leqslant m_{\max}\} \tag{6-74}$$

习　题

6-1 什么是变结构控制，为什么要采用变结构控制？

6-2 试述机器人变结构控制的基本原理。

6-3 自适应控制器有几种结构形式？简述其工作原理。

6-4 如何进行机器人 MRAC 控制设计？

6-5 如何实现基于传感器的机器人学习控制？

7　机器人感觉

人类具有五种感觉（视觉、听觉、触觉、嗅觉、味觉），机器人需要通过传感器得到这些感觉信息。目前机器人只具有视觉、听觉和触觉，这些感觉是通过相应的传感器得到的。

传感器按一定规律实现信号检测并将被测量（物理的、化学的和生物的信息）通过变送器变换为另一种物理量（通常是电压或电流量）。它既能把非电量变换为电量，也能实现电量之间或非电量之间的互相转换。总而言之，一切获取信息的仪表器件都可称为传感器。

传感器是自动控制系统（机器人）必不可少的关键部分。所有的自动化仪表和装置均需要先经过信息检测才能实现信息的转换、处理和显示，而后达到调节、控制的目的。离开了传感器，自动化仪表和装置就无法实现其功能。

在国际上，传感技术被列为六大核心技术（计算机、激光、通信、半导体、超导和传感）之一，传感技术也是现代信息技术的三大基础（传感技术、通信技术、计算机技术）之一。

传感器一般由敏感元件、转换元件、基本转换电路三部分组成，如图 7-1 所示。

图 7-1　传感器的组成

敏感元件是能直接感受被测量，并以确定关系输出某一物理量的元件，如弹性敏感元件可将力转换为位移或应变；转换元件可将敏感元件输出的非电物理量转换成电量；基本转换电路将由转换元件产生的电量转换成便于测量的电信号，如电压、电流、频率等。

传感器可以按不同的方式进行分类，例如，按被测物理量、按传感器的工作原理、按传感器转换能量的情况、按传感器的工作机理、按传感器输出信号的形式（模拟信号、数字信号）等分类。

按机器人用传感器功能可分为检测内部状态信息传感器和检测外部对象及外部环境状态的外部信息传感器。

内部信息传感器包括检测位置、速度、力、力矩、温度以及异常变化的传感器。外部信息传感器包括视觉传感器、触觉传感器、力觉传感器、接近觉传感器、角度觉（平衡觉）传感器等。具有多种外部传感器是先进机器人的重要标志。

7.1　内部传感器

7.1.1　位移（角度）传感器

位移传感器要检测的位移可为直线移动，也可为角转动。位移传感器种类很多，可分为电阻式、电感式、电容式、编码器等。这里仅介绍电位器和线性可变差动变压器式两种传感器。在 7.1.3 节中介绍光电编码器。

电位器是一种典型的位置传感器，可分为直线型（测量位移）和旋转型（测量角度）。电位器由环状或棒状电阻丝和滑动片（或称为电刷）组成，滑动片接触电阻丝发出电信号。电刷与驱动器连成一体，将其线位移或角位移转换成电阻的变化，在电路中以电压或电流的变化形式输出。图 7-2 是旋转型电位器的基本结构，在环状电阻两端加上电压 E，若电阻丝的总电阻为 R_0，当转轴（电刷）转过 θ 角时，通过电刷的滑动部分阻值 $R(\theta)$ 为

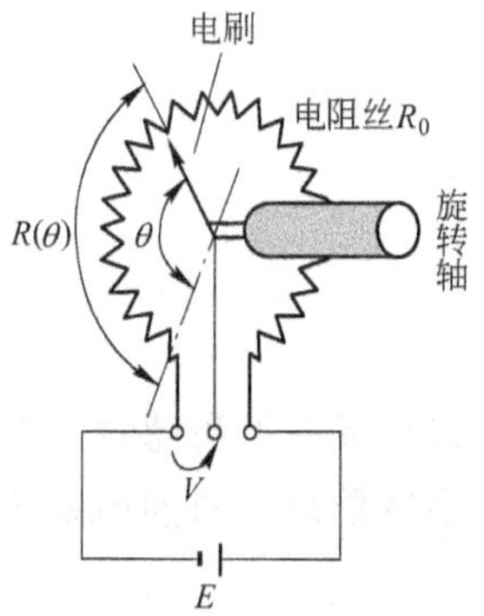

图 7-2 旋转型电位器的基本结构

$$R(\theta) = \frac{\theta}{360}R_0 \tag{7-1}$$

因此，输出电压 V 可以表示为

$$V = \frac{R(\theta)}{R_0}E = \frac{\theta}{360}E \tag{7-2}$$

其输出电压与阻值无关，所以，温度变化对输出电压没有影响。电位器可分为导电塑料、线绕式、混合式等滑片型和磁阻式、光标式等非接触型。

触点滑动电位器以导电塑料电位器为主流。这种电位器是将炭黑粉末和热硬化树脂涂在塑料的表面上，并和接线端子作成一体，滑动部分几乎没有磨损，寿命很长。由于炭黑颗粒大小为 0.01μm 数量级，可以得到极高的分辨率。此外，线绕电位器的线性度和稳定性最好，但输出电压是离散值。

线性可变差动变压器（LVDT）式位移传感器工作原理如图 7-3 所示，传感器由初级线圈 ω 和两个参数完全相同的次级线圈 ω_1 和 ω_2 组成。线圈中心插入圆柱形铁芯 p，次级线圈 ω_1、ω_2 反极性串联。当初级线圈 ω 加上交流电压时，如果 $e_1 = e_2$，则输出电压 $e_0 = 0$；当铁芯向上运动时，$e_1 > e_2$；当铁芯向下运动时，$e_1 < e_2$。铁芯偏离中心位置愈大，e_0 愈大，其输出特性如图 7-3(c)所示。

LVDT 工作过程中，铁芯的运动不能超出线圈的线性范围，否则将出现非线性效应，因此所有的 LVDT 均有一个线性范围。

LVDT 差动变压器式位移传感器具有：结构简单、工作可靠、使用寿命长；灵敏度高、线性范围宽、重复性好；分辨力高、应用范围广；结构对称、零位易恢复等特点。

7.1.2 测速发电机

测速发电机是利用发电机原理的速度传感器或角速度传感器。

恒定磁场中的线圈发生位移，线圈两端的感应电压 E 与线圈内交链磁通 Φ 的变化速率成正比，输出电压为

$$E = -\frac{\mathrm{d}\Phi}{\mathrm{d}t} \tag{7-3}$$

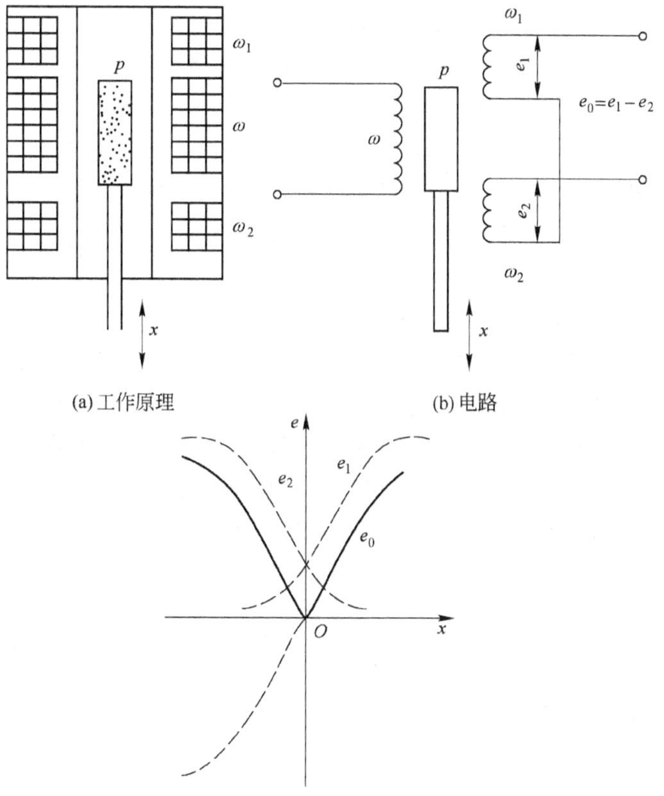

(a) 工作原理　(b) 电路

(c) 输出特性

图 7-3　差动变压器式传感器工作原理

根据这个原理测量角速度的测速发电机，可按其构造分为直流测速发电机、交流测速发电机和感应式交流测速发电机。

直流测速发电机的定子是永久磁铁，转子是线圈绕组。图 7-4 是直流测速发电机的结构图。它的原理和永久磁铁的直流发电机相同，转子产生的电压通过换向器和电刷以直流电压的形式输出，可以测量 0 ~ 10000r/min 的旋转速度，线性度为 0.1%。此外，停机时不易产生残留电压，因此，它最适宜作速度传感器。但是电刷部分是机械接触，需要注意维修。另外，换向器在切换时产生脉动电压，使测量精度降低，因此，现在也有无刷直流测速发电机。

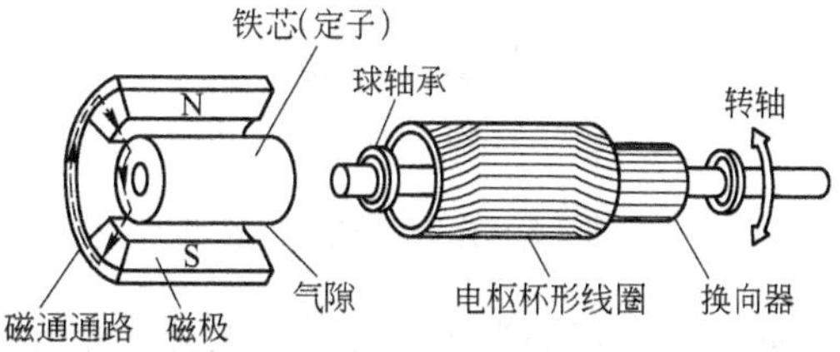

图 7-4　直流测速发电机的结构图

永久磁铁式交流测速发电机的构造和直流测速发电机恰好相反，它的转子上安装多磁极永久磁铁，定子线圈输出与旋转速度成正比的交流电压。

7.1.3　光学编码器

光学编码器是机器人关节伺服系统中常用的一种检测装置，它实际是一种量化式的模拟数字转换器，将机械轴的转角值或直线运动的位移值转换成相应的电脉冲。和所有量化式编码器一样，光学编码器分为增量式和绝对式两种。所谓增量式编码器，即在编码盘上的读数起始点是不固定的，它从读数起始点开始，把角位移或线位移的变化量进行累积检测，它只能检测角值或线值的变化量（增量），故称为增量式编码器。所谓绝对式编码器，其读数起始点是给定的，它以编码盘固有的某图案为起始点，检测角位移或线位移，它能同时检测角值或线值的初始量和增量，也就是能取出总量（绝对量），故称为绝对式编码器。

一般地，增量式编码器在整个圆周上刻线为 2700 条或 5400 条、10800 条、21600 条，对应的角节距分别为 8′、4′、2′、1′。

如果把两块完全一样的圆光栅盘叠合在一起，它们的光栅之间的相对位置则如图 7-5 所示，而图 7-5b ~ e 分别为光栅 1 移过 1/4、1/2、3/4 和 1 个节距时两光栅的相对位置。如果两光栅完全叠合、黑白相等，并假定照明光强为 I，那么对应于图 7-5a ~ e 五个位置上的透光量分别为 I、$I/2$、0、$I/2$、I，透光量的变化以移动一个节距为周期，如图 7-6a 所示。由于两光栅之间实际上总留有一定的间隙，因而透过光栅 1 的光因衍射等原因，将向两边发散，而不是平行前进，因此就达不到图 7-6a 上的峰值亮度，成为近似的正弦曲线，如图 7-6b 所示。

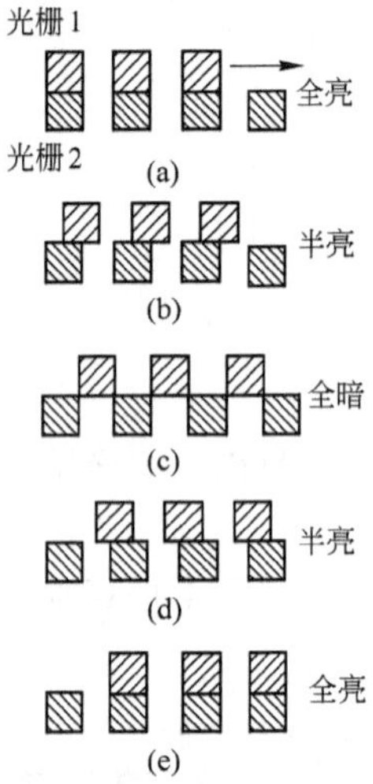

图 7-5　光闸式光栅原理图

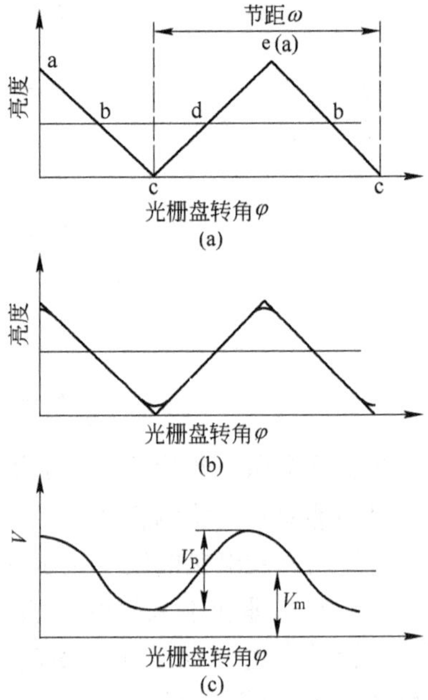

图 7-6　光栅的亮度变化和输出波形

如果在上述圆光栅组的另一侧安置光电元件（如硅光电池、光电二极管、光电三极管等），则当光电元件接到明暗变化的光信号后，就有相应的电信号（电压或电流）输出。图 7-6c 为光电元件的输出波形，其输出量与光栅盘转角 φ 的函数关系为

$$V = V_m + \frac{1}{2}V_p\cos\left(\frac{2\pi}{\omega}\varphi\right)$$

式中，V_m 为输出平均值；V_p 为输出幅值；ω 为节距。

当上栅盘移动一个节距，波形就重复一次，因此可以从输出的变化次数来测量转角

$$\varphi = n\omega \tag{7-4}$$

式中，n 为光电元件输出电压（或电流）的变化次数。

图 7-7a 为编码器的结构示意图。在光栅盘上有呈辐射状的、按一定节距等分圆周的明暗刻线；在离光栅盘微小间隙的地方平行安置一个和光栅盘等周期图案的复制检测光栅盘，上面刻有检测窄缝。检测狭缝 A、B 之间相互错开了 1/4 个节距，如图 7-7b 所示。在光栅盘和检测光栅的一侧安置光源，另一侧安置光电元件（如光电二极管）。

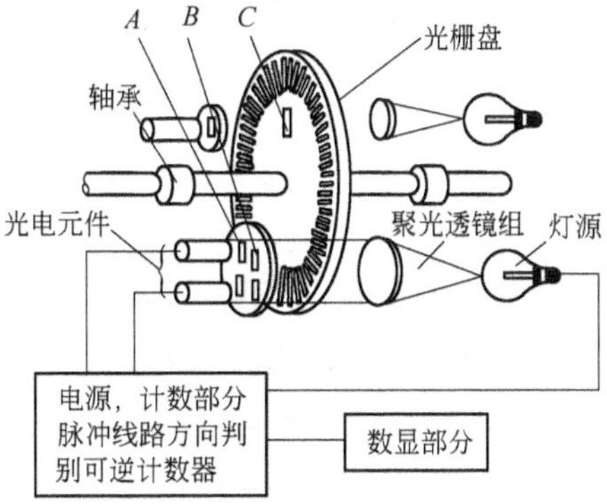

(a)

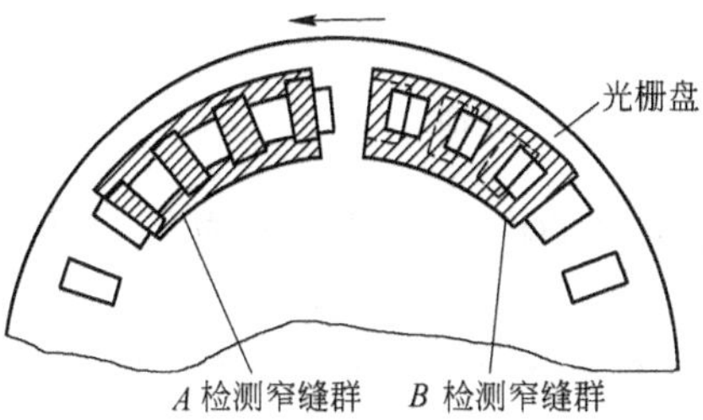

(b)

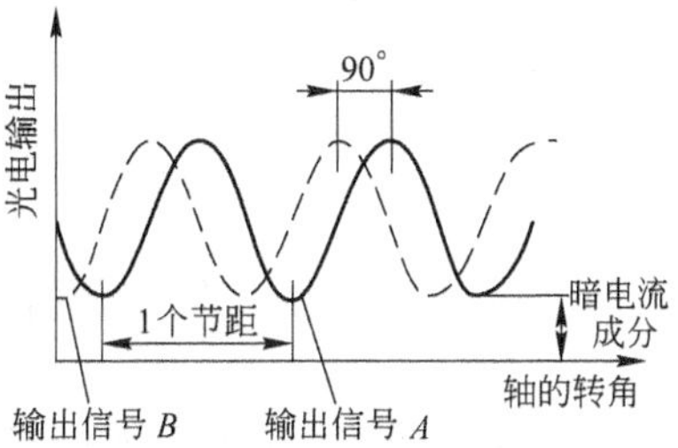

(c)

图 7-7 增量式光学编码器的结构及工作原理

当光栅盘旋转时，从光电元件检出图 7-7c 所示的周期信号。由于检测狭缝 A、B 之间具有 1/4 节距的错位，检出的信号为具有 90°相位差的近似正弦波。这样的检出有时直接使用，但一般情况下，为了输入到脉冲计数器，需要经过信号处理过程。图 7-8a 为方框图，图 7-8b 为用各数字表示的点上的输出波形。A 和 B 信号经前置放大器和整形电路（施密特电路），使波形得到整形，变成为分别用 1、2 表示的矩形波。当向某一方向旋转（正转）时 2 对 1 超前 90°相位，当向相反方向旋转（反转）时，就变成 2 对 1 滞后 90°相位。因此当用信号 2 控制方框图中的门电路时，对正转，只能输出信号 6。对反转，只能输出信号 7。把这些脉冲输入到可逆计数器中，对脉冲数进行加减并累积起来，就可测出轴角的变化量（增量）。

图 7-7a 中的圆光栅盘上还有一个零位狭缝 C 以及一组对应的光电读数头（由光源、检测狭缝、光电元件等组成），构成零位信号发生器。轴每转过一周，光电元件产生一个零位脉冲，可作转数记录用或作其他用途。

分辨率是光学编码器重要性能指标。分辨率越高，精度也越高。增量式光学轴角编码器的

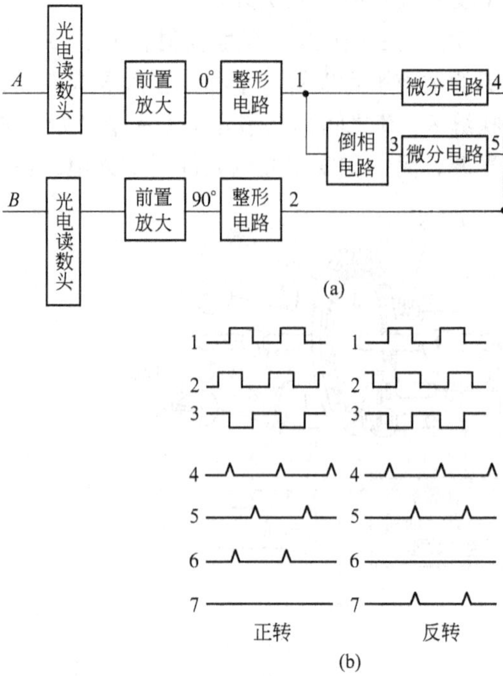

图 7-8　光电输出波形和信号处理

分辨率取决于光栅盘的刻线数，即光栅盘转一周所计数的总和。设刻线数为 N，则分辨率为

$$\omega = 360°/N \tag{7-5}$$

绝对式光学轴角编码器直接用编码盘上的图案来表示转轴所处的绝对位置，随时给出绝对位置的信息。图 7-9 是一种二进码编码盘的图案。图中白的部分是透光部分，表示“0”；黑的部分是不透光的部分，表示“1”。配置了一排光电读数头（由光源、检测狭缝、光电元件组成）。光源隔着码盘从后侧照射，每一个光电元件可得到一个二进制的信息：“0”或是“1”。径向这样的一排光电变换器就构成一个二进制数字。一般最外的码道是最低有效位，越向中心码道，其有效位就越高，最内圈的码道表示最高有效位。绝对式光学轴角编码器的分辨率（精度）取决于最低有效位的段数，这个数值和编码盘的码道数或编码所表示的二进制数字的位数一致。

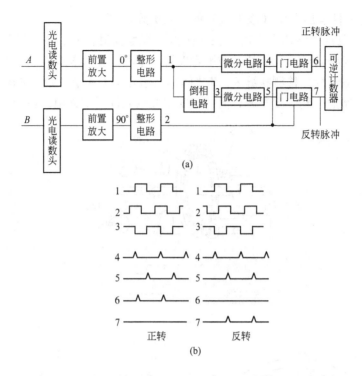

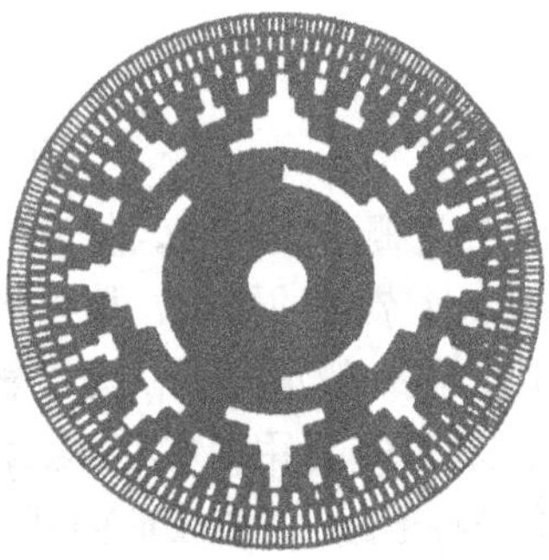

图 7-9　绝对编码器

绝对式光学编码器通常采用的是格雷（Gray）码。表 7-1 给出了 4 位 Gray 码与标准二进制码的区别。在 Gray 码中，相邻两个二进制码的变化只能有一位，所以，在连续的两个数码中，若发现数码的变化超过一位，就认为是非法的读数，从而具有一定的纠错能力，可提高位置信息检测精度，减小位置逻辑误差出现的机会。绝对式光学编码器输出的 Gray 码中位置信息，通常还需要利用计算机存储的变换表，转换成其他类型的代码，如自然二进制码、十进制码等。光学编码器有时也使用自然二进制码，图 7-9 所示的编码器就采用了自然二进制码。

表 7-1 4 位 Gray 码及其对照表

十进制码	二进制码	Gary 码	十进制码	二进制码	Gary 码
0	0000	0000	8	1000	1100
1	0001	0001	9	1001	1101
2	0010	0011	10	1010	1111
3	0011	0010	11	1011	1110
4	0100	0011	12	1100	1010
5	0101	0111	13	1101	1011
6	0110	0101	14	1110	1001
7	0111	0100	15	1111	1000

编码器精度的选择取决于设计要求。大型绝对式光学编码器采用 10 圈到 20 圈的同心二进制码盘，角位置测量精度可达 $1/2^{10} \sim 1/2^{20}$，即 1/1024 ~ 1/1048576，并要使编码器的安装和轴承也达到同样的精度，所以高性能的光学编码器的成本很高。

不用转盘而是采用一个轴向移动的板状编码器称为直线编码器，适合检测直线位移，即检测滑动关节的位置。直线编码器与回转编码器一样也可用作速度传感器和加速度传感器，但需专门电路或计算机处理。

7.2 触觉传感器

机器人的触觉广义上可获取的信息是：接触信息；狭小区域上的压力信息；分布压力信息；力和力矩信息；滑觉信息。这些信息分别用于触觉识别和触觉控制。从检测信息及等级考虑，触觉识别可分为点信息识别、平面信息识别和空间信息识别三种。图 7-10 给出了触觉传感器按空间扩展和信息扩展的分类。

7.2.1 接触觉传感器

7.2.1.1 单向微动开关

当规定的位移或力作用到可动部分（称为执行器）时，开关的接点断开或接通而发出相应的信号。图 7-11 表示执行器形状不同的几种限位开关，为保证传感器的敏感度，执行机构可在 4 ~ 7N 力的作用下产生动作，其中销键按钮式敏感度最高。

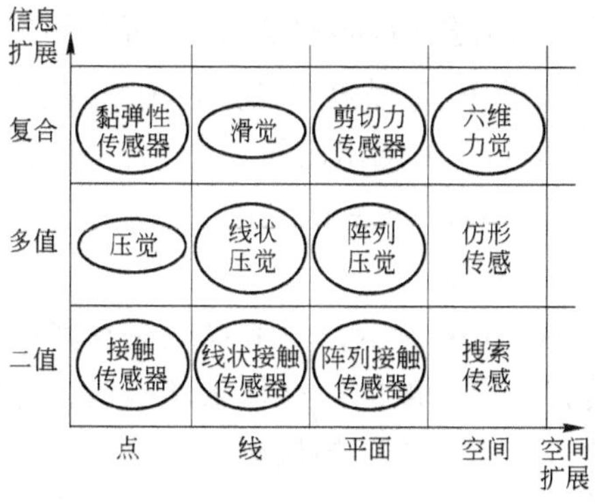

图 7-10 触觉传感器的分类

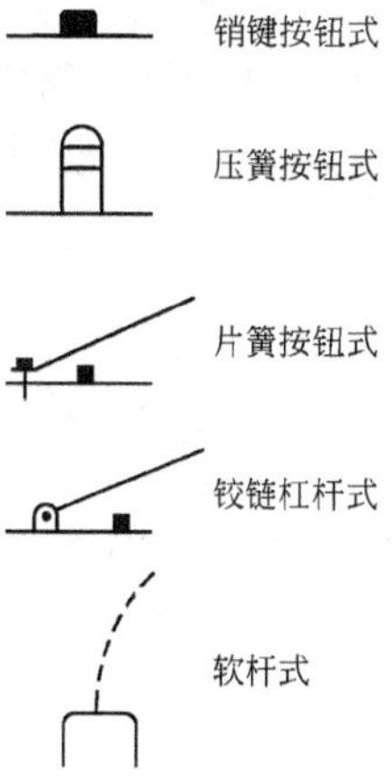

图 7-11 几种限位开关

图7-12是单向微动开关的原理示意图。它由滑柱、弹簧、基板和引线构成。当接触到外界物体时，由于滑柱的位移导致电路的“通”和“断”，从而输出逻辑信号1或0。这种开关的结构简单、使用方便，但必须保证其工作可靠性和接触物体后受力的合理性。过大作用力可能会损坏开关。微动开关的安装位置应防止工作空间内物体事故性碰撞。

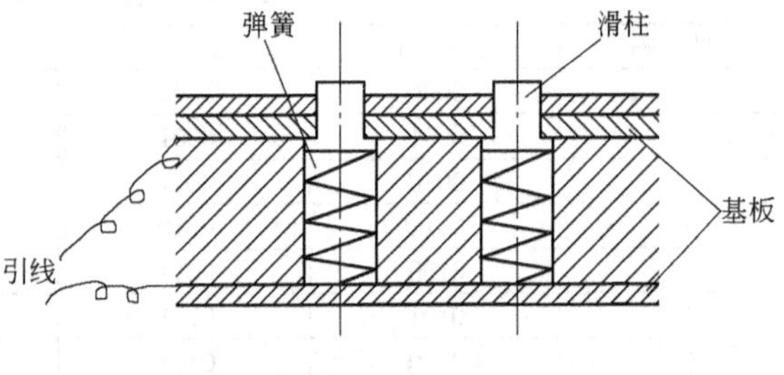

图7-12 单向微动开关原理

图7-13表示一个具有5指机械手及其安装于手上的开关系统。各开关共用一条地线。图7-13a表示未抓握的状态。5个开关均断开，5个放大器输入端均为高电平，即处于逻辑1状态。而图7-13b则为3个手指抓住一个积木块。因此，相应手指开关F_1、f_1及f_2接地，变为逻辑0信号。显而易见，如果采用更多的微动开关，可判断出物体的大致形状。

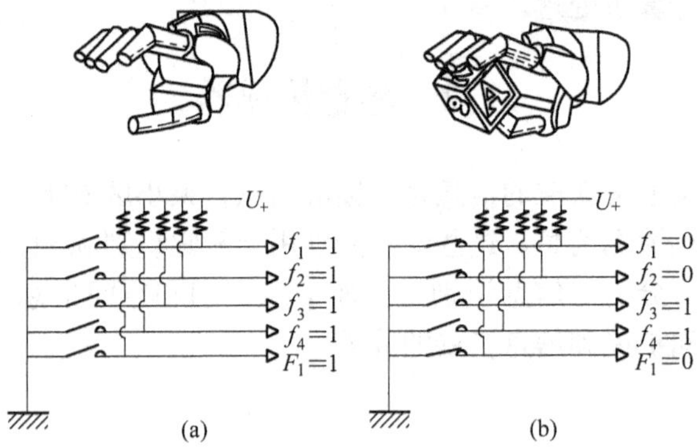

图7-13 具有微动开关的五指机械手及其等效电路

7.2.1.2 接近开关

非接触式接近传感器有高频振荡式、磁感应式、电容感应式、超声波式、气动式、光电式、光纤式等多种接近开关。

光电开关是由LED光源和光电二极管或光电三极管等光敏元件，相隔一定距离而构成的透光式开关（图7-14）。当充当基准位置的遮光片通过光源和光敏元件间的缝隙时，光射不到光敏元件上，而起到开关的作用。光接受部分的电路已集成为一个芯片，可以直接得到TTL输出电平。光电开关的特点是非接触检测，精度可达0.5mm左右。

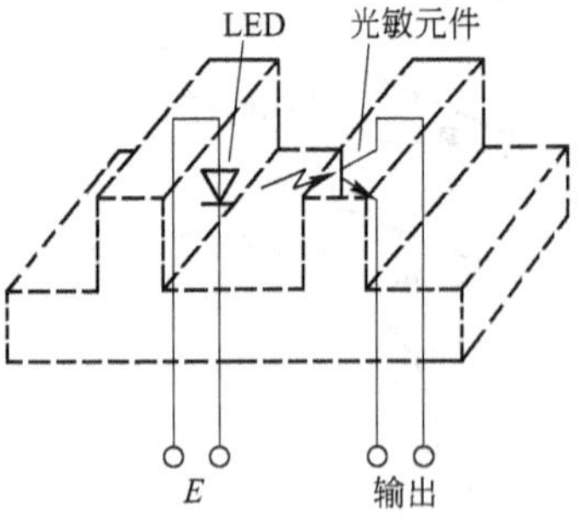

图7-14 光电开关结构

7.2.1.3 触须传感器

触须传感器如图7-15a所示，由须状触头及其检测部构成，触头由具有一定长度的柔性软条丝构成，它与物体接触所产生的弯曲由在根部的检测单元检测。与昆虫触角的功能一样，触须传感器的功能是识别接近的物体，用于确认所设定的动作的结束，以及根据接触发出回避动作的指令或搜索对象物的存在。

图 7-15b 所示是机器人脚下安装的多个触须传感器，依据接通传感器的个数可以检测脚蹬在台阶上的不同程度。

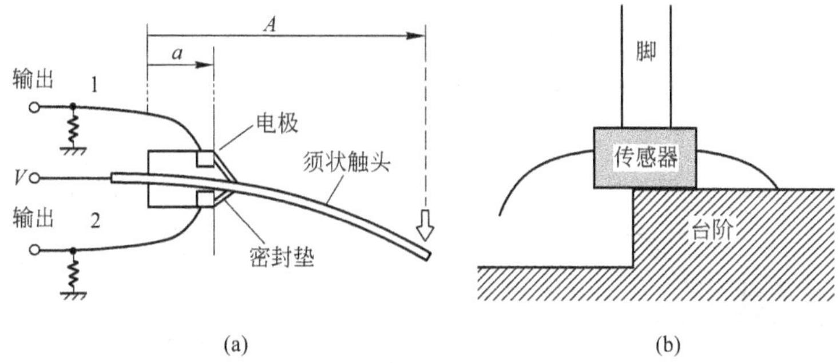

图 7-15 触须传感器
（a）结构简图；（b）应用例

如在手爪的前端及内外侧面，相当于手掌心的部分装设接触觉传感器，通过识别手爪上接触物体的位置，可使手爪接近物体并且准确地完成把持动作。

7.2.2 触觉传感器阵列

人类的触觉能力是相当强的。人们不但能够拣起一个物体，而且不用眼睛也能识别它的外形，并辨别出它是什么东西。许多小型物体完全可以靠人的触觉辨认出来，如螺钉、开口销、圆销等。如果要求机器人能够进行复杂的装配工作，它也需要具有这种能力。采用多个接触传感器组成的触觉传感器阵列是辨认物体的方法之一。目前，已经研制成功一种能够在机器人手指端部固定的单片式触觉传感器阵列，它由 256 个接触传感器组成。在计算机程序控制下，它能够辨认出各种紧固零件，如螺母、螺栓、平垫圈、夹紧垫圈、定位销和固定螺钉等。手指端部安装的传感器阵列接触物体时，把感觉信息输入计算机进行分析，确定物体的外形和表面特征。应当注意的是，尽管这里的处理过程与视觉系统很相似，但是它们是有区别的。触觉能够确定三维结构，它的问题更复杂一些。图 7-16 是一种触觉传感器阵列在压力作用下导体电阻的变化区域示例。

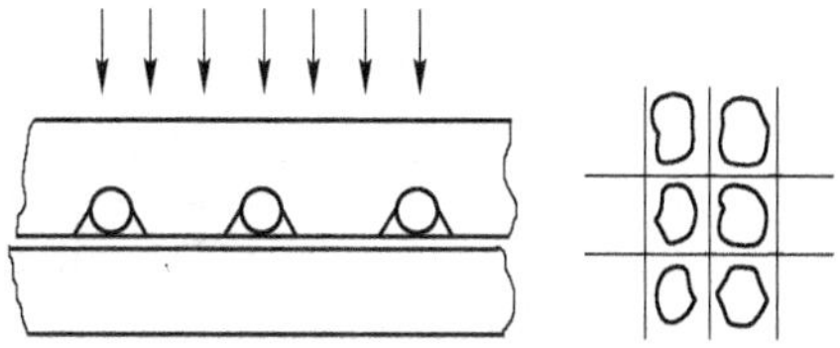

图 7-16 压力作用下电阻变化区域

在接触阵列中，采用了两种导体元件：一块柔软的印制电路板和一片各向异性的导体硅橡胶（ACS）。ACS 具有可在导体平面内存在各个方向上导电的性能。印制电路板上装有许多电容器（PC），它们都和 ACS 的导电方向相垂直，这样就形成了由许多压力传感器组成的阵列，印制电路板和 ACS 的每个横断面上都有一个压力传感器。当接触压力解除时，为了把两层导体推开，还需要有一个弹性分离层。采用编织网状的尼龙套作为弹性层具有很好的传感性能和拉伸性能。

图 7-17 表示了触觉传感器阵列的结构情况。其中导电硅橡胶（ACS）采用夹有石墨或银的多层硅橡胶制成，PC_1 和 PC_2 必须和 ACS 相接触。从 PC_1 和 PC_2 上引出的导线，把传

感器的信息送给计算机。每个坐标方向布置 16 根导线，总共有 32 根导线，可构成 256 个传感器组成的阵列。

图 7-18 是传感器阵列检测电路。各列输入端为高电位，各行输出端接地。当某一传感器接通时，测量输出电流。输出电流的大小代表了传感器在压力作用下的电阻值。对各列各行依次进行检测，就能够测量出各交叉点的电阻。这种方法的特点是它不需要在交叉点上使用二极管。这也是防止检测结果出错的常用方法。

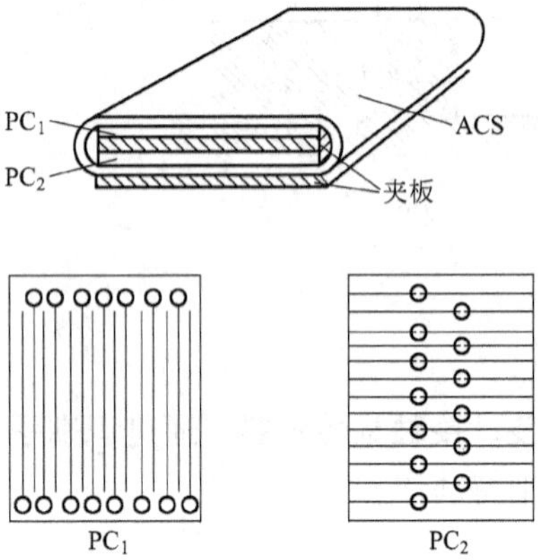

图 7-17　触觉阵列的结构图

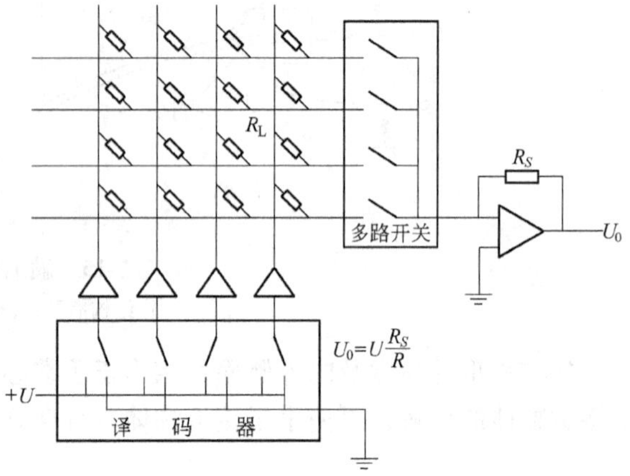

图 7-18　传感器阵列的检测电路

超大规模集成（VLSI）计算传感器阵列是一种新型的触觉传感器，它采用大规模集成技术，把若干个传感器和计算逻辑控制元件制造在同一个基体上。在传感器阵列中，感觉信号是由导电塑料压力传感器检测输入的，每个传感器都有单独的逻辑控制元件。接触信息的处理和通信等功能都由 VLSI 基体上的计算逻辑控制元件完成。

配备在每个小型传感器单元上的计算元件相当于一台简单的微型计算机，如图 7-19 所示。它包括模拟比较器（A/D）、数据锁存器、加法器、6 位位移寄存器累加器、指

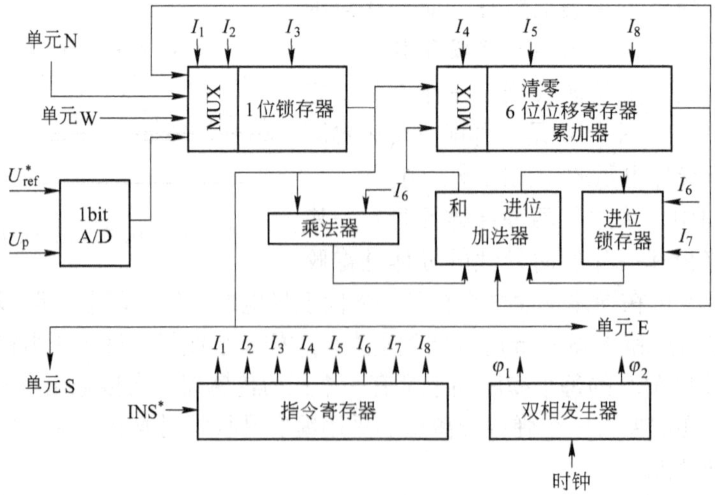

图 7-19　一个 VLSI 计算单元的框图（带＊为总线信号）

令寄存器和双相时钟发生器。由一个外部控制计算机通过总线向每个传感器单元发出指令。指令用于控制所有的传感器和计算单元，包括控制相邻传感器的计算元件之间的通信。

VLSI 计算单元具有下列功能：

（1）用各个传感器单元对被测对象的局部压力值进行采样；（2）储存感觉信息；（3）和邻近单元进行数据交换；（4）进行数据计算。

为了分析测量结果，必须对感觉数据进行数学分析。每个 VLSI 计算单元可以并行地进行各种分析计算，例如卷积计算以及与视觉图像处理相类似的计算处理，因此，VLSI 触觉传感器具有较高的感觉输出速度。

要获得较满意的触觉能力，触觉传感器阵列在每个方向上至少应该装上 25 个触觉元件，每个元件的尺寸不超过 $1mm^2$，这样才能接近人手指的感觉能力，完成那些需要定位、识别以及小型零件搬运等复杂任务。它对传感器的结构要求比较严格，但对速度要求不太高。这是因为机械手臂的操作响应时间为 5 ~ 20ms，而固体电路的工作速度一般为 ns 或 μs 级。所以，有时可以通过放宽对速度的要求来满足结构上的要求。

7.2.3 滑觉传感器

滑觉传感器是检测垂直加压方向的力和位移的传感器。如图 7-20a 所示，用手爪抓取处于水平位置的物体时，手爪对物体施加水平压力，如果压力较小，垂直方向作用的重力会克服这个压力使物体下滑。

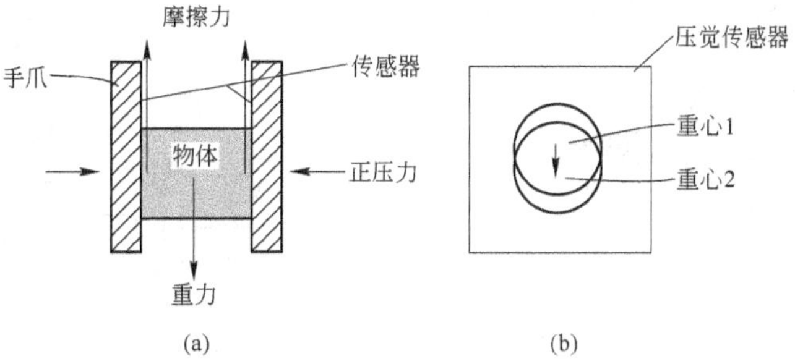

图 7-20 滑觉传感器
（a）力的平衡；（b）重心的移动

把物体的运动约束在一定面上的力，即垂直作用在这个面的力称为正压力 N。面上有摩擦时，还有摩擦力 F 作用在这个面的切线方向阻止物体运动，其大小与正压力 N 有关。静止物体将要运动时，设 μ_0 为静摩擦系数，则 $F \leqslant \mu_0 N$（$F = \mu_0 N$ 称为最大摩擦力），设动摩擦系数为 μ，则运动时 $F = \mu N$。

假定物体的质量为 m，重力加速度为 g，把图 7-20a 中的物体看作是处于滑落状态，则手爪的把持力 f 为了把物体束缚在手爪面上，垂直作用于手爪面。把持力 f 相当于正压力 N。当向下的重力 mg 比最大摩擦力 $\mu_0 f$ 大时，物体滑落。重力 $mg = \mu_0 f$ 时，力 $f_{min} = mg/\mu_0$，称为最小把持力。

可以用压力传感器阵列作为滑觉传感器，检测感知特定点的移动。当图 7-20a 上把持的物体是圆柱时，圆形的压觉分布重心移动时的情况如图 7-20b 所示。

7.3 力觉传感器

力觉传感器是一类触觉传感器，它在机器人和机电一体化设备中具有广泛的应用。

7.3.1 力和力矩的一般检测方法

力和力矩传感器是用来检测设备内部力或与外界环境相互作用力为目的的。力不是直接可测量的物理量，而是通过其他物理量间接测量出的。其测试方法包括：

（1）通过检测物体弹性变形测量力，如采用应变片、弹簧的变形测量力；

（2）通过检测物体压电效应检测力；

（3）通过检测物体压磁效应检测力；

（4）采用电动机、液压马达驱动的设备可以通过检测电动机电流及液压马达油压等方法测量力或转矩；

（5）装有速度、加速度传感器的设备，可以通过速度与加速度的测量推出作用力。

图 7-21 所示为机器人手腕用力矩传感器的原理。驱动轴 B 通过装有应变片 A 的腕部与手部 C 连接。当驱动轴回转并带动手部拧紧螺钉 D 时，手部所受力矩的大小通过应变片电压的输出测得。

图 7-22 所示为无触点检测力矩的方法。传动轴的两端安装上磁分度圆盘 A，分别用磁头 B 检测两圆盘之间的转角差，用转角差和负载 M 之间的比例，可测量出负载力矩大小。

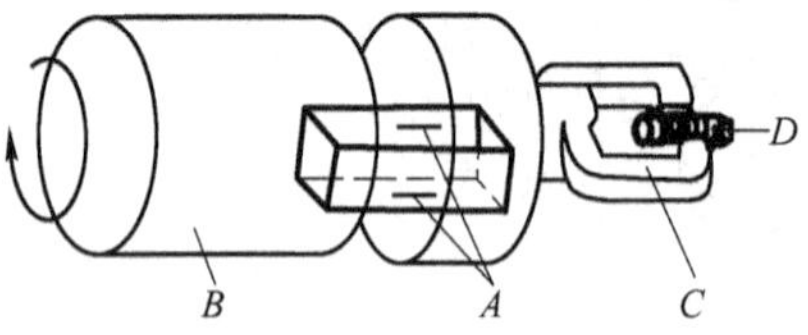

图 7-21 机器人手腕用力矩传感器原理

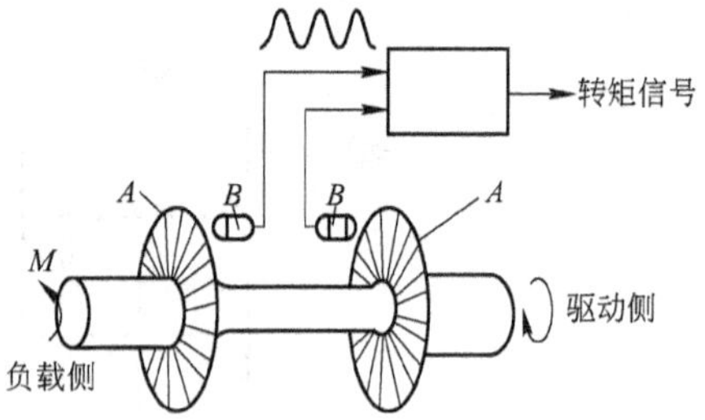

图 7-22 无触点力矩检测原理

力觉传感器主要使用的元件是电阻应变片。电阻应变片利用了金属丝拉伸时电阻变大的现象，它被贴在加力的方向上。电阻应变片用导线接到外部电路上可测定输出电压，得出电阻值的变化。

如图 7-23a 所示电阻应变片作为电桥电路一部分，把图 7-23a 改写成图 7-23b。

在不加力的状态下，电桥上的四个电阻是同样的电阻值 R。假若应变片被拉伸，电阻应变片的电阻增加 ΔR。电路上各部分的电流和电压如图 7-23 所示，它们之间存在下面的关系

$$V = (2R + \Delta R)I_1 = 2RI_2, V_1 = (R + \Delta R)I_1, V_2 = RI_2$$

可得

$$\Delta V = V_1 - V_2 \approx \frac{\Delta RV}{4R}$$

因而，电阻值的变化可由下式算出。

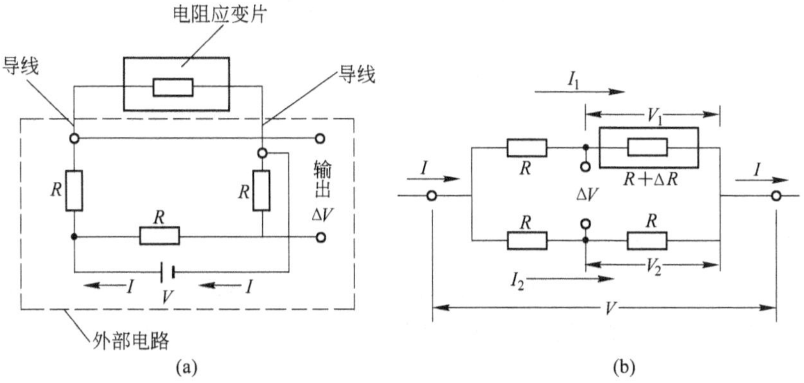

图 7-23　应变片组成的电桥

（a）电桥电路；（b）检测时的状态

$$\Delta R = \frac{4R\Delta V}{V} \tag{7-6}$$

如果已知力和电阻值的变化关系，就可以计测出力。

上面的电阻应变片测定的是一个轴方向的力，要测定任意方向上的力时，应在三个轴方向分别贴上电阻应变片。

7.3.2　腕力传感器

作用在一点的负载，包含力的三个分量和力矩的三个分量，能够同时测出这六个分量的传感器是六轴力觉传感器。机器人的力控制主要控制机器人手爪的任意方向的负载分量，因此需要六轴力觉传感器。六轴力觉传感器一般安装在机器人手腕上，因此也称为腕力传感器。

7.3.2.1　筒式腕力传感器

图 7-24 所示为 Stanford Research Institute 提出的二层重叠并联结构型六轴力觉传感器，它由上下两层圆筒组合而成。上层由四根垂直梁组成，而下层则由四根水平梁组成。在八根梁的相应位置上粘贴应变片作为提取力信号敏感点，每个敏感点的位置是根据直角坐标系要求及各梁应变特性所确定的。传感器两端可以通过法兰连接而装于机器人腕部。当机械手受力时，弹性体的八根梁将会产生不同性质的变形，每个敏感点将产生应变，通过应变片将应变转换为电信号。若每个敏感点（均粘贴 R_1、R_2 应变片）被认为是力的信息单元，并按坐标定为 P_x^-、P_x^+、P_y^-、P_y^+、Q_x^-、Q_x^+、Q_y^-、Q_y^+，这样，可由下列表达式解算出在 X、Y、Z 三个坐标轴上力与力矩的分量。

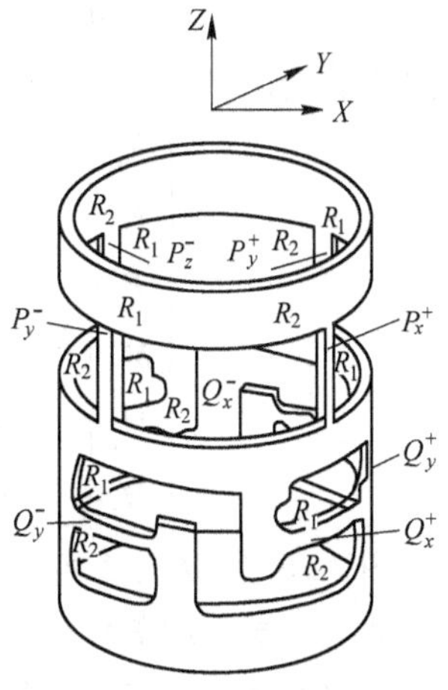

图 7-24　腕力传感器原理

$$F_x = K_1(P_y^+ + P_y^-)$$

$$F_y = K_2(P_x^+ + P_x^-)$$

$$F_z = K_3(Q_x^+ + Q_x^- + Q_y^+ + Q_y^-)$$

$$M_x = K_4(Q_y^+ - Q_y^-)$$

$$M_y = K_5(Q_x^+ - Q_x^-)$$

$$M_z = K_6(P_x^+ - P_x^- - P_y^+ + P_y^-) \tag{7-7}$$

式中，$K_1 \sim K_6$ 是比例常数。

这种结构形式的特点是传感器在工作时，各个梁均以弯曲应变为主而设计，所以具有一定程度的规格化，合理的结构设计可使各梁灵敏度均匀并得到有效的提高，缺点是结构比较复杂。

7.3.2.2 十字形腕力传感器

图 7-25 为美国最早提出的十字形弹性体构成的腕力传感器结构原理示意图。十字形所形成的四个臂作为工作梁，在每个梁的四个表面上选取测量敏感点，通过粘贴应变片获取电信号。四个工作梁的一端与外壳连接。

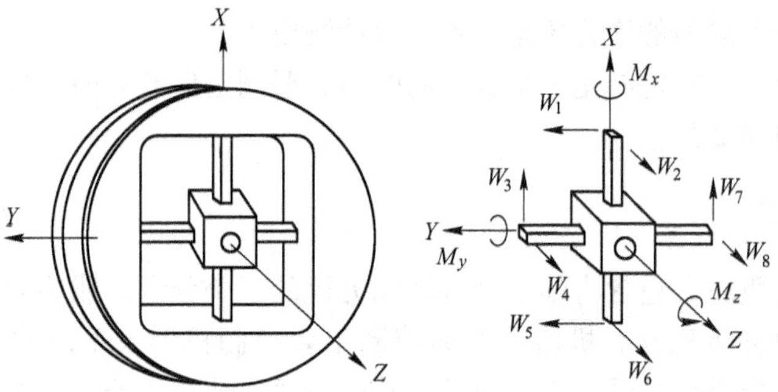

图 7-25 十字形腕力传感器原理图

在外力作用下，设每个敏感点所产生的力的单元信息按直角坐标定为 W_1，W_2，…，W_8，那么，根据下式可解算出该传感器围绕三个坐标轴的六个分量值。式中 K_{mn} 值一般是通过实验给出。

$$\begin{bmatrix} F_x \\ F_y \\ F_z \\ M_x \\ M_y \\ M_z \end{bmatrix} = \begin{bmatrix} 0 & 0 & K_{13} & 0 & 0 & 0 & K_{17} & 0 \\ K_{21} & 0 & 0 & 0 & K_{25} & 0 & 0 & 0 \\ 0 & K_{32} & 0 & K_{34} & 0 & K_{36} & 0 & K_{38} \\ 0 & 0 & 0 & K_{44} & 0 & 0 & 0 & K_{48} \\ 0 & K_{52} & 0 & 0 & 0 & K_{56} & 0 & 0 \\ K_{61} & 0 & K_{63} & 0 & K_{65} & 0 & K_{67} & 0 \end{bmatrix} \begin{bmatrix} W_1 \\ W_2 \\ \vdots \\ W_8 \end{bmatrix} \tag{7-8}$$

图 7-26 为 SAFS-1 型十字形腕力传感器实体结构图。它是将弹性体固定在外壳上，而弹性体另一端与端盖相连接。

十字形腕力传感器的特点是结构比较简单，坐标容易设定并基本上认为其坐标原点位于弹性体几何中心，但要求加工精度比较高。

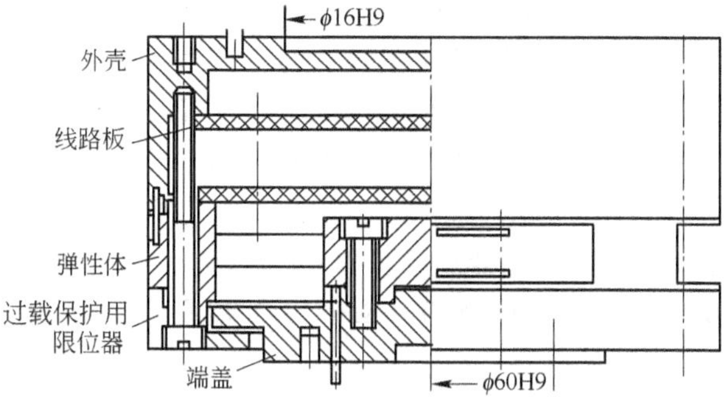

图 7-26　SAFS-1 型传感器实体结构

图 7-27 所示为该传感器系统构成框图。该系统具有六路模拟量与数字量两种输出功能。

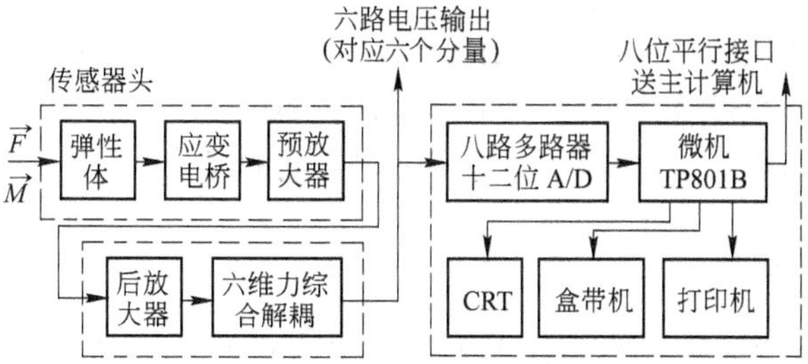

图 7-27　传感器系统构成

7.4　接近与距离觉传感器

接近与距离觉传感器是机器人用以探测自身与周围物体之间相对位置和距离的传感器，它的使用对机器人工作过程中适时地进行轨迹规划与防止事故发生具有重要意义。人类没有专门的接近觉器官，如果仿照人的功能使机器人具有接近觉将非常复杂，所以机器人采用了专门的接近觉传感器。它主要起以下三个方面的作用：

（1）在接触对象物前得到必要的信息，为后面动作做准备；（2）发现障碍物时，改变路径或停止，以免发生碰撞；（3）得到对象物体表面形状的信息。

由于这类传感器可用以感知对象位置，故也被称为位置觉传感器。传感器越接近物体，越能精确地确定物体位置，因此常安装于机器人的手部。

根据感知范围（或距离），接近觉传感器大致可分为三类：感知近距离物体（mm 级）的有磁力式（感应式）、气压式、电容式等；感知中距离（大致 30cm 以内）物体的有红外光电式；感知远距离（30cm 以外）物体有超声式和激光式。视觉传感器也可作为接近觉传感器。

7.4.1　磁力式接近传感器

图 7-28 所示为磁力式接近传感器结构原理。它由激磁线圈 C_0 和检测线圈 C_1 及 C_2 组

成，C_1、C_2 圈数相同，接成差动式。当未接近物体时由于构造上的对称性，输出为0；当接近物体（金属）时，由于金属产生涡流而使磁通发生变化，从而使检测线圈输出产生变化。这种传感器不大受光、热、物体表面特征影响，可小型化与轻量化，但只能探测金属对象。

日本日立公司将磁力式接近传感器用于弧焊机器人上，用以跟踪焊缝。在 200℃ 以下探测距离 0 ~ 8mm，误差只有 4%。

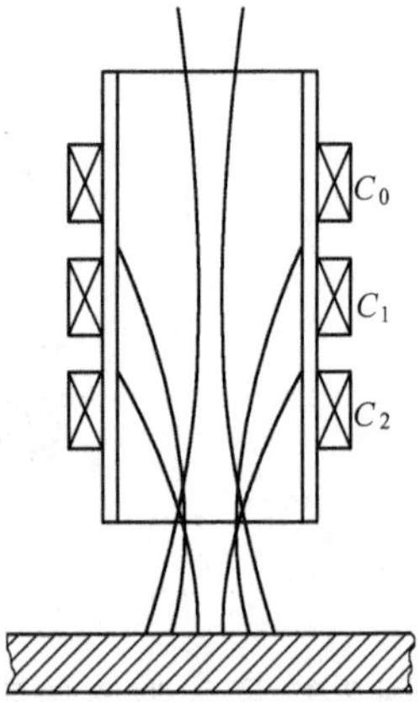

图 7-28 磁力式接近传感器

7.4.2 气压式接近传感器

图 7-29 为气压式接近传感器的基本原理与特性图，它是根据喷嘴-挡板作用原理设计的。气压源 P_V 经过节流孔进入背压腔，又经喷嘴射出，气流碰到被测物体后形成背压输出 P_A。合理地选择 P_V 值（恒压源）、喷嘴尺寸及节流孔大小，便可得出输出 P_A 与距离 x 之间的对应关系，一般不是线性的，但可以做到局部近似线性输出。这种传感器具有较强防火、防磁、防辐射能力，但要求气源保持一定程度的净化。

7.4.3 红外式接近传感器

图 7-30 是红外式接近传感器的基本工作原理。它有发送器与接收器两个部分。发送器一般为红外发光二极管，接收器一般为光敏晶体管。发送器向某物体发出一束红外光后，该物体反射红外光，并被接收器接收。通过发射与接收判断物体的存在，经过信号处理与解算又可确定其位置（距离）。

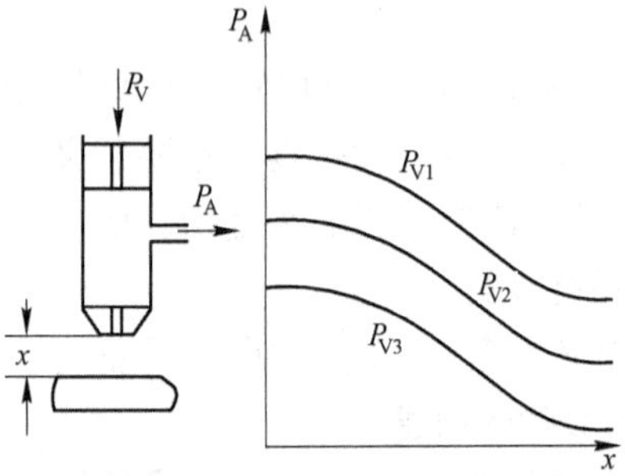

图 7-29 气压式接近传感器基本原理与特性

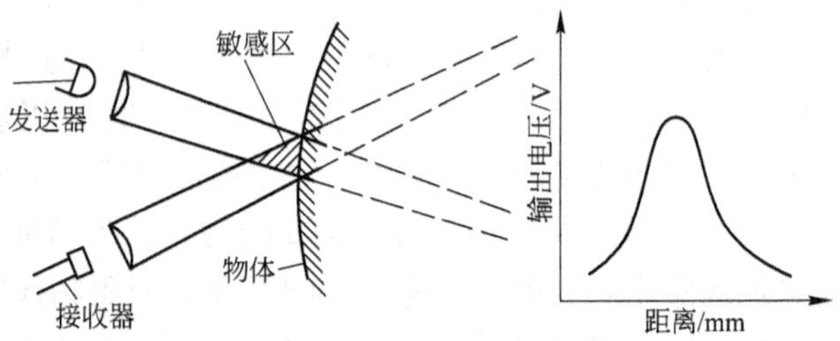

图 7-30 红外式接近传感器工作原理及响应特性

红外式接近传感器的特点在于发送器与接收器尺寸都很小，因此可以方便地安装于机器人手部。

红外式接近传感器能很容易地检测出工作空间内某物体的存在与否，但作为距离的测量仍有它复杂的问题，因为接收器接收到的反射光线是随着物体表面特征不同和物体表面相对于传感器光轴的方向不同而出现差异。这点在设计与使用中应予以注意。

红外式接近传感器的发送器所发出的红外光是经过脉冲调制的（一般为几千赫兹），

其目的是消除周围光线的干扰作用。接收器接收时又要经过滤波。图 7-31 所示为一种类型发射与接收线路。图 7-31a 为发光二极管发射功率脉冲，图 7-31b、c 是两种接收线路方案。

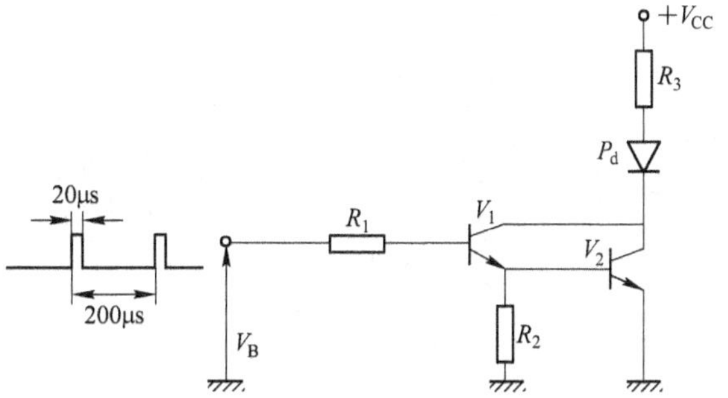

(a)

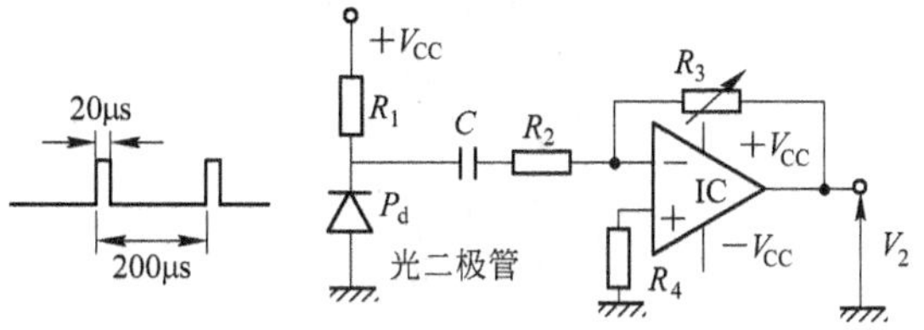

(b)

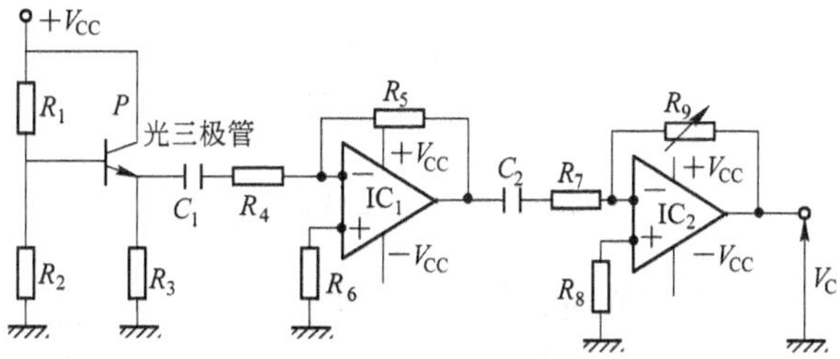

(c)

图 7-31　发送与接收的典型线路

红外多传感器系统可用于多个区域的测量。例如图 7-32 所示为美国 JPL 实验室推出的采用四个发送器与四个接收器所组成的系统。它可由 13 个检测器检测物体的 13 个区域，测量各种可能的情况，以获得尽可能多的信息。

7.4.4 超声波距离传感器

超声波距离传感器是用于机器人对周围物体的存在与距离的探测，尤其对移动式机器人，安装这种传感器可随时探测前进道路上是否出现障碍物，以免发生碰撞。

超声波是人耳听不见的一种机械波，其频率在 20kHz 以上，波长较短，绕射小，能够作为射线而定向传播。超声波接近传感器由超声波发生器和接收器组成。超声波发生器有压电式、电磁式及磁滞伸缩式等。在检测技术中最常用的是压电式。压电式超声波传感

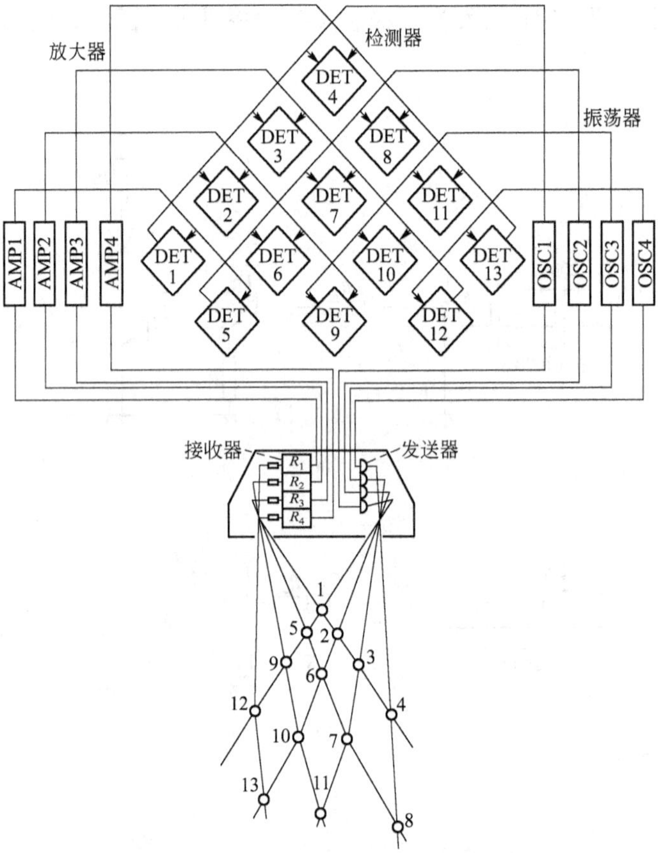

图 7-32 红外多传感器系统

器，就是利用了压电材料的压电效应，如石英、电气石等。逆压电效应将高频电振动转换为高频机械振动，以产生超声波，可作为“发射”探头。利用正压电效应则将接收的超声振动转换为电信号，可作为“接收”探头。

由于用途不同，压电式超声传感器有多种结构形式。图 7-33 所示为其中一种，即所谓双探头（一个探头发射，另一个探头接收）。带有晶片座的压电晶体片装入金属壳体内，压电晶体片两面镀有银层，作为电极板，底面接地，上面接有引出线。阻尼块或称吸收块的作用是降低压电片的机械品质因素，吸收声能量，防止电脉冲振荡停止时，压电片因惯性作用而继续振动。阻尼块的声阻抗等于压电片声阻抗时，效果最好。

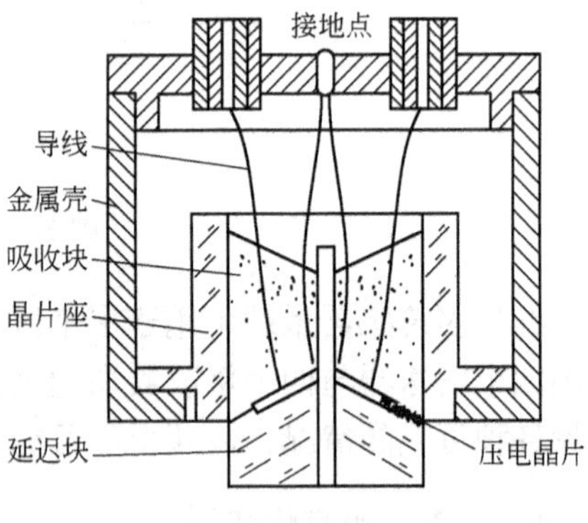

图 7-33 超声双探头结构

超声波距离传感器的检测方式有脉冲回波式（图 7-34）以及 FM-CW（频率调制、连续波）式（图 7-35）两种。

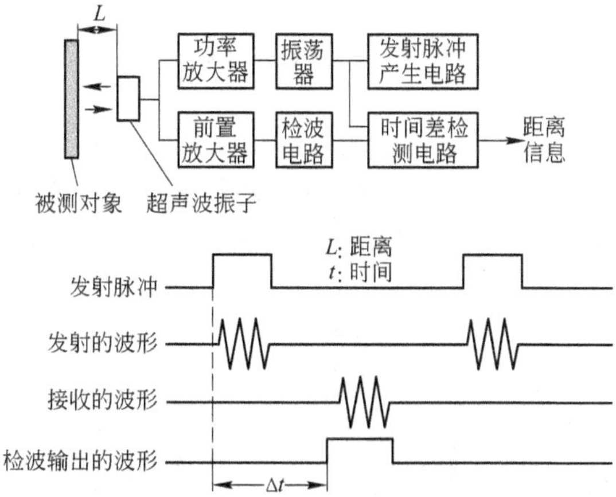

图 7-34 脉冲回波式的检测原理

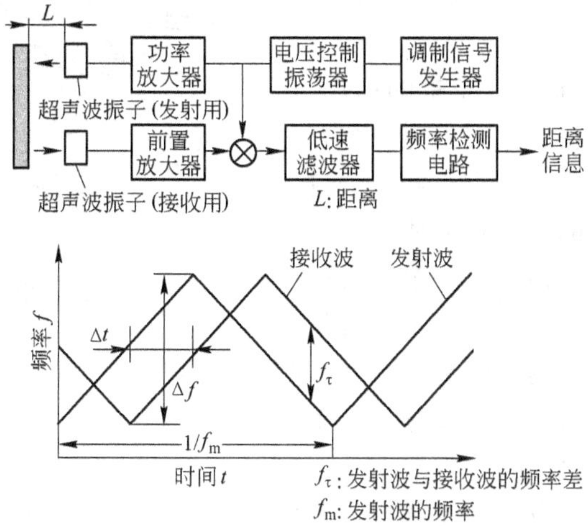

图 7-35 FM-CW 式的测距原理

在脉冲回波式中，先将超声波用脉冲调制后发射，根据经被测物体反射回来的回波延迟时间 Δt，计算出被测物体的距离 L。设空气中的声速为 v，被测物体与传感器间的距离为 L

$$L = v \cdot \Delta t/2 \tag{7-9}$$

如果空气温度为 T（℃），则声速为

$$v = 331.5 + 0.607T \tag{7-10}$$

FM-CW 方式是采用连续波对超声波信号进行调制。将由被测物体反射延迟 Δt 时间后得到的接收波信号与发射波信号相乘，仅取出其中的低频信号，就可以得到与距离 L 成正比的差频 f_τ 信号。假设调制信号的频率为 f_m，调制频率的带宽为 Δf，被测物体的距离 L 为

$$L = \frac{f_\tau v}{4 f_m \Delta f} \tag{7-11}$$

7.5 陀螺仪

陀螺仪（gyroscope），又称陀螺传感器（gyroscope sensor）是一种重要的惯性测量元件，能够检测随刚体转动而产生角位移或角速度的传感器，即使没有安装在转动轴上，也能检测刚体的角位移或转动速度。因此，陀螺仪被广泛应用于飞机、导弹、卫星、机器人等运动系统中。

在各种不同类型的陀螺仪中，机械陀螺是最古老的。虽然机械陀螺已经逐渐地被淘汰，但是通过机械陀螺理解陀螺仪的原理，仍然是学习和理解陀螺仪原理的最佳途径。图 7-36 为机械陀螺示意图。利用陀螺可以测量运动物体的姿态角（航向、俯仰、横滚），精确测量其角运动。

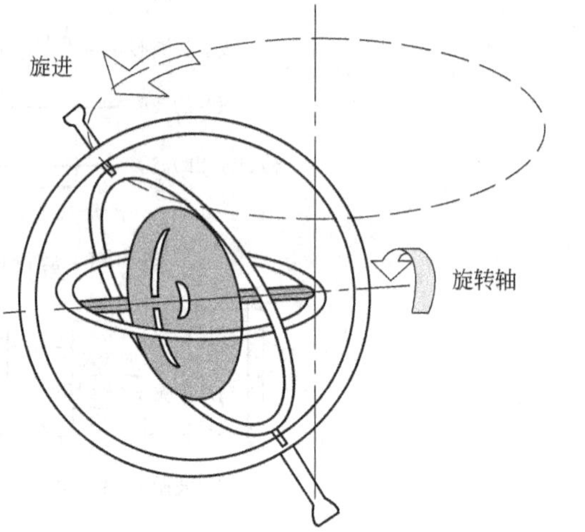

图 7-36 机械陀螺示意图

从力学的观点近似地分析陀螺的运动，可以把它看成是一个刚体，刚体上有一个万向支点，而陀螺可以绕着这个支点做三个自由度的转动，所以陀螺的运动是刚体绕一个固定点的旋转运动。准确地说，一个绕对称轴高速旋转的飞轮或转子（rotor）称为陀螺；而将陀螺安装在一定的框架上，即所谓的回转框架（gyroscope frame），使陀螺的自转轴有角自由度，如此构成的装置称为陀螺仪。

陀螺仪的基本部件有：

（1）陀螺转子。常采用同步电动机、磁滞电动机、三相交流电动机等驱动陀螺转子，使其绕旋转轴（也即自转轴）高速旋转，并使其转速近似为常值。

（2）内环和外环。统称平衡环，是使陀螺自转轴获得所需角转动自由度的框架结构。

（3）附件。力矩电机、信号传感器等。

陀螺仪的基本原理是：高速旋转的物体具有轴向不变的特性，即一个旋转物体的旋转轴所指的方向，在不受外力影响时，是不会改变的。

陀螺仪启动时，需要一个力，使其快速旋转起来，一般需要达到每分钟几十万转，然后，用多种方法读取轴所指示的方向，并自动将数据信号传给控制系统。陀螺仪中的转子具有轴向稳定性，即轴向不变性，当运动系统姿态发生变化时，必定与转子的旋转轴形成角度差，即发生角位移，这就能观察到或检测到运动系统（如飞行系统或机器人）的姿态变化。

陀螺仪有各种不同的类型。根据框架的数目、支撑的形式以及附件的性质，可将陀螺仪划分为：

（1）二自由度陀螺仪。只有一个框架，转子自转轴因而只具有一个转动自由度。

（2）三自由度陀螺仪。具有内环和外环两个框架，使转子自转轴具有两个转动自由度。

在机械陀螺仪出现之后，又发展出了许多新型的陀螺仪，如电气陀螺、电子陀螺、微机电陀螺、静电式自由转子陀螺仪、挠性陀螺仪、光纤陀螺仪、激光陀螺仪等。

微机械电子陀螺是利用半导体制造技术将微型机械结构、信号采集放大与处理电路等集成在一起的陀螺系统。如图7-37a所示微机械结构，通过光刻、腐蚀等工艺在基底上形成一个微型机械陀螺，通过驱动器使内框架上的质量块产生振动，当外框架转动时可以通过检测电容读出转动角速度。图7-37b中给出了analog公司生产的微机械电子陀螺ADXR300的内部结构照片。速率传感器位于正中，在其周围是放大电路、驱动电路、解调电路、调节器、温度参考以及信号输出等。

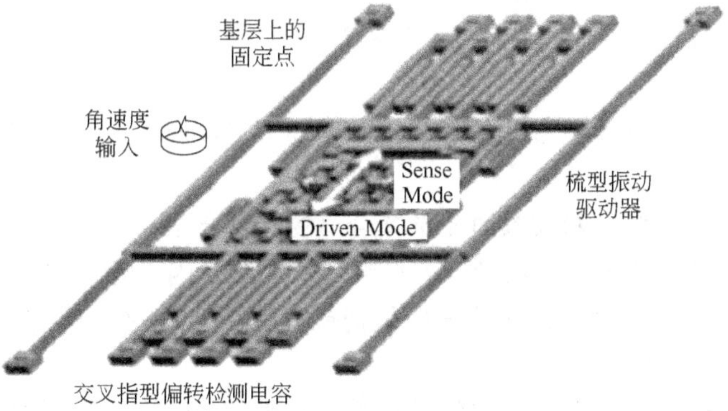

(a)

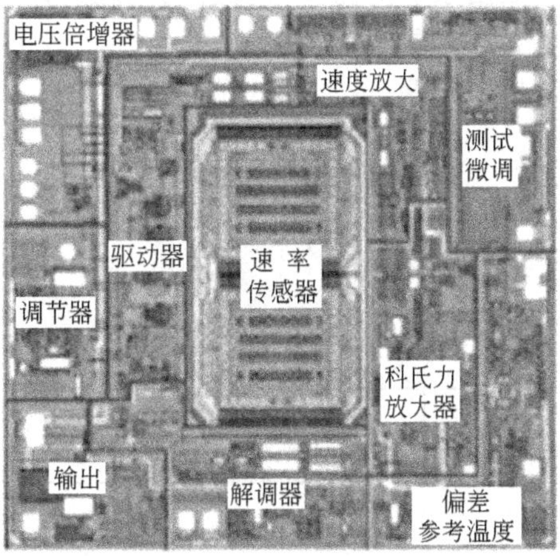

(b)

图7-37 微机械电子陀螺
(a) 微机械陀螺结构示意图；(b) ADXR300微机械电子陀螺

7.6 视觉传感器

7.6.1 机器人视觉系统

7.6.1.1 机器人视觉系统的组成

如同人类视觉系统的作用一样，机器人视觉系统赋予机器人一种高级感觉机构，使得机器人能以“智能”和灵活的方式对其周围环境作出反应。机器人的视觉信息系统类似人的视觉信息系统，它包括图像传感器、数据传递系统，以及计算机和处理系统。机器人视觉（robot vision）可以定义为这样一个过程，利用视觉传感器（如摄像机）获取三维景物的二维图像，通过视觉处理器对一幅或多幅图像进行处理、分析和解释，得到有关景物的符号描述，并为特定任务提供有用的信息，用于指导机器人的动作。机器人视觉可以划分为六个主要部分：感觉与处理、分割、描述、识别、解释。根据上述过程所涉及的方法和技术的复杂性将它们归类，可分为三个处理层次：低层视觉处理、中层视觉处理和高层视觉处理。

机器人视觉系统的重要特点是数据量大且要求处理速度快。

实用的机器人视觉系统的总体结构如图 7-38 所示。系统由硬件和软件两部分组成。硬件的组成部分包括：

（1）景物和距离传感器：常用的有摄像机，CCD（charge coupled device，CCD）像感器，超声波传感器。

（2）照明和光学系统：对观察对象选择合适的照明方法，以便得到高质量的图像。照明光源可以用钨丝灯、碘卤灯、荧光灯、水银灯、氖灯（闪光灯）、激光灯等；

（3）视频信号数字化设备：它的任务是把摄像机或 CCD 像感器输出的全电视信号转化成计算方便的数字信号。

（4）视频信号快速处理器：视频信号实时、快速、并行算法的硬件实现。

（5）计算机及其外设：根据系统的需要可以选用不同的计算机及其外设，来满足机器人视觉信息处理及机器人控制的需要。

（6）机器人或机械手及其控制器。

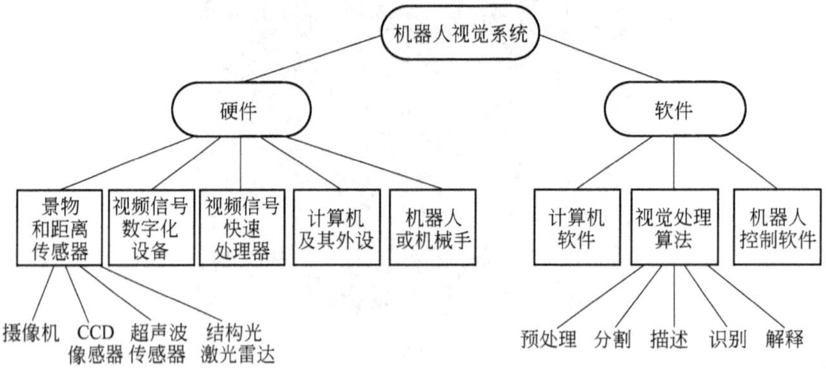

图 7-38 机器人视觉系统的组成

软件的组成部分包括：

（1）计算机系统软件，选用不同类型的计算机，就有不同的操作系统和它所支撑的各种语言、数据库等。

（2）机器人视觉处理算法：图像预处理、分割、描述、识别和解释等算法。

（3）机器人控制软件。

7.6.1.2 机器人视觉技术的应用

机器人的视觉技术主要应用在下述两个方面：

（1）装配机器人（机械手）视觉装置。

要求视觉系统必须做到：识别传送带上所要装配的机械零件；确定该零件的空间位置。据此信息控制机械手的动作，做到准确装配。

对机械零件的检查：如表面粗糙度的质量检查，检查是否有毛刺、破裂、空洞和生锈等缺陷；检查工件的完好性；量测工件的极限尺寸；检查工件的磨损等。机械手可将不合格的工件拿走。此外，机械手还可根据视觉的反馈信息进行自动焊接、喷漆和自动上下料等。

（2）行走机器人视觉装置。

要求视觉系统能够识别室内或室外的景物，进行道路跟踪和自主导航，用以完成危险材料的搬运和野外作业等任务。

7.6.2 机器人视觉输入装置

7.6.2.1 视觉输入装置的构成

视觉信息的输入方法及输入信息的性质，对于决定随后的处理方式及识别结果有重要的作用。视觉识别系统通常将来自摄像器件的图像信号变换为计算机易于处理的数字图像作为输入，然后进行前处理，识别对象物，并且抽取机器人动作所需的空间信息。图 7-39 所示为视觉输入装置的一般结构。

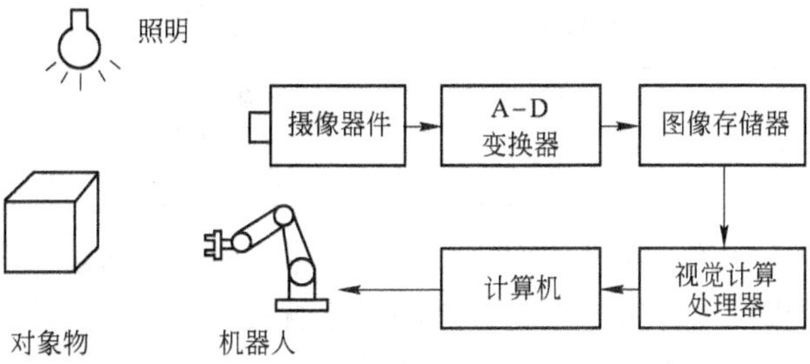

图 7-39 视觉输入装置的组成

表 7-2 给出了视觉输入中有关摄像、照明、对象物的各种方式，其中零维扫描表示固定方式，零维摄像器件是光电二极管的单个器件，零维光束为激光束。根据视觉识别的目的，适当地综合摄像、照明和对象物的各种条件，以采用相应的视觉输入方式。

表 7-2 视觉信息输入方式

摄 像	器 件	零维摄像器件 一维摄像器件 二维摄像器件	光电二极管等
	扫 描	零维扫描 一维扫描 二维扫描	
	方 向	平 视 侧 视 俯 视	

续表 7-2

摄　像	输入信息	单　色 彩　色	
	器件数量	单　目 双　目 多　目	立体视觉三目以上
照　明	扫　描	零维扫描 一维扫描 二维扫描	固　定
	平行光	零维光束 一维光束 二维光束	聚光束 狭缝光
		直　射 斜　射 逆　光	影像
	非平行光	点光源 线光源 面光源	
		顺　光 斜　射 逆　光	
	照明数量	单一光束 多条光束	多条狭缝光等
对象物	扫　描	零维扫描 一维扫描 二维扫描	固　定

摄像方式可按器件种类、器件的扫描方式、摄像方向及输入信息等进行分类。以电视摄像机为代表的二维摄像器件通常用于二维信息的输入。一维摄像器件易于达到很高的分辨率，用一维组合方式可以输入高分辨率的二维图像。

7.6.2.2　视觉输入方式

三维信息的输入是采用与人眼同样的方法，用两个二维摄像器件，根据三角测量原理获取距离信息（图 7-40a）。也可以用零维聚光束进行二维扫描（图 7-40b）或用一维光束进行一维扫描（图 7-40c）以取代一个二维摄像器件。图中 C 表示摄像器件的位置，L 表示照明的位置。

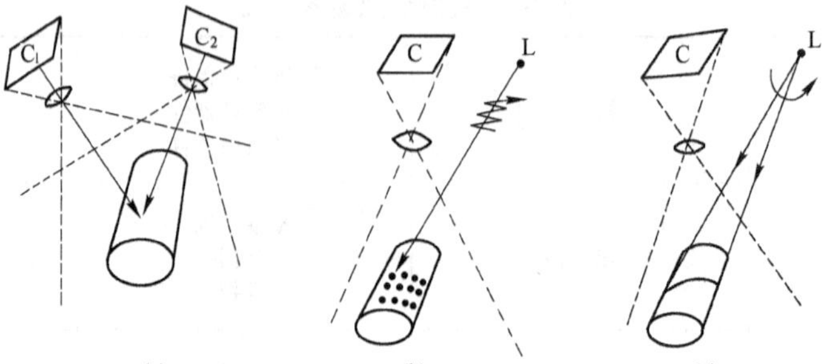

图 7-40　三维信息的输入方式

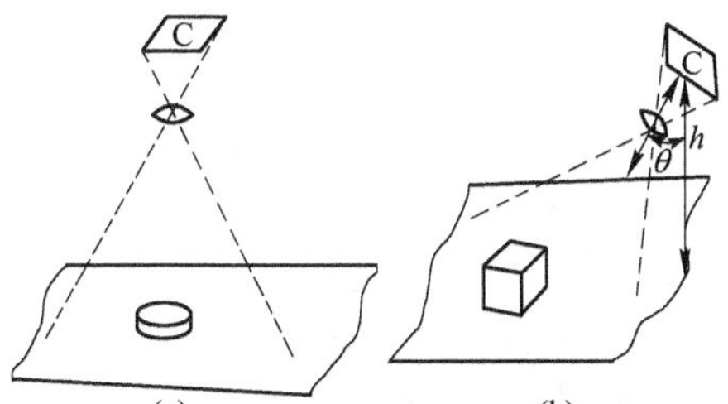

图 7-41 摄像方向

图 7-41a 是将立体物体平面化，用二维进行处理的例子。因为这种方式对于姿态稳定，位于较平平板上的物体较为有效，处理也较容易，许多实用化的识别系统采用这种方式。有的方法是利用平面图像的同时，还利用与之垂直的侧面图像来得到空间的位置信息。另外，也可以从斜上方对对象物进行摄像得到侧俯视图像。如图 7-41b所示，如果已知摄像机与放置对象物的平面之间的距离和摄像机的光轴方向，就可以检测摄像机与物体之间的距离。这种方法可以用于移动机器人的障碍物检测等方面。

根据照明光的性质，照明方式可分为平行光方式和非平行光方式。平行光可分为零维的聚光束、一维狭缝光束和二维光束。照明光线的方向包括直射（光轴与光线投射方向一致，输入正反射图像）、逆光（输入对象物体的黑色半面图像）以及斜向照明等。

7.6.2.3 摄像器件

摄像器件（或景物和距离传感器）主要包括：黑白或彩色摄像机、CCD 像感器、激光雷达、超声波传感器和半导体位置检测器件。

A PSD 传感器

PSD(position sensitive device) 是光束照射到一维的线（图 7-42）和二维的平面时，检测光照射位置的传感器。如图 7-42 所示，PSD 是把硅等高电阻层以 p 型和 n 型的电阻构造成层状结构。光照射到 PSD 上，生成电子空穴对，从而在 p 型和 n 型电阻层上的电路中流过电流。如检测这时的电流，就能检测到光的照射位置。

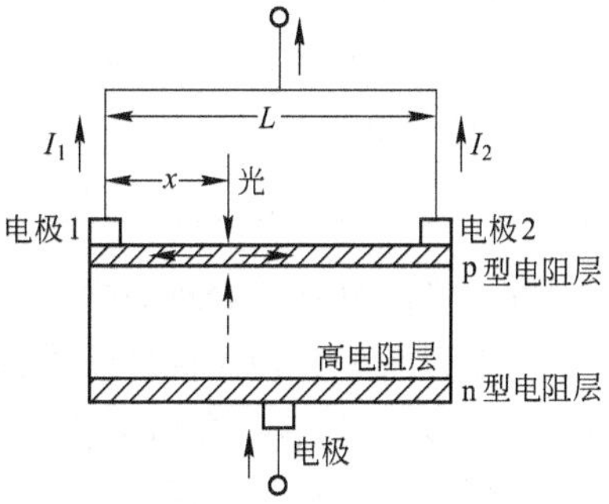

图 7-42 PSD 原理

一维的 PSD 与电位计相同，p 型电阻层的电阻在光照射位置被分割，见图 7-42，在 p 型电阻层相距 L 的两端装设两个电极，假定光照射在距左端电极 1 的 x 处。这时流过电路的电流被分流，假定流过电极 1 和电极 2 的电流分别为 I_1 和 I_2。在 p 型电阻层上，由于电流按照从光照射位置到两端电极的电阻层长度分流，所以通过检测流过电极的两个电流，可以用下式计算出光的照射位置。

$$x = \frac{L}{1 + I_1/I_2}$$

半导体位置检测器件因不进行扫描，无法得到输入图像的灰度信息。图 7-43 表示二维 PSD 的电极配置。当有入射光时，成对配置的 X 轴电极和 Y 轴电极通过的电流与光源到电极的距离成反比，检测出电流值并进行运算，就能测得二维入射位置。半导体位置检测器件也用于聚光束扫描，输入距离信息。典型的实例见表 7-3。

B CCD 摄像机

目前，彩色摄像机虽然已经很普遍，但是在工业视觉系统中却还常采用黑白电视摄像机，主要原因是系统只需要具有一定灰度的图像，经过处理后变成二值图像，再进行匹配

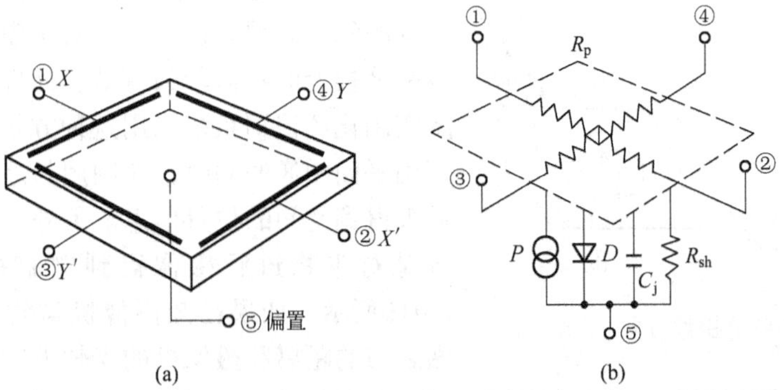

图 7-43 半导体位置检测器件
（a）电极的配置；（b）等价电路
P—电流源；D—理想二极管；C_j—连接电容；R_{sh}—并联电阻；R_p—定位电阻

表 7-3 半导体位置检测器件（PSD）

维 数	一 维		二 维	
型 号	S2153	S1545	S2044	S1300
感光波长/nm	700 ~ 1100	300 ~ 1100	300 ~ 1100	300 ~ 1100
受光面积（纵向 × 横向）	1mm × 3mm	1mm × 12mm	4. 7mm × 4. 7mm	13mm × 13mm
位置检测误差/μm	25	60	40	80
位置分辨率/μm	0. 2	0. 3	2. 5	6. 0
相应速度/μs	0. 8	3. 0	0. 3	0. 8

和识别。它的好处是处理数据量小，处理速度快。

长期以来一直使用摄像管式摄像机。自从 1963 年发明半导体摄像器件以及 1969 年发明 CCD 以来，随着半导体工艺技术的进步，这些器件已经进入了真正的实用时期。半导体摄像器件的特点是各像素有正确的地址，电压和功率低，便于小型化，没有残像。代表性的半导体摄像器件有 CCD 型和 MOS 型。CCD 器件中，隔行扫描方式（IT）和帧传送方式（FT）都已实用化。

CCD 摄像机可以是一维的（线阵），也可以是二维的（面阵）。CCD 的基本结构是一个间隙很小的光敏电极阵列。阵列放置在摄像机镜头图像平面上（如同普通摄像机的感光胶片位置），一幅图像就投射到 CCD 阵列平面上。由于每个光敏元件产生的电荷与其照度成正比，电荷聚集在每个光敏元件下面的电容里，然后用两相时钟脉冲把电荷顺序地传递到放大器输入端，于是在放大器的输出端产生代表图像的电压信号。

CCD 摄像机具有体积小、质量轻、寿命长、抗冲击等优越性，耗电极少，一般只需几十毫瓦就可以启动。CCD 的光谱敏感范围为 420 ~ 110nm（波长）。

但是，CCD 存在灵敏度不一致问题，它的光敏元件间灵敏度的不一致高达 10%，虽然，光敏元件灵敏度的稳定性很好，不一致性可以校正，但逐个像素加以校正，要耗费计算时间，所以选择 CCD 时要注意这个问题。

下面以一个有 448×380 个像素的 CCD 摄像机为例来说明 CCD 摄像机的工作过程。

该系统采用的 CCD 阵列有 448×380 个 CCD 单元，装在摄像机的传感头内部。在传感头里还装有控制 CCD 阵列输出的行驱动电路和输出 CCD 视觉信息的采样电路。图 7-44 为一种电子控制单元和传感头分别装在不同地方的 CCD 阵列摄像机系统的组成框图。

在 CCD 阵列固态摄像机中，来自于景物的光线经过传感头中的一个透镜和一个红外滤波器以后，在 CCD 阵列上成像，并产生视频模拟输出电量，送给两个 A/D 转换器进行数字化，模拟信号转换成数字信号以后，储存在 RAM 中，由一台 F9445 型 16 位微型计算机进行分析处理。在对模拟信号进行数字化的同时，要设置阈值，把模拟信号分成若干等级。如果需要二值化图像，只需设置一个阈值，将大于或小于该阈值的信号分别取作二进制数 1 或 0，如图 7-45 所示。如果需要多级灰度图像，则要设置若干个阈值，得到若干级灰度。二进制视频信号每个图像元素仅占一位存储单元。图像的每一行有 378 个像素，这些像素的二进制视频信号经过压缩可以存储在 24 个 16 位的字节中，整幅图像 488 行，需要 11712B。只需采用 24KBRAM 即可解决图像存储问题，但是，如果采用 256 级灰度，每个图像信号要 8 位存储单元，整幅图像就要占很大的存储空间。

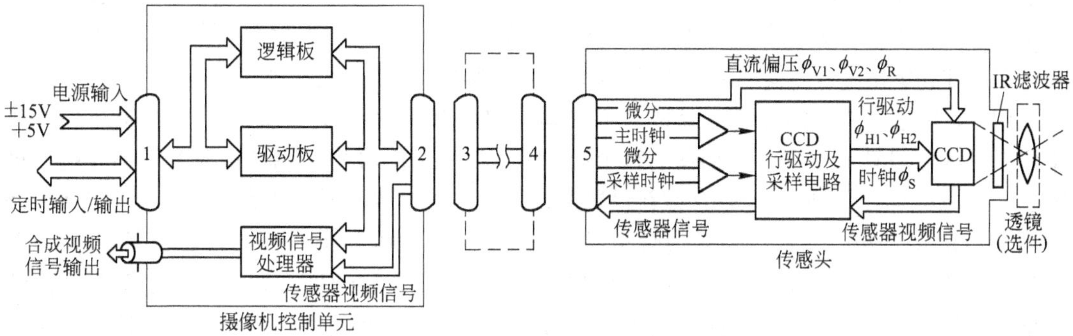

图 7-44 CCD 阵列摄像机系统框图

1—25 芯 D 型插头；2～5—31 芯 D 型插头

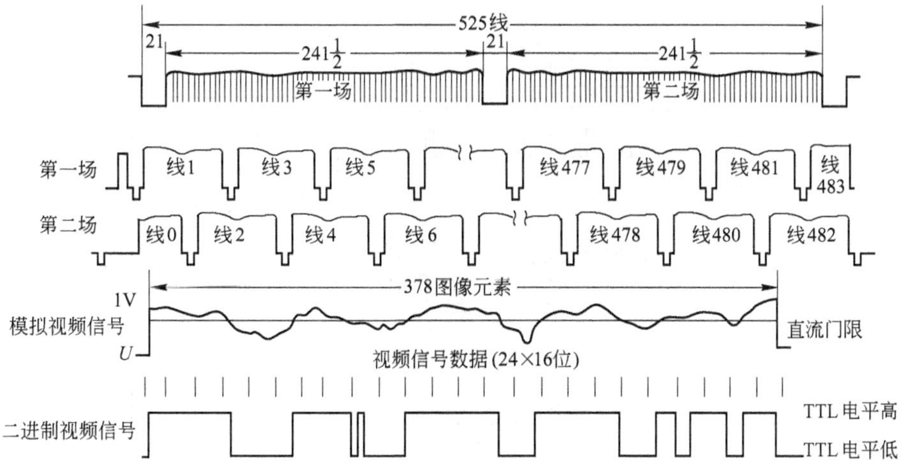

图 7-45 模拟视频信号转换成二值二进制数字信号

将一维摄像器件与扫描相结合可得到二维图像，这种方法已经实用化。代表的一维摄像器件以及用它进行扫描的二维图像输入装置的实例如表 7-4 所示，用 4096 像素的器件扫描 5000 步，得到 4096 ×5000 这样极高的分辨率。但是由于数据量庞大，输入时间约需 10s。

表 7-4 线阵传感器摄像机

项 目	一 维		二 维	
型 号	D5000CH	SC4096A	Megascope	620
构 造	CCD 阵线传感器	CCD 阵线传感器	CCD 阵线传感器	CCD 阵线传感器
方 式			机械扫描	机械扫描
受光面积	7μm ×35mm	7μm ×20mm	30mm ×35mm	37mm ×48mm
像素数	5000	4096	4096 ×5000	3456 ×4472
扫描速度	5.1 ~50ms	1.5 ~20ms	500ns/像素	2μm/像素

C CMOS 图像传感器

CMOS 图像传感器出现于 1969 年，比 CCD 的出现还早一年，但是，由于技术上的原因早期发展滞后于 CCD。1989 年以后，CMOS 器件出现了“主动像敏单元”（有源）结构。它像元内不仅有光敏元件和像敏单元寻址开关，而且还有信号放大和处理等电路，提高了光电灵敏度，减小了噪声，扩大了动态范围，使它的一些重要性能参数与 CCD 图像传感器接近，而在功能、功耗、尺寸和价格等方面要优于 CCD 图像传感器，所以其应用也越来越广泛。

CMOS 传感器的结构排列更像是一个计算机内存 RAM 存储器或是平面显示器。新一代采用有源像素设计的 CMOS 传感器的每个成像像元由一个能够将光线转化成电子的光电二极管、一个电荷/电压转换区、一个重新设置和选取晶体管，以及增益放大器组成，整个 CMOS 阵列是由光电二极管和 MOS 场效应管集成电路构成的。如图 7-46 所示，阵列按 X 和 Y 方向排列成方阵，方阵中的每一个像元都有它在 X、Y 各方向上的地址，并可分别由两个方向的地址译码器进行选择；每个像元的输出信号与由地址译码控制的模拟多路开关相连。在实际工作中，CMOS 图像传感器在 Y 方向地址译码器的控制下依次序接通每行像元的模拟开关，信号通过行开关传送到列线上，再通过 X 方向地址译码器的控制，传送到 A/D 转换器。输出信号由 A/D 转换器进行模数转换，经预处理电路处理后通过接口电路输出。

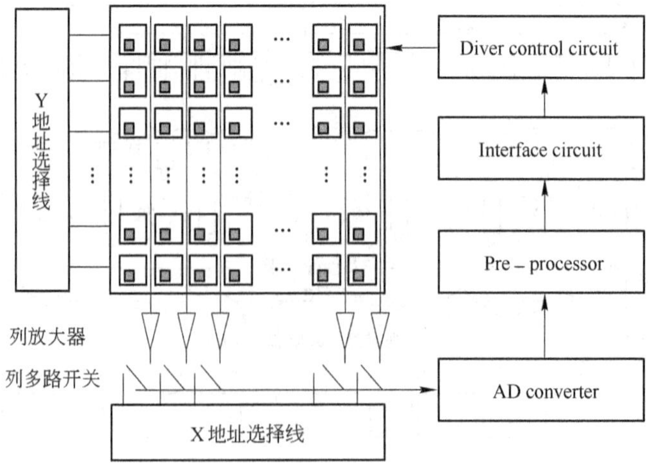

图 7-46 CMOS 图像传感器系统框图

习　题

7-1　在选用传感器时如何考虑传感器的静态特性和动态特性?

7-2　为什么说具有多种外部传感器是先进机器人的重要标志?

7-3　说明增量式光学编码器的正反转测试原理。

7-4　举例说明超声波在实际中的应用。

7-5　视觉传感器有哪些种类?简要说明它们的工作原理。

7-6　距离传感器有哪些?说明它们的适用范围。

8 机器人感觉信息的处理

在上一章，讨论了利用传感器对各种信息的感知，本章将讨论处理这些信息，识别环境中物体的位置、姿态。本章内容包括：传感器与计算机的接口设计；通过触觉信息的处理识别物体的形态；视觉信息的处理；机器人的语音。

8.1 传感器与计算机的接口设计

输入到计算机的信息必须是计算机能够处理的数字量信息。传感器的输出形式可分为模拟量和数字量，开关量为二值数字量。

传感器输出的数字量信号的形式有二进制代码、BCD 码、脉冲序列等，它通过三态缓冲器可直接输入计算机。

传感器输出的模拟量信号一般需经过信号放大、采样、保持、模拟多路开关、A/D 转换，通过 I/O 接口输入计算机。传感器的输入通道根据应用要求不同可以有不同的结构形式。图 8-1 是多模拟量输入通道组成框图。该方式的工作是依次对每个模拟通道进行采样/保持和转换，其优点是节省硬件，但是有转换速度低、各通道不能同时采样的缺点。

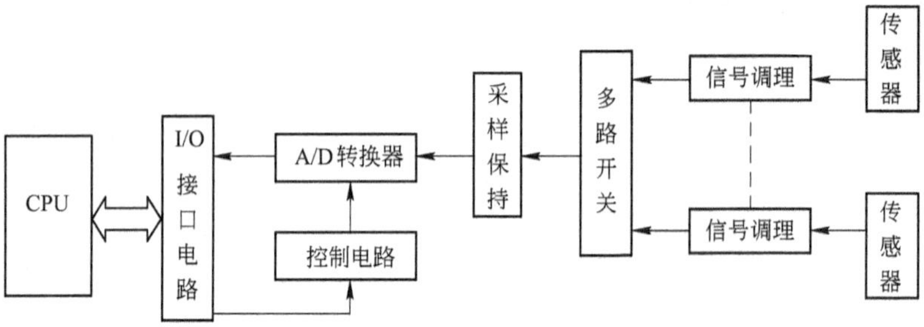

图 8-1 多模拟量输入通道组成框图

为提高采样速度、达到同时采样，可采用多通道同步型（图 8-2）或多通道并行输入型（图 8-3）。

8.1.1 输入放大器

输入放大器（或衰减器）是对幅值进行处理的器件。其作用是对不同幅值信号进行幅值变换，对于超过限额的电压幅值，可以加以衰减，对于太小的幅值，则加以放大，避免影响采样精度。输入放大器（衰减器）的放大倍数（衰减百分数）一般可用程控方式或手动方式设定。对信号放大时，一般不宜放得过大，以免后面分析运算中产生溢出现象。

输入放大器上往往设有 DC 和 AC 选择挡。在分析交变信号时可用 AC 挡来减小测试系

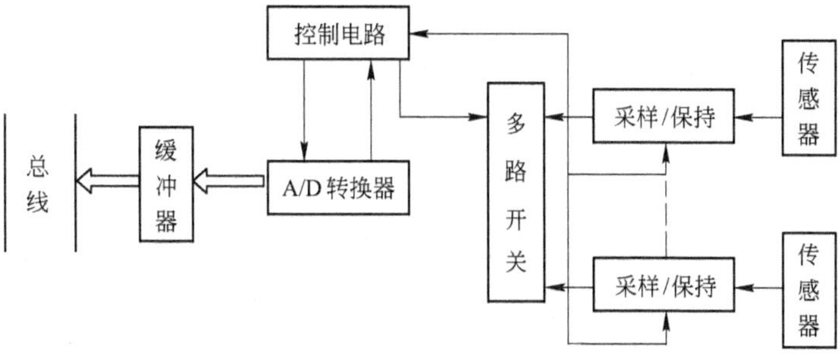

图 8-2 多通道同步型

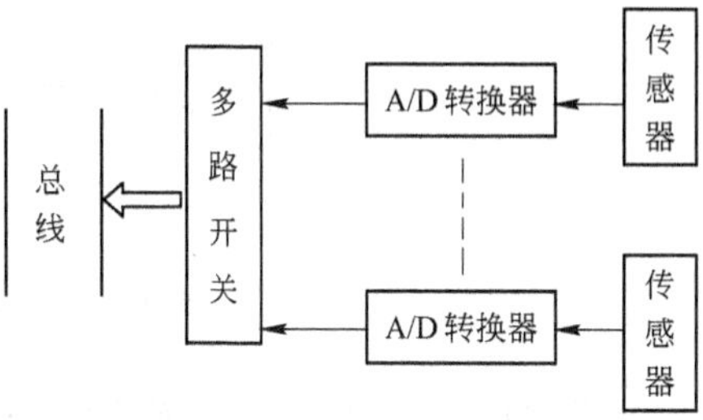

图 8-3 多通道并行输入型

统中传感器或放大器的零飘误差。有时分析的信号是交变信号与直流分量的叠加，但若感兴趣的只是交变信号，这时就可用 AC 挡来消除直流分量，AC 挡成为隔直电路。这样，AC 挡实际上具有高通滤波特性。使用时应注意其响应问题，只有等输入波形稳定后再开始采样处理，才能得到正确结果。DC 挡是对信号直接进行处理，不存在上述问题，有的输入放大器还可改变输入信号的极性，使用时可依需要调整。

在计算机控制系统中，采用的数据放大器与一般测量系统的放大电路类似。当多路输入的信号源电平相差悬殊时，用同一增益的放大器取放大高电平和低电平信号，就有可能使电平信号测量精度降低，而高电平可能超出 A/D 转换器的输入范围。采用可编程序放大器，可通过程序调整放大倍数，使 A/D 转换器满量程达到均一化，以提高多路数据采集精度。

图 8-4 所示为多路开关 CD4051 和普通运算放大器组成的可编程增益运算放大器。图中，A1、A2、A3 组成差动式放大器，A4 为电压跟随器，其输入端取自共模输入端 V_{CM}，输入端接到 A1、A2 放大器的电源地端。A1、A2 的电源电压的浮动幅度将与 V_{CM} 相同，从而大大削弱了共模干扰的影响。实验证明，这种电路与基本电路相比，其共模抑制比至少提高 20 ~ 40dB。

采用 CD4051 作为模拟开关，通过一个 4D 锁存器与 CPU 总线相连，改变输入到 CD4051 选择输入端 C、B、A 的数字，则可使 R_0 ~ R_7 8 个电阻中的一个接通。这 8 个电阻的阻值可根据放大倍数的要求，由公式 $A_V = 1 + 2R_1/R_i$ 来求得，从而可得到不同的放大倍数。当 CD4051 所有的开关都断开时，相当于 $R_i = 0$，此时放大器的放大倍数为 $A_V = 1$。

8.1.2 V/I、I/V 转换电路

一些传感器，如差动流量变送器、温度变送器、压力变送器等，其输出信号通常为 4 ~ 20mA。电动机控制也常用 4 ~ 20mA。在工业控制中，许多传感器输出均为电压信号，以便与 A/D 转换器接口，当传感器输出信号需要远距离传输时，必须把它变成电流信号。

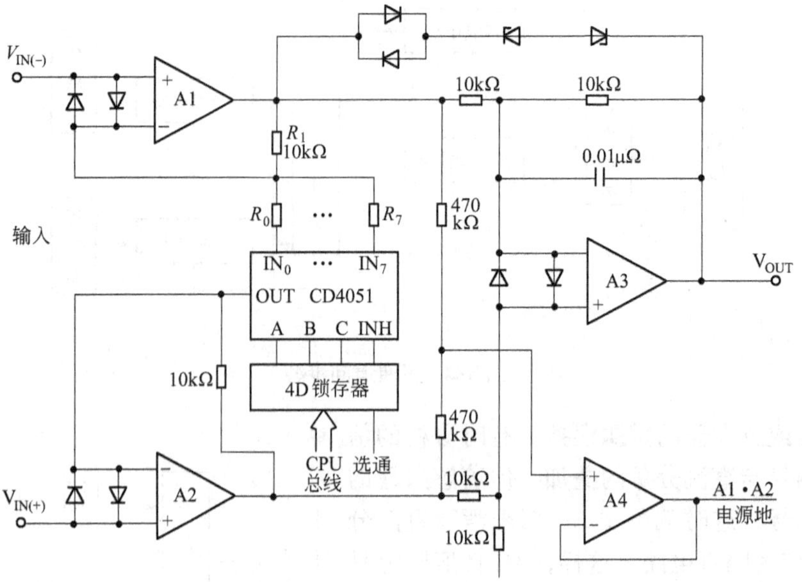

图 8-4 采用多路开关的可编程放大器

因而要求把 0 ~ 10V 的电压转换为 4 ~ 10mA 的电流信号，或者做相反的转换。

8.1.3 采样/保持电路

如果直接将模拟量送入 A/D 转换器进行转换，则应考虑到任何一种 A/D 转换器都需要有一定的时间来完成量化及编码的操作。在转换过程中，如果模拟量产生变化，将直接影响转换精度。特别是在同步系统中，几个并联的参量均需取自同一瞬时，而各参数的 A/D 转换又共享一个芯片，所得到的几个量就不是同一时刻的值，无法进行计算和比较。所以要求输入到 A/D 转换器的模拟量在整个转换过程中保持不变，但转换之后，又要求 A/D 转换器的输入信号能够跟随模拟量变化，能够完成上述任务的器件称采样/保持器（sample/hole），简称 S/H。

S/H 有两种工作方式，一种是采样方式，另一种是保持方式。在采样方式中，采样/保持器的输出跟随模拟量输入电压。在保持状态时，采样/保持器的输出将保持在命令发出时刻的模拟量输入值，直到保持命令撤销（即再度接到采样命令）时为止。此时，采样/保持器的输出重新跟踪输入信号变化，直到下一个保持命令到来为止。

采样/保持器的主要用途是：

（1）保持待采样信号不变，以便完成 A/D 转换；

（2）保持多个待采样模拟量，以便同时完成 A/D 转换；

（3）减少 D/A 转换器的输出毛刺，从而消除输出电压的峰值及缩短稳定输出值的建立时间；

（4）把一个 D/A 转换器的输出分配到几个输出点，以保证输出的稳定性。

最常用的采样/保持器有美国 AD 公司的 AD582、AD585、AD346、AD389、ADSHC-85，以及国家半导体公司的 LF198/298/398 等。

LF198/298/398 是由双极型绝缘栅场效应管组成的采样/保持电路，它具有采样速度快，保持下降速度慢，以及精度高等特点。作为单一的放大器时，其电流增益精度为 0.002%，采样时间小于 6μs 时精度可达 0.01%，采用双极型输入状态可获得低偏差电压和宽频带。使用一个单独的端子实现输入偏置电压的调整，允许带宽 1MHz，输入电阻为 $10^{10}\Omega$。当保持电容为 1μF 时，其下降速度为 5mV/min。结型场效应管比 MOS 电路抗干扰能力强，而且不受温度影响。总的设计保证是，即使是在输入信号等于电源电压时，也可以将输入馈送到输出端。LF198 的逻辑输入全部为具有低输入电流的差动输入，允许直接与 TTL、PMOS、CMOS 电平相连。其门限值为 1.4V。LF198 供电电源可以从 ±5V 到 ±18V。

LF198/298/398 的原理如图 8-5 所示。

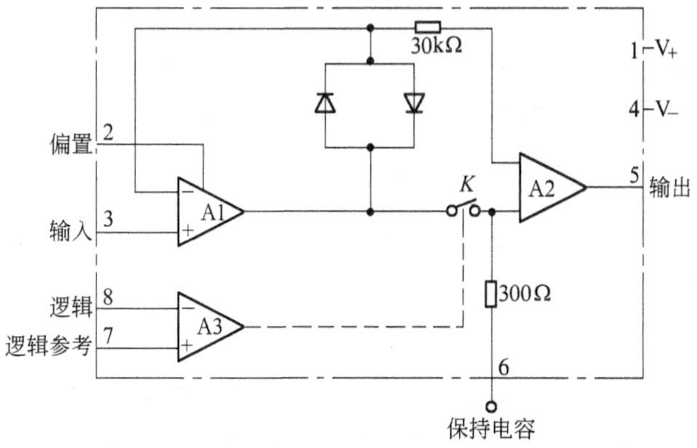

图 8-5 LF198/298/398 的原理图

8.1.4 模拟多路开关

模拟多路开关的作用为分别或依次把各传感器输出的模拟量与 A/D 接通，以便进行 A/D 转换。多路开关是用来切换模拟电压信号的关键器件，为了提高参数的测量精度，对其要求是：导通电阻小；开路电阻大，交叉干扰小；速度快。

常用的由 CMOS 场效应管组成的单片多路开关 CD4051 的原理如图 8-6 所示。CD4051 是单端的 8 路开关，它有三根二进制的控制输入端和一根禁止输入端 INH（高电平禁止）。片上有二进制译码器，可由 A、B、C 三个二进制信号在 8 个通道中选择一个，使输入和输出接通。而当 INH 为高电平时，不论 A、B、C 为何值，8 个通道均不通。该多路开关输入电平范围大，数字量为 3 ~ 15V，模拟量可达 15V。

8.1.5 传感器与计算机的连接

模拟信号传感器与计算机的连接需经过 A/D 转换器。

下面通过 M/T 法测速来说明数字信号传感器与计算机的接口。

M/T 法的原理是同时测量检测时间和在此检测时间内脉冲发生器发送的脉冲来确定被测转速。计数时间由时钟脉冲频率 f_c 和该脉冲的计数值 m_2 确定，如果脉冲发生器每转输出 P 个脉冲，在计数时间内的计数值为 m_1，可得被测转速 n(r/min)为

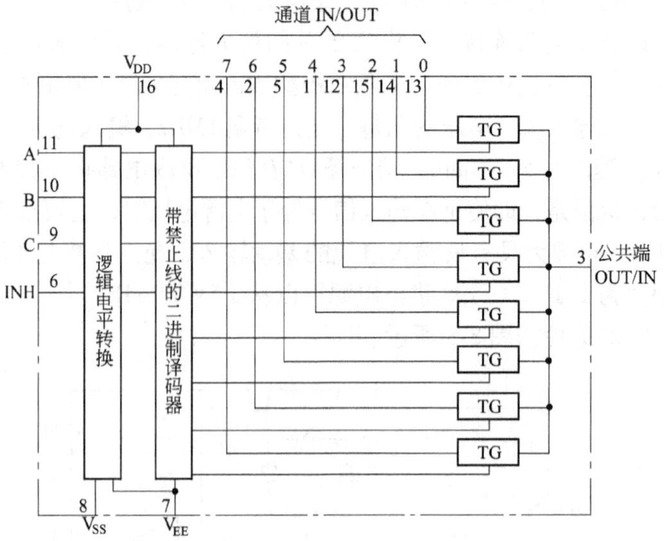

图 8-6 CD4051 原理电路图

$$n = \frac{60f_c m_1}{Pm_2}$$

根据 M/T 法的测速原理，可按图 8-7 所示的硬件电路来实现。它由一片 8253 和一个 JK 触发器组成。图中 LM339 电压比较器对光码盘的脉冲进行整形，使其变为标准的 5V 或 0 脉冲。8253 为 16 位可编程计数器，可在 4MHz 时钟下稳定工作，它有三个独立的 16 位可编程计数通道，每个通道都可工作于方式 0、1、2、3、4、5 六种模式，由用户输入不同的控制字来定义。选用 8253 的三个通道均工作于方式 0，通道 0 号用作测速规定时间定时，通道 1 号、2 号分别作为计数值 m_1 和 m_2 的计数器，因而决定了各通道应送控制字的十六进制数分别为：0 号通道 30H；1 号通道 70H；2 号通道 B0H。其测速过程为：计算机选中 8253 后，先给通道送相应的控制字，0 号通道工作方式 0 一建立，则 OUT_0 由高电平

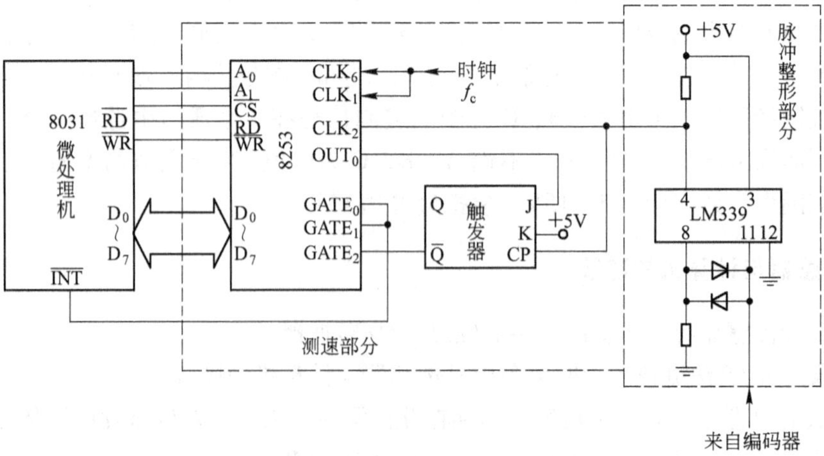

图 8-7 M/T 法测速接口的硬件电路

变为低电平，此低电平加到 JK 触发器的输入端，等待测速脉冲到来。在第一个测速脉冲的上升沿 Q 输出变为高电平，启动 8253 0 号、1 号、2 号通道，同时开始减 1 计数。当 0 号通道测速定时时间到后（即 0 号通道所送时间常数减到零时），则 OUT_0 输出变为高电平，此高电平加在触发器的 J 端，等待下一个测速脉冲的到来。紧随测速脉冲的前沿，Q 变为低电平，封锁 0 号、1 号、2 号通道，停止它们的计数，同时向微处理器申请中断。微处理器响应后，以 8253 的 1 号和 2 号通道读入该通道现时值（初始化时所送数值与计数值的差值），用原送初始值减去现时值求得计数值 m_1 和 m_2，可算出转速值，然后初始化各通道，返回等待中断，中断响应后再重复上述过程。

8.2 触觉信息的处理

8.2.1 轮廓特征的识别

机器人接触物体获得触觉信息。触觉传感器贴在机器人手爪上使用的场合，除了多握几次之外，一般手爪不能接触到物体的整个四周，所以只得到局部的触觉信息。而视觉传感器由于使用了半导体可得到详细的信息，虽然触觉信息没有那样详细，但它具有不受照明影响，能够得到视野外物体的信息等优点。

8.2.1.1 触觉图像的几何学性质

设触觉传感器的敏感元位于阵列 (x,y) 的位置，加在这单元上的力或变位量定义为

$$T(x,y) \quad (x = 1,2,\cdots,m, y = 1,2,\cdots,n)$$

即设触觉传感器由 X 方向上 m 个，Y 方向上 n 个敏感单元排列成阵形状，整个由 $m \times n$ 个敏感单元构成，此时，下式成立：

$$m_{00} = \sum_{x \in M} \sum_{y \in N} T(x,y) \quad (x \in M = \{1,2,\cdots,m\}, y \in N = \{1,2,\cdots,n\}) \tag{8-1}$$

式中，m_{00}称为 0 次矩，它表示 $T(x,y)$的总和，在二值触觉图像的情况，它表示与触觉传感器接触的物体的表面积。

$T(x, y)$ 的一次矩可表示为

$$m_{10} = \sum_{x \in M} \sum_{y \in \mathbf{N}} xT(x,y) = \sum_{x \in M} x \sum_{y \in \mathbf{N}} T(x,y) \tag{8-2}$$

$$m_{01} = \sum_{x \in M} \sum_{y \in \mathbf{N}} yT(x,y) = \sum_{y \in \mathbf{N}} y \sum_{x \in M} T(x,y) \tag{8-3}$$

因此，可求出触觉图像的重心

$$x_g = \frac{m_{10}}{m_{00}} \quad y_g = \frac{m_{01}}{m_{00}} \tag{8-4}$$

二次矩由下式给出

$$m_{20} = \sum_{x \in M} \sum_{y \in N} x^2 T(x,y) = \sum_{x \in M} x^2 \sum_{y \in N} T(x,y) \tag{8-5}$$

$$m_{02} = \sum_{x \in M}\sum_{y \in N} y^2 T(x,y) = \sum_{y \in N} y^2 \sum_{x \in M} T(x,y) \tag{8-6}$$

$$m_{11} = \sum_{x \in M}\sum_{y \in N} xyT(x,y) \tag{8-7}$$

式中，m_{20}、m_{02}分别称为绕 Y 轴、X 轴的惯性矩。

如图 8-8 所示，设 X 轴、Y 轴绕原点旋转 θ 角后的坐标轴为 u 轴、v 轴。坐标变换由下式给出

$$u = x\cos\theta + y\sin\theta$$

$$v = y\sin\theta - x\cos\theta \tag{8-8}$$

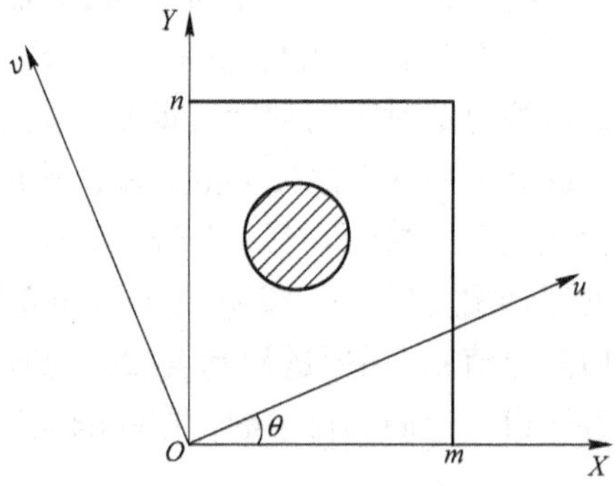

图 8-8 触觉图像的坐标系

由此求出 u 轴、v 轴的惯性矩 m_{UV}

$$\begin{aligned} m_{UV} &= m_{02}\sin\theta\cos\theta + m_{11}(\cos^2\theta - \sin^2\theta) - m_{20}\sin\theta\cos\theta \\ &= \frac{m_{02} - m_{20}}{2} + m_{11}(\cos^2\theta - \sin^2\theta) \end{aligned} \tag{8-9}$$

因此，若求出 $m_{UV}=0$ 时的 $\theta=\theta_0$，则可求出惯性主轴的倾角，即

$$\theta_0 = \frac{1}{2}\arctan\frac{-2m_{11}}{m_{02} - m_{20}} \tag{8-10}$$

在触觉图像中，当求出图像的重心和移动坐标后的图像的主轴方向，有可能识别被抓握物体的姿态。

8.2.1.2 物体断面形状的识别

两根对置并有指关节的手指或具有三根手指的人工手指，通过设置在手指上的接触传感器获取接触状况。如图 8-9 所示，获取的方法有：

(1) 通过设置在手指表面的开关型触觉传感器（接触觉传感器）只获取接触图像。此方法对被识别物体有所限定，它是首先获取各种物体的接触图像，再根据其接触图像识别对象物体。

(2) 综合接触图像和手指各关节角度的信息。

(3) 抽取局部接触的特征和各关节的角度信息。

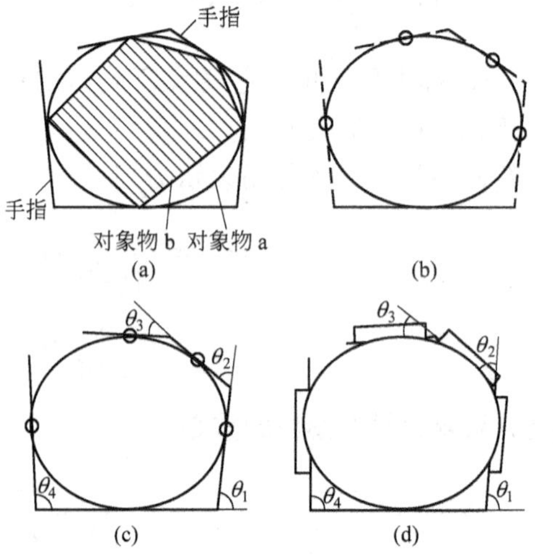

图 8-9 被抓握物体的断面形状识别
(a)手指抓取对象；(b)只有接触信息；(c)接触信息 + 关节角度；(d)局部特征信息 + 关节角度

8.2.2 空间信息识别

用触觉传感器进行三维对象物的形状识别，可分为两种情况：物体表面与接触传感器进行接触（加压）而产生三维接触图像，

通过识别该图像来进行形状识别；伴随装有触觉传感器的手指或末端器等运动或移动，根据依次感受的触觉图像及其位置和姿态来识别对象物体的形状。

8.2.2.1 采取触觉传感器进行三维触觉图像的获取与识别

对机器人手指所用的触觉传感器有如下要求：触觉传感器的大小以应能安装在手指上为宜；敏感元的分布应与人手指触觉感受器的分布相仿；在敏感元的表面能获取法线方向和切线方向等分力信息；不易出现因化学、机械及电气等方面问题引起的损坏和故障，可靠性高等。

A 用手指内藏式触觉传感器识别物体的形状

内装于机器人手指的触觉传感器已用于物体形状的识别。图 8-10 所示为装在手指内部的光电式触觉传感器的例子。其中心部分的敏感元件配置较密，为 1 个/mm^2，其他部分的敏感元件配置较疏，为 0.1 个/mm^2，表 8-1 示出了该传感器的特性。

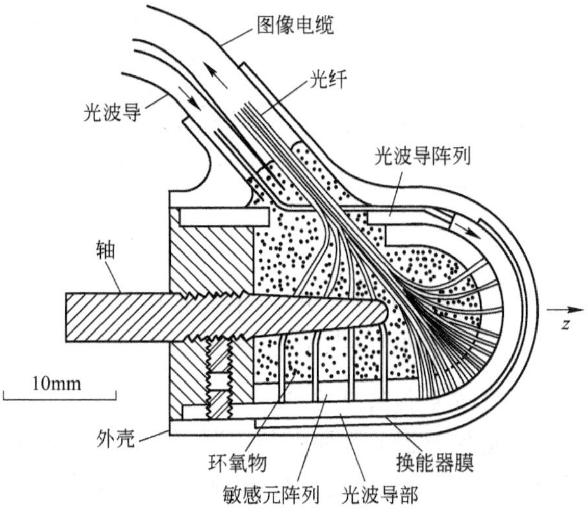

图 8-10 装在手指内部的触觉传感器

表 8-1 光学式指端触觉传感器的特性

<table>
<tr><td colspan="2">尺寸（传感器头）</td><td>直径 21mm，长度 31mm</td></tr>
<tr><td colspan="2">质量（传感器头）</td><td>20g</td></tr>
<tr><td colspan="2">手指安装轴</td><td>直径 4.65mm，长度 10mm</td></tr>
<tr><td colspan="2">敏感元件配置（间距）</td><td>1mm（中心部，169mm²），3.2mm（外围部，811mm²）</td></tr>
<tr><td colspan="2">检测压力范围</td><td>0 ~ 0.4MPa</td></tr>
<tr><td colspan="2">力的检测方向</td><td>法线方向（剪切方向不能检测）</td></tr>
<tr><td colspan="2">力的检测范围</td><td>0 ~ 0.4N/敏感元件</td></tr>
<tr><td colspan="2">频率响应</td><td>0 ~ 200Hz</td></tr>
<tr><td rowspan="2">显示装置尺寸</td><td>机身尺寸</td><td>长 31mm，宽 31mm，深 20mm</td></tr>
<tr><td>触觉图像尺寸</td><td>长 19mm，宽 21mm</td></tr>
<tr><td colspan="2">图像电缆长度</td><td>0.6m</td></tr>
<tr><td colspan="2">光导长度</td><td>0.87m</td></tr>
</table>

B　用面式触觉传感器进行物体识别

面式触觉传感器的大小可自由设计，若使敏感元件配置较密，则其敏感元件的数量增多，因而经常产生布线问题以及敏感元件输出的获取方法等问题。

现已开发出各种面式触觉传感器，下面介绍光学式和利用导电橡胶的面式触觉传感器。

如图 8-11a 所示，在圆锥状凸凹的白色硅橡胶片下面放置丙烯板，光由丙烯板的侧面照射，当在硅橡胶片上加力时，在硅橡胶片与丙烯板面的接合面上产生光散射，其接合面与施加压力成正比，因此可根据散射光量检测出施加压力或位移量，从而可得到接触图像。图 8-11b 为按压环状物体时的触觉图像。由图可知，能识别外形及中心部分的凹部。

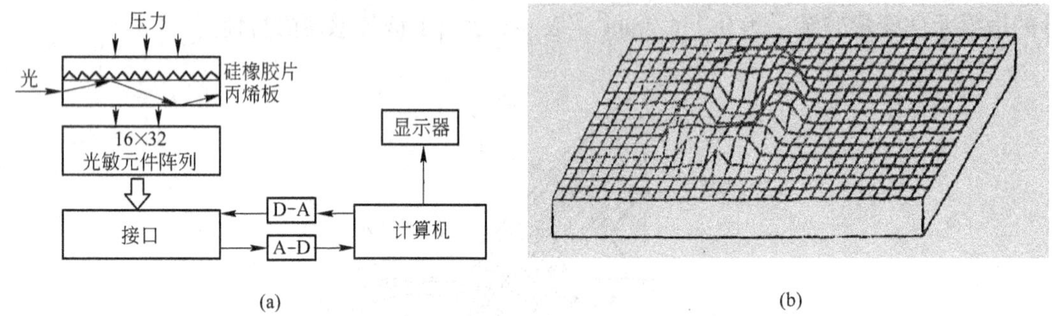

图 8-11　分布式触觉传感器示例

（a）传感器构成图；（b）获取的触觉图像示例

8.2.2.2　触觉传感器对对象物的探索识别

在对象物体比手指的触觉传感器的表面大的情况下，通过手指移动搜索物体表面，则可识别其形状。图 8-12 所示为用装在手指内部的触觉传感器搜索物体表面进行识别的例子。使用的触觉传感器是在手指表面的内侧使用了带有阵列状电极的 PVF2，压电薄膜构成直径 2.5mm，间隔 5mm 的 5×7 敏感元件列阵。如图 8-12a 所示，使手指在平面上左右摆动进行扫描式搜索。图 8-12b 为其搜索的结果。作为三维形状识别的例子，图 8-12c 为对弯曲管的表面进行同样搜索的结果。

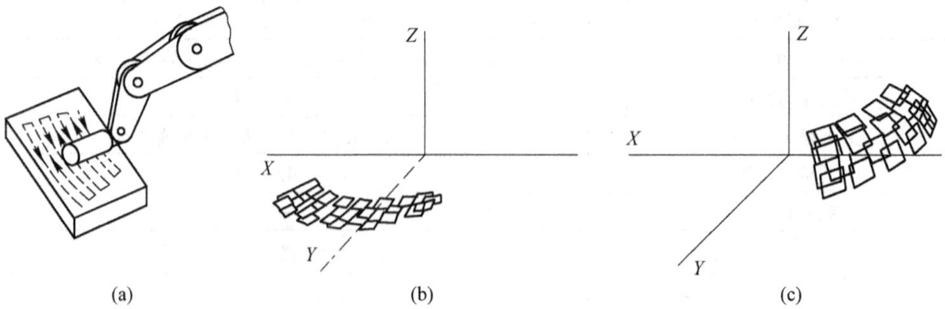

图 8-12　用触觉传感器进行物体形状识别的例子

（a）手指搜索；（b）平面的结果表示；（c）物体表面（弯曲管）的表示示例

8.3 机器人的二维图像处理

8.3.1 前处理

前处理是图像处理的第一阶段，它除去输入图像中所含的噪声或畸变，并变换成易于观察的图像。

图像由网格状配置的具有灰度信息的像素组成，灰度信息用明亮度或灰度表示，具有某一灰度的像素的频度分布图称为灰度直方图。如图 8-13 所示，横轴表示灰度，纵轴表示频度。灰度直方图是了解图像性质的最简便方法。例如，图 8-13 的直方图表示像素的灰度偏到部分区间，对比度差不能有效地表现出图像的信息。另外，若直方图有两个波峰，表示图像中存在着性质不同的两个区域。

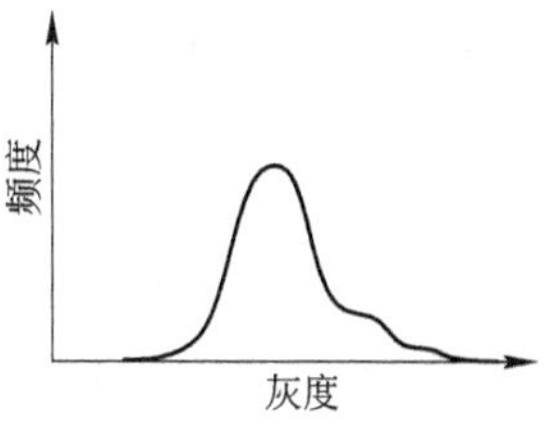

图 8-13 灰度直方图

为了使图像中的对象物体从背景中分离出来，将灰度图像或彩色图像变换为黑白图像。最一般的方法是：规定某一阈值（threshold），像素的灰度值大于阈值时变换为 1（黑），小于阈值时变换为 0（白），即二值化处理。确定阈值的最基本方法是用灰度直方图中谷点的灰度值作为阈值。

对于有阴影的图像，整个画面如果用同一个阈值，往往不能很好地二值化，需要对各部分用不同的阈值进行二值化。也就是，先在若干个代表性的像素所在的小区域上求出它们的阈值，然后通过线性插补求出这些像素之间各点的阈值，此方法称为动态阈值法。

图像中所含的噪声有：图像传感器的热噪声产生的随机噪声、图像传输过程中混入通信线路的噪声、由量化产生的量化噪声等。在噪声中，有的噪声的噪声源的频率特性是已知的（如电视扫描线产生的条纹），此时可对图像进行傅里叶变换，并加上只允许信号分量通过的滤波器将噪声消除。

采用空间平均可以减小与信号没有相关的叠加性随机噪声的功率。其方法是用平滑滤波器对周围 $n \times n$ 邻域内的像素取平均值以抑制噪声的影响。图 8-14 给出了几种平滑算法，图中小格中的数字表示滤波算法的权值，例如 3×3 平均是对平滑点和其周围的 8 个点的数值取和后，平滑点的取值为总和的 1/9，但是平滑过程使图像也变模糊了，尤其是由于边缘的模糊化产生了图像品质下降的问题。用输出中间值的滤波器（中间滤波器），

1/9	1/9	1/9
1/9	1/9	1/9
1/9	1/9	1/9

3×3平均

1/16	1/8	1/16
1/8	1/4	1/8
1/16	1/8	1/16

模拟高斯形

0	0	1/13	0	0
0	1/13	1/13	1/13	0
1/13	1/13	1/13	1/13	1/13
0	1/13	1/13	1/13	1/13
0	0	1/13	0	0

圆形滤波器

图 8-14 平滑滤波器的例子

能够在某种程度上抑制边缘的模糊化。

8.3.2 特征提取

灰度变化大的部分称为边缘，边缘是区分对象物与背景的边界，是识别物体的形状或理解三维图像的重要信息。要抽取边缘，需对图像进行空间微分运算。图 8-15 给出了各种 3×3 微分算子，其中 Sobel 是一阶微分算子，对图像分别施以 x 微分和 y 微分算子，从其输出 D_x 和 D_y 可以求得，边缘的亮度 L 为

$$L = \sqrt{D_x^2 + D_y^2} \tag{8-11}$$

边缘的方向 R 为

$$R = \arctan(D_y/D_x) \tag{8-12}$$

拉普拉斯算子是二阶微分算子，该运算可得到边缘的量度 $g(x,y)$。算子 $h(M,N)$（图8-15）对图像 $f(x,y)$ 进行如下计算

$$g(x,y) = \sum_{j=-n}^{n}\sum_{i=-m}^{m} f(x-i,y-j)h(i,j) \tag{8-13}$$

在算子中 $M=2m+1$，$N=2n+1$。

这就是数学上的卷积运算，在图像处理上称为空间滤波（spatial filtering）。

-1	0	1
-2	0	2
-1	0	1

x 微分

-1	-2	-1
0	0	0
1	2	1

y 微分

(a)

1	1	1
1	-2	1
-1	-1	-1

(b)

0	1	0
1	-4	1
0	1	0

4 近傍

1	1	1
1	-8	1
1	1	1

8近傍

(c)

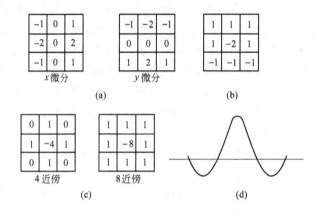

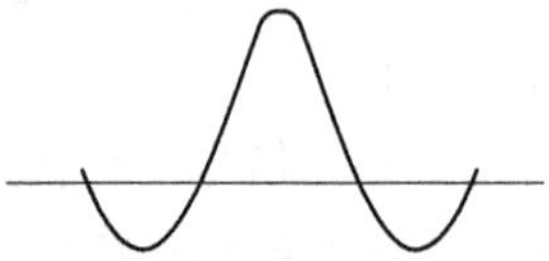

(d)

图 8-15 微分算子及断面图

（a）Sobel 算子；（b）Prewitt 算子；（c）Laplacian 算子；（d）加权滤波后的断面图

微分算子越小，则噪声的影响越大。图 8-15d 表示对图像施以具有高斯形式权重的平滑滤波后，再进行拉普拉斯算子操作形成的断面图。通常采用不大于 32×32 的掩模板，凡是输出由负变正或由正变负的点就是边缘点。高斯二次微分滤波器可以用两个大小不同的高斯滤波的差值来近似，因此，又称为 DOG 滤波器（高斯差分）。

除了把包含在图像中的对象物边缘抽取和匹配的方法之外，也可将图像按其灰度、颜色、纹理等分割成均匀的区域。分割方法可分为三类。第一类方法是先将图像分为小区域，然后将相似的区域汇集在一起，统计性检测判据或启发式评价函数可作为相似度的评判。第二类方法是从图像全局开始着手，凡是能分割开的就一直分割下去。第三类方法是

从中等大小的分割区域开始着手，反复进行分裂和合并操作，故称为分裂-合并（split-and-merge）法。

纹理（texture）有的像壁纸花纹，其基本图样依照一定规律排列的；也有的像薄面纱纸的表面没有基本图式，但都有一定统计性质。不论何种纹理，从宏观看来，区域是均匀的。纹理特征量通常选用共生矩阵，它是一种二阶统计量。共生矩阵表示有一定相对位置关系的两个像素。其灰度分别为 i 和 j 的概率 $P(i,j)$。

虽然现实世界中的物体是三维的，有时也可以通过二维轮廓来识别。其几何学特征包括：重心位置、面积、外界长方形的大小等，有时也使用圆度（aspect ratio）= 面积/周长^2 来表示图形域圆形的接近程度。作为拓扑特征量的欧拉数，它等于连通域的数量减去孔的数量。矩（moment）也用作特征量。$p+q$ 次矩 m_{pq} 的定义如下：

$$m_{pq} = \int_{-\infty}^{\infty}\int_{-\infty}^{\infty} x^p y^q f(x,y)\,\mathrm{d}x\mathrm{d}y \tag{8-14}$$

m_{00} 为面积，（m_{10}，m_{01}）决定重心位置。采用以重心为原点时的中心矩可得出图形的倾角 θ

$$\tan 2\theta = 2m_{11}/(m_{20}+m_{02}) \tag{8-15}$$

上述特征量对粗略地确定图形形状特征是很简便的，但不足以进行细致的识别。需要详细描述图形的形状时可用直接描述图形区域法和描述图形轮廓法。

距离变换是一种直接描述法。如图 8-16 所示，在圆圈中给出了该点到边界点的最短距离。距离图像最大值点组成的线称为骨架，骨架及其代表的距离值能够完全描述原来的图形。作为基于图形对称性描述的实例有对称轴变换及平滑过渡的区域对称（smoothed local symmetry）。后者的图形描述方法是基于平滑地连接局部对象的轴线。图 8-17 所示为其

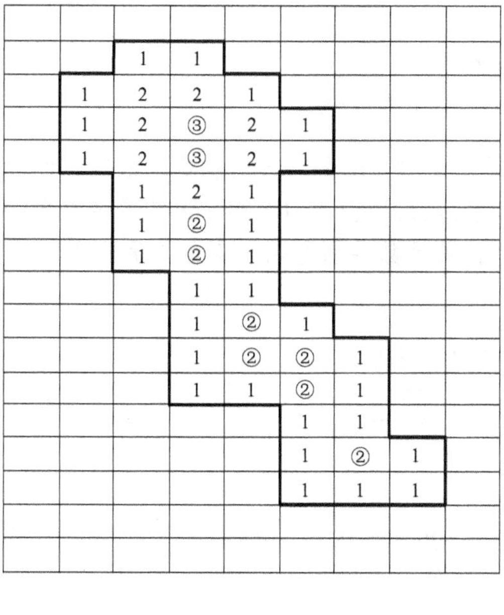

图 8-16 距离变换图像
（○标记为骨架）

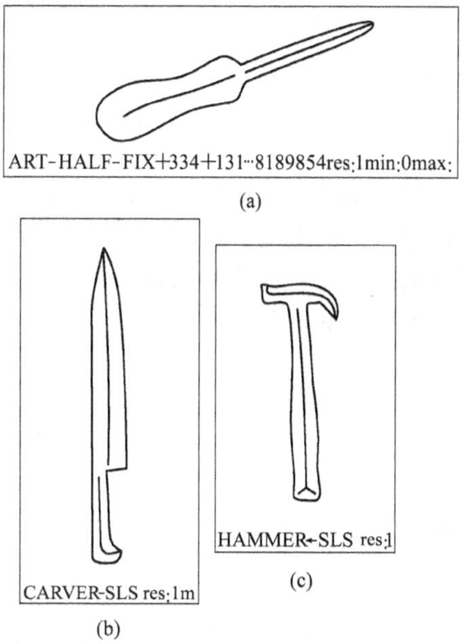

图 8-17 smoothed local symmetry 处理的实例
（按图示的轴描述图形）

处理实例。

图形轮廓能够用链码表示，即逐个像素追踪。图 8-18 所示的是八方向码组成的一串链码。图形轮廓是闭环，从轮廓上的一点出发，绕行一周回到原来出发点的情况可用一条链码表示。对链码用高斯法做模糊化处理后，进行一阶微分可得到相当于曲率的量，对此再在标度空间进行解析，就能抽取出图 8-19 所示的图形特征部分。

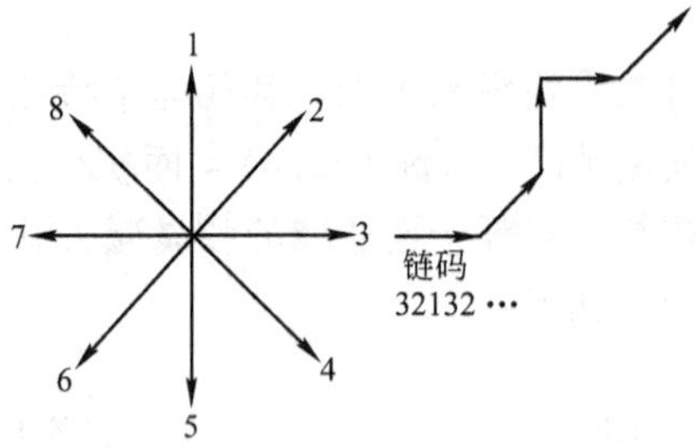

图 8-18 链码

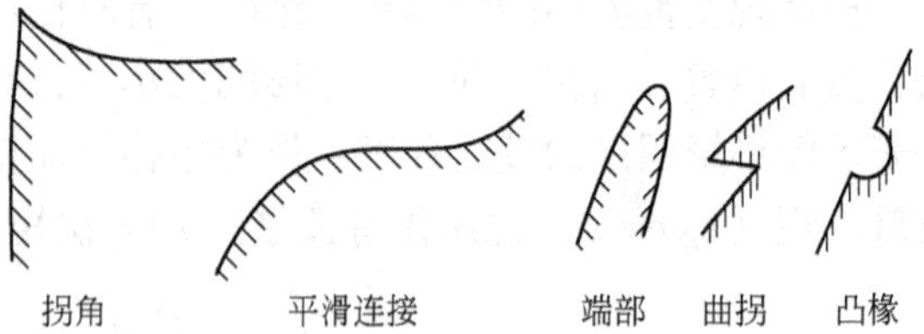

图 8-19 曲率变化的像素

8.3.3 匹配和识别

识别图像中所含对象物有两种方法：一种方法是将图像原封不动地进行比较；另一种方法是首先描述图像中对象物的特征，再在特征空间中进行比较。图 8-20 表示识别方法的流程。

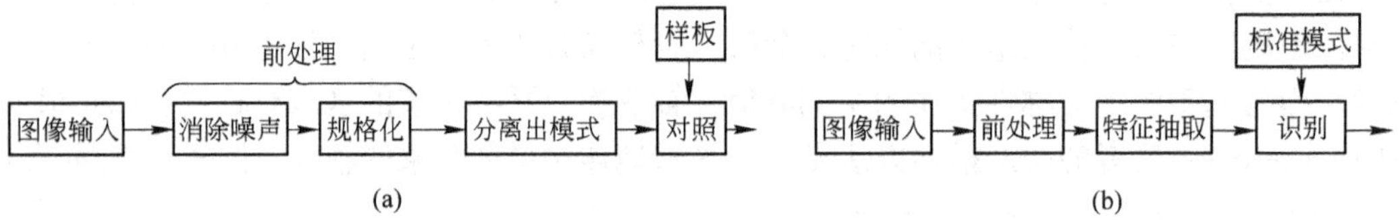

图 8-20 识别流程

（a）识别过程的流程（Ⅰ）；（b）识别过程的流程（Ⅱ）

预先准备好标准图形（样板），将分割出的图像的一部分与样板重叠，根据它们的一致性定义其类似度。在二值图形的情况下，重叠之后的黑色或白色相一致的总像素数和总图形面积之比可作为类似度。对于灰度图像，相关系数或者差值绝对值之和可作为类似度。相关系数 r 定义为

$$r = \frac{\sum\limits_{(x,y)\in R} f(x,y)\cdot p(x,y)}{\sqrt{\sum\limits_{(x,y)\in R} f(x,y)}\sqrt{\sum\limits_{(x,y)\in R} p(x,y)}} \tag{8-16}$$

差值绝对值之和 s 为

$$s = \sum_{(x,y)\in R} \left| f(x,y) - p(x,y) \right| \tag{8-17}$$

式中，$f(x,y)$ 是输入图像；$p(x,y)$ 是样板图像。

基于抽取到的特征的统计性质进行分类称为统计模式识别法。将特征表示成多维向量，用于定义高维空间中的模式与输入模式之间的距离或类似度。最简单的距离度量就是

某类平均模式与输入模式间的欧几里德距离，或者是用特征向量各元素差值的绝对值之和表示的距离。假设标准模式为正态分布时，利用平均值向量 μ 和方差，协方差矩阵 Σ，能定义以下的距离 d_t

$$d_t = (x-\mu)^t\Sigma^{-1}(x-\mu) \tag{8-18}$$

上式称为马哈拉罗毕斯通用距离，是用各维元素的方差和协方差的大小进行规格化后的距离度量。上式中加上 Σ 行列式的量，表示输入模式属于其模式类时的后验概率，最大似然推论法就是选择最大后验概率的模式类的方法。

结构模式识别方法是将图像中对象物二维结构记述为结构要素的组合，然后判定这种描述是否为已知的描述，从而进行识别。根据产生结构要素组合的文法，描述模式类别的方法称为句法模式识别。

8.4 三维视觉的分析

为了识别景物中存在的三维物体，处理分为以下三个阶段：

（1）景物中三维信息的检测；（2）由景物中三维信息抽取特征，并以此为基础对景物进行描述；（3）物体模型和场景描述之间的匹配。

获取外界三维信息的视觉传感器有主动传感器和被动传感器两类。包括人类在内的大多数动物具有使用双目的被动传感器。也有类似蝙蝠的动物，具有从自身发出的超声波测定距离的主动传感器。通常主动传感器的装置复杂，在摄像条件和对象物体材质等方面有一定限制，但能可靠地测得三维信息。被动传感器的处理虽然复杂，但结构简单，能在一般环境中进行检测。传感器的选用要根据目的、物体、环境、速度等因素来决定。有时也可考虑使用多传感器并行协调工作。

8.4.1 单目视觉

用单台摄像机的单目视觉，即从单一图像中不可能直接得到三维信息。如果已知对象的形状和性质，或作某些假定，便能够从图像的二维特征推导出三维信息。图像的二维特征（X）包括明暗度、纹理、轮廓线、影子等，用二维特征提取三维信息的理论称为 X 恢复形状。这些方法不能测定绝对距离，但可推定是平面的、倾斜的或曲面的形状等。

应用明暗度恢复形状的方法就是根据曲面图像上明亮程度的变化推测原曲面的形状。在光源和摄像机位置已知的情况下，曲面上的量度与曲面的斜率有关。

设曲面的方程为 $z=f(x,y)$，x 方向和 y 方向的斜率分别为 $p=\partial f(x,y)/\partial x$ 和 $q=\partial f(x,y)/\partial y$，称（$p$，$q$）为曲面的斜率。

曲面亮度 I 和曲面的斜率（p，q）之间的关系用函数 $I=R(p,q)$ 表示，它可以表示成图 8-21 所示的反射率映射图。通常，利

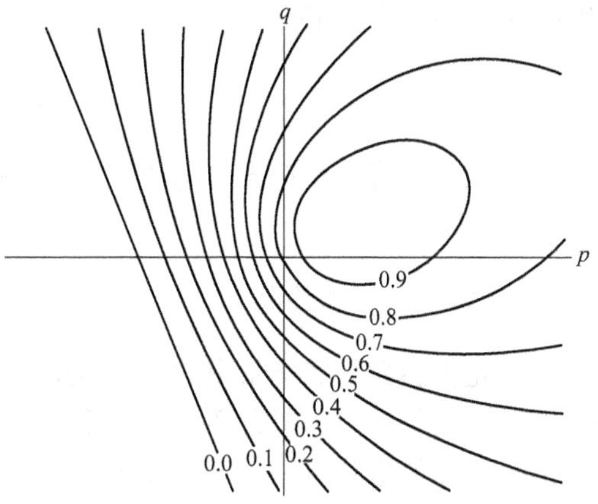

图 8-21 反射率映射图

用圆球等形状已知的定标物体凭经验作出反射率映射图。在反射率图中，具有同样亮度的曲面的斜率组成一条“等高线”。因此，如果知道曲面各点的亮度，曲面上各点的斜率就要受到反射图中各条“等高线”的约束。因此当已知曲面的一部分的方向时，以此为边界条件，基于曲面平滑的假设，从图像上可见的亮度出发，反复利用迭代法能够计算出曲面上所有点的曲面斜率。作为边界条件，既可以利用反射图上最明亮部分的曲面的方向，也可以利用曲面遮挡轮廓线的切线垂直面的方向。

光度体视法是明暗度恢复形状原理的扩展，它采用多个（通常三个）光源使约束条件增加，从而决定曲面的斜率。首先，对不同位置的三个光源分别建立三个反射率图，分别表示曲面斜率与亮度之间的关系，然后利用同样的三个光源对物体依次进行照明。得到的三幅图像的亮度信息与三个反射率图进行匹配，就能按下述方法决定对应于图像各点的曲面斜率。

设 I_1，I_2，I_3 分别表示图像上点（i，j）对于三个光源的亮度，可以在各自的反射率图上求得与各个亮度对应的“等高线”。这时，三条“等高线”交于一点，该点的坐标（p，q）就表示对应于点（i，j）的三维空间中的点所在曲面的斜率。

8.4.2 双目视觉

使用两台摄像机的双目立体视觉是根据三角测量原理得到场景距离信息的基本方法。摄像机的标准模型如图 8-22 所示，设连接两台平行放置的摄像机的镜头中心 O_L 和 O_R 的基线长度为 $2a$，摄像机的焦距为 f，摄像机的摄影平面与摄像机的光轴垂直，并且距镜头中心的距离为 f。虽然摄像机的实际结构与摄像机标准模型不同，但是从摄像机标定可计算出摄像机参数，利用这些参数能够将实际的图像变换为标准摄像机模型下的图像。设三维空间中的点 $P(x, y, z)$ 在左右图像上的像点为 $P_L(X_L, Y_L)$ 和 $P_R(X_R, Y_R)$，P_L 和 P_R 的 X 坐标值的差，即视差为 $d = X_L - X_R$，由此可按下式求得点 P 的距离 z

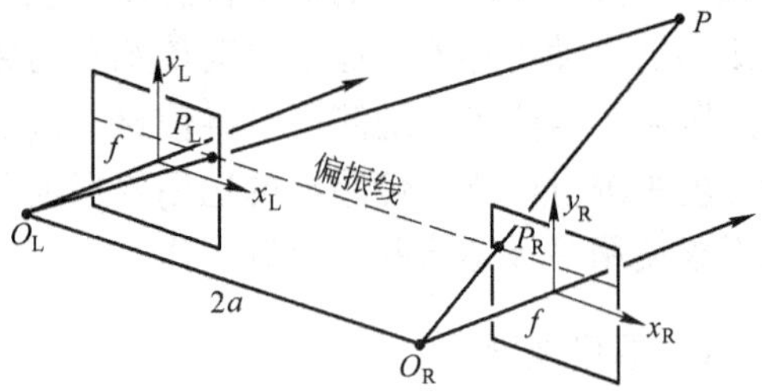

图 8-22 立体摄像机的标准模型

$$z = \frac{2af}{d} \tag{8-19}$$

双目视觉的进一步扩充可用两个以上的摄像机（如三目视觉），使得错误对应点能够减少。

8.4.3 物体的表示及匹配

从视觉传感器得到场景中的三维信息可抽取物体各个面及其边界线，用面和线表示的场景与存储的物体模型进行匹配，从而能决定场景中存在物体的种类、位置和姿态。

表示物体的形状可用基于边界线、面、广义圆柱、扩充高斯图像等方法。物体模型与场景中物体的匹配，归结为寻求使两者表示一致的坐标变换的问题，其中包括三维旋转和平移变换。变换是要考虑到因观测位置不同所看到的结果也不同，物体的一部分可能被其他物体遮挡而看不见。

线框表示法是用物体表面的边界线表示物体的方法。用光投影等方法获取场景中的距离图像后，用边缘检测法抽取物体的边界线，这种方法就是分别用图像的一阶微分或二阶微分检测出深度骤变的轮廓线及面的方向骤变的棱线，结果得到的边界线一般用直线或二次曲线近似。采用线框表示法即使在场景中的物体的一部分被其他物体挡住看不见的情况下，只要至少得到一个顶点两个边之间的对应关系，就可能与模型进行局部匹配。物体模型的三维边界线与投影到图像上的二维边界线的匹配也是可能的，如果得到三个以上的顶点间的对应，则二维图像也能进行三维的解释。

面表示法是用面的组合来表达物体，描述面的种类及面之间的空间关系。区域生长法是从距离图像抽取物体各个表面的一般性方法之一。首先在图像的各个点产生面元，它能局部满足平面方程，然后把平面方程近似相同的相邻面元合并，于是生成若干个近似可视为平面的基础区域。根据构成各个基础区域的面元方程式的不同，将基础区域分为平面和曲面。最后将平滑相连的曲面当作一个大的曲面。在面的表示方法中，一般将各个面拟合成平面方程或二次曲面方程。

建立物体模型的一种方法是给定物体实例的描述，另一种方法是采用实体模型存储。一个物体存储的模型可以是只有一种模型或多个模型。后者虽然显得复杂，要增加数据量，但其优点是能提高识别物体的效率。

物体模型与场景表示之间的匹配有三个阶段：初步匹配、检查、微调。因为通常存在多个物体模型，而且难于一下求出模型与场景的对应点，所以初步匹配阶段只是局部地求得少数对应点，并确定需要采用的坐标变换或者更改模型。

通常需要全局搜索，因此搜索空间非常大，要设法尽可能省去无用的搜索。虽无通用的方法，但对需识别的物体加以限制，就能够利用物体的固有特征，检查阶段判断按初步匹配得到的坐标变换是否合适。对模型的其他部分也施以同样的坐标变换，检验在场景中预测的位置上是否存在与变换后的模型的部分相对应的部分。如果对应部分太少，则其变换有误，需要修改初步匹配，求出其他候补的坐标变换或修改模型。初步匹配即使正确，由局部匹配得到的坐标变换中仍多少存在误差，在微调阶段要测定总体误差，并按最小二乘法对坐标变换的参数进行修正。

8.5 机器人的语音

8.5.1 语音合成

8.5.1.1 语音对话系统

机器人的语音输入输出内容如图 8-23 所示。语音输入过程是一种模式识别过程，首先对空气振动引起的语音声波进行分析，然后抽取声波里的音响特征、模式识别以及语音之间的连接。正确无误地对连续的发音进行一个一个语音识别是一件非常困难的事情，所以只能从不是那么准确的语音序列或单词的识别去理解人的说话内容。因此，在机器人系统中所使用的语音识别方法、韵律规则和语法规则等语言学方面的规则都是综合了各种知识形成的，只有这样才能理解人说话所表达的意思，可以把这种系统称为语音理解系统。但是人说话有

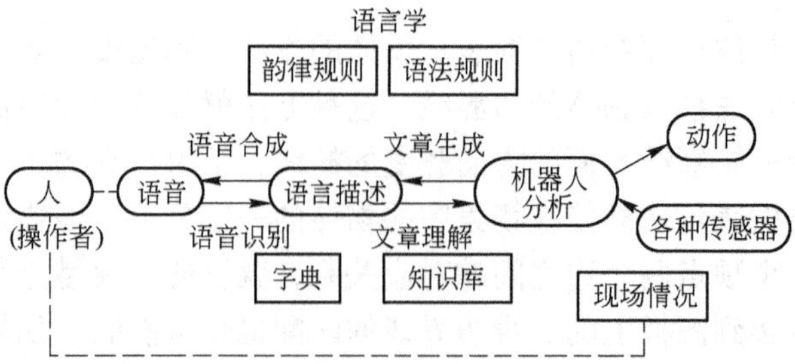

图 8-23 机器人的语音输入输出内容

时不那么明确，或者表达不那么清楚，这时机器人就要通过语音合成装置在人说话内容不明确或不清楚的地方提出问题并请求解答，或对人说的内容多次加以确认，采用这种方式构成的系统称为语音对话系统。在语音对话系统中，虽然对人所发出的语音或单词的识别并不十分准确，但通过对话和理解过程就能把人说话的内容传达给机器人。

8.5.1.2 语音的生成、音响特征及语音分析

一般来说，语音的生成过程分为三个阶段：声道内音源的发音，到声道出口为止的声波的传递，从声道出口到语音接收点的声波辐射。发音的音源也有三种：通过声带的振动引起声道内呼出的气流所产生具有近似周期性的断续气流量的变化，当呼出的气流通过声道时，由于声道变窄而产生的声压变化和把闭锁的声道突然开放而产生的阶跃形的音压变化等。对元音来说，声道由咽喉、口咽和口腔组成，并具有全极点的传递函数特性，每个极点的频率称为共振峰频率，把这些共振峰频率依次编号为第一共振峰频率、第二共振峰频率、第三共振峰频率等。

语音的特征有分节特征和韵律特征两种。在语音分节特征中，可以把元音或辅音等每个单音作为语音的一个特征单位，因此可以根据声道的传递函数和音源的种类对这些特征单位进行描述。在语音的韵律特征中可以把语音的抑扬、强度、节奏和速度作为语音的一种特征单位。语音的抑扬可以用振动的基频来描述，语音的强度可以用音源的强弱来描述，而语音的节奏和速度则可以用单音或停顿的持续时间来描述。

通过傅里叶变换对频率函数进行分析是一种基本的语音分析方法。这种方法得出的结果是一种频谱特性，包括振幅频谱和相位频谱，但相位特性对语音影响不大，所以一般仅用振幅频谱（简称频谱）来表示。由于语音特征是随时间变化的，所以使用傅里叶变换对语音分析时，应截取语音信号的有限长度段进行分析。

8.5.1.3 各种语音合成方式

语音合成是指通过机械设备用人工方法制造语音。通过这种语音合成技术产生的语言称为合成语言。将人说话产生自然的语音称为自然语音。语音合成方式的分类如表 8-2 所示，主要有三种方式：把自然语音波形直接进行录音的编辑方式；对语音波形进行分析，抽取特征参数，然后进行编辑加工，在此基础上进行语音的再度合成的分析合成方式；按照某种规则进行全新语音合成的规则合成方式。目前用于一般的民用设备的语音合成方式主要是前两种，当所描述的信息种类以及所表达的内容比较复杂时，这两种方式就不那么适用，这时就要用到规则合成方式。

表 8-2 各种语音合成方式

分 类	记忆内容	合成单位	信息量	具体方式
录音编辑方式	语音波形，波形参数	单词，词组，句子	16 ~ 64kb/s	PCM，ADPCM
分析合成方式	频谱参数	音节，单词，句子	1.6 ~ 9.6kb/s	通道声码器 LPC，PARCOR
规则合成方式	参数生成规则	单音，半音节，音节	50 ~ 75b/s	终端模拟器 LPC，PARCOR，LSP

A 录音编辑方式

预先将人发出的语音以电信号的形式记录下来，当需要时再将记录下来的各种语音电信号取出来进行连接，合成所希望的波形，此即为录音编辑方式。语音的信号波形一般用脉冲编码调制方式（pulse code modulation，PCM）调制变换为数字符号进行存储。为了节省存储器的存储空间，也采用高频率编码方式。为了防止音质变坏，最好用单音或音节比较小的语言单位，但是目前适用的语音合成系统都采用单词、词组或句子作为存储单位。一般的做法是，在句型中更换单词作为新的语句输出，这种做法所得到的合成语言范围有限。同一个单词如果放在一句话的不同位置就会改变语音的分节特征和韵律特征，这就需要准备多一些复合语音。目前在各种实用的语音合成装置中，其词汇量约在 100 ~ 2000 个之间。

B 分析合成方式

在分析合成方式中，首先对语音进行分析，然后抽取主要的音源特性和频谱包络特性。音源特性包括有声与无声、语音强度、有声时的基音频率等。在抽取的基础上，将各种特征参数的时间序列进行存储，在需要时取出相应的参数进行连接以驱动语音合成器（滤波器）进而合成为语音波形。一般情况下，假设有声音时为一串脉冲序列，无声音时为白色噪声。与录音编辑方式相比，虽然通过分析合成方式得到的合成语音的音质有所下降，但有可能对信息进行大幅度压缩。通过对各种特征参数进行控制，能做到使时间轴进行延伸或压缩，也容易使语音连接的基音频率和频谱的变化比较平滑。分析合成方式一般用单词或词组作为存储单位，其词汇量可达数千个。用分析合成方式进行语音合成的装置称为声码器。声码器的主要例子如表 8-3 所示。最早研究成功的是通道声码器，它采用频带滤波器组对语音频率进行分析，现在常用的是采用线性预测分析方法的线性预测声码器、PARCOR 声码器和 LSP 声码器。其中 LSP 参数是一种频域参数，时间插补特性很好，所占用的信息量也不大。图 8-24 所示为采用线性预测分析方法的一种语音合成器的等效电路。

表 8-3 主要的语音分析合成系统

种 类	分 析 方 法	特 征 参 数	信息量/$kb \cdot s^{-1}$
通道声码器	频带滤波器组分析	频带滤波器的输出振幅	2.4
共振峰声码器	频带滤波器组分析	共振峰频率	2.4
极大似然声码器	极大似然拼谱推算法	线性预测系数	5.4
同态声码器	对数倒频谱分析	对数倒频谱	7.8
PARCOR 声码器	偏相关分析	PARCOR 系数	2.4 ~ 9.6
线性预测声码器	线性预测分析（协方差法）	线性预测系数	3.6
LSP 声码器	LSP 分析	线频谱对	1.6 ~ 4.8

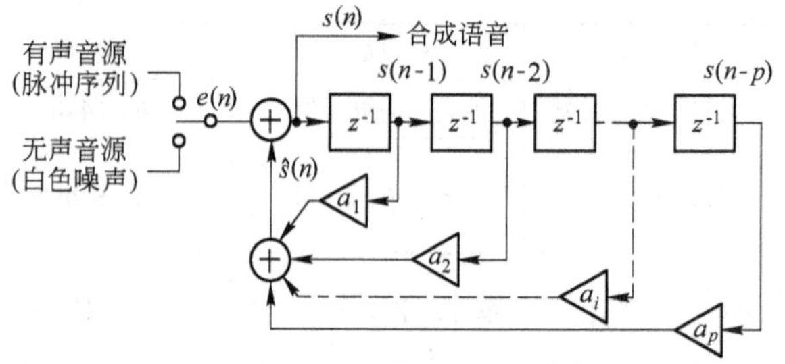

图 8-24　基于线性预测分析方法的语音合成电路

C　规则合成方式

规则合成方式不是把人发出的声音作为语音素材进行处理，而是用某种符号序列对语言信息加以描述，将这些符号序列作为输入信号，再利用基于语音学的各种规则生成特征参数时间序列数据，这些数据驱动语音合成器，最后合成语音波形。这种方式不受词汇量和句型的制约，能够合成任意的用语音表达的文章。

规则合成语音系统的输入信号有几种，例如语音音韵符号序列、一般的文字语言或语言知识描述等，对于不同的输入信号在语音合成时所进行的信号处理方法有很大差异。语音音韵符号序列是指定语音的分节特征和韵律特征的一种符号序列。当把这些符号序列进行输入时要处理的内容是，生成合成语音所需的特征参数的时间序列数据，和把时间序列合成为语音波形。把正规书写的文字序列作为输入而进行的语音合成称为文章-语音合成，或文本-语音转换。

8.5.1.4　终端模拟型与声道模拟型语音合成器

终端模拟型与声道模拟型语音合成器分别是从语音频谱方面和发音机构方面模拟人的语音频谱和发声器官而制成的。

A　终端模拟型语音合成器

终端模拟型语音合成器又称为频谱模拟语音合成器，其声道的传递函数可以用有限个极点和零点的滤波器来近似地描述，通过声带音源波形或白色噪声波形进行激励。由于元音和辅音在通过声道时的传递特性显著地不同，所以语音合成器一般都并联配备多个滤波器。元音和辅音的声道传递函数在原理上可以分别用极点（共振）回路和零点（逆共振）回路的串联连接来近似地描述，因而称其为串联型语音合成器。从记录实际语音频谱的包络曲线来看，声道传递函数的极点与频谱包络曲线呈现的各个峰值（最大值）相对应，因此可以很容易地推算每个极点对应的频率，而推算每个零点对应的频率就很困难，因而可以把只包含极点的回路并联排列。实际上，大多数情况都使用图 8-25 所示的由串并联型组成的混合结构。

B　声道模拟型语音合成器

声道模拟型语音合成器也称为构造模拟型语音合成器。其内声道模型的横截面是不均匀的而且具有侧通道的音响管，通过电子仿真技术可以假设声道模型是由多个不同横截面积的圆管串联组成，并可近似地推算出声道的截面参数；或者从声门的开闭、舌的位置、舌尖的形状、嘴唇的扁平或突出等语音模型中近似地推算出声道模型各部分的横截面积参

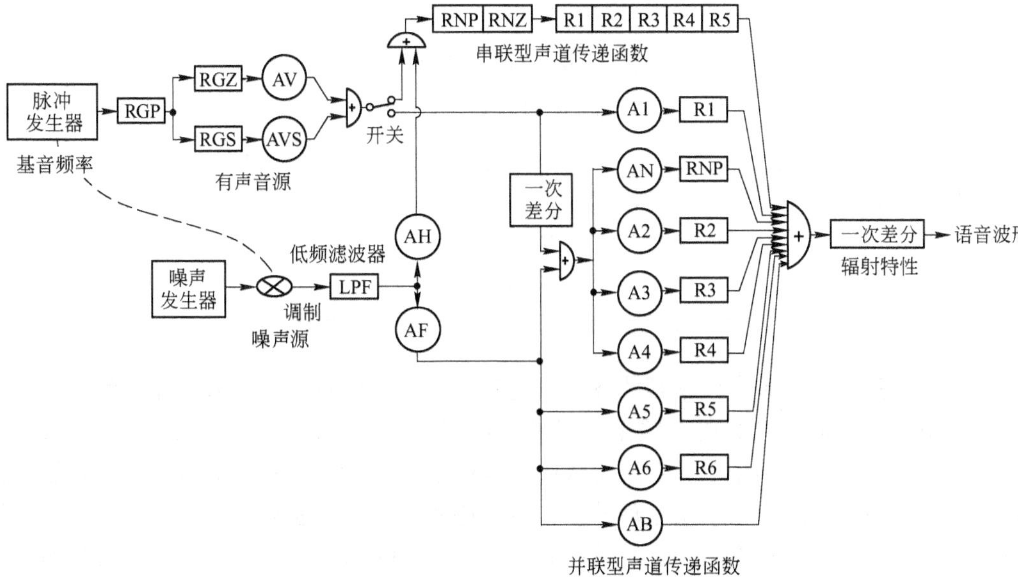

图 8-25 混合结构的终端模拟型语音合成器

R1 ~ R6—共振回路；RGP，RGS—声门共振回路；RGZ—声门逆共振回路；RNP—鼻音共振回路；
RNZ—鼻音逆共振回路；A1 ~ A6，AV，AVS，AF，AH，AN，AB—振幅控制回路

数。这种参数推算过程在语言信息和控制参数的对应方面比终端模拟型语音合成器更为直接，而且更易于定量分析，但是由于缺乏关于声道形状的准确数据，很难推出正确的语音合成规则，所以在合成语音的音质方面比不上终端模拟型语音合成器。

8.5.1.5 语音分节特征和韵律特征的合成

A 语音分节特征的合成

在语音的规则合成方式中首先要编制由单音符号控制语音合成器所必需的时间序列参数，然后通过驱动语音合成器来合成语音的分节特征。在语音分节特征中，一个单音的持续时间内不能保证只是这个单音，语音的分节特征只表示该单音和与之前后相连的单音之间的一种连续的过渡，而且该单音在许多情况下受到与之前后相连的单音的影响而引起自身变化，这种邻接单音之间的相互影响称为语音连接。在把单音作为语音合成单位的时候，在每次的语音合成中必须通过计算来求这种语音连接所带来的影响。此影响在构成音节时在多个单音之间特别强烈，特别是作为音节核的元音与其前后的辅音组之间尤为显著。因此，作为语音分节特征的合成单位不是单个单音而是音节或半音节，最好是预先进行计算并存储这些语音合成单位控制参数的过渡情况。

B 语音韵律特征的合成

在语音的韵律特征中，特别重要的是基音频率波形 F_0 是涉及单词、词组和句子等比较大语音单位的一种特征，所以必须按规则进行语音合成。合成基音频率波形的简便方法是在每一个节拍上给出一个基音频率，然后连成折线进行近似描述。

如果基音频率标度用对数来表示，那么基音频率的时间函数就与语音全体的强度没有关系，其大致保持一个稳定的曲线形状，图 8-26 所示为基音频率函数波形生成过程的模

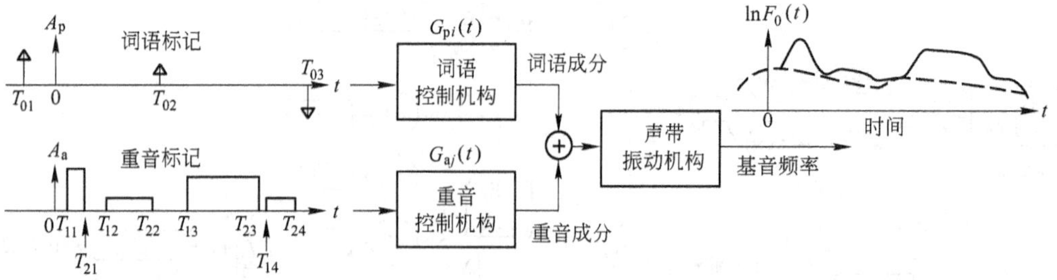

图 8-26 基音频率函数波形生成过程的模型

型。这种模型的特征是基音频率函数波形是随时间连续变化的，它由两部分之和组成：一部分是从语句开头向语句结尾呈缓慢下降的词语成分；另一部分是有局部起伏的重音成分。前者用脉冲状词语标记，后者用阶跃形重音标记，整个模型的输出相当于具有临界阻尼的二次线性系统。这个模型从生理学上和力学特征上与人的喉部发音机构相对应，并且这些离散标记的位置和幅度大小是与单词的重音、句子的词语结构、整个说话内容编排等语言信息之间有直接的对应关系。

使用基音频率函数生成过程模型时，通过给出的词语标记和重音标记位置与大小就能合成基音频率函数。从实际的基音频率 F_0 函数推算出来的标记幅度大小和位置占有比较大的范围，在此范围内把标记量化为若干规格就能得到具有很自然的重音和语调的合成语音。

8.5.2 语音识别

语音识别分为单呼语音和连呼语音的识别，此处只介绍单呼语音的识别。

8.5.2.1 系统的基本构成

图 8-27 表示孤立单词语音识别系统的基本构成。该图所示系统只能识别预先指定的有限个孤立单词，这种系统不是进行组成单词的音素的识别，而是把单词整体作为一个单位来进行识别。输入系统的孤立单词语音用随时间变化的函数来描述。通过某些数学运算把单词语音信号变换为语音特征更为明确的参数序列，即音响分析。经过变换后的单词语音通常用十几维的向量序列来描述，即使同一说话者对同一单词进行发音，每次发音时的向量序列长度也多少有些不同。向量序列长度的伸缩对单词整体而言不是线性变化的，元音的稳定发音部分的长度容易引起伸缩，辅音部分和各个过渡部分则保持相对的固有长度，因而描述单词的整个向量序列长度的伸缩呈非线性的。

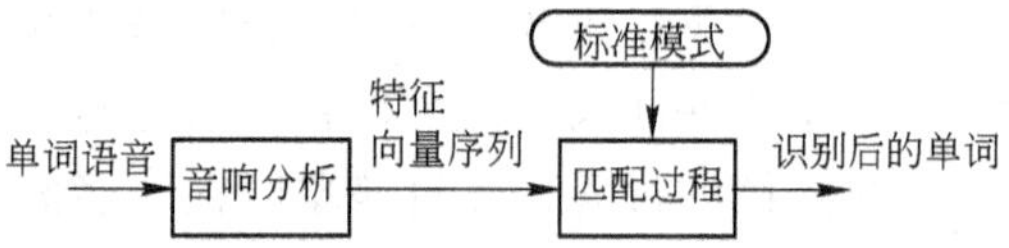

图 8-27 单呼语音识别系统的基本构成

在单呼语音识别系统中，被识别对象的单词，都预先准备好其标准的特征向量序列。这些特征向量序列称为标准模式。所谓单呼语音识别，是把经过变换后的输入单词的特征向量序列与每个单词的标准模式之间的相似性（或者距离）逐一进行比较，最后把相似性最高的单词作为识别结果进行输出。把被识别单词的特征向量序列与标准单词模式进行比较，计算两者的相似性的操作过程称为“对照”或“匹配”。输入的单词和标准单词的模式的向量序列长度一般有差异，两者进行匹配时不能单纯地线性伸缩把两者凑齐，必须根据在时间轴上的非线性特点采用时间规整技术进行复杂的数学计算。

单呼语音识别系统有两种类型：以特定人为前提并随时进行语音调整的系统和以非特定人为前提且不对语音进行特别调整的系统。前者称为特定人的单呼语音识别系统，后者称为非特定人的单呼语音识别系统。在特定人的单呼语音识别系统中，大多数情况下是把特定人所说的单词语音进行音响分析再变换为特征向量序列，然后原封不动地将这个特征向量序列句作为标准模式来使用。在特定人的单呼语音识别系统中，选择几个典型的单词特征向量序列作为标准单词模式，或从多个标准单词模式中求出概率分布，最后进行统计判别。

8.5.2.2 音响分析

在实际研究中截取数十毫秒的一个短时区间信号进行分析，并认为这段信号是稳定的。为了截取这一短时区间，通常的做法是在语音信号函数上叠加另一个函数。如图 8-28 所示，叠加函数称为分析窗。常用海明窗函数（Hamming window）和汉宁窗函数（Hanning window）。

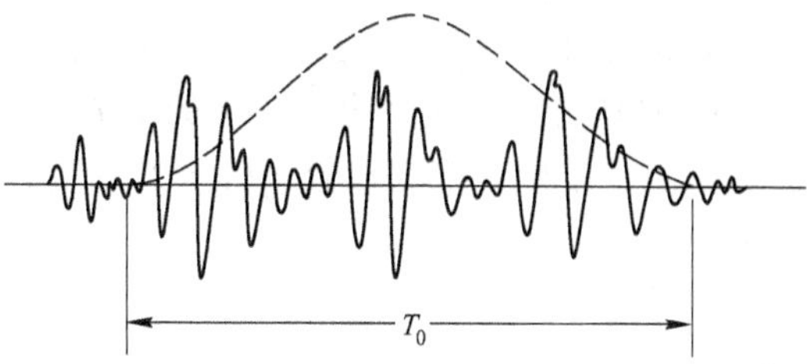

图 8-28 使用分析窗截取信号

海明窗函数的表达式为

$$\omega(t) = \begin{cases} 0.54 + 0.46\cos(2\pi t/T_0) & (|t| < T_0/2) \\ 0 & (|t| > T_0/2) \end{cases} \tag{8-20}$$

汉宁窗函数的表达式为

$$\omega(t) = \begin{cases} 0.5[1 + \cos(2\pi t/T_0)] & (|t| < T_0/2) \\ 0 & (|t| > T_0/2) \end{cases} \tag{8-21}$$

对语音信号进行分析使用傅里叶变换和线性预测分析法，前者为非参量分析法，后者为参量分析法。在参量分析法中，假设语音信号符合某一数学模型，并由此导出模型的各种参数。

假设采用分析窗截取的语音信号在周期 $T(s)$ 中的样本值为 $x(n)(n = 0, 1, \cdots, N-1)$，其离散傅里叶变换可定义为

$$F(k) = \sum_{n=0}^{N-1} x(n)\exp(-j\,2\pi kn/N) \quad (k = 0,\cdots,N-1) \tag{8-22}$$

分析窗的时间幅值取 20 ~ 30ms，再把分析窗按 10 ~ 20ms 间隔分开，在此基础上进行分析，就可以把单呼语音变换为向量序列。

在语音信号的参数分析中，假设语音信号模型是图 8-29 所示的线性系统，系统的传递函数为

$$H(z) = G/(1 + \sum_{i=1}^{p} a_i z^{-i}) \tag{8-23}$$

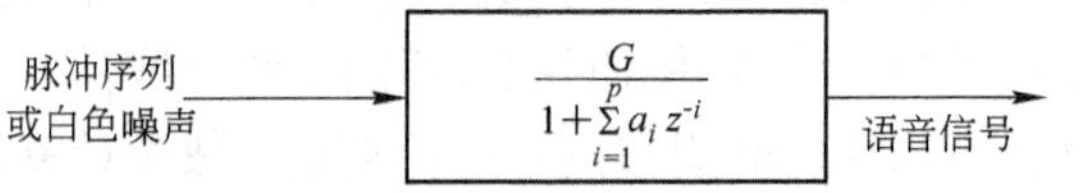

图 8-29 语音生成模型

从给出的语音采样值就可以推算该系统的参数 $a_i(i=1, \cdots, p)$，这与下式表示的语音信号 $x(n)$ 等价。

$$x(n) = -[a_1x(n-1) + a_2x(n-2) + \cdots + a_px(n-p)] \tag{8-24}$$

这种分析方法称为线性预测分析法（linear predictive coding），简称 LPC 法，系数 $a_i(1 \leqslant i \leqslant p)$ 称为线性预测系数。通过上式对过去的 p 个观测值 $x(i)(n-p \leqslant i \leqslant n-1)$ 得出推算值 $x(n)$，取其与实际观察值 $x'(n)$ 的平方差并在 n 的范围内进行积分，令积分值为最小时，就可决定线性系统的参数 $a_i(i=1, \cdots, p)$。通过简单的运算，$a_i(i=1, \cdots, p)$ 为下列联立方程的解：

$$\sum_{k=1}^{p} a_kR(i-k) = -R(i) \quad (1 \leqslant i \leqslant p) \tag{8-25}$$

并在上述平方差积分相同的范围内取和。

采用通过上述运算取得的线性预测系数，这个区间平滑的频谱就可由 $H(e^{-j\omega T})$ 给出。

通过下式定义的系数 $c_i(0 \leqslant i)$ 称为线性预测对数倒频系数（LPC cepstral coefficients）。

$$\log[H(z)] = \sum_{i=0}^{\infty} c_iz^{-i} \tag{8-26}$$

通过下列递推公式

$$c_i = a_i - \frac{1}{i}\sum_{k=1}^{i-1} kc_ka_{i-k} \quad (i \geqslant 0) \tag{8-27}$$

式中 $$c_0 = \log G$$

可以从线性预测系数推算线性预测对数倒谱系数。

8.5.2.3 距离尺度

在语音识别中经常要对两帧不同的语音信号的相似性或距离进行计算。假设两帧谱模型分别为 $H(z)$ 和 $H'(z)$。

（1）对数频谱的欧几里德距离

$$(d_2)^2 = \frac{1}{2\pi}\int_{-\pi}^{\pi}[\log|H(e^{j\theta})|^2 - \log|H'(e^{j\theta})|^2]^2 d\theta \tag{8-28}$$

（2）对数倒频谱的欧几里德距离

假设 $H(z)$ 和 $H'(z)$ 的线性预测对数倒频谱系数分别为 c_i 和 c'_i 并且下式成立

$$[c(m)]^2 = (c_0 - c'_0)^2 + 2\sum_{k=1}^{m}(c_k - c'_k)^2 \tag{8-29}$$

在式中取和的上限为无穷大时，由于 $c(m)$ 与对数频谱的欧几里德距离 d_2 一致，所以经常称为加权平均对数似然比，可表示为

$$WLP(m) = \sum_{k=1}^{m} (c_k - c'_k)(r_k - r'_k) \tag{8-30}$$

式中，r_k 和 $r'_k(k \geq 0)$ 称为线性预测相关系数，当 $0 \leq k \leq p$ 时，$r_k = R(k)/r(0)$；当 $k > p$ 时，则给出下列递推公式

$$r_k = -\sum_{i=1}^{p} a_i r_{k-1} \tag{8-31}$$

8.5.2.4 匹配算法

把两个语音模式用特征向量的时间序列来进行描述时，两者距离的计算方法为：

假设两个语音模式为

$$A = a_1 a_2 \cdots a_I \quad B = b_1 b_2 \cdots b_J$$

两者的特征向量的对应关系如图 8-30 所示，从点（1，1）到点（I，J）可用矩阵格子点列表示，例如一个矩阵格子点列为

$$F = c(1)c(2)\cdots c(k)\cdots c(K) \tag{8-32}$$

式中，$c(k) = (i(k), j(k))$。

两个特征向量 a_i 和 b_j 之间的距离用 $d(c) = d(i, j)$ 表示，沿着点列 F 的距离加权平均

$$E(F) = \sum_{i=1}^{K} d[c(k)]\omega(k) / \sum_{i=1}^{K} \omega(k) \tag{8-33}$$

式中，$\omega(k)$ 为非负的常数，其取值取决于点列 F 的取值方法，用改变上式中点列 F 的最小值来定义两个语音模式 A 与 B 的距离 $D(A, B)$，于是得到

$$D(A,B) = \min_F \left\{ \sum_{i=1}^{K} d[c(k)]\omega(k) / \sum_{i=1}^{K} \omega(k) \right\} \tag{8-34}$$

式中，$\omega(k)$ 的值可如图 8-31 所示选取。在图 8-31 的两种形式中，只要 $\Sigma\omega(k)(=N)$ 为常数时，则

$$D(A,B) = \frac{1}{N} \min_F \sum_{i=0}^{K} d[c(k)]\omega(k) \tag{8-35}$$

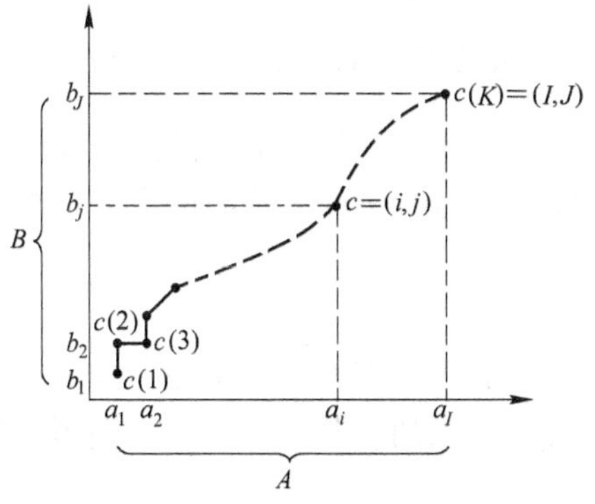

图 8-30 两个特征向量的对应关系

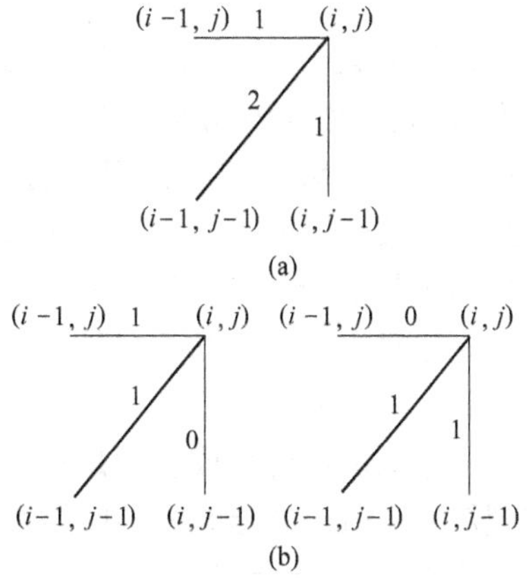

图 8-31 加权函数 $\omega(k)$ 的确定方法

（a）对称形；（b）非对称形

由于最小目标函数服从加法规则，所以采用动态规划法能高效地取得最小目标值。若从点（1，1）到点（i，j）的部分点列的最小积累距离用 $g(i, j)$ 表示，下列递推公式成立

$$g(i,j) = \min\begin{cases} g(i,j-1) + d(i,j) \\ g(i-1,j-1) + 2d(i,j) \\ g(i-1,j) + d(i,j) \end{cases} \tag{8-36}$$

式（8-35）中 $\omega(k)$ 是取图 8-31a 中的值，这时两种模式 A 与 B 的距离由下式给出

$$D(A,B) = g(I,J)/N$$

这种长度各异的两个向量序列间距离的计算方法称为时间规整匹配法或动态时间规整算法。把这种方法应用于单呼语音识别时，假设输入语音模式为 A，标准语音模式之一为 B，则通过对 $D(A, B)$ 的计算，给出的最小的 $D(A, B)$ 的单词就是识别结果。

8.5.3 语音信息处理装置

8.5.3.1 语音合成装置

按照能发音的词汇量进行分类，可以把语音合成装置分为两类：限定词汇语音合成装置和任意词汇语音合成装置。

A 限定词汇语音合成装置

限定词汇语音合成装置是在语音编码方式和语音合成方式的基础上，把对单词或文章的语音进行分析所得到的数据预先存储起来，在需要时再读取相应的数据进行语音合成。图 8-32 是这种装置的功能方框图。车站的自动语音报站装置、自动语音报时装置等都是这种形式的实例。它是通过对单词、词组或文章等语音的编辑后输出所需的语音，能够把各式各样的信息用语音表达出来，由于所输出的语音依靠预先存储的语音的数量，在本质上词汇是受限制的。

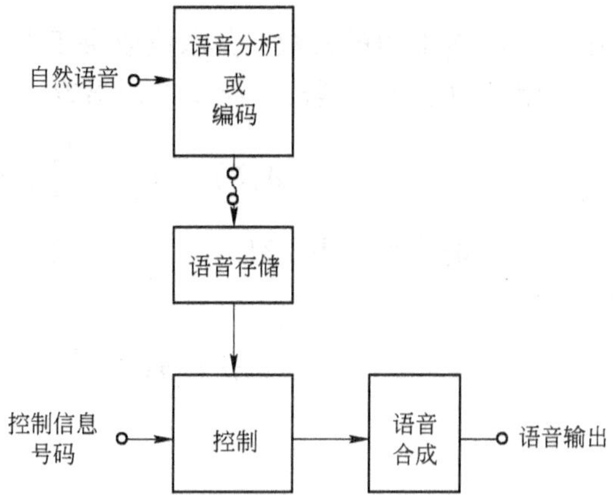

图 8-32 限定词汇语音合成装置的功能方框图

这种装置分为：录音编辑方式，其采用 PCM（脉冲编码调制）和 ADPCM（自适应差分脉冲编码调制）等语音波形编码方式；参数编辑方式，其采用 LPC（线性预测分析法）和 PARCOR（偏相关方法）以及 LSP（线性谱对法）等语音分析合成方式。一般来说，采用前一种方式的语音合成装置的比特率比较高，处理的数据量大，音质也比较好。

B 任意词汇语音合成装置

任意词汇语音合成装置是从文章或注明读法和重音的文字序列中，按照一定的语音合成规律来进行语音合成的，因此它是以规则合成方式为基础的。其中，从文本到语音的合成称为文本-语音合成。

8.5.3.2 语音识别装置

语音识别装置最重要的分类特征是：特定人或非特定人。对于特定人语音识别装置，

如果更换使用者，在使用前，要用新的使用者的语音对该装置进行训练，而非特定人语音识别装置没有这个要求。

特定人语言识别装置又分为离散单词识别型和连续单词识别型。这两种类型的语音识别装置基本上都使用模式匹配法。如图8-33所示，其主要功能是对语音波形进行分析，抽取出有效的识别参数并对其进行分析处理，存储语音的标准模式，把语音的标准模式与未知的输入语音模式进行匹配，在匹配的基础上进行判别，从而完成语音的识别处理。

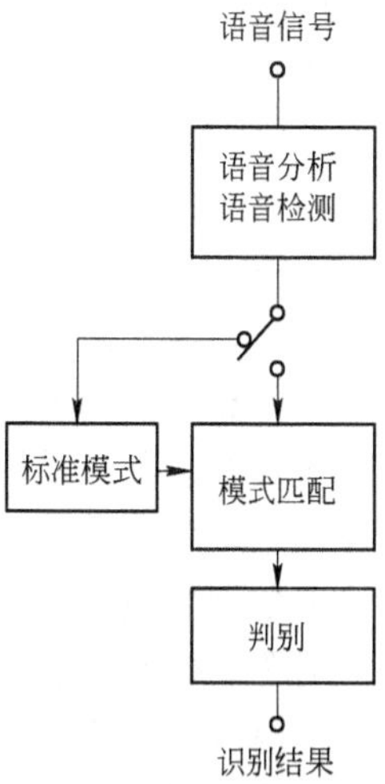

图 8-33　模式匹配法

完整的语音识别系统包括话筒、表示识别结果的显示装置、完成识别的各种功能的操作键盘、存储语音标准模式的外存设备。一般使用16通道的带宽滤波器组进行语音的频谱分析。其具有的基本功能包括：

登录功能：主要登录各个单词的语音标准模式，通常的做法是，把在显示器上显示的单词名称逐一朗读进行登录；

存储功能：把内存RAM上存储的语音标准模式转移到外存设备上去；

读取功能：把外存设备上的读出的语音标准模式，转移到内存RAM上来；

测试功能：实际对语音进行识别并显示识别结果，把识别结果向外输出。

这些功能是通过键盘输入指令完成的。对于特定人的语音识别装置，被识别的词汇是由用户自由设定的。通常，还有用于词汇设定和其他各种系统参数的设定功能。

8.6 机器人多传感器信息融合

8.6.1 多传感器信息融合的意义

由于单一传感器获得的信息非常有限，而且还要受到自身品质和性能的影响，因此智能机器人通常配有数量众多的不同类型的传感器，以满足探测和数据采集的需要。若对各传感器采集的信息进行单独、孤立地处理，不仅会导致信息处理工作量的增加，而且割断了各传感器信息间的内在联系，丢失了信息，经有机组合后可能蕴含的有关环境特征，造成信息资源的浪费。多传感器信息融合技术可有效地解决上述问题，它综合运用控制原理、信号处理、仿生学、人工智能和数理统计等方面的理论，将分布在不同位置、处于不同状态的多只传感器所提供的局部的、不完整的观察量加以综合，消除多传感器信息之间可能存在的冗余和矛盾，利用信息互补，降低不确定性，以形成对系统环境相对完整一致的感知描述，从而提高智能系统决策、规划的科学性，反应的快速性和正确性，降低其决策风险。机器人多传感器信息融合技术已成为智能机器人研究领域的关键技术之一。

8.6.2 多传感器信息融合的主要方法

多传感器信息融合的实质是对多源不确定性信息的分析和综合，这是一个复杂的处理过程。信息融合根据融合的层次和实质内容可以分为：数据级（底层）、特征级（中层）和决策级（高层）融合。常用的信息融合方法主要有：加权平均、卡尔曼滤波、贝叶斯估计、D-S证据推理、统计决策理论等。近年来，计算智能方法也被用于多传感器信息融合，主要包括：模糊集合理论、粗糙集理论、人工神经网络、进化计算等。

8.6.2.1 加权平均法

加权平均法是最简单、最直观的融合方法，该方法将一组传感器提供的冗余信息进行加权平均，并将加权平均值作为最后融合的结果，该方法适用于动态环境。

8.6.2.2 卡尔曼滤波

卡尔曼滤波用于实时融合动态冗余多传感器数据，该方法用测量模型的统计特性递推决定统计意义下的最优融合数据估计。如果系统具有线性的动力学模型，且系统噪声和传感器噪声是高斯分布的白噪声模型，卡尔曼滤波为融合数据提供了统计意义下的最优估计，卡尔曼滤波的递推特性使得系统数据处理不需要大量的数据存储和计算。

对于非线性系统，理论上还没有一套严格的滤波公式，目前多采用近似算法，如扩展卡尔曼滤波（EKF）、迭代扩展卡尔曼滤波等，它们采用级数展开的方法来近似非线性的动态方程和量测方程。为了减小误差、提高鲁棒性、便于实现，又有很多变形和改进算法，如采用分散卡尔曼滤波（DKF）实现多传感器信息融合完全分散化，分散式的传感结构对传感器和信息处理单元的失效具有较强的鲁棒性和容错性。

8.6.2.3 贝叶斯估计

贝叶斯估计是静态环境中融合多传感器信息的一种常用方法，其信息描述为概率分布，适用于具有可加性高斯噪声不确定性的传感器信息。当传感器组的观测坐标一致时，可以用直接法对传感器测量数据进行融合。在大多数情况下，多传感器是从不同的坐标结构框架对同一环境物体进行描述，这时传感器测量数据要以间接的方式采用贝叶斯估计进行信息融合。间接法要解决的问题是求出与多个传感器读数相一致的旋转矩阵和平移矢量。

Durrant-Whyte提出了传感器信息融合的多贝叶斯估计方法，将任务环境表示为不确定几何物体集合的多传感器系统模型。多贝叶斯估计把每个传感器作为一个贝叶斯估计，将各单独物体的关联概率分布结合成一个联合的后验概率分布函数，通过使联合分布函数的似然函数为最小，提供多传感器信息的最终融合值，融合信息与环境的一个先验模型提供整个环境的一个特征描述。

8.6.2.4 D-S（Dempster-Shafer）证据推理

D-S证据推理产生由Dempster首先确立了构造不确定推理模型的框架，Shafer对该方法进行了发展和扩充。D-S证据推理为不确定信息表达和综合提供了强有力的方法，适合于决策级信息融合。D-S证据推理方法是贝叶斯方法的扩展，D-S方法使用了一个信任区间描述传感器信息，不但表示了信息的已知性和确定性，而且能够区分未知性和不确定性。

8.6.2.5 模糊逻辑

多传感器系统中，各信息源提供的环境信息都具有一定程度的不确定性，对这些不确定信息的融合过程实质上是一个不确定性推理过程。模糊逻辑是多值型逻辑，通过给每个命题以及实际蕴涵算子，指定一个0-1之间的实数表示真实度，可以将多传感器信息融合过程中的不确定性直接表示在推理（即融合）过程中。如果融合过程中的不确定性以某种系统化的方式建模，则可以产生一致性逻辑推理。

8.6.2.6　人工神经网络

人类感知认识外界环境的过程，就是人类自身多种感知器官信息融合的过程，利用机器模仿人类智能是长期以来人们认识自然、改造自然和认识自身的理想。仿照脑神经系统的人工神经网络，适于非线性系统，具有大规模并行处理能力，处理速度快，在模式识别、组合优化和决策判断等方面取得了很好的效果。

人工神经网络是基于知识的信息融合方法，其实质是一个不确定性推理的过程。常用的方法有逆向传播（BP）网络、径向基函数（RBF）网络和自适应共振理论（ART）等。基于神经网络的多传感集成与融合有如下特点：具有统一的内部知识表示形式，通过学习方法可将网络获得的传感信息进行融合，获得相关网络的参数，并且可将知识规则转换成数字形式；便于建立知识库、利用外部环境的信息，便于实现知识自动获取及进行联想推理。能够将不确定环境的复杂关系，经过学习推理，融合为系统能理解的准确信号。

8.6.2.7　进化计算

进化计算（Evolutionary Algorithms）是遗传算法（Genetic Algorithms）、进化策略（Evolution Strategies）、进化编程（Evolutionary Programming）、免疫算法（Immune Algorithms）等算法的总称。由于其固有的并行计算特性，进化计算为解决全局优化复杂问题和多传感器信息融合提供了很好的方法。进化计算方法可以用于非凸、非线性、不可分、不连续、不可微、多模态、噪声等传统方法难以处理的实际问题，因此成为近年来多传感器信息融合方法的一个重要研究方向。

8.6.3　多传感器信息融合在机器人中的应用

美国的 Utah/MIT 灵巧手、日本的 ARH 智能手爪以及我国的 HIT/DLR 机器人灵巧手、BH-3 灵巧手都配有多种传感器，主要包括视觉传感器、接近觉传感器、力/力矩传感器、位姿/姿态传感器、速度/加速度传感器、温度传感器以及触觉/滑觉传感器等。

美国的 LUO 在由 PUMA 机器手臂控制的夹持型手爪的平台上提出了基于视觉、接近觉、触觉、位置、力/力矩及滑觉等传感器信息融合新方法，整个过程分为：采集多传感器的原始数据，并用 Fisher 模型进行局部估计；对统一格式的传感器数据进行比较，发现可能存在误差的传感器，进行置信距离测试，从而建立距离矩阵和相关矩阵，得到最接近最一致的传感器数据；运用 Bayes 推理算法进行全局估计，融合多传感器数据，对其他不确定的传感器数据进行误差检测，修正传感器的误差。

在工业机器人中，除采用传统的位置、速度和加速度传感器外，装配、焊接机器人还应用了视觉、力觉和超声波等传感器。表 8-4 给出了多传感器信息融合技术在工业机器人领域应用的典型实例。

表 8-4　多传感器信息融合技术在工业机器人领域应用的典型实例

研 究 者	使用传感器的类型	所实现的功能
Hitachi	三维视觉传感器、力觉传感器	抓取、放置半导体器件
Groen 等人	视觉传感器、超声波传感器、力/力矩传感器、触觉传感器	机械产品装配
Smith，Nitan	视觉传感器、力觉传感器	粘贴包装标签
Kremers	视觉传感器、激光测距扫描仪	完成无缝焊接
Georgia 理工学院	视觉传感器、触觉传感器	检验工件的一致性
王敏、黄心汉	视觉传感器、超声波传感器	自动识别并抓取工件

习　　题

8-1　比较触觉信息处理和视觉信息处理的异同。

8-2　简述二维图像信息处理的过程。

8-3　已知一个 600×800 的灰度图，试编写对其平滑滤波程序。

8-4　简述语音合成的基本方法。

8-5　试用旋转编码器构造位置信号采集计算机系统。

9 机器人人工智能

9.1 概　　述

9.1.1 智能机器人的含义

人工智能是指智能机器所执行的通常与人类智能有关的功能，如判断、推理、证明、识别、感知、理解、设计、思考、规划、学习和问题求解等思维活动。智能机器人是人工智能研究的一个重要分支。智能机器人的研究和应用体现了广泛的学科交叉，涉及众多的课题，如机器人的体系结构、机构、控制、职能、视觉、触觉、力觉、听觉、机器人装配、恶劣环境下的机器人以及机器人语言等。

严格地讲，智能机器人就是将传统的人工智能技术应用到机器人中，使其具有感知、学习、思维问题求解能力，通过知识表达和计算机视觉完成动作的机器。

动作（acting）说明智能机器人不是一个单纯的软件体，它具有可以完成作业的机构和驱动装置。例如可以把一物体由一位置运送到另一位置，可以去维修某一设备，可以拆除危险品，可以在太空或水下采集样品和人想做的其他任何作业。

思维（thinking）是说它并不是简单地由人以某种方式来命令它干什么，它就会干什么，而是自身具有解决问题的能力，或者它会通过学习，自己找到解决问题的办法。例如，它可以根据设计，为一个复杂机器找到零件的装配办法及顺序，指挥执行机构，即动作部分去装配完成这个机器。

感知（sensing）是指发现、认识和描述外部环境和自身状态的能力。如装配作业，它要能找到和识别所要的工件，能为机器人的运动找到道路，发现并测量障碍物，发现和认识到危险等。人们很自然地把思维能力视为智能，其实，智能机器人是一个复杂的软、硬件并具有多种功能的综合体。感知能力是智能的一个很重要组成部分，以至于有人把感知外部环境的能力就视为智能。

提起机器人（robot）就使人想象它应具有一些人的智力。由于在机器人的发展历史上，首先大量出现，并且已被人类广泛应用的机器人，如弧焊、点焊、喷漆等机器人等，并不具有任何智能。所以，作为区分，就有智能机器人这一名词的出现。然而，即使对智能机器人也不能期望它完全实现人的智能。

目前人工智能的能力还很有限，所以对智能机器人的能力的要求也必然是随着技术的进步而水涨船高。对能在一定程度上感知环境，具有一定适应能力和解决问题本领的机器人就称之为具有“智能”。

人类需要智能机器人去拓宽生产和活动的领域，例如到深水下、深地层、强放射或高真空的环境、太空和外星去作业，到危险有害的环境去工作，完全或部分地取代人。同时也期待智能机器人，在工业中逐步把人解放出来，提高生产效率。智能机器人的广泛应用，将会使人类从“人-机器-自然界”的生产模式过渡到“人-机器人-机器-自然界”的生产模式。随着智能技术的进步，人将进一步“远离”作业对象，从而使人由原来的直接生产，过渡到指挥、监督的位置上。这种生产模式的转变，必将对社会生产体系以致人类生产方式、社会关系产生巨大影响，极大地推动社会的进步。

人类社会对智能机器人的要求是实际的，不断发展的。目前广泛应用的机器人至少有两点不足，其一，机器人仅是编程控制的，它对周围环境的变化不闻不问，不能适应变化的环境和作业对象；其二，它们都是坐等作业对象上门，即机器的作业对象要自己走到机器人的身边，到它的手臂允许的作业范围之内，而不能主动走到作业对象所在位置去主动服务。

第一个问题是要解决基于传感器的控制问题。人们在努力为机器人加上力觉、接近觉和视觉等传感器，使机器人可以感知外部环境，并在此基础上控制机器人动作。比如，一面看着，一面计算出焊缝的位置，让机器人前端沿焊缝运动，而不是仅仅依事先计算好的位置，或一次示教好的结果来运动。

第二个问题是要求机器人具有移动能力。机器人面临的将不是单一的固定环境，这要求可移动机器人不仅具有车手协调的能力，而且具有感知外部环境的能力、规划和其他一系列智能能力。随着应用的扩大，对智能机器人的研究将一步步深入。不论从应用的角度，还是从智能研究的角度，移动机器人都是十分有意义的，所以移动机器人成为智能机器人领域的一个重要的研究课题，受到普遍的重视。

9.1.2 智能机器人的结构体系

随着智能机器人研究工作的不断深入，越来越多的各种各样的传感器被使用，信息融合、规划，问题求解，运动学与动力学计算等单元技术不断提高，使智能机器人整体智能能力不断增强，同时也使其系统结构变得复杂。

基于多传感器的信息处理和智能控制的机器人是一个多 CPU 的复杂系统，它必然是分成若干模块或分层递阶结构。在结构中，功能如何分解、时间关系如何确定、空间资源如何分配等问题，都是直接影响整个系统智能能力的关键问题。同时为了保证智能系统的扩展，便于技术的更新，要求系统的结构具有一定开放性，从而保证智能能力不断增强，新的或更多传感器可以进入，各种算法可以组合使用。体系结构本身变成了一个要研究解决的复杂问题。

智能机器人的体系结构是定义一个智能机器人系统各部分之间相互关系和功能分配，确定一个智能机器人或多个智能机器人系统的信息流通关系和逻辑上的计算结构。对于一个具体的机器说就是这个机器人信息处理和控制系统的总体结构。它不包括这个机器人的机械结构内容。

事实上，任何一个机器人都有自己的体系结构。目前，大多数工业机器人的控制系统为两层结构，上层负责运动学计算和人机交互，下层负责对各个关节进行伺服控制。

近年来，为了解决体系结构中的各种问题，使结构思想具有一定的普遍指导意义。由于对体系结构中问题的认识不同，解决的着眼点也不同。目前世界上已有不少从不同角度提出的智能机器人体系结构参考模型。

9.1.2.1 机器人的3级智能控制系统

1971年付京孙正式提出智能控制（intelligent control）概念，它推动了人工智能和自动控制的结合。美国学者Saridis提出了智能控制系统必然是分层递阶结构。分层原则是：随着控制精度的增加而智能能力减少。把智能控制系统分为3级，即组织级（organization level）、协调级（coordination level）和控制级（control level）也称执行级（execution level）。

组织级接受任务命令，解释命令，并根据系统其他部分的反馈信息，确定任务，表达任务，把任务分解成系统可以执行的若干子任务。因此，组织级应具有任务表达，对任务的规划、决策和学习的功能。它是智能控制系统中，智能能力最强，控制精度最低的一级。

协调级接受组织级的指令和子任务执行过程的反馈信息，来协调下一层的执行，确定执行的序列和条件。这一级要有决策、调度的功能，也要具有学习的功能。

控制级功能是执行确定的运动和提供明确的信息，同时要满足协调级提出的终止条件和行为评价标准。最优控制或者近似最优控制理论会在这一层发挥作用。这一级是智能控制系统中控制精度最高，智能最低的一级。

Saridis设计了一个机器人的控制系统（图9-1）。这是具有视觉反馈和语音命令输入的多关节机器人。还引入了熵（entropy）的概念，作为每一层能力的评价标准，熵越小越好。试图使智能控制系统以数学形式理论化。

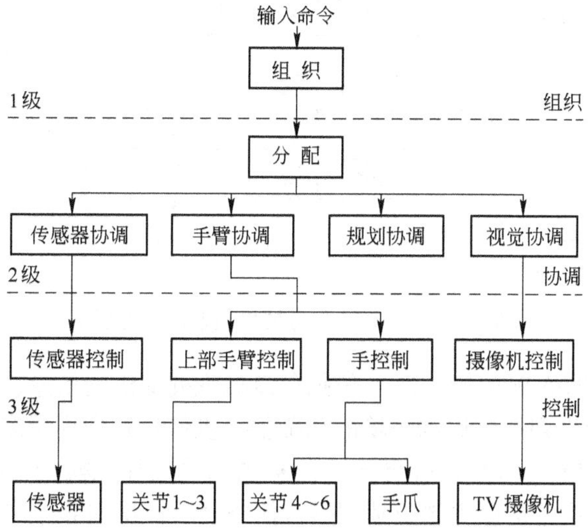

图9-1 机器人的3级智能控制结构

9.1.2.2 NASREM的分层控制系统结构

美国航天航空局（NASA）和美国国家标准局（NBS）提出的NASREM结构。它的出发点是考虑到一个航天机器人，或一个水下机器人，或者一个移动机器人上可能有作业手、通信、声纳等多个被控制的分系统，机器人可能由多个组成一组，相互协调工作。这样的组又可能有多个相互协同来完成一个使命。体系结构的设计要满足这样的发展要求，甚至可以和具有计算机集成制造系统（CIMS）的工厂的系统结构相兼容。它考虑到已有的单元技术和正在研究的技术可用到这一系统中来，包括现代控制方面的技术和人工智能领域的技术等。

整个系统分成信息处理、环境建模和任务分解三列，分为坐标变换与伺服控制、动力学计算、基本运动、单体任务、成组任务和总任务6层，所有模块共享一个数据库，如图9-2所示。任务分解列是整个体系结构的主导列。它接收由整个系统完成的总命令（mission command），发出直接控制执行器件动作的电信号。若干个执行器件动作时间和空间上的总合完成总命令。它负责对总命令一级一级地进行时间和空间上的分解，最后分解成若干控制执行器动作的信号串。

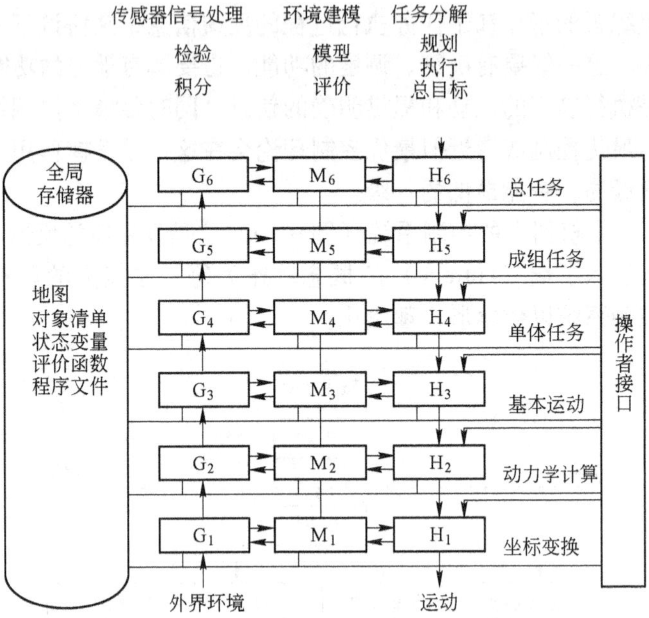

图9-2 NASREM的分层控制系统结构框图

环境建模列主要有5项功能：(1) 依据信息处理列提供的信息，更新、修改数据库的内容；(2) 向信息处理列提供周围环境的预测值，供信息处理列用来与传感器测得的数据比较、分析，做出判断；(3) 向任务分解列提供相关的环境模型数据和被控体的状态数据，任务分解列各模块以这些数据为基础进行任务分解、规划等工作；(4) 对任务分解列模块的规划结果进行“仿真”，判断出按照分解列模块给出的各子目标执行的可能结果；(5) 评价任务分解列模块的分解（规划）结果。

体系结构的6层是依照信息处理的顺序排列的。第1层：坐标变换和伺服层把上层送来的执行器要达到的几何坐标，分解变换成各关节的坐标，并对执行器进行伺服控制。第2层：动力学计算层工作于载体（单体）坐标系或世界（绝对）坐标系。它的作用是给出一个平滑的运动轨迹，并把轨迹上各点的几何坐标位置、速度、方向，定时地向第1层发送。第3层：基本运动层工作在几何空间内或符号空间内。其结果是给出被控体运动的各关键点的坐标。第4层：单体任务层是面对任务的。把整个单体的任务分解成若干子任务串，分配给该单体上的各分系统。这一层也称为任务分解层或任务层。第 5 层：成组任务层的任务是把任务分解成若干子任务串，分配给组内不同的机器人单体。第 6 层：总任务层把总任务分解成子任务，分配给各个机器人组。

NASREM 结构中各模块的功能和关系非常清楚，有利于系统的构成和各模块内算法的装填和更换。

9.2 机器人系统的描述

机器人系统的描述是指与机器人进行作业的环境和对象、作业的方法等相关联的情况的表达。描述的内容取决于作业的种类与环境、机器人的结构和功能。这里以一般的机器人装配作业为对象进行说明，考察的中心是基本的、应用性高的机械手和视觉装置结合的作业系统（手眼系统）。

9.2.1 作业程序

作业程序广义上是指机器人为了完成给定的工作必须执行的各种工序，一般称为程序。此程序可通过使用计算机语言的手段和再现执行的非语言手段两种方式来表达。

机器人程序可以从不同层次上来描述，分为原始动作级描述、结构动作级描述和对象物状态级描述。图 9-3 为不同语言层次的图示。各个层次中仅明确地描述了实线所示的事件。

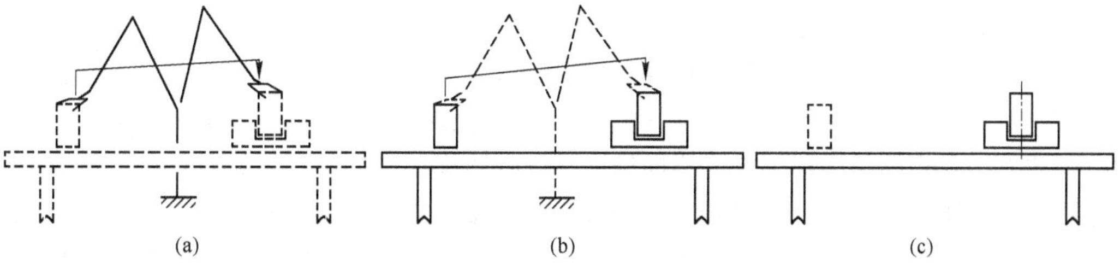

图 9-3 不同语言层次
（a）原始动作级；（b）结构动作级；（c）对象物状态级

动作级描述是与机械手或物体的运动控制直接相连的。为了将状态级的表示与实际的对象物或机器人的动作联系起来，必须将状态的变化细化为物体的动作或机器人的动作。为此，首先必须具备怎样的动作才能使某一状态变化为另一状态的描述。

为了使机器人可靠地进行作业，不仅需要直接的作业描述，而且还需要有关的辅助程序知识。所谓辅助，实质上是在程序描述的多个部分中嵌入与程序有关的描述。

9.2.2 对象物的描述

对象物的描述是提供实际作业程序时的具体的描述。在规划作业过程中，也作为可能动作的选择和仿真来使用。

9.2.2.1 拾放模型

组装作业的基本动作是抓起需组装的零件，将其安装于指定位置。前半部分的操作称

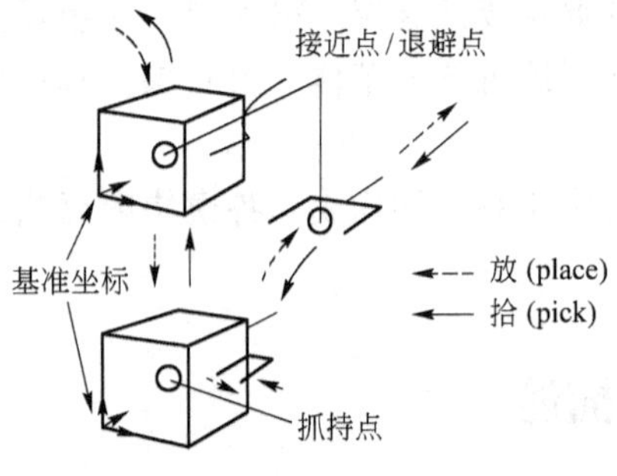

图 9-4 拾放作业的动作模式

为拾起，后半部分的操作称为放下。因此，在组装作业中，描述的对象物属性是基本的对象物模型，称之为拾放模型。构成拾放操作的动作模式如图 9-4 所示，接近点是物体上方的自由空间中的点，抓持点是机械手指能稳定地抓住零件的位置。退避点是使物体与周围的零件充分分离的自由空间内的点。

放操作则按相反的顺序，动作的组成基本相同。接近点是接近目标设置点的自由空间内的点。这些结构点用物体坐标给出。

这些结构点不一定是常数。例如，若为了灵活地适应环境条件，规划高级的作业动作，则需要根据回避与其他物体碰撞等条件动态地决定结构点。

9.2.2.2 视觉模型

所谓对象物的视觉模型就是视觉装置的观测方法和机器人作业需要的信息的抽出规则。

机器人作业必需的视觉信息是物体的发现和位置、姿态的测定，因此，在物体模型中首先需要的是描述用于识别的信息。有用摄像机拍摄物体所得的图像数据的直接方法，和用图像处理所得的物体形状等特征进行描述的方法。前者多用于实用的机器人的二维视觉装置。但是，物体模型是面向后者的，被识别的物体在空间内的位姿是可以计算的。这些计算方法也是物体模型知识的一部分。

9.2.2.3 世界模型（world mode）

所谓世界模型就是机器人作业环境的描述，也称为环境模型。详细的描述内容因机器人的用途而异，基本上是位于作业空间内的物体和它在作业空间内的位姿的描述。指示物体自身的方法是物体的名称，或是指向描述物体的数据结构的指针。物体的位姿通常用从物体固定的物体坐标系的“世界模型”观察到的位姿来描述。这就构成从物体坐标系到世界坐标系的坐标变换。例如，将物体的位姿记为 B，而物体接近的位置用物体坐标系给定，记为 P，其合成的 B · P（“ · ”表示坐标变换的合成）就成为用 world 坐标系描述的物体的接近点的位姿。机器人手指的位置也可以同样地描述。它们整体上可以构成图 9-5 所示的关系。

9.2.2.4 连接关系的描述

在组装作业中，各个物体（零件）相互组合和分解，有必要描述这种结合关系（affixment）的量的关系和逻辑关系。量的关系是各个零件的相对位姿，它们与物体的位姿相同，可以用坐标变换来表示。逻辑关系表示两者之间的约束关系，在物体 A 的上面仅简单地放置物体 B 时，在具有重力环境的前提下，若使 A 运动，则 B 也会运动，然而在使物体 B 运动时，物体 A 可能不动作。若把物体 A 与物体 B 刚性地结合，

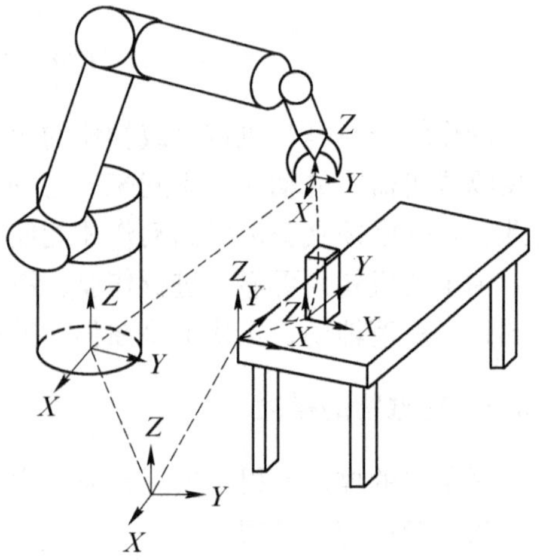

图 9-5 使用坐标变换的世界模型

则使任一方运动也会使另一方一起运动，而两者的相对位姿的关系是不变的。用手爪抓住物体也产生刚性结合。这两种约束关系作为组装物体的表示是基本的。也可以考虑链结构一类的部分约束关系。

9.2.2.5 世界模型的一致性管理

在作业过程中，物体的位置是移动的，如果进行组装作业，则物体的依附关系是变化的。对应于这些变化，必须更新物体的位姿和依附关系的描述，以保持与实际环境的一致性，这就是世界模型的一致性管理。

当仅有一个物体移动时，其位姿的更新可以由机器人手抓住并进行移动来完成。在具有结合关系的物体（组装物体）的场合，若其中任一物体移动，则其他物体也移动，即其位姿是变化的。模型系统必须能够管理这种变化。这时，逐一地更新含于组装物的全部物体的位姿，其效率可能是不高的。

在由几个物体组成的物体中，其全部结合关系一般构成网络，可以将这种结合关系转换为树结构。在记录结合关系的技术中记录着结合点到结合点的坐标变换和结合类型等。某一物体在 world 坐标中的位姿就是将从结合树的根位姿到这个物体的坐标变换顺序地合成，当机器人抓住这种结合树中的一个物体，并使其移动时，从这个物体开始向上查找结合树，仅仅更新用刚性结合的最上位物体的位姿。这种方式可以简化伴随物体移动的坐标变更管理，其缺点是由于维持树结构的约束，不能保持物体间的相位信息。

9.2.3 知识表达框架

与以上作业相关的知识（过程和物体的属性、环境信息）表示的具体方法基本上是某种计算机语言。另外，在信息处理领域，正在研究将人类的各种知识表示在计算机上的方法，这种领域称为知识表达，这里仅涉及适用于机器人的知识表达的框架。

9.2.3.1 框架的必要性

机器人世界描述的是对象物的属性、环境模型、对象物可以进行的操作、伴随着操作实行的状况（实体是变数的值）变更的管理等。用以前的机器人语言描述它们时，对象物的属性就是变数的汇集及其值，各种操作和其他过程就是程序，例如，用典型的对象级语言 AL 描述的程序如图 9-6 所示（有关 AL 语言参见 10.3.1），在这个程序中，描述了对于 bracket 的拾操作所必需的信息和处理的一部分。其中对象物操作必需的知识可以作为表示物体属性的变量，这些变量的赋值、结合关系的设定、动作的执行、伴随着动作执行的各个变数和结合关系变化的处理过程等等来描述。然而，这些知识在整个程序中是非结构地分布的，这种程序本身不能构成对象物模型，每当用户操作不同的物体，就必须重新编制这种程序。相关联的信息及其处理、利用过程，作为对象物模型希望能统一进行

```
BEGIN "example"
FRAME bracket, bracket-grasp, beam, …;
bracket <—FRAME (……);
bracket-grasp <—…;
AFFIX bracket-grasp TO bracket RIGIDLY;
MOVE yarm TO ypartk;
OPEN yhand TO 3. 5 * inches;
MOVE yarm TO bracket-grasp;
CENTER yarm;
bracket-grasp <—yarm;
AFFIX bracket TO yarm;
    ⋮
{steps to attach bracket to beam}
    ⋮
OPEN yhand TO 3. 5 * inches;
UNFIX bracket FROM yhand;
AFFIX bracket TO beam RIGIDLY;
END;
```

图 9-6 用 AL 语言编程的实例

处理。对具有共同性的某些知识，也能在不同的模型中简单地使用。因此可以认为具有这种功能的知识表达框架对于描述机器人的对象物模型是很适宜的。

9.2.3.2 利用框架的实例

机器人系统程序和数据框架的描述有层次描述和面向对象描述两种方法。这两种方法都在人工智能领域中得到广泛应用。

用面向对象的系统说明进行对象物模型化，对于一个拾放操作系统中，根据对象物操作知识的共同性进行分类，特别是拾放操作对于所有物体都是共同的，把必要属性和相关程序集成起来，便形成泛化物体的类，这种泛化的物体类描述了拾放模型的属性与世界模型一致性管理过程。

面向对象系统中每一个实体都可以定义为类。例如，图9-7中酒精灯被定义为类，从而可以构造系统的层次。用定义的实体的类属性和过程的继承关系，用户无需进行特别的描述就能使用有关pick-place操作。

另外，也存在利用对象的模块性和层次知识的共有功能，将拾放模型和视觉模型等所谓不同质的知识结合的系统。这个系统以基于操作观点的对象模型和基于利用狭缝光进行视觉识别、测量的对象模型为基础，建造了利用各个功能时能自动地调用进行互相补充程序的协调作业模型。协调作业的具体内容如下所述：在操作作业中，各动作的视觉确认是自动进行的。这时，所谓动作执行的确认是指能够用移动前的位姿来辨识对象物体。也就是说，不是在完全未知的空间内搜索那个物体，而是可以在预定的位置、姿态上发现物体的视觉特征（在这种场合是轮廓像）。这种确认法对于构成上述拾放的全部动作都具有共同适用的一般性。辅助视觉功能的操作是给出在测量被抓住的物体时，为了使物体不被遮住，用手指使物体的测量面朝着摄像机的方向的操作程序，这些知识与物体操作和视觉功能的基本用法等知识的使用法有关，像这类知识的使用知识一般称为元（meta）知识。为了实现这种元知识的描述，这个系统将协调作业模型对应于拾放模型与视觉模型，图9-8示出了利用多重继承的递阶关系的协调作业模型。如上所述，这种协调作业模型有效地利用操作知识和描述知识的使用方法的知识。将其置于这种位置时，两个模型保存的属性和过程就原原本本地保持作为各自模型的独立性，协调作业模型可以方便地使用。

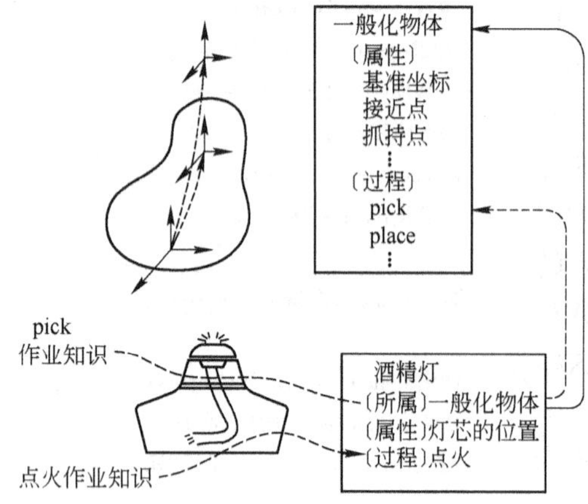

图9-7 物体操作的层次表示

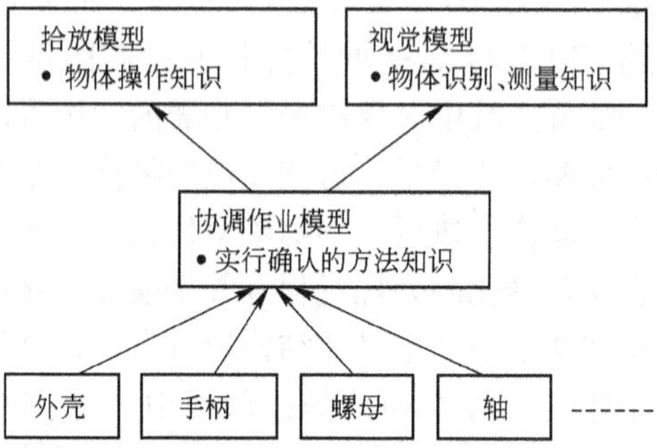

图9-8 利用多重继承的协调作业知识的描述

机器人世界的面向对象系统的知识表达框架模型化方法，容易积累对象物级的动作以及各种各样的知识，所以容易保持机器人系统的可扩充性。

9.3 机器人行为规划

规划（planning）是机器人系统最基本的功能。这是因为希望机器人做某种工作时，必须首先进行规划。

9.3.1 作业规划

在机器人进行某种作业的场合，必须用程序的形式给出动作的具体指令，为此，必须确定作业的程序。例如，进行机械的组装和分解作业时，进行作业之前，必须预先决定机械零件的装、配顺序和拆卸顺序，放置零件的地方等。通常，程序员全部考虑这些顺序，或者一边使用机器人仿真器或机器人用的专家系统等功能，一边书写机器人动作的程序。然而，这种工作对于程序员是很重的负担。如果机器人系统自身具有考虑大致的作业程序的功能，则可以减少程序员很多麻烦和负担。显然，为了产生这些作业程序，必须预先熟悉周围的状况和机器零件放置的样子（位置和姿态）等环境条件和机器人可能的动作。在这些前提下，将生成完成目标作业必需的全部作业程序的功能称为机器人的作业规划（也称为机器人规划生成或问题求解）。

机器人作业规划问题从机器人研究的最初期就开始进行。例如在图9-9所示的房子中存在几个物体（障碍物）的环境下，用符号 A 表示细长形对象物，A 每一步动作可向 X 方向或者 Y 方向移动 ±1 个单位，或旋转 90°。在这样的约束条件下，机器人自动地考虑应进行怎样的动作才能使 A 从所在位置移动到图中虚线所示的目标位置。用表示机器人环境状况的状态和作为机器人动作元所描述的作业状况的状态空间法，图9-10给出了表示这种作业的状态空间图，这种作业的规划是在该图上寻找从当前点开始到达目标点的路径（尽量短），图9-11和图9-12分别给出了作业规划的路径和路径图。

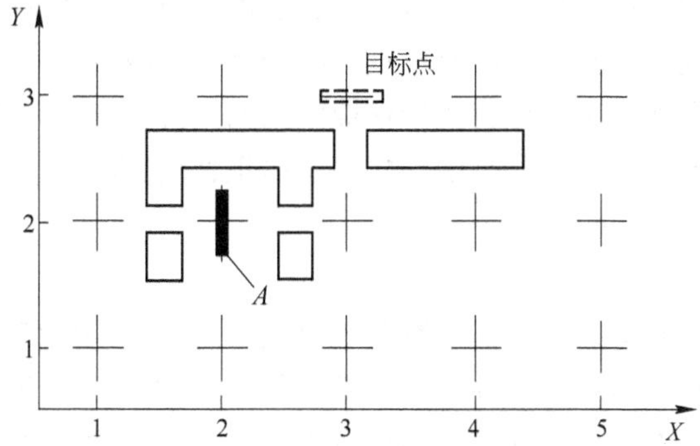

图9-9 处理细长物体的作业规划环境实例

9.3.2 行动规划

与其他机械比较，机器人的重大特征之一是有多个自由度，在三维空间中可以自由地

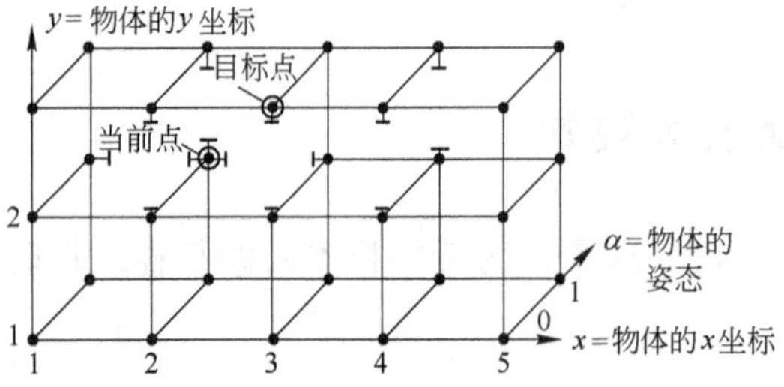

图 9-10 状态空间表示图

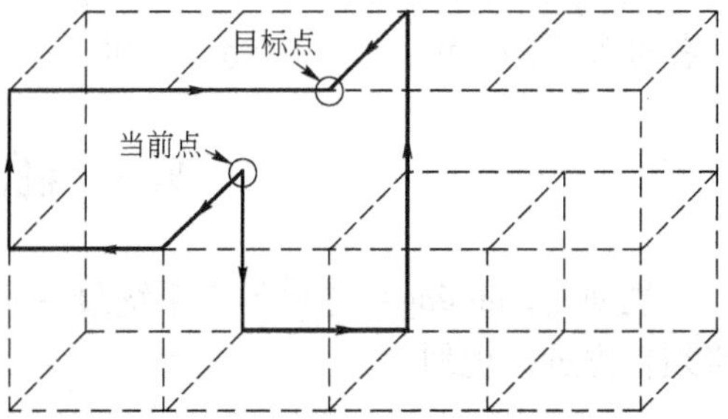

图 9-11 作业规划的路径

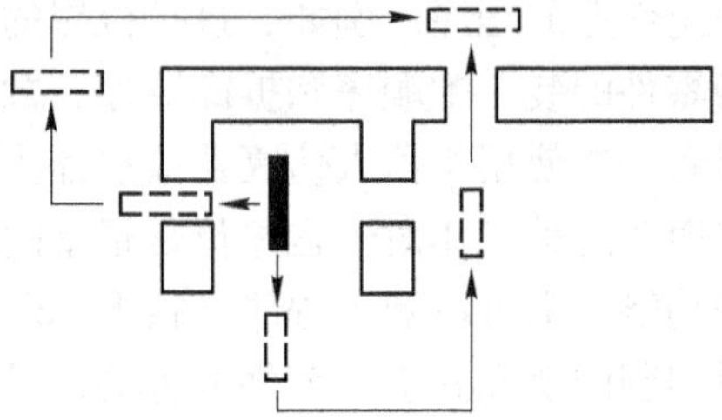

图 9-12 路径图

动作。反之，在希望机器人实际做某一动作时，必须从在空间中可以实现的多种动作中选出某些动作。而且对于所作的选择，当然应是能够达到目标的动作，又是使其自身不和其他物体、其他机器人、其他移动物体发生碰撞的动作。

9.3.2.1 机械手的避碰

为了控制机械手使其实行作业，必须借助机器人语言程序和动作示教详细地指定作业动作。使用具有图形显示功能或干涉检查功能的模拟器，通过对话来规划机器人动作的方法尚在研究开发，但仍然需要大量的时间和人力，为了减轻人类的这种负担和进一步扩大机器人的适用范围，目前正在深入进行机器人自主动作规划的研究。

障碍物回避动作规划，可以看作是在具有与机械手的自由度数相同维数的空间中的路径搜索问题。在这个过程中，具有复杂形状的三维立体间的避碰计算已成为必要。

机械手动作的开始位置和目标位置已经给定时，一般可能存在多条路径。至于路径的最优性，存在最小能量、最短时间、最短距离等各种各样的评价标准，然而，取什么样的评价标准依赖于各自的作业内容，对于有 6 个自由度的机械手的路径探索，回避障碍物而到达目标是困难的问题。因此，还没有出现同时处理障碍物回避和最优化的研究。

障碍物回避动作规划方法可分为基于作业空间的局部信息法和基于全局信息的方法两种。任一种方法单独地求解的问题是困难的，所以正在研究将它们组合起来，并引入启发式（heuristic）方法。

A 利用近旁局部信息的避碰

这是为探索障碍物回避的路径，考察基于机械手近旁的空间结构，沿着没有碰撞的方向进行动作的方法。它适用于作业环境的域结构预先不知道的场合，以及环境时刻发生变化时，基于分布于机械手各部分的传感器信息进行障碍物回避的场合，以及由于机械手的自由度很高，空间描述困难的场合。

典型的基于局部信息的避碰方法，有假想势场路径探索法，即定义从环境内的物体到机器人的距离的相应斥力和至目标位置的引力的假设势场（potential），这种方法若在三维作业空间中求出势场，即使机械手的自由度增加，这个势场也能照样适用。但具有现实复杂度的三维空间中的势场函数的定义和计算是困难的，并且有时会在斥力和引力平衡的点上停留下来，不能达到目标。对于前者，不再求取分布于机械手全体的悬挂力，而是对于构成机械手的各个连杆，仅仅求取各障碍物对其最近点的作用力并使其动作的解决方法。对于后者现时还没有解决方法，另一途径是设法从全程观点给出所求的中间目标。

基于局部信息的方法，是根据机械手与周围避碰物体两者间的距离的评价函数，与机械手接近作业目标的评价函数的加权之和来决定动作方向。因此，仅能规划一条路径，当这条路径不合适而实际发生碰撞时，为了规划其他路径，只有修正权重参数，还没有发现最优地决定这个参数的方法，当前人们是凭经验决定权重的值。

B 利用大域结构信息的避碰回避

若能进行工作环境内物体的几何学描述，并显式地描述机械手与它们不发生碰撞而能够动作的空间（自由空间），则可以使用在该空间中的图搜索法等探索到达目标的路径。但是，一般地机械手具有多自由度的连杆结构，而且由于各连杆具有复杂的三维形状，所以描述自由空间是不容易的。

Udupa 完成实现由两个连杆组成的 Stanford Arm 的障碍物回避的自由空间描述，该研究给出了如下做法，即在近似于机械手形状的基础上借助于扩大周围障碍物和缩小机械手，将机械手看作没有体积的线段，进一步相对于机械手的前端连杆的长度扩大周围物体，从而可将机械手看作一点，图 9-13 示出了做二维运动的机械手避碰动作的情况。就是说，这是一个分别用圆柱表示的臂和腕构成的机械手从出发点 S 开始向着目标点 G 移动的问题；将作业域内的所有障碍物扩大相当于圆柱半径的倍数，将机械手作为相联结的两条线段来处理。路径规划则利用两个连杆这一特点探索地进行。当连杆数增加时，这个方法便难于使用，另外只能发现局部的障碍物回避路径，不能选出从大局来看比较好的路径，这是该方法的一个缺点。

对于多边形物体回避多边形障碍物，且不带旋转的平移场合，lozano-perez 给出了求取其移动的最短路径的方法。图 9-14 指出了对象物 A 从出发点 s 移动到目标点 g 时的最短路径，此路径按照下述方法求得。首先将对象物 A 的任意位置看作参照点 s，让 A 不旋转，一边保持与障碍物接触，一边围绕着各个障碍物平移，求取点 s 描出的图形（图 9-14 的斜线部分）。这些图形（命名为 GOS(A)）可以看作禁止参照点 s 进入的区域。在考察移动路径的场合，利用这一结果可使对象物 A 缩小至 s 点，于是便可以从连接出发点 s、GOS(A)的顶点和目标点 g 的路径中选出不进入 GOS(A)且到达点 g 的 A 的最短路径，如图 9-14 所示。以下考

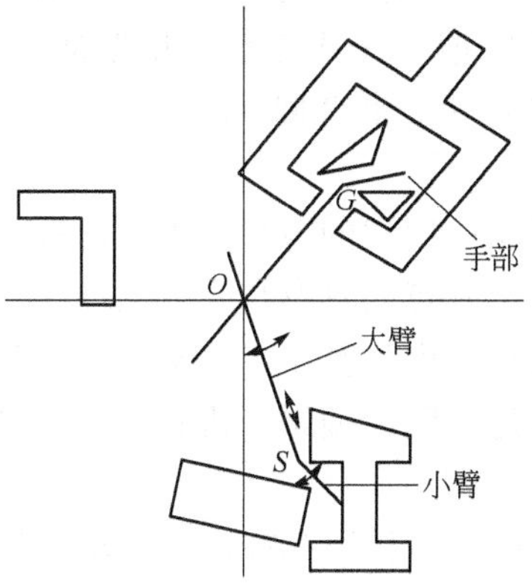

图 9-13 连杆机械手的障碍物回避

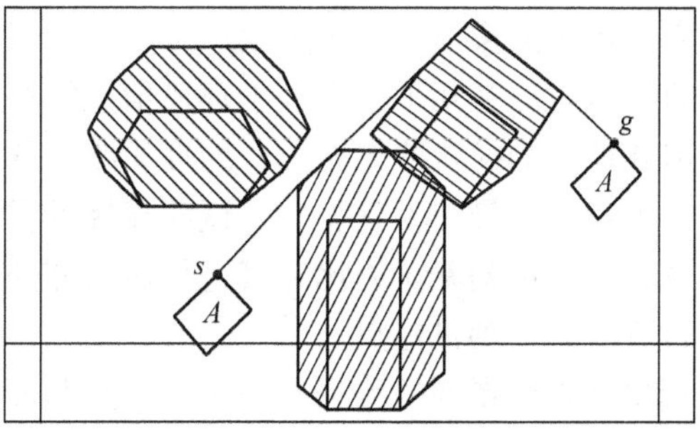

图 9-14 平移物体的二维障碍物的回避

察 A 旋转的场合，这时，因为对应于 A 的旋转 GOS(A)也发生变化，所以求取 A 的移动路径的问题已构成三维问题。

为简便起见，提出下述方法。将 A 的旋转分为 m 个区间，求取各区间的旋转可能形成的图形，并各用一个包含它的多边形（第 i 个近似多边形记为 A_i）来近似。用各个 A_i 得到的 m 个 GOS（A_i），求取近似的最短路径。图 9-15 是表示这个方法的一个例子。允许对象物从 A_1 旋转到 A_3，从点 s 移动到点 g。A_2 是由 0°到 90°旋转可能形成的多边形，以上是在二维平面内的移动。在对象物和障碍物是三维的场合，GOS（A）是立体的，所以最短路径不一定通过 GOS（A）的顶点，较多的情况是通过棱线，因此，应致力于在棱线上追加顶点而求取路径。另外，对象物的旋转自由度越是增加，就越成为更高维的问题，于是需要在更大范围内的近似，这种方法适用于各连杆用多面体表示的机械手的障碍物回避问题。

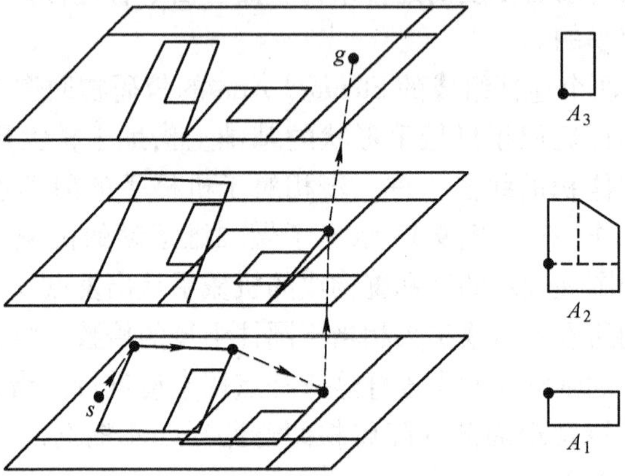

图 9-15 平移和旋转物体的二维障碍物的回避

9.3.2.2 移动机器人的避碰

路径搜索就是在给定的环境下，找出从初始点出发，避开障碍物而到达目标的路径。根据不同的场合，有时也要求该路径满足某种性质（最优性）。

路径搜索问题是运筹学和优化研究的重要内容，开发了对应于问题状况的各种算法。将它们按照移动机器人的观点进行分类时，可以分为以下几类：（1）与环境知识无关的场合的直观搜索法或者爬山法；（2）具有环境完全知识的图搜索法或者数学规划搜索法；（3）环境知识不完全和环境过于复杂情况下的启发搜索法或者是混合搜索法等。

A 直观搜索法或者爬山法

直观搜索法在几乎没有关于环境信息的场合使用，其路径搜索的情形与人类没有地图要到未知地域的搜索情况相似，即搜索路径的机器人在其出发点只具有目标点大体在那一个方向的信息，最初不管怎样，试朝着接近目标的方向移动，而且基于由移动结果得到的新信息，借助于朝着认为比较接近目标的方向移动，继续进行路径搜索。机器人反复执行这一过程直至达到目标点。

用这种方法得到的路径不一定是最短路径（最优路径），而且还存在由于环境的复杂而不能发现到达目标点路径的情形。属于这个方法的最简单情况是利用触觉信息。向目标点前进，若接触到障碍物，就分析这些信息，决定下一步应该前进的方向。进一步的成果是用人工视觉检出障碍物，基于其大小和斜面的倾斜度信息生成避碰路径和检出障碍物间的间隙，决定走向目标的方向。

B 图搜索法或者数学规划搜索法

在环境知识完全的场合，即存在于环境中的障碍物分布是预先知道的场合，或者是在机器人实地移动时借助于视觉装置等可以决定障碍物的整体分布，则可以运用比A方法更为有效的搜索法。图9-16所示的用多边形表示障碍物，从出发点 S 开始，回避障碍物而到达目标点 G 的最短路径（如图所示）存在于连接障碍物的顶点的直线群的组合之中。这种问题可以作为计算几何学中的可视图法进行一般处理，最短路径对应于在可视图上求取从出发点到目标点的最短路径。

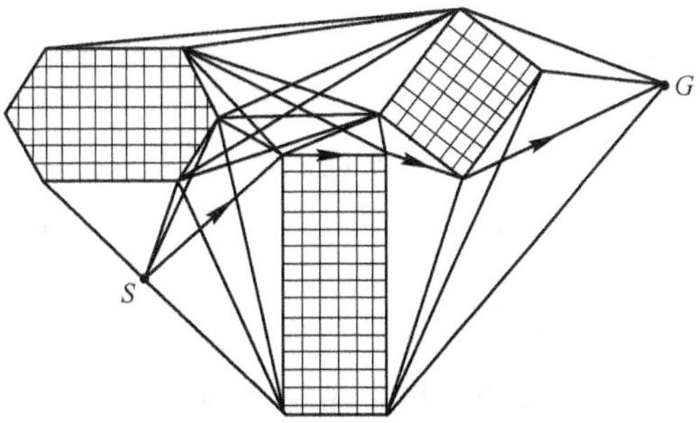

图9-16 可视图问题的路径搜索实例

为了高速地求解这种问题，有的文献提出用超图层次地描述机器人能够动作的空间结构，实现路径搜索算法的高速化。为了尽量避免接触障碍物，也可以将由各障碍物大小决定的领域边界（计算几何学称其为voronoi图）作为路径的一部分来使用。有人提出了利用由障碍物的势场生成的极小势场分布来决定路径的方法和利用距离变换的方法等。

另外，借助于将机器人的移动环境像棋盘格子一样分块进行模型化，通过考察机器人在这些栅格中的移动进行路径搜索的方法很早就开始使用。这种场合，以栅格间的移动所需的成本、与障碍物碰撞所造成的损失、在移动环境中观测存在的障碍物所需花费等为参数的评价函数，可以用动态规划法等数学规划法使其最小化，从而可以搜索到最优路径。图9-17示出了一边将观察到的障碍物信息和关于机器人信息并用，一边进行路径搜索的例子。为了提高这种栅格化环境中的路径搜索的精度和效率，也提出了使用树结构层次化的空间描述方法。图9-18给出了使用4叉树的空间描述进行路径搜索的例子。从左下方的

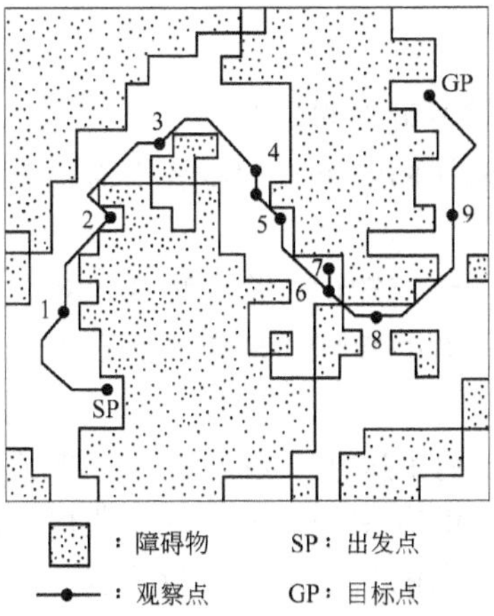

图9-17 并用观察的路径搜索

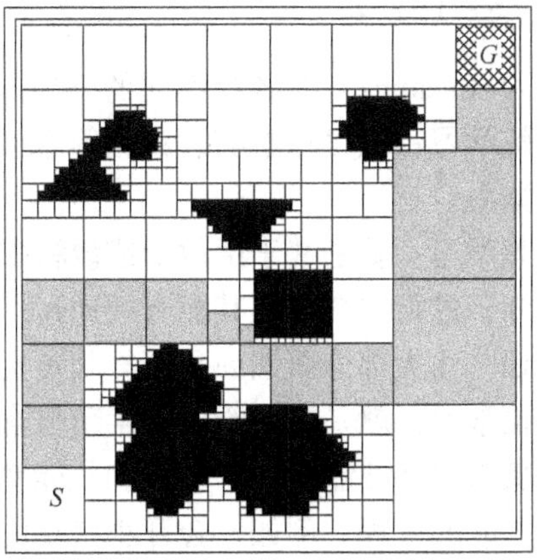

图9-18 使用4叉树的层次化空间描述的路径搜索

出发点 S 到右上方的目标点 G 的路径用暗格表示。如图 9-18 所示，在障碍物少的范围内，使用了大的栅格，在障碍物的近旁使用了细小栅格。

这种基于图论或者数学规划法的路径搜索，不管环境怎样复杂，若只是追求计量上的最优性，则理论上一定可以求得最优解。但是实际上会出现计算量巨大等问题，因而实际应用时经常需要对算法进行改进。

C 启发式或混合式的路径搜索法

若环境信息不完全，或者环境太复杂，进一步要求路径具有最优性而显得勉强时，有时就会出现用 A 方法不能发现路径，用 B 方法过于花时间等问题。在这种场合使用某种启发方法或将几种方法组合起来使用的混合法有时是起作用的。

启发方法中所用的启发知识是依赖于特定的问题，难于一般地讨论。作为在移动机器人的路径搜索中使用的启发知识，最简单而且经常使用的是：(1) 从当前地点向着目标点，直至遇到障碍物一直前进；(2) 若遇到障碍物，走向在当前地点可以看见的障碍物的边缘点中最近的一个；(3) 沿着障碍物移动等。图 9-19 给出使用这种启发知识搜索路径的例子。

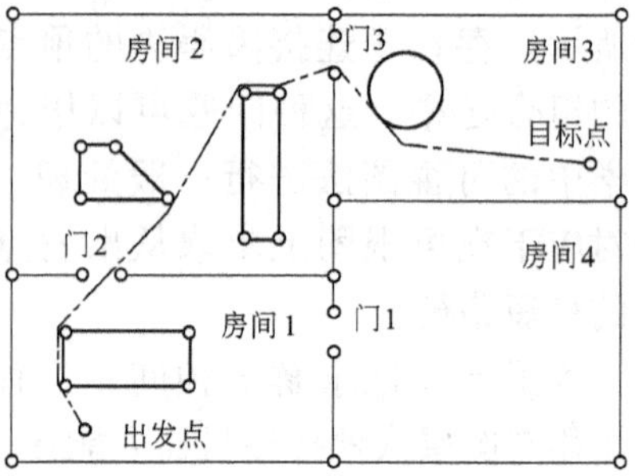

图 9-19 利用启发方法的搜索路径实例

9.4 机器人知识的获取

在人类的学习能力中存在技能改善与知识获取两个方面。技能改善就是通过反复练习使水平提高。相对地，伴随新知识及其结构和心理模型的建立，知识获取是有意识的过程。在机器人领域也展开了同样的两类学习，即技能改善和知识获取的研究。

另外，机器人为了进行作业，实施作业有关的信息、作业对象和作业环境的信息是不可缺少的。这里分为“作业知识的学习”和“作业环境知识的学习”两方面。

9.4.1 学习的分类

学习（leaning）有各种不同的分类方法。下面是基于学习策略的分类。

记忆学习：程序和事实、数据等直接地给定，并将其记住的学习，学习者不需要具备推理的能力。

示教学习：就是基于由教师或教科书一类系统的信息源给定知识，将这种新的知识与原有的知识进行综合，使其能有效地运用的过程。为使学习者的知识逐渐增加而必须给与新的知识，而大部分新知识是由教师负责提供的。

类推学习：就是预先给出产生新概念的“概念种子”，利用这些“概念种子”将类似于要求新知识和技能的现有知识和技能变换为在新状况下能够利用的形式，从而获得新的知识和技能的过程。例如，会开小汽车的人，在驾驶小型货车的新情况下，为了能适用其技术，需进行修正自己掌握的技能，获取新的技能的学习，这种学习功能被用于将最初不是为此而设计的程序变换为使其能够实现与此密切相关的功能的程序。

当前机器人学习的大部分属于上述三类的范畴。

9.4.2 作业知识的获取

这里以层次性的观点将关于机器人实施作业的知识分为控制机器人动作级和目标级两部分。

(1) 动作级信息的学习：学习控制机器人动作时必需的信息，将控制参数、机械手动力学、目标轨迹和控制策略等作为学习内容。

(2) 目标级信息的学习：学习与作业目标、实施作业的程序和包含于这些程序的作业动作等有关的信息，机器人工作对所造成的外界的影响效果。

9.4.2.1 动作级学习系统

为了用机器人操作物体，必须由伺服机构控制机械手使其动作，即使伺服控制器的结构是适当的，控制常数是固定的场合，控制对象的特性在作业中发生变化时也会使系统整体的性能变差。根据控制特性的变化调节控制常数，保持系统性能一致性的适应控制即为动作级学习系统。

另外，通过练习提高其伺服性能的有学习伺服参数和机械手动力学的系统，例如借助于试运行而提高机械手动力学参数精度的方法。

9.4.2.2 目标级学习系统

20 世纪 70 年代人工智能研究，经常提出机器人规划问题，几乎都是以积木世界为对象，自动地生成将积木堆叠成给定的形状的程序。STRIPS 和 HACKER 等是熟知的系统。

Gerakl Sussman 于 1975 年开发了学习系统（HACKER），利用它生成实现给定目标（谓词表达式的集合）的程序，并进行了模拟。模拟装置将禁止的操作或违反约束条件等作为故障（bug）而检出。故障的种类和排除故障（debug）过程预先作为知识来描述，与模拟结果进行匹配而识别故障。对于引起故障的状况和相应的排除故障的过程，采用将常数变换为变数的一般方法并存储于程序库内。

Dufay 和 Latomb 提出了由经验归纳学习机械组装作业程序的系统。作为系统输入而给定的作业是对象物的初期状态和目标状态，以及零件的几何信息。学习则按以下两个阶段来实施：(1) 训练阶段，利用传感器多次实行相同的作业，收集两个以上不确定性和误差起因不同的多个例子。(2) 归纳阶段，基于得到的实施例子，利用归纳学习作出在任意场合都能执行的一般策略程序。

9.4.3 图像理解与环境知识的获取

在学习作业环境信息的场合，视觉起着重要的作用。在这里介绍有关视觉处理和图像理解的学习，以及利用视觉处理获取环境信息的方法。

9.4.3.1 视觉处理的学习

机器人为了对用传送带送过来的零件实施作业，必须识别零件及其位置。RAIL 就是将基于对象物的特征群实施模式识别，同时进行测量零件的形状、损伤检查及其位置姿态的视觉处理，示教给机器人的编程语言。将在传送带上的机器零件的映像作为对象，由输入映像基于 Stanford 算法进行模式识别。对于输入图像的一个物体，其特点就是具有利用其特征值的学习功能和识别功能，对象物体的学习是反复输入其图像，求取特征值的平均值与标准差，将这些值与登录名一齐进行存储。自动识别就是将已登录的几个物体模型与摄像机摄取的物体进行比较，判定它是哪一个。RAIL 也称为具有借助于 Showing 的模式学习能力的视觉处理程序语言。

9.4.3.2 环境信息的获取

日本的广濑等人提出了将测距仪得到的三维信息构成适用于步行机器人的地形图系统 MARS。在利用视觉信息制作凹凸地形的地图的场合，在地形的一部分生成所谓死角，不能得到该范围内的三维信息。因此，仅利用单纯的三维测量制作的地图是不完全的。为此在 MARS 中，将地形图分为可视区和死角区，分别指出各个区地图的制作法。对于可视区，给出了使以前的测量值的权重变小，逐次存储信息的方法。借助于它，例如在一边移动一边更新前方地图的场合，由于越是过去的测量值，就在距处理物体越远的地方被测量，所以可以使其权重变小，换言之可以给出"遗忘效果"。另外，关于制作死角区的地图所需的死角域推定法，给出了有效地利用过去得到的环境信息的方法。这就是记忆已测量过的物体的特征，也就是借助于学习，逐次地作成正确地图的方法。利用四足步行机器人进行实验，已表明对于可视域，可以实时地生成地形图。

日本的铃木等人给出由视觉信息学习环境地图的应用例子，提出了使联想数据库自组织化的简单有效的方法，并将其应用于自主移动机器人。学习系统由预先规定的处理部分和在初期状态是空白的记忆部分构成。对于现时的输入信号，处理部分从记忆部分检索出与其相似的以前的输入信号，调出它的相关信息。若现时输入信号的附带信息与这个相关信息不一致，就将新的信息附加于记忆部分的数据库，其影响由下一次处理加以反映。像这样依赖于记忆状态和输入信号，数据库就自组织化地建立起来。当给出充分长的输入序列时，输入信号与相关信息的对应关系与标本序列的对应关系相等。在这种数据库的自组织化算法中，将摄像机图像看作为输入信号 x，将机器人位置 y 看作为由此得出的联想信息，若使其学习 x 和 y 的对应关系，则其后就可以识别机器人的位置。

9.5 智能机器人的控制范式

A 慎思式——思而后行

在慎思式体系结构中，机器人利用一切可利用的感知信息和内部存储的所有知识来推断出下一步该采取何种动作。通常利用决策过程中的功能分解来组织慎思式体系结构，包括信息处理、环境建模、任务规划、效用评判以及动作执行等模块。功能分解模式使其适于执行复杂操作，但这意味着各模块之间存在着强烈的序贯依赖关系。慎思式体系结构中的推理以典型的规划形式存在，它需要搜索各种可能的状态 - 动作序列并对其产生的结果进行评价。规划是人工智能的重要组成部分，是一个复杂的计算过程，此过程需要机器人执行一个感知 - 规划 - 动作的步骤（例如，将感知信息融入到世界地图中，然后利用规划模块在地图上寻找路径，最后向机器人的执行机构发出规划的动作步骤）。机器人制订规划，并且对所有可行规划进行评价，直至找到一个能够到达目标、解决任务的合理规划。第一个移动机器人 Shakey 就是基于慎思式体系结构来控制的。它利用视觉数据进行避障和导航。

规划模块内部需要一个关于世界的符号表示模型，这能够让机器人展望未来并预测出不同状态下各种可能动作对应的结果，从而生成规划。为了规划的正确性，外部环境的世界模型必须是精确和最新的。当模型精确且有足够的时间来生成一个规划，这种方法将使机器人能够在特定环境下选择最佳的行动路线。然而，由于机器人实际上是处于一个含有噪声，并且动态变化的环境中，上述情况是不可能发生的。如今，没有一个情境机器人是纯作慎思式的。为实现在复杂、动态变化的现实环境中快速做出恰当的动作，陆续有学者提出新的机器人体系结构。

B 反应式——不想，只做

反应式控制是一种将传感器输入和驱动器输出二者进行紧密耦合的技术，通常不涉及干预推理，能够使机器人对不断变化和非结构化的环境做出快速的反应。反应式控制来源于生物学的刺激-响应概念，它不要求获得世界模型或对其进行维护，因为它不依赖于慎思式控制中各种复杂的推理过程。相反，基于规则的机器人控制方法不仅计算量小，而且无需内部表示或任何关于机器人世界的知识。通过将具有最小内部状态的一系列并发条件——动作规则（例如，如果碰撞，则停止；如果停止，就返回）进行离线编程，并将其嵌入到机器人控制器中，反应式机器人控制系统具有快速的实时响应特性。当获取世界模型不太现实时，反应式控制就特别适用于动态和非结构化的世界。此外，较小的计算量使得反应式系统能够及时、快速地响应变化的环境。

反应式控制是一种强大而有效地方法，它广泛地存在于自然界中，如数量远超脊椎动物的昆虫，它们绝大多数是基于反应式控制的。然而，单纯的反应式控制的能力又是有限的，因为无法储存信息或记忆，或者对世界进行内在的表示，因此，无法随着时间的流逝进行学习和改进。反应式控制在反应的快速性和推理的复杂性之间进行仅衡。分析表明，当环境和任务可以由先验知识表示时，反应式控制器会显示出强大的优越性；如果环境是结构化的，反应式控制器能够在处理特定问题时表现出最佳性能，当面对环境模型、记忆以及学习成为必需的问题时，反应式控制就显得无法胜任了。

C 混合式——思行合一

混合式控制融合了反应式控制和慎思式控制的优点：反应式的实时响应与慎思式的合理性和最优性。因此，混合式控制系统包括两个不同的部分，反应式/并发条件——动作规则和慎思式部分，反应式和慎思式二者必须交互产生一个一致输出，这是一项非常具有挑战性的任务。这是因为，反应式部分处理的是机器人的紧急需求，比如移动过程中避开障碍物，该操作要在一个非常快的时间尺度内，直接利用外部感知数据和信号的情况下完成。相比之下，慎思式部分利用高度抽象的、符号式的世界内在表示，需要在较长的时间尺度上进行操作，比如，执行全局路径规划或规划高层决策方案。只要这两个组成部分的输出之间没有冲突，该系统就无需进一步协调，然而，如果欲使双方彼此受益，则该系统的两个部分必须进行交互。因此，如果环境呈现出的是一些突现的和即时的挑战，反应式系统将取代慎思式系统。类似地，为了引导机器人趋向更加有效的和最佳的轨迹和目标。慎思式部分必须提供相关信息给反应式部分，这两部分的交互需要一个中间组件，以调节使用这两部分所产生的不同表述和输出之间的冲突。这个中间组件的构造是混合式系统设计所面临的更大挑战。

D 基于行为的控制——思考行为方式

基于行为的控制采用了一系列分布的、交互的模块，将其称为行为，将这些行为组织起来以获得期望的系统层行为。对于一个外部观察者而言，行为是机器人在与环绕交互中产生的活动模式；对于一个设计者来说，行为就是控制模块，是为了实现和保持一个目标而聚集的一系列约束。每个行为控制器接受传感器或者是系统中行为的输入，并提供输出到机器人的驱动器或者到其他行为。因此，基于行为的控制器是一种交互式的行为网络结构，它没有集中的世界表示模型或控制的焦点，相反，个人行为和行为网络保存了所有状态的信息和模型。

通过精心设计的基于行为的系统能够充分利用行为之间相互作用的动力学，以及行为和环境之间的动力学。基于行为控制系统的功能可以说是在这些交互中产生的，不是单独来自于机器人或者孤立的环境，而是它们相互作用的结果。反应式控制可以利用的是反应式规则，它们仅需极少甚至不需要任何状态或表示。与此不同的是，基于行为的控制方式可以利用的是一系列行为的集合。此处的行为是与状态紧密相连的，并且可用于构造表示，从而能够进行推理、规划和学习。

上述每一种机器人控制方法都各有优缺点，它们在特定的机器人控制和应用方面都扮演着非常重要且成功的角色，并且没有某个单一的方法能够被视为是理想或绝对有效的。可以根据特定的任务、环境以及机器人，来选用合适的机器人控制方法。

习　题

9-1　简述机器人的三级智能控制体系结构。

9-2　查阅参考资料，写出一种搜索算法，并举例说明其应用。

9-3　应用搜索算法，编写计算程序，规划图 9-9 的路径。

9-4　如何对一个机器人的作业过程进行描述？

10　机器人编程

机器人的主要特点之一是其通用性，使机器人具有可编程能力是实现这一特点的重要手段。机器人编程必然涉及机器人语言。机器人语言是使用符号来描述机器人动作的方法。它通过对机器人动作的描述，使机器人按照编程者的意图进行各种操作。机器人语言的产生和发展是与机器人技术的发展以及计算机编程语言的发展紧密相关的。编程系统的核心问题是操作运动控制问题。

10.1　机器人语言的特点

10.1.1　机器人编程系统

机器人编程是机器人运动和控制问题的结合点，也是机器人系统最关键的问题之一。当前实用的工业机器人常为离线编程或示教，在调试阶段可以通过示教控制盒对编译好的程序进行一步一步地执行。调试成功后可投入正式运行。机器人语言系统可以用图 10-1 表示。

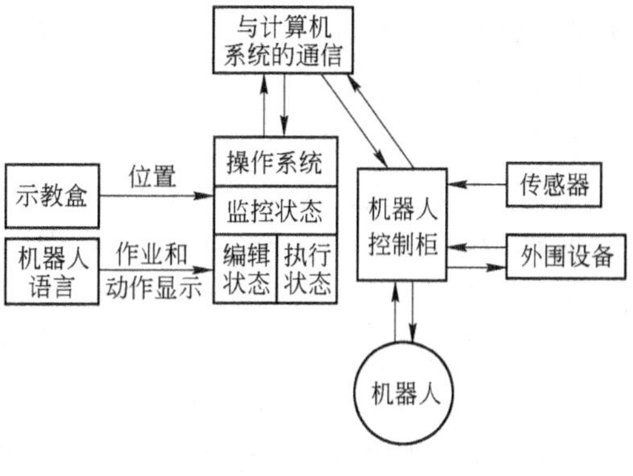

图 10-1　机器人语言系统

机器人语言操作系统包括三个基本的操作状态：监控状态；编辑状态；执行状态。

监控状态用来进行整个系统的监督控制。在监控状态，操作者可以用示教盒定义机器人在空间中的位置，设置机器人的运动速度，存储和调出程序等。

编辑状态提供操作者编制程序或编辑程序。尽管不同语言的编辑操作不同，但一般都包括：写入指令、修改或删去指令以及插入指令等。

执行状态用来执行机器人程序。在执行状态，机器人执行程序的每一条指令。所执行的程序都是经调试过的，不允许执行有错误的程序。

和计算机编程语言类似，机器人语言程序可以编译，把机器人源程序转换成机器码，以便机器人控制柜能直接读取和执行。

根据机器人不同工作要求，需要不同的编程。一般有下面几种编程方式。

（1）示教方式编程。目前，相当数量的机器人仍采用示教方式编程。机器人示教后可以立即应用。在再现时，机器人重复示教时存入存储器的轨迹和各种操作，如果需要，过程可以重复多次。在某些系统中可以用与示教时不同的速度再现。其优点是：简单方便；

不需要环境模型；对实际的机器人进行示教时，可以修正机械结构带来的误差。其缺点是：功能编辑比较困难；难以使用传感器；难以表现沿轨迹运动时的条件分支，缺乏记录动作的文件和资料；难以积累有关的信息资源；对实际的机器人进行示教时，在示教过程中要占用机器人。

（2）离线编程。离线编程克服了在线编程的许多缺点，充分利用了计算机的功能。其优点是：编程时可不用机器人，机器人可进行其他工作；可预先优化操作方案和运行周期时间；可将以前完成的过程或子程序结合到待编的程序中去；可用传感器探测外部信息，从而使机器人做出相应的响应；控制功能中可以包括现有的 CAD 和 CAM 的信息，可以预先运行程序来模拟实际运动，从而不会出现危险，利用图形仿真技术可以在屏幕上模拟机器人运动来辅助编程；对不同的工作目的，只需要替换部分特定的程序。

但离线编程中所需要的能补偿机器人系统误差的功能、坐标系数据仍难以得到。

离线编程中可以采用在线采集的一些特定位置数据（多采用示教盒来获得），写入离线编写的程序中。

10.1.2 对机器人的编程要求

10.1.2.1 能够建立世界模型（world model）

在进行机器人编程时，需要一种描述物体在三维空间内运动的方式，所以需要给机器人及其相关物体建立一个机座坐标系。这个坐标系与大地相连，也称世界坐标系。机器人工作时，为了方便起见，也建立其他坐标系，同时建立这些坐标系与机座坐标系的变换关系。机器人编程系统应具有在各种坐标系下描述物体位姿的能力和建模能力。

10.1.2.2 能够描述机器人的作业

机器人作业的描述与其环境模型密切相关，编程语言水平决定了描述水平。现有的机器人语言需要给出作业顺序，由语法和词法定义输入语句，并由它描述整个作业。例如，装配作业可描述为世界模型的一系列状态，这些状态可用工作空间内所有物体的位姿给定。这些位姿也可利用物体间的空间关系来说明。

10.1.2.3 能够描述机器人的运动

描述机器人需要进行的运动是机器人编程语言的基本功能之一。用户能够运用语言中的运动语句，与路径规划器连接，允许用户规定路径上的点及目标点，决定是否采用点插补运动或笛卡儿直线运动。用户还可以控制运动速度或运动持续时间。

10.1.2.4 允许用户规定执行流程

同一般的计算机编程语言一样，机器人编程系统允许用户规定执行流程，包括试验和转移、循环、调用子程序以至中断等。

通常需要用某种传感器来监控不同的过程，然后，通过中断或登记通信，机器人系统能够反应由传感器检测到的一些事件。有些机器人语言提供规定这种事件的监控器。

10.1.2.5 有良好的编程环境

如同任何计算机一样，一个好的编程环境有助于提高程序员的工作效率。大多数机器人编程语言含有中断功能，以便能够在程序开发和调试过程中每次只执行一条单独语句。根据机器人编程特点，其支撑软件应具有下列功能：

（1）在线修改和立即重新启动。机器人作业需要复杂的动作和较长的执行时间，在失败后从头开始运行程序并不总是可行的。因此支撑软件必须有在线修改程序和随时重新启动的能力。

（2）传感器的输出和程序追踪。机器人和环境之间的实时相互作用常常不能重复，因此支撑软件应能随着程序追踪记录传感器输出值。

（3）仿真。可在没有机器人和工作环境的情况下测试程序，因此可有效地进行不同程序的模拟调试。

10.1.2.6 需要人机接口和综合传感信号

在编程和作业过程中，应便于人与机器人之间进行信息交换，以便在运动出现故障时能及时处理，在控制器设置紧急安全开关确保安全。而且，随着作业环境和作业内容复杂程度的增加，需要有功能强大的人机接口。

机器人语言的一个极其重要的部分是与传感器的相互作用。语言系统应能提供一般的决策结构，如“if…then…else”，“case…”，“until…”和“while…do…”等，以便根据传感器的信息来控制程序的流程。

在机器人编程中，传感器的类型一般分为三类：

（1）位置检测：用来测量机器人的当前位置，一般由编码器来实现。

（2）力觉和触觉：用来检测工作空间中物体的存在。力觉是为力控制提供反馈信息，触觉用于检测抓取物体时的滑移。

（3）视觉：用于识别物体，确定它们的方位。

10.1.3 机器人编程语言的类型

随着首台机器人的出现，对机器人语言的研究也同时进行。1973 年美国斯坦福（Stanford）人工智能实验室研究和开发了第一种机器人语言——WAVE 语言。WAVE 语言具有动作描述，能配合视觉传感器进行手眼协调控制等功能。1974 年，该实验室在 WAVE 语言的基础上开发了 AL 语言，它是一种编译形式的语言，具有 ALGOL 语言的结构，可以控制多台机器人协调动作。AL 语言对后来机器人语言的发展有很大的影响。

1979 年，美国 Unimation 公司开发了 VAL 语言，并配置在 PUMA 系列机器人上，成为实用的机器人语言。VAL 语言类似于 BASIC 语言，语句结构比较简单，易于编程。1984 年该公司推出了 VAL-II 语言，与 VAL 语言相比，VAL-II 增加了利用传感器信息进行运动控制、通信和数据处理等功能。

美国 IBM 公司在 1975 年研制了 ML 语言，并用于机器人装配作业，接着该公司又推出了 AUTOPASS 语言，这是一种比较高级的机器人语言，它可以对几何模型类任务进行半自动编程。后来 IBM 公司又推出了 AML 语言，AML 语言已作为商品化产品用于 IBM 机器人的控制。

其他的机器人语言有：MIT 的 LAMA 语言，这是一种用于自动装配的机器人语言。美国 Automatix 公司的 RAIL 语言，它具有与 PASCAL 语言相似的形式。

机器人语言尽管有很多分类方法，但根据作业描述水平的高低，通常可分为动作级、对象级和任务级三级。

10.1.3.1 动作级编程语言

动作级编程语言是以机器人的运动作为描述中心，通常由使机械手末端从一个位置到另一个位置的一系列命令组成。动作级语言的每一个命令（指令）对应机器人的一个动作，如可以定义机器人的运动序列（MOVE），基本语句形式为：

MOVE TO （destination）

动作级编程语言的代表是VAL语言，它的语句比较简单，易于编程。动作级语言的缺点是不能进行复杂的数学运算，不能接受复杂的传感器信息，仅能接受传感器的开关信号，并且和其他计算机的通信能力很差。VAL语言不提供浮点数或字符串，而且子程序不含自变量。

动作级编程又可分为关节级编程和末端执行器编程两种。

A 关节级编程

关节级编程程序给出机器人各关节位移的时间序列。当示教时，有时需要机器人的某个关节进行操作，但常通过示教盒上的操作键进行。

B 末端执行器级编程

末端执行器级编程是一种在作业空间内各种设定好的坐标系里编程的编程方法。在特定的坐标系内，编程应在程序段的开始予以说明，系统软件将按说明的坐标系对下面的程序进行编译。

末端执行器级编程程序给出机器人末端执行器的位姿和辅助机能的时间序列，包括力觉、触觉、视觉等机能以及作业用量、作业工具的选定等。指令由系统软件解释执行。这类语言有的还具有并行功能。其基本特点是：

（1）各关节的求逆变换由系统软件支持进行。

（2）数据实时处理且导前于执行阶段。

（3）使用方便，占内存较少。

（4）指令语句有运动指令语句、运算指令语句、输入输出和管理语句等。

10.1.3.2 对象级编程语言

对象级编程语言解决了动作级编程语言的不足，它是以描述被操作物体之间的关系（常为位置关系）为中心的语言，这类语言有AML、AUTOPASS等，具有以下特点：

（1）运动控制：具有与动作级语言类似的功能。

（2）处理传感器信息：可以接受比开关信号复杂的传感器信号，并可利用传感器信号进行控制、监督以及修改和更新环境模型。

（3）通信和数字运算：能方便地和计算机的数据文件进行通信，数字计算功能强，可以进行浮点计算。

（4）具有很好的扩展性：用户可以根据实际需要，扩展语言的功能，如增加指令等。

作业对象级编程语言以近似自然语言的方式描述作业对象的状态变化，指令语句是复合语句结构，用表达式记述作业对象的位姿时序数据及作业用量、作业对象承受的力、力矩等时序数据。

将这种语言编制的程序输入编译系统后，编译系统将利用有关环境、机器人几何尺寸、末端执行器、作业对象、工具等的知识库和数据库对操作过程进行仿真，并解决以下几方面问题：

（1）根据作业对象的几何形状确定抓取位姿。

（2）各种感受信息的获取及综合应用。

（3）作业空间内各种事物状态的实时感受及其处理。

（4）障碍回避。

（5）和其他机器人及附属设备之间的通信与协调。

这种语言的代表是 IBM 公司在 20 世纪 70 年代后期针对装配机器人开发出的 ATUO-PASS 语言。它是一种用于计算机控制下进行机械零件装配的自动编程系统，该系统面对作业对象及装配操作而不直接面对装配机器人的运动。

AUTOPASS 自动编程系统的工作过程大致如下：

（1）用户提出装配任务，给出任务的装配工艺规程。

（2）编写 AUTOPASS 源程序。

（3）确定初始环境模型。

（4）AUTOPASS 的编译系统逐句处理 AUTOPASS 源程序，并和环境模型及用户实时交互。

（5）产生装配作业方法和末端执行器状态指令码。

（6）AUTOPASS 为用户提供 PL/1 的控制和数据系统能力。

10.1.3.3 任务级编程语言

任务级编程语言是比较高级的机器人语言，允许使用者对工作任务所要求达到的目标直接下命令，不需要规定机器人所做的每一个动作的细节。只要按某种原则给出最初的环境模型和最终工作状态，机器人可自动进行推理、计算，最后自动生成机器人的动作。任务级编程语言的概念类似于人工智能中程序自动生成的概念。任务级机器人编程系统能够自动执行许多规划任务。例如，当发出“抓起螺杆”的命令时，该系统必须规划出一条避免与周围障碍物发生碰撞的机械手运动路径，自动选择一个好的螺杆抓取位置，并把螺杆抓起。与此相反，对于前两种机器人编程语言，所有这些选择都需要由程序员进行。因此，任务级系统软件必须能把指定的工作任务翻译为执行该任务的程序。美国普渡大学开发的机器人控制程序库 RCCL 就是一种任务级编程语言，它使用 C 语言和一组 C 函数来控制机械手的运动，把工作任务与程序直接联系起来。

10.1.4 机器人语言的特征

机器人语言是在人与机器人之间的一种记录信息或交换信息的程序语言。机器人编程语言具有一般程序计算语言所具有的特性。

在设计机器人的运动过程时需要的主要信息是：运动信息、环境信息、关于机器人的结构信息。这些信息可以在现场实测，或者利用存储在计算机内已有的信息。根据信息的来源不同，有不同的机器人运动设计方式。这些设计方式都介于使用机器人实际进行作业的示教再现方式，与使用存储在计算机内的模型然后推算所有运动形态的 CAD/CAM 示教方式之间。

机器人语言具有四方面的特征：（1）实时系统；（2）三维空间的运动系统；（3）良好的人机接口；（4）实际的运动系统。也就是说，必须在实时处理时间内能使三维空间内机器人的位置与姿态发生物理性的变化。通过几何模型的运算能推算出机器人的运动。同时，机器人语言系统必须是容易掌握和使用的语言系统。

10.2 机器人语言的功能

10.2.1 机器人语言的基本功能

机器人语言的基本功能包括运算、决策、通信、机械手运动、工具指令以及传感器数据处理等。许多正在运行的机器人系统，只提供机械手运动和工具指令以及某些简单的传感器数据处理功能。机器人语言体现出来的基本功能都是机器人系统软件支持形成的。

10.2.1.1 运算

在作业过程中执行的规定运算能力是机器人控制系统最重要的能力之一。装有传感器的机器人所进行的一些最有用的运算是解析几何运算。

用于解析几何运算的计算工具可能包括下列内容：

（1）机械手正解和逆解。

（2）坐标运算和位置表示，例如，相对位置的构成和坐标的变化等。

（3）矢量运算，例如，点积、交积、单位矢量、比例尺以及矢量的线性组合等。

10.2.1.2 决策

机器人系统能够根据传感器输入信息做出决策，而不必执行任何运算。按照传感器数据计算得到的结果，是做出下一步该干什么这类决策的基础。这种决策能力使机器人控制系统的功能更强有力。一条简单的条件转移指令就足以执行任何决策算法。可供采用的形式包括符号检验（正、负或零）、关系检验（大于、不等于等）、布尔检验（开或关、真或假）、逻辑检验（对一个计算字进行位组检验）以及集合检验（一个集合的数、空集等）等。

10.2.1.3 通信

人和机器能够通过许多不同方式进行通信。机器人向人提供信息的设备，按其复杂程度排列如下：

（1）信号灯，通过发光二极管，机器人能够给出显示信号。

（2）字符打印机、显示器。

（3）绘图仪。

（4）语言合成器或其他音响设备（铃、扬声器等）。

输入设备包括：

（1）按钮、乒乓开关、旋钮和指压开关。

（2）数字或字母数字键盘。

（3）光笔、光标指示器和数字变换板等。

（4）远距离操纵主控装置，如悬挂式操纵台等。

（5）光学字符阅读机。

10.2.1.4 工具指令

工具控制指令通常是由闭合某个开关或继电器而开始触发的，而继电器又可能把电源接通或断开。直接控制是最简单的方法，而且对控制系统的要求也较少。可以用传感器来感受工具运动及其功能的执行情况。

当采用工具功能控制器（tool function controller）时，机器人控制器对机械手进行定位，并与工具功能控制器实行通信。工具功能由传感器触发时，控制信号送至某个内部子程序或外部控制器，工具功能就由工具功能控制系统来执行。当工具功能完成时，控制返回至机器人控制器。如果各个操作之间不发生冲突，而且控制交互冲突又被补偿，那么，采用单独控制系统能够使工具功能控制与机器人控制协调一致地工作。这种控制方法已被成功地用于飞机机架的钻孔和铣削加工。

10.2.1.5　传感器数据处理

用于机械手控制的通用计算机只有与传感器连接起来，才能发挥其全部效用。按照功能，把传感器概括如下：

传感器数据处理是许多机器人程序编制的十分重要而又复杂的组成部分。当采用触觉、听觉或视觉传感器时，更是如此。例如，当应用视觉传感器获取视觉特征数据、辨识物体和进行机器人定位时，对视觉数据的处理往往是极其大量和费时的。

10.2.2　机器人语言指令集

机器人语言指令集一般有：移动插补、环境定义、数据结构及其运算、程序控制、数值运算、输入和输出及中断、文件管理和其他等八种功能。除了机器人的动作指令外，它与通用的高级计算语言的功能没有太大的差别。

10.2.2.1　移动插补功能

移动插补功能是机器人语言特有的功能，它主要规定两点间轨迹的形状，分为直线与圆弧线，若为圆弧线时，需给出圆弧的方向与半径。

10.2.2.2　环境定义功能

机器人语言中的主要运算是环境数据间进行的运算，但是现有的机器人语言是以基本动作级的实时系统为中心的，所以有关环境定义功能及其运算功能还不充分。

10.2.2.3　数据结构及其运算

在通用的数据结构中，一般有文字符号和矩阵（最多为二维矩阵）等形式，而在结构化的机器人语言中，采用更为通用的数据结构，例如吸收了 PASCAL 语言的自动记录，或者 LISP 语言的自动表格生成等优点。机器人本身的数据结构是坐标变换矩阵、三维向量、位置和姿态的数据以及其他的数据矩阵等。向量的运算包括加减运算、内积与外积运算等。

10.2.2.4　程序控制功能

在逐步执行的通用程序语言中，设计有程序控制语言，以便跳转运行或转入循环运行。最典型的例子是 FOTRAN 语言的 GOTO 语句和 DO 语句的组合；PASCAL 语言的 FOR 语句、WHILE 语句和 REPEAT-UNTIL 语句等。在可编程逻辑控制器中，有梯形图和在此基础上编制的专用 PLC 语言。在机器人语言中动作顺序的描述是重要的，为了强调这种描述的可读性，应当力图采用结构化编程方式。

10.2.2.5　数值运算功能

与通用程序语言相比，机器人语言的数值运算功能大致相当于 BASIC 语言的水平，但是它往往不包括那些使用率不高的特殊功能和一些高级数学运算功能，例如对数和阶乘等运算功能。

机器人语言的数值运算功能有：四则运算、关系运算、计数、位运算和三角函数运算等。参与运算的数值一般为2位整数、4位整数、4位实数、8位实数，有时候会增加1位整数作为文字和符号位。

10.2.2.6 输入、输出和中断功能

在进行顺序控制的程序中，与外部传感器进行信息交互和中断是最为重要的功能。由于与周边装置的连接点比较多，因此机器人控制器都设有数字输入输出接口，这些接口具有16~128通道。

10.2.2.7 文件管理功能

机器人语言所处理的文件有程序本身和与位置姿态有关的数据集。由于运行机器人语言的计算机都是安装在工厂内较为恶劣的工作环境中，为了可靠起见，所以只限于用比较简单的文件。在许多机器人语言中，都具有从磁盘读出程序（LOAD）和往磁盘里写程序（SAVE）、对示教数据进行编辑等功能。

10.2.2.8 其他功能

其他功能有：进行工具变换、基本坐标设置和初始值的设置；作业条件的设置等。这些功能都是很重要的，但是随着机器人语言的不同，这些功能的表现方法也会有所不同。

表10-1~表10-9为ABB机器人RAPID编程语言的指令集。

表10-1 程序执行控制

指 令	说 明
程序的调用	
ProcCall	调用例行程序
CallByVar	通过带变量的例行程序名称调用例行程序
RETURN	返回原例行程序
例行程序内的逻辑控制	
Compact IF	如果条件满足，就执行一条指令
IF	当满足不同条件时，执行对应的程序
FOR	根据指定的次数，重复执行对应的程序
WHILE	如果条件满足，重复执行对应的程序
TEST	对一个变量进行判断，从而执行不同的程序
GOTO	跳转到执行程序内的标签的位置
Label	跳转标签
停止程序执行	
STOP	停止程序执行
EXIT	停止程序执行并禁止在停止处再开始
BREAK	临时停止程序的执行，用于手动调用
SystemStopAction	停止程序执行与机器人运动
ExitCycle	中止当前程序的运动并将程序指针PP复位到主程序第一条指令。如果选择了程序连续运行模式，程序将从主程序的第一句重新执行

表 10-2 变量指令

赋值指令	
: =	对程序数据进行赋值
等待指令	
WaitTime	等待一个指定的时间，程序再继续向下执行
WaitUntil	等待一个条件满足后，程序再继续向下执行
WaitDI	等待一个输入信号状态为设定值
WaitDO	等待一个输出信号状态为设定值
注释指令	
comment	对程序进行注释
程序模块加载	
Load	在机器人硬盘加载一个程序模块到运行内存
UnLoad	从运行内存中卸载一个程序模块
Start Load	在程序执行的过程中，加载一个程序模块到运行内存中
Wait Load	在 Start Load 使用后，使用此指令将程序模块连接到任务中使用
CancelLoad	取消加载程序模块
CheckProgRef	检查程序引用
Save	保存程序模块
EraseModule	从运行内存删除程序模块
变量功能	
TryInt	判断数据是否为有效的整数
OpMode	读取当前机器人的操作模式
RunMode	读取当前机器人程序的运行模式
NonMotionMode	读取程序任务当前是否无运动的执行模式
Dim	获取一个数组的维数
Present	读取带参数例行程序的可选参数值
IsPers	判断一个参数是否为可变量
IsVar	判断一个参数是否为变量
转换功能	
StrToByte	将字符串转换为指定格式的字节数据
ByteToStr	将字节数据转换为字符串

表 10-3 运动设定

速度设定	
MaxRobSpeed	获得当前型号机器人可实现的最大 TCP 速度
VelSet	设定最大的速度与倍率
SpeedRefresh	更新当前运动的速度倍率
AccSet	定义机器人的加速度
WorldAccLim	设定世界坐标系中工具与载荷的加速度
PathAccLim	设定运动路径中 TCP 的加速度

续表 10-3

轴配置管理	
ConfJ	关节运动的轴的配置
ConfL	线性运动的轴的配置
奇异点管理	
SingArea	设定机器人运动时，在奇异点的插补方式
位置偏置功能	
PDispOn	激活位置偏置
PDispSet	激活指定数值的位置偏置
PDispOff	关闭位置偏置
EOffsOn	激活外轴偏置
EOffsSet	激活指定数值的外轴偏置
EOffsOff	关闭外轴偏置
DefDFrame	通过 3 个位置数据计算出位置的偏置
DefFrame	通过 6 个位置数据计算出位置的偏置
ORobT	从一个位置数据删除位置偏置
DefAccFrame	在原始位置和替换位置定义一个坐标系
软伺服指令	
SoftAct	激活一个或多个轴的软伺服功能
SoftDeact	关闭软伺服功能
机器人参数调整功能	
TuneServo	伺服调整
TuneReset	伺服调整复位
PathResol	几何路径精度调整
CirPathMode	在圆弧插补运动时，工具姿态的变换方式
空间监控管理	
WZBoxDef	定义一个方形的监控空间
WZCylDel	定义一个圆柱形的监控空间
WZSphDel	定义一个球形的监控空间
WZHomeJointDef	定义一个关节轴坐标的监控空间
WZLimJointDef	定义一个限定为不可进入的关节轴坐标监控空间
WZLimSup	激活一个监控空间并限定为不可进入
WZDOSet	激活一个监控空间并与一个输出信号关联
WZEnable	激活一个临时的监控空间
WZFree	关闭一个临时的监控空间

表 10-4 运动控制

MoveC	TCP 圆弧运动
MoveJ	关节运动
MoveL	TCP 线性运动
MoveAbsJ	轴绝对角度位置运动
MoveExtJ	外部直线轴和旋转轴运动

续表 10-4

MoveCDO	TCP 圆弧运动的同时触发一个输出信号
MoveJDO	关节运动的同时触发一个输出信号
MoveLDO	TCP 线性运动的同时触发一个输出信号
MoveCSync	TCP 圆弧运动的同时触发一个输出信号
MoveJSync	关节运动的同时执行一个例行程序
MoveLSync	TCP 线性运动的同时执行一个例行程序
搜索功能	
SearchC	TCP 圆弧搜索运动
SearchCL	TCP 线性搜索运动
SearchExtJ	外轴搜索运动
指定位置触发信号与中断功能	
TriggIO	定义触发条件在一个指定的位置触发输出信号
TriggInt	定义触发条件在一个指定的位置触发中断信号
TriggCheckIO	定义一个指定的位置进行 I/O 状态检查
TriggEquip	定义触发条件在一个指定的位置触发输出信号，并对信号响应的延迟进行补偿设定
TriggRampAO	定义触发条件在一个指定的位置触发模拟输出信号，并对信号响应的延迟进行补偿设定
TriggC	带触发事件的圆弧运动
TriggJ	带触发事件的关节运动
TriggL	带触发事件的线性运动
TriggLIOs	在一个指定的位置触发输出信号的线性运动
StepBwdPath	在 RESTART 的事件程序中进行路径的返回
TriggStopProc	在系统中创建一个监控处理，用于在 STOP 和 QSTOP 中需要信号复位和程序数据复位操作
TriggSpeed	定义模拟输出信号与实际 TCP 速度之间的配合
出错和中断的运动控制	
StopMove	停止机器人运动
StartMove	重新启动机器人运动
StartMoveRetry	重新启动机器人运动及相关的参数设定
StartMoveReset	对停止运动状态复位，但不重新启动机器人运动
StorePath	储存已生成的最近路径（需要选项 Path recovery 配合）
RestoPath	重新生成之前存储的路径（需要选项 Path recovery 配合）
ClearPath	在当前的运动路径级别中清空整个运动路径
PathLevel	获取当前路径级别
SyncMoveSuspend	在 StorePath 的路径级别中暂停同步坐标的运动（需要选项 Path recovery 配合）
SyncMoveResume	在 StorePath 的路径级别中重返同步坐标的运动（需要选项 Path recovery 配合）
IsStopMoveAct	获取当前停止运动标志符

续表 10-4

外轴的控制	
DeactUnit	关闭一个外轴单元
ActUnit	激活一个外轴单元
MechUnitLoad	定义外轴单元的有效载荷
GetNextMechUnit	检索外轴单元在机器人系统中的名字
IsMechUnitActive	检查一个外轴单元状态是关闭/激活
独立轴控制	
IndAMove	将一个轴设定为独立轴模式并进行绝对位置方式运动
IndCMove	将一个轴设定为独立轴模式并进行连续方式运动
IndDMove	将一个轴设定为独立轴模式并进行角度方式运动
IndRMove	将一个轴设定为独立轴模式并进行相对位置方式运动
IndReset	取消独立轴模式
IndInpos	检查独立轴是否已到达指定位置
IndSpeed	检查独立轴是否已到达指定速度
这些功能需要选项“Independent Movement”配合	
路径修正功能	
CorrCon	连接一个路径修正生成器
CorrWrite	将路径坐标系统中的修正值写到修正生成器
CorrDiscon	断开一个已连接的路径修正生成器
CorrClear	取消所有已连接的路径修正生成器
CorrRead	读取所有已连接的路径修正生成器的总修正值
这些功能需要选项“Path oddest or RobotWare-Arc sensor”配合	
路径记录功能	
PathRecStart	开始记录机器人的路径（需要选项 Path recovery 配合）
PathRecStop	停止记录机器人的路径（需要选项 Path recovery 配合）
PathRecMoveBwd	机器人根据记录的路径做后退运动（需要选项 Path recovery 配合）
PathRecMoveFwd	机器人运动到执行 PathRecMoveFwd 这个指令的位置上(需要选项 Path recovery 配合)
PathRecValidBwd	检查是否已激活路径记录和是否有后退路径
PathRecValidFwd	检查是否有可向前的记录路径
输送机跟踪功能	
WaitWObj	等待输送机上的工件坐标
DropWObj	放弃输送机上的工件坐标
传感器同步功能	
WaitSensor	将一个开始窗口的对象与传感器设备关联起来
SyncToSensor	开始/停止机器人与传感器设备的运动同步
DropSensor	断开当前传感器对象的连接

续表 10-4

有效载荷与碰撞检测	
MotionSup	激活/关闭运动监控（需要选项“Collision detection”配合）
LoadId	工具或有效载荷的识别
ManLoadId	外轴有效载荷的识别
关于位置的功能	
Offs	对机器人位置进行偏移
RelTool	对工具的位置和姿态进行偏移
CalcRobT	从 jointtarget 计算出 robtarget
CPos	读取机器人当前的 X、Y、Z
CRobT	读取机器人当前的 robtarget
CJointT	读取机器人当前的关节轴角度
ReadMotor	读取轴电动机当前的角度
CTool	读取工具坐标当前的数据
CWObj	读取工件坐标当前的数据
MirPos	镜像一个位置
CalcJointT	从 robtarget 计算出 jointtarget
Distance	计算两个位置的距离
PFRestart	检查当前路径因电源关闭而中断的时候
CSpeedOverride	读出当前使用的速度倍率

表 10-5 输入/输出信号处理

对输入/输出信号值进行设定	
InvertDO	对一个数字输出信号值置反
PulseDO	数字输出信号进行脉冲输出
Reset	将数字输出信号置 0
Set	将数字输出信号置 1
SetAO	设定模拟输出信号值
SetDO	设定数字输出信号值
SetGO	设定组输出信号值
读取输入/输出信号值	
AOutput	读取模拟输出信号的当前值
DOutput	读取数字输出信号的当前值
GOutput	读取组输出信号的当前值
TestDI	检查一个数字输入信号已置 1
ValidIO	检查 I/O 信号是否有效
WaitDI	等待一个数字输入信号的指定状态
WaitDO	等待一个数字输出信号的指定状态
WaitGI	等待一组输入信号的指定值
WaitGO	等待一组输出信号的指定值
WaitAI	等待一个模拟输入信号的指定状态
WaitAO	等待一个模拟输出信号的指定状态

续表 10-5

I/O 模块的控制	
IODisable	关闭一个 I/O 模块
IOEnable	开启一个 I/O 模块

表 10-6 通信功能

示教器上人机界面的功能	
TPErase	清屏
TPwrite	在示教器操作界面上写信息
ErrWrite	在示教器事件日志中写报警信息并储存
TPReadFK	互动的功能键操作
TPReadNum	互动的数字键盘操作
TPShow	通过 RAPID 程序打开指定的窗口
通过串口进行读写	
Open	打开串口
Write	对串口进行写文本操作
Close	关闭串口
WriteBin	写一个二进制数的操作
WriteAnyBin	写任意二进制数的操作
WriteStrBin	写字符的操作
Rewind	设定文件开始的位置
ClearIOBuff	清空串口的输入缓冲
ReadAnyBin	读任意二进制数的操作
ReadNum	读取数字量
ReadStr	读取字符串
ReadBin	从二进制串口读取数据
ReadStrBin	从二进制串口读取字符串
Sockets 通信	
SocketCreate	创建新的 Socket
SocketConnect	连接远程计算机
SocketSend	发送数据到远程计算机
SocketReceive	从远程计算机接收数据
SocketClose	关闭 Socket
SocketGetStatus	获取当前 Socket 状态

表 10-7 中断程序

中断设定	
CONNECT	连接一个中断符号到中断程序
ISignalDI	使用一个数字输入信号触发中断
ISignalDO	使用一个数字输出信号触发中断
ISignalGI	使用一个组输入信号触发中断
ISignalGO	使用一个组输出信号触发中断
ISignalAI	使用一个模拟输入信号触发中断
ISignalAO	使用一个模拟输出信号触发中断
ITimer	定时中断
TriggInt	在一个指定的位置触发中断
IPers	使用一个可变量触发中断
IError	当一个错误发生时触发中断
IDelete	取消中断
中断的控制	
ISleep	关闭一个中断
IWatch	激活一个中断
IDisable	关闭所有中断
IEnable	激活所有中断

表 10-8 系统相关指令

时间控制	
ClkReset	计时器复位
ClkStart	计时器开始计时
ClkStop	计时器停止计时
ClkRead	读取计时器数值
CDate	读取当前日期
CTime	读取当前时间
GetTime	读取当前时间为数字型数据

表 10-9 数学运算

简单运算	
Clear	清空数值
Add	加或减操作
Incr	加 1 操作
Decr	减 1 操作
算术功能	
Abs	取绝对值
Round	四舍五入

续表 10-9

算术功能	
Trunc	舍位操作
Sqrt	计算平方根
Exp	计算以 e 为基底的指数
Pow	计算任意基底的指数
ACos	计算圆弧余弦值
ASin	计算圆弧正弦值
ATan	计算圆弧正切值 [-90, 90]
ATan2	计算圆弧正切值 [-180, 180]
Cos	计算余弦值
Sin	计算正弦值
Tan	计算正切值
EulerZYX	从姿态计算欧拉角
OrientZYX	从欧拉角计算姿态

10.2.3 与动作有关的机器人语言数据结构

在通用的编程语言中，都有能生成通用数据结构和使用这些数据的功能，用户可自由选用这两种功能。由于机器人语言是一种专用的程序语言，因此必须预先设计一种所需数据结构的生成方法和使用方法。

10.2.3.1 位置和结构数据

在机器人语言所有数据结构中，机器人在作业环境中的位置和姿态数据结构是最主要的。位置姿态数据包括：坐标变换矩阵、欧拉角与位置向量、各个关节角，以及旋转、俯仰、偏航角和轴自转角。还有在位置和姿态数据上的辅助数据，辅助轴的角位移、速度信息和顺序信息。位置与姿态数据结构表达方法如图 10-2 所示。位置和姿态数据结构是复杂的记录结构，而且这些位置和姿态数据表达式中的各个位的含义在各种机器人语言中的安排都不一样，原封不动地互相照搬或照抄是不行的。一般是以轨迹点的数据为单位，通过示教的方法把坐标数据定义成点的名字，再把名字写进程序中。

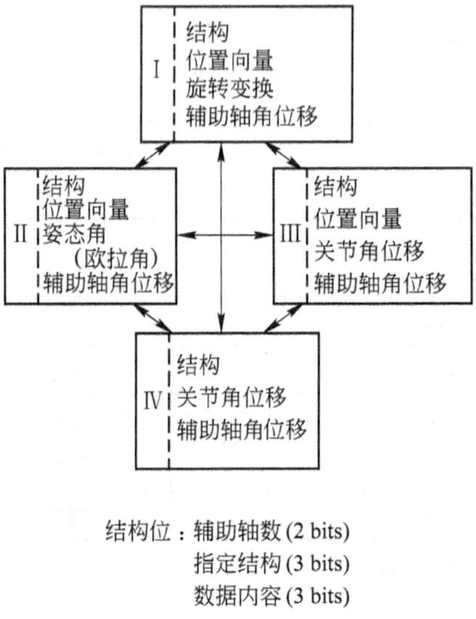

图 10-2 位置与姿态数据结构表达方法

10.2.3.2 位置和姿态数据的排列方法

为了减少数据的存储量，即使是采用示教再现方式，也要尽量安排较少的示教点。示教点之间的轨迹可用插补方法进行完善。为了容易实现编辑功能和循环功能，在位置和姿态数据的排列上，研究与开发了各种方法。下面以六自由度机器人为例，介绍位置和姿态数据的排列方法。

(1) 点数据结构：对第 i 个点 P_i，把该点的位置和姿态 X_i 和速度 v_i 结成一对数组进行存储，同时指定表示属性的作业指令 T_i 和插补方式 I_i，如图

10-3 所示。数值（X_i，v_i）称为点数据，由于加进了速度因素，点数据就能与位置和姿态数据区别开来。

（2）速度的设定：这里的速度是指机器人末端执行器顶端的合成速度，或从当前点到邻接点的运动时间，是标量。速度的设定是求出从当前点到下一个目标点之间的直线距离，在这个直线距离内设定一个平均速度。

（3）作业指令：使用机器人语言时，作业指令是作为输入输出指令进行处理的，如图 10-4 所示，movep 指令表示在开始执行指令时就同时读取下一条指令。于是 spray，on 指令是在 movep PT-A 执行完了，接着 movep PT-B 第一步运算结束时被读取和执行。在点数据的结构中，作业指令被视为具有数据的属性。

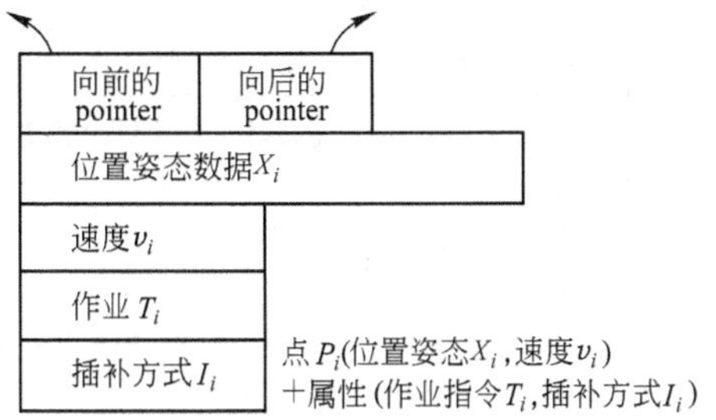

图 10-3　点数据结构

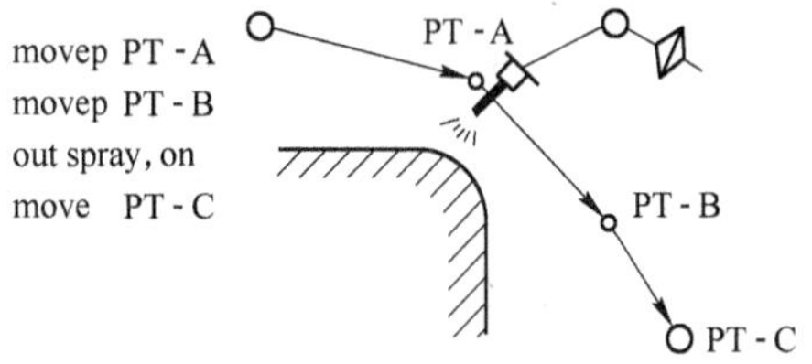

图 10-4　作业指令的指定方法示例

（4）单位动作与作业内容的数据结构：点数据结构 $P_i(X_i, v_i)$ 是采用与 PASCAL 语言的记录结构相同的数据结构进行存储的。而顺序数据则以文件形式进行存储。但是为了便于插入、删除、增加等功能的编辑，用指针进行连接，以链表形式构成一个单位动作，如图 10-5 所示。所谓单位动作是指在进行编辑时原则上必须全部重写的动作单位。这时通过指针向两个方向进行连接就能实现循环的功能。

用指针重新连接单位动作，就形成了作业内容（或动作顺序和任务等）。单位动作也要附加某种属性。属性之一是变换功能，通过坐标变换矩阵来指定变换形式，变换运算是在动作执行前进行，依据不同的情况对速度条件和作业条件应预先设计变换的规则。此外，如果要求传送带有同步的功能，那么还需要根据传送带的运动，算出传送带应移动的位置。

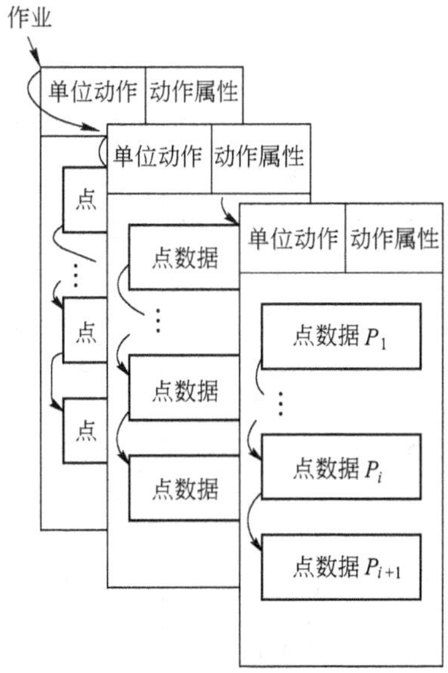

图 10-5　点数据之间的连接关系

10.3　机器人编程语言 AL 和 VAL

目前已经开发出了多种机器人编程语言，国外主要编程语言如表 10-10 所示。虽然已经开发出的机器人编程语言的功能越来越强大，指令越来越丰富，但其雏形来源于20世纪80年代的简单编程语言。下面仅对AL和VAL作以简介。

表10-10 国外主要的机器人编程语言

序 号	语言名称	国 家	研 究 单 位	简 要 说 明
1	AL	美 国	Stanford AI Lab.	机器人动作及对象物描述
2	AUTOPASS	美 国	IBM Watson Research Lab.	组装机器人用语言
3	LAMA-S	美 国	MIT	高级机器人语言
4	VAL	美 国	Unimation	PUMA机器人，两级控制结构体系
5	ARIL	美 国	AUTOMATIC公司	用视觉传感器检查零件用的机器人语言
6	WAVE	美 国	Stanford AI Lab.	操作器控制符号语言
7	DIAL	美 国	Charles Stark Draper Lab.	具有RCC柔顺性手腕控制的特殊指令
8	RPL	美 国	Stanford AI Lab.	可与Unimation机器人操作程序结合预先定义程序库
9	TEACH	美 国	Bendix Corporation	适于双臂协调动作
10	MCL	美 国	Mc Donnell Douglas Corporation	机器人编程、NC机床传感器、摄像机及其控制的计算机综合制造用语言
11	INDA	美国、英国	SIR International and Philips	相当于RTL/2编程语言的子集，处理系统使用方便
12	RAPT	英 国	University of Edinburgh	类似NC语言APT
13	LM	法 国	AI Group of IMAG	类似PASCAL语言，数据定义类似AL，用于装配机器人
14	ROBEX	德 国	Machine Tool Lab. TH Archen	具有与高级NC语言EXAPT相似结构的编程语言，具有离线编程能力
15	SIGLA	意大利	Olivetti	SIGLA机器人语言
16	MAL	意大利	Milan Polytechnic	双臂机器人装配语言，其特征是方便，易于编程
17	SERF	日 本	三协精机	SKILAM装配机器人
18	PLAW	日 本	小松制作所	RW系列弧焊机器人
19	IML	日 本	九州大学	动作级机器人语言
20	R-30iA/R-30iA Mate控制器	日 本	FANUC	基于FANUC自身软件平台研发的各种功能强大的点焊、涂胶、搬运等专用软件
21	RAPID和RobotStudio	瑞 典	ABB	ICR5控制器示教器编程语言和离线仿真软件
22	Microsoft Robotics Studio	美 国	Microsoft	跨平台控制不同机器人，多语言开发，可视化编程与仿真

10.3.1 AL语言系统

1974年由美国斯坦福大学开发的AL语言是功能比较完善的动作级机器人语言，它还兼有对象级语言的某些特征，适合于装配作业的描述。AL 语言原设计是用于具有传感器信息反馈的多台机器人并行或协调控制的编程。该语言具有高级语言 ALGOL 和 PASCAL 的特点，可以编译成机器语言在实时控制机上执行。它还具有实时编程语言的同步操作、条件操作等结构，同时支持现场建模。

10.3.1.1 AL 语言的基本语法

程序的开始和结尾分别以 BEGIN 和 END（或 COBEGIN 和 COEND）为标记。

AL 程序由包含了描述机器人执行作业的一系列语句组成，各语句之间用“;”隔开。

程序中的变量名是以英文字母开头，由字母、数字和横划线“_”组成的字符串，如 Puma_base，BEAR，Bolt，大小写字母具有同等意义。但变量必须在使用前说明其数据类型。

变量可以用赋值语句进行赋值。变量与数值表达式用“←”符号来连接。当执行赋值语句时，先计算表达式的值，然后将该值赋值给左边的变量。

AL 程序中用“{}”括起来的内容，只起注释作用，不影响程序的执行。

10.3.1.2 基本数据类型

AL 语言基本数据类型有：标量（SCALAR）、向量（VECTOR）、旋转（ROT）、坐标系（FRAME）和变换（TRANS）。

（1）标量（SCALAR）。它是 AL 语言最基本的数据形式。标量型的变量可以进行加、减、乘、除和指数（↑）五种运算，也可用三角函数、自然对数（LOG）和指数（EXP）的运算。运算的优先级别与一般计算机语言一致。AL 中的标量可以表示时间（TIME）、距离（DISTANCE）、角度（ANGLE）、力（FORCE）或者它们的组合，还能处理这些变量的量纲。

AL 中有几个预先定义的标量。例如：

```
SCALAR        PI;             {PI = 3.14159}
SCALAR        true, false     {true = 1, false = 0}
```

（2）向量（VECTOR）。AL 语言中的向量 VECTOR 与数学中的向量具有相似的意义，而且具有相同的运算。利用函数 VECTOR 可以由三个标量表达式来构造向量，例如：VECTOR（0.6123，0.6123，0.5）。但需注意，三个标量表达式必须具有相同的量纲。

同样，AL 中也有预先定义的向量：

```
VECTOR        xhat, yhat, zhat, nilvect;          {向量说明}
```

其值为：xhat←VECTOR（1，0，0）；　yhat←VECTOR（0，1，0）
　　　　zhat←VECTOR（0，0，1）；　nilvect←VECTOR（0，0，0）

（3）旋转（ROT）。旋转型变量用来描述某坐标轴的旋转或绕某轴的旋转，以表示姿态。任何旋转变量可表示为 ROT 函数，带有两个参数，一个是代表旋转轴的简单向量，另一个是旋转角度。旋转的方向按右手规则进行。

nilrot 是 AL 语言中预先已说明的旋转，定义为：

```
nilrot←ROT (zhat, 0 * deg)
```

（4）坐标系（FRAME）。FRAME 型坐标系变量用来建立坐标系，以描述作业空间中对象物体的姿态和位置，变量的值表示物体的固联坐标系与作业空间的参考坐标系之间的相对位置关系和姿态关系。作业空间的参考坐标系在 AL 语言中已预先用 Station 定义。作业空间中任何一坐标系可通过调用函数 FRAME 来构成。该函数有两个参数：一个表示姿态的旋转，另一个表示位置的向量。

对于图 10-6 所示机器人插螺钉的作业，要确定作业环境。首先要建立坐标系。设参考坐标系 Station 位于工作台面上，除此之外，还建立机器人机座坐标系 Base，立柱坐标系 Beam 和料槽坐标系 Feeder，这些用 AL 语言写出即是：

```
FRAME Base, Beam, Feeder;                {坐标系变量说明}
```

接着要确定各坐标系的关系，机座坐标系即 Base 坐标系与参考坐标系的关系用 AL 语言表示：

```
Base←FRAME (nilrot, VECTOR (20, 0, 15) * inches);
```

该语句表明把参考坐标系原点移至（20，0，15）英寸处，不用旋转就得 Base 坐标系。同理，Beam、Feeder 坐标系与参考坐标系的关系为：

```
Beam←FRAME (ROT (Z, 90 * deg), VECTOR (20, 15, 0) * inches);
Feeder←FRAME (nilrot, VECTOR (25, 40, 0) * inches);
```

对于在某个坐标系中描述的向量，可以利用“WRT”操作符，以“向量 WRT 坐标系”的形式来表示。例如：zhat WRT Feeder，表示在参考坐标系中构造一个与 Feeder 坐标系中的 zhat 指向一致的向量。

（5）变换（TRANS）。TRANS 型变量用来进行坐标变换，与 FRAME 一样仅有旋转和向量两个参数。在执行时，先相对于作业空间的基座坐标系旋转然后对向量参数相加，进行平移操作。

AL 语言中有一个预先说明的变换 niltrans，定义为：

```
niltrans←TRANS (nilrot, nilvect);
```

有了上述介绍的几种数据类型，特别是 FRAME 和 TRANS，就可以方便地描述作业环境和作业对象。

现在再就图 10-6 所示的情况，描述特征坐标系和各个坐标系之间关系。可以通过各个坐标系右乘一个 TRANS 来建立各坐标系之间的关系。

```
E←Base * TRANS (ROT (X, 180 * deg), VECTOR (15, 0, 0.5) * inches);
```

该语句表明：由 Base 坐标系先绕 X 轴旋转 180°，然后再将原点平移到距旋转后的 Base 坐标系中（15，0，0.5）处的地方就得 E 坐标系。同理

```
Bolt_tip←Feeder * TRANS (nilrot, nilvect);
Bolt_grasp←Bolt_tip * TRANS (nilrot, VECTOR (0, 0, 5) * inches);
Beam_bore←Beam * TRANS (nilrot, VECTOR (2, 12, 20) * inches);
```

10.3.1.3 AL 语言的主要语句及功能简介

（1）MOVE 语句。MOVE 语句用来描述机器人手爪的运动。如手爪从一个位置直线运动到另一个位置。MOVE 语句具有如下形式：

MOVE < hand > TO < 目的地 > < 修饰子句 >;

例如：

MOVE barm TO < 目标坐标系 > VIA f1, f2; {表示机械手经过中间点 f1, f2 移动到目标坐标系}

MOVE barm TO black WITH APPROACH = 3 * zhat * inches; {表示把机械手移动到在 Z 轴方向上离 block3 英寸的地方，如果用 DEPARTURE 代替 APPROACH，则表示离开 block}

符号“⊕”可用在语句中，表示机械手所处的当前位置，下面语句将机械手从当前位置沿 Z 轴向下移动 2 英寸：

MOVE barm TO, ⊕ —2 * zhat * inches

（2）手爪控制语句。使用 OPEN、CLOSE 两个语句来控制手爪的开度，语句一般形式为：

OPEN（hand）TO < sval >;

CLOSE（hand）TO < sval >;

其中 < sval > 表示开度距离值，在程序中要事先指定。

（3）控制语句。AL 语言中的控制语句与 ALGOL、PASCAL 语言非常相似，有下面几种形式：

IF < 条件 > then < 语句 > Else < 语句 >;

WHILE < 条件 > DO < 语句 >;

CASE < 语句 >;

DO < 语句 > UNTIL < 条件 >;

FOR…STEP…UNTIL…

（4）AFFIX 和 UNFIX 语句。在装配作业中，往往出现把某一个物体“附着”于另一个物体，使两物体结合在一起的操作。语句 AFFIX 为两物体结合的操作，UNFIX 为两物体分离的操作。例如图 10-6 中所示，如果把 Beam_ bore 坐标系连接到 Beam 坐标系就可用语句：

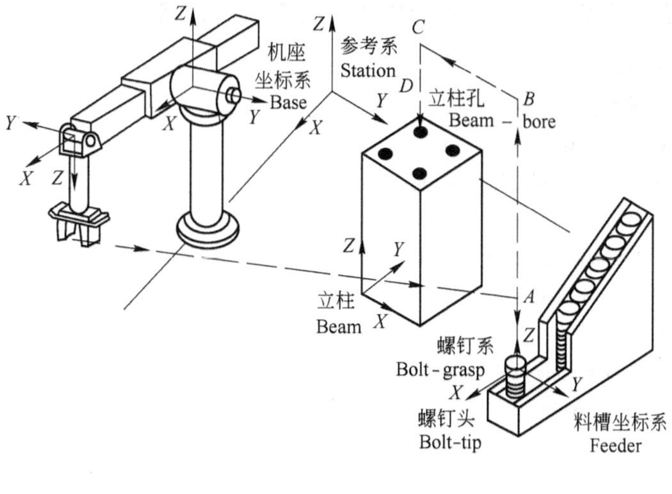

图 10-6 机器人插螺钉作业的路径

```
AFFIX Beam_bore TO Beam;
```

执行该语句后，两坐标系就附着在一起了，一个坐标系的运动也将引起另一个坐标系做同样运动。但可以用下列语句将附着关系解除。

```
UNFIX Beam_bore FROM Beam;
```

AL 语言还有其他一些功能语句，如：同时控制多台机器人动作的运动语句；操作其他设备的 Operate 语句以及与 VAL 语言信息交换的控制命令等。

(5) 力觉的处理。当要使用传感器信息来完成一定动作时，可在 MOVE 语句中使用条件监控子句：

```
ON <条件>  DO <动作>
```

例如：

```
MOVE barm TO ⊕ -0.1 * Z * inches  ON  FORCE(Z) >10 * ounces DO STOP
```

表示在当前位置沿 Z 轴向下移动 0.1 英寸，如果感觉到 Z 方向的力超过 10ounces，则立即命令机械手停止运动。

10.3.1.4 AL 语言编程实例

例 10-1 用 AL 语言编制图 10-6 所示的把螺钉装入孔的机器人作业程序。这个作业需要首先将机器人手爪移至料斗上方 A 点，然后抓取螺钉，经过 B 点、C 点，再把它移至螺钉孔上方 D 点，最后把螺钉插入其中一个孔里。

解：编制这个作业程序所采取的步骤是：

(1) 描述作业环境和作业对象，为此，建立若干坐标系，定义机座、导板、料斗、导板孔、螺钉等的位置和姿态；

(2) 描述作业内容，把装配作业划分为一系列有序动作，如移动机器人手爪、抓取物体和完成插入等；

(3) 加入传感器命令以发现异常情况和监视装配作业的过程；

(4) 重复步骤 (1) 到 (3)，调试和改进程序。

按照上述步骤，完成螺钉插入孔的作业。用 AL 语言编制的程序如下：

```
BEGIN insertion
{数据类型说明}
FRAME Beam, Feeder;
FRAME Bolt_grasp, Bolt_tip, beam_bore;
FRAME A, B, C, D;
SCALAR Bolt_diameter, Bolt_height;
SCALAR tries, grasped;
{设置变量}
Bolt_diameter←1 * inches;
Bolt_height←5 * inches;
tries←0;
grasped←false;
{定义机座坐标系}
```

```
Beam←FRAME (ROT (Z, 90 * deg), VECTOR (20, 15, 0) * inches);
Feeder←FRAME (nilrot, VECTOR (25, 40, 0) * inches);
 {定义特征坐标系}
Bolt_tip←Feeder * TRANS (nilrot, nilvect);
Bolt_grasp←Bolt_tip * TRANS (nilrot, VECTOR (0, 0, 5) * inches);
Beam_bore←Beam * TRANS (nilrot, VECTOR (2, 12, 20) * inches);
 {定义经过点的坐标系}
A←Feeder * TRANS (nilrot, VECTOR (0, 0, 30) * inches);
B←Feeder * TRANS (nilrot, VECTOR (0, 0, 30) * inches);
C←Beam_bore * TRANS (nilrot, VECTOR (0, 0, 10) * inches);
D←Beam_bore TRANS (nilrot, Bolt_height * Z);
{张开手爪}

OPEN hand TO Bolt_diameter + 1 * inches;
{使手准确定位于螺钉的上方}
MOVE hand TO Bolt_grasp VIA A
      WITH  APPROACH = -Z WRT Feeder;
{试着抓取螺钉}
DO
CLOSE hand TO 0.9 * Bolt_diameter;
  IF hand < Bolt_diameter THEN BEGIN   {抓取螺钉若失败，再试一次}
    OPEN hand TO Bolt_diameter * inches;
    MOVE barm TO ⊕ -1 * Z * inches;
    END  ELSE  grasped←true;
  tries←tries + 1;
  UNTIL grasped OR(tries > 3)
  {若经过三次尝试未能抓起螺钉，则取消这一动作}
  IF NOT grasped  THEN ABORT; {抓取螺钉失败}
  {经过中间点 A 将手运动到 B 位置}
  MOVE barm TO B VIA A
   WITH DEPARTURE = Z WRT Feeder; {沿与料槽坐标系 Feeder 的 Z 轴同向的矢量方向离开}
  {经过中间点 C 将手运动到 D 位置}
  MOVE barm TO D VIA C
   WITH APPROACH = -Z WRT Beam_bore; {沿与立柱孔坐标系 Beam_bore 的 Z 轴反向的矢量方向接近}
  {检验是否有孔}
  MOVE barm TO ⊕ -0.1 * Z * inches  ON  FORCE(Z) > 10 * ounces
  DO ABORT  {"无孔"};
  {进行柔顺性插入}
  MOVE barm TO Beam_bore DIRECTLY
    WITH FORCE(Z) = -10 * ounces
    WITH FORCE(X) =0 * ounces
```

```
    WITH FORCE(Y) =0 * ounces
    WITH  DURATION =5 * seconds;
END insertion
```

10.3.2 VAL 语言系统

1979 年美国 Unimation 公司推出的 VAL 语言，初期适用于在 LSI-11/03 小型计算机上运行，后来改进为 VAL-II 则可在 LSI-11/23 上运行。

VAL 语言是在 BASIC 语言的基础上扩展的机器人语言，它具有 BASIC 式的结构，在此基础上添加了一批机器人编程指令和 VAL 监控操作系统。此操作系统包括用户交联、编辑和磁盘管理等部分。VAL 语言可连续实时运算，迅速实现复杂的运动控制。

VAL 语言适用于机器人两级控制系统，上位机是 LSI-11/23，机器人各关节则可由 6503 微处理器控制。上位机还可以和用户终端、软盘、示教盒、I/O 模块和机器视觉模块等交互。

调试过程中 VAL 语言可以和 BASIC 语言及 6503 汇编语言联合使用。

VAL 语言目前主要用在各种类型的 PUMA 机器人以及 UNIMATE 2000 和 UNIMATE 4000 系列机器人上。

VAL 语言的主要特点是：

（1）编程方法和全部指令可用于多种计算机控制的机器人。

（2）指令简明，指令语句由指令字及数据组成，实时及离线编程均可应用。

（3）指令及功能均可扩展，可用于装配线及制造过程控制。

（4）可调用子程序组成复杂操作控制。

（5）可连续实时计算，迅速实现复杂运动控制；能连续产生机器人控制指令，同时实现人机交互。

在 VAL 语言中，机器人末端位置和姿态用齐次变换表示。当精度要求较高时，可用精确点位的数据表示终端位置和姿态。

VAL 语言包括监控指令和程序指令两部分。

10.3.2.1 监控指令（6 种）

（1）定义位置、姿态。

POINT，终端位置、姿态的齐次变换或以关节位置表示的精确点位赋值。

DPOINT，取消位置、姿态齐次变换或精确点位的已赋值。

HERE，定义位置、姿态的现值。

WHERE，显示机器人在直角坐标系中的位置、姿态、关节位置和手张开量。

BASE，机器人基准坐标系位置。

TOOL，工具终端相对工具支承端面的位置、姿态赋值。

（2）程序编程。

用 EDIT 指令进入编辑状态后，可使用 C、D、E、I、L、P、R、S、T 等编辑指令字。

（3）列表指令。

DIRECTORY，显示存储器中的全部用户程序名。

LISTL，显示任意个位置变量值。

LISTP，显示任意个用户的全部程序。

（4）存储指令。

FORMAT，磁盘格式化。

STOREP，在指定磁盘文件内，存储指定程序。

STOREL，存储用户程序中注明的全部位置变量名字和值。

LISTF，显示软盘中当前输入的文件目录。

LOADP，将文件中的程序送入内存。

LOADL，把所有文件中指定的位置变量送入系统内存。

DELETE，撤销磁盘中指定的文件。

COMPRESS，压缩磁盘空间。

ERASE，擦除软盘内容并初始化。

（5）控制程序执行指令。

ABORT，紧急停止。

DO，执行单指令。

EXECUTE，按给定次数执行用户程序。

NEXT，控制程序单步执行。

PROCEED，在某步暂停、紧急停止或运行错误后，自下一步起继续执行程序。

RETRY，在某步出现运行错误后，仍自某步重新运行程序。

SPEED，运动速度选择。

（6）系统状态控制。

CALIB，关节位置传感器校准。

STATUS，用户程序状态显示。

FREE，显示当前未使用的存储容量。

ENABLE，用于开关系统硬件。

ZERO，清除全部用户程序和定义的位置、重新初始化。

DONE，停止监控程序，进入硬件调试状态。

10.3.2.2 程序指令（6种）

（1）运动指令。

GO，MOVE，MOVEI，MOVES，DRAW，APPRO，APPROS，DEPART，DRIVE，READY，OPEN，OPENI，RELAX，GRASP，DELAY。

（2）机器人位姿控制指令。

RIGHTY，LEFTY，ABOVE，BELOW，FLIP，NOFLIP。

（3）赋值指令。

SETI，TYPEI，HERE，SET，SHIFT，TOOL，INVERSE，FRAME。

（4）控制指令。

GOTO，GOSUB，RETURN，IF，IFSIG，REACT，REACTI，IGNORE，SIGNAL，WAIT，PAUSE，STOP。

（5）开关量赋值指令。

SPEED，COARSE，FINE，NONULL，NULL，INTOFF，INTON。

（6）其他。

REMARK，TYPE。

下面是一个程序名为 DEMO 的 VAL 程序。其功能是将物体从位置 1（PICK 位置）搬运至位置 2（PLACE 位置）。

EDIT　DEMO	启动编辑状态
PROGRAM DEMO	VAL 响应
1. ? OPEN	下一步手张开
2. ? APPRO PICK 50	运动至距 PICK 位置 50mm 处
3. ? SPEED 30	下一步降至 30% 满速
4. ? MOVE PICK	运动至 PICK 位置
5. ? CLOSEI	闭合手
6. ? DEPART 70	沿手矢量方向后退 70mm
7. ? APPROS PLACE 75	沿直线运动至距离 PLACE 位置 75mm 处
8. ? SPEED 20	下一步降至 20% 满速
9. ? MOVES PLACE	沿直线运动至 PLACE 位置上
10. ? OPENI	在下一步之前手张开
11. ? DEPART 50	自 PLACE 位置后退 50mm
12. ? E	退出编辑状态返回监控状态

10.4　机器人离线编程

机器人离线编程与在线编程相比具有明显的特点。在线编程是应用对象级机器人语言对机器人的动作进行编程，编程工作非常繁重。机器人离线编程就是利用计算机图形学的成果，建立机器人及作业环境的三维几何模型，然后对机器人所要完成的任务进行离线规划和编程，并对编程结果进行动态图形仿真，最后将满足要求的编程结果传到机器人控制柜，使机器人完成指定的作业任务。因此，离线编程可以看作动作级和对象级语言图形方式的延伸，是研制任务级语言编程的重要基础。机器人离线编程对于提高机器人的使用效率和工作质量，提高机器人的柔性和机器人的应用水平都有重要的意义。机器人要在 FMS 和 CIMS 中发挥作用，必须依靠离线编程技术的开发及应用。

10.4.1　离线编程系统的一般要求

工业机器人离线编程系统的一个重要特点是能够和 CAD /CAM 建立联系，能够利用 CAD、数据库的数据。对于一个简单的机器人作业，几乎可以直接利用 CAD 对零件的描述来实现编程。一般情况下，一个实用的离线编程系统设计，需要更多方面的知识，至少要考虑以下几点：

（1）对将要编程的生产系统工作过程的全面了解；

（2）机器人和工作环境三维实体模型；

（3）机器人几何学、运动学和动力学的知识；

（4）能用专门语言或通用语言编写软件系统，要求系统是基于图形显示的；

（5）能用计算机构型系统进行动态模拟仿真，对运动进行测试、检测，如检查机器人关节角是否超限，运动轨迹是否正确，以及是否发生碰撞；

（6）传感器的接口和仿真，以利用传感器的信息进行决策和规划；

（7）通信功能，从离线编程系统所生成的运动代码到各种机器人控制柜的通信；

（8）用户接口，提供友好的人/机界面，并要解决好计算机与机器人的接口问题，以便人工干预和进行系统的操作。

此外，离线编程系统是基于机器人系统的图形模型，通过仿真模拟机器人在实际环境中的运动而进行编程的，存在着仿真模型与实际情况的误差。离线编程系统应设法把这个问题考虑进去，一旦检测出误差，就要对误差进行校正，以使最后编程结果尽可能符合实际情况。

10.4.2 离线编程系统的基本组成

离线编程系统框图如图 10-7 所示，它主要由用户接口、机器人系统构型、运动学计算、轨迹规划、动力学仿真、并行操作、传感器仿真、通信接口和误差校正 9 部分组成。

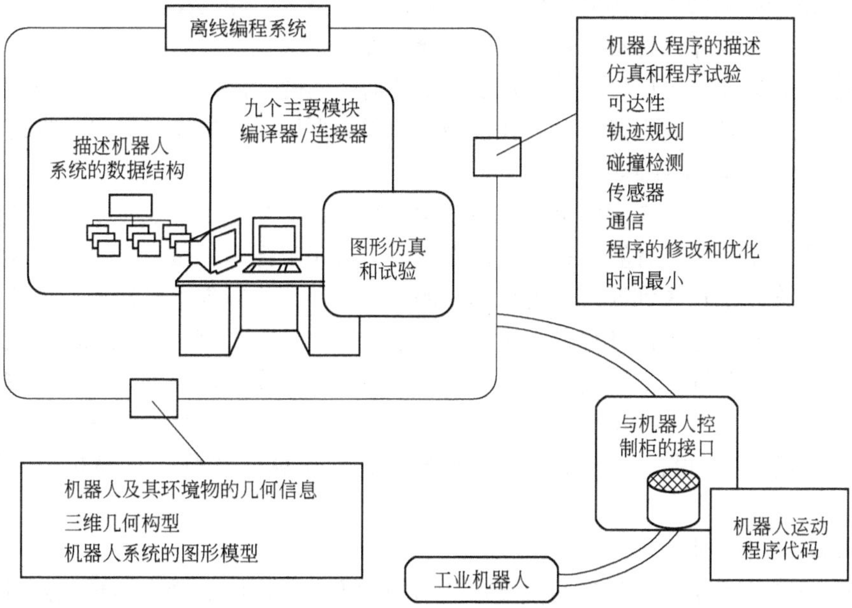

图 10-7 离线编程系统框图

10.4.2.1 用户接口

用户接口又称用户界面，是计算机与用户之间通信的重要综合环境，在设计离线编程系统时，就应考虑建立一个方便实用、界面直观的用户接口，利用它能产生机器人系统编程的环境以及方便地进行人机交互。离线编程的用户接口，一般要求具有文本编辑界面和图形仿真界面两种形式。文本方式下的用户接口可对机器人程序进行编辑、编译等操作，对机器人的图形仿真及编辑则通过图形界面进行。用户可以从鼠标或光标等交互式方法改变屏幕上机器人几何模型的位形。通过通信接口，可以实现对实际机器人控制，使之与屏幕机器人姿态一致。有了这一项功能，就可以取代现场机器人的示教盒的编程。

一个设计良好的离线编程用户接口能够帮助用户方便地进行整个机器人系统的建模和编程操作。

10.4.2.2 机器人系统的三维几何建模

机器人系统的三维几何建模在离线编程系统中具有很重要的地位。正是有了机器人系统的几何描述和图形显示，才能对机器人的运动进行仿真，使编程者能直观地了解编程结果，并对不满意的结果及时加以修正。

要使离线编程系统建模模块有效地工作，在设计时一般要考虑以下问题：

(1) 良好的用户环境，能提供交互式的人机对话环境，用户只要输入少量信息，就能方便地对机器人系统构型；

(2) 能自动生成机器人系统的几何信息及拓扑信息；

(3) 能方便地进行机器人系统的修改，以适应实际机器人系统的变化；

(4) 能适合于不同类型机器人的建模，这是离线编程系统通用化的基础。

机器人本身及作业环境，其实际形状往往很复杂，在建模时可以将机器人系统进行适当简化，保留其外部特征和部件间相互关系，忽略其细节部分。因为对机器人系统进行构型的目的不是研究机器人本体的结构设计，而是为了仿真，即用图形的方式模拟机器人的运动过程，以检验机器人运动轨迹的正确和合理性。

对机器人系统建模可以利用计算机图形学几何建模的功能。在计算机三维建模的发展过程中，已先后出现了线框模型、实体模型、曲面模型以及扫描变换等多种方式。

10.4.2.3 运动学计算

机器人的运动学计算包含两部分：运动学正解，运动学逆解。运动学正解是已知机器人几何参数和关节变量，计算出机器人末端相对于机座坐标系的位置和姿态。运动学逆解是给出机器人末端的位置和姿态，解出相应的机器人形态，即求出机器人各关节变量值。

机器人运动学正逆解的计算是一项冗长复杂的工作。在机器人离线编程系统中，人们一直渴求一种能比较通用的运动学正解和逆解的运动学生成方法，使之能对大多数机器人的运动学问题都能求解，而不必对每一种机器人都进行正逆解的推导计算。离线编程系统中如能加入运动学方程自动生成功能，系统的适应性就比较强，且易扩展，容易推广应用。

10.4.2.4 轨迹规划

轨迹规划是用来生成关节空间或直角空间的轨迹，以保证机器人实现预定的作业。机器人的运动轨迹最简单的形式是点到点的自由移动，这只要求满足两边界点约束条件，而没有其他约束。运动轨迹的另一种形式是依赖于连续轨迹的运动，这类运动不仅受到路径约束，而且还受到运动学和动力学的约束。离线编程系统的轨迹规划器的方框图如图 10-8 所示，轨迹规划器接受路径设定和约束条件的输入变量，输出起点和终点之间按时间排列的中间形态（位姿、速度、加速度）序列，它们可用关节坐标或直角坐标表示。

为了发挥离线编程系统的优势，轨迹规划器还应具备可达空间的计算以及碰撞检测等功能：

(1) 工作空间的计算。在进行轨迹规划时，首先需要确定机器人的工作空间，以决定机器人工作时所能到达的范围。机器人的工作空间是衡量机器人工作能力的一个重要指标。

（2）碰撞的检测。在轨迹规划过程中，要保证机器人的杆件不与周围环境物相碰，因此碰撞的检测功能是很重要的。

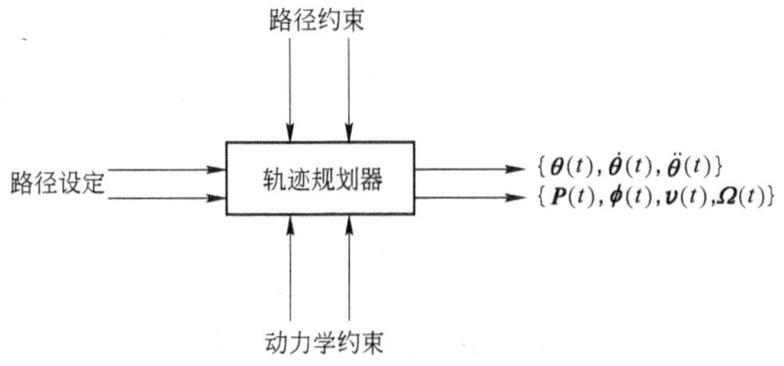

图 10-8 轨迹规划器方框图

10.4.2.5 三维图形动态仿真

离线编程系统在对机器人运动进行规划后，将形成以时间先后排列的机器人各关节的关节角序列。经过运动学正解方程式，就可得出与之相应的机器人一系列不同的位姿。将这些位姿参数通过离线编程系统的建模模块，产生出对应每一位姿的一系列机器人图形，然后将这些图形在计算机屏幕上连续显示出来，产生动画效果，从而实现了对机器人运动的动态仿真。

机器人动态仿真是离线编程系统的重要组成部分，它逼真地模拟了机器人的实际工作过程，为编程者提供了直观的可视图形，进而可以检验编程的正确性和合理性，还可以通过对图形的多种操作，来获得更为丰富的信息。

10.4.2.6 通信及后处理

对于一项机器人作业，利用离线编程系统在计算机上进行编程，经模拟仿真确认程序无误后，需要利用通信接口把编程结果传送给机器人控制器，因此，存在着编程计算机与机器人之间的接口与通信问题。通信涉及计算机网络协议和机器人提供的协议之间的相互认同，在标准通信接口下，通过它能把机器人仿真程序直接转化成各种机器人控制器能接受的代码，可以简化通信问题。后处理是指对语言加工或翻译，使离线编程系统结果转换成机器人控制器可接受的格式和代码。

10.4.2.7 误差的校正

仿真模型和被仿真的实际机器人之间存在误差，在离线编程系统中要设置误差校正环节。如何有效地消除或减小误差，是离线编程系统实用化的关键。误差校正的方法主要有以下两种：

（1）基准点方法。在工作空间内选择一些基准点，由离线编程系统规划使机器人运动经过这些点，利用基准点和实际经过点两者之间的差异形成误差补偿函数。此法主要用于精度要求不高的场合（机器人喷漆等）。

（2）利用传感器反馈的方法。首先利用离线编程系统控制机器人位置，然后利用传感器来进行局部精确定位。该方法用于较高精度的场合（如装配机器人）。

机器人的仿真可以利用 AutoCAD、Matlib、VRML-JAVA、3Ds MAX 以及 Visual C + +

和 OpenGL 等平台实现。国内外的研究机构或软件公司已经开发出机器人离线编程的商品化软件，另外，一些机器人制造厂商的机器人编程软件也具有离线编程与仿真功能。

ABB 公司的机器人离线编程与仿真软件 RobotStudio 采用了 ABBVirtualRobot™ 技术，可以实现以下主要功能：

（1）CAD 导入。RobotStudio 可轻易地以各种主要的 CAD 格式导入数据，包括 IGES、STEP、VRML、VDAFS、ACTS 和 CATIA。通过使用此类精确的 3D 模型数据，机器人程序设计员可以生成更为精确的机器人程序。

（2）自动路径生成。通过使用待加工部件的 CAD 模型，可在短短几分钟内自动生成跟踪曲线所需的机器人位置。如果人工执行此项任务，则可能需要数小时或数天。

（3）自动分析伸展能力。此便捷功能可让操作者灵活移动机器人或工件，直至所有位置均可达到。可在短短几分钟内验证和优化工作单元布局。

（4）碰撞检测。在 RobotStudio 中，可以对机器人在运动过程中是否可能与周边设备发生碰撞进行一个验证与确认，以确保机器人离线编程得出的程序的可用性。

（5）在线作业。使用 RobotStudio 与真实的机器人进行连接通信，对机器人进行便捷的监控、程序修改、参数设定、文件传送及备份恢复的操作。

（6）模拟仿真。根据设计，在 RobotStudio 中进行工业机器人工作站的动作模拟仿真以及周期节拍，为工程的实施提供真实的验证。

（7）应用功能包。针对不同的应用推出功能强大的工艺功能包，将机器人更好地与工艺应用进行有效地融合。

（8）二次开发。提供功能强大的二次开发平台，使机器人应用实现更多的可能，满足机器人的科研需要。

习　题

10-1 简述机器人语言的基本功能。

10-2 编写机器人程序，把一块积木从 A 处拾起放到 B 处。

10-3 图 10-9 表示一台机械手要将螺钉 BO 插入 B 上 4 个孔的作业任务。试编写一个机器人语言程序实现此作业任务。

其中：

$$^{0}\boldsymbol{Z}=\begin{bmatrix}1&0&0&20\\0&1&0&0\\0&0&1&20\\0&0&0&1\end{bmatrix}\quad ^{0}\boldsymbol{B}=\begin{bmatrix}0&-1&0&20\\1&0&0&20\\0&0&1&20\\0&0&0&1\end{bmatrix}\quad ^{0}\boldsymbol{BO}=\begin{bmatrix}1&0&0&20\\0&1&0&40\\0&0&1&5\\0&0&0&1\end{bmatrix}$$

$$^{BO}\boldsymbol{BG}=\begin{bmatrix}-1&0&0&0\\0&1&0&0\\0&0&-1&0.5\\0&0&0&1\end{bmatrix}\quad ^{BO}\boldsymbol{BT}=\begin{bmatrix}-1&0&0&0\\0&1&0&0\\0&0&-1&-4\\0&0&0&1\end{bmatrix}\quad ^{B}\boldsymbol{BSH}[1]=\begin{bmatrix}0&-1&0&3\\1&0&0&2\\0&0&-1&20\\0&0&0&1\end{bmatrix}$$

$$^{B}\boldsymbol{BSH}[2]=\begin{bmatrix}0&-1&0&13\\1&0&0&2\\0&0&-1&20\\0&0&0&1\end{bmatrix}\quad ^{B}\boldsymbol{BSH}[3]=\begin{bmatrix}0&-1&0&3\\1&0&0&12\\0&0&-1&20\\0&0&0&1\end{bmatrix}\quad ^{B}\boldsymbol{BSH}[4]=\begin{bmatrix}0&-1&0&13\\1&0&0&12\\0&0&-1&20\\0&0&0&1\end{bmatrix}$$

$$
{}^{T_6}\boldsymbol{E} = \begin{bmatrix} 1 & 0 & 0 & 0 \\ 0 & 1 & 0 & 0 \\ 0 & 0 & 1 & 10 \\ 0 & 0 & 0 & 1 \end{bmatrix}
$$

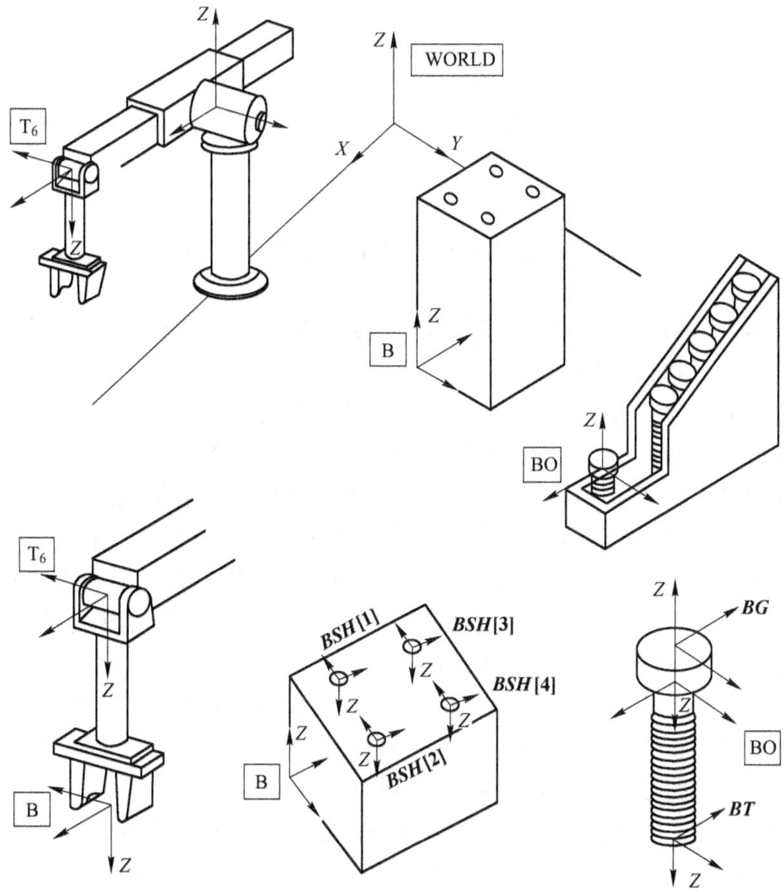

图 10-9　插螺钉作业的机械手及其坐标系

10-4　有哪些机器人编程方式？简述离线编程系统的基本组成。

11　移动机器人的几个基本问题

在第 2 章中介绍了移动机器人的结构，本章仅介绍移动机器人的引导与控制、步行机器人的步态和稳定裕度、零力矩点的概念及其计算方法、四足步行机力的分布等几个基本问题。

11.1　移动机器人的引导与控制

引导是机器人移动技术的重要问题，也是移动机器人区别于固定式机器人的关键之一。各种移动机构原则上都存在引导问题。

移动机器人的引导方法有路径引导方式和自主引导方式。

引导工作可以归纳为环境建模、路径规划和障碍回避三部分。

环境建模的基础是感知周围环境。对环境的检测用传感器包括超声传感器、光学传感器、红外传感器、激光测距仪等。测量的结果一方面用于环境建模，另一方面直接用于行走动作控制。环境模型无论来源于现有的地图，还是由机器人通过对传感器信息的分析、处理和学习来得到，均以地图数据结构方式存储在计算机中。环境建模过程往往被认为是分析处理环境信息以构成地图或更新地图的过程。

规划过程一般从搜索地图上的所有可能路径开始。若没有地图可供使用时，通过对环境的建模来确定穿越物体的几条路径。规划的最终目的是从所有可能的路径中找出一条最合理的，同时要求该路径满足移动任务规定的约束条件。

导航系统在机器人沿该路径移动时还需进行路径跟踪，并在必要时改变局部路径，即在运动过程中不断地检查传感器送来的数据，并把环境信息与地图进行比较以监测潜在的碰撞。

由机器人自行确定目标和规划任务的自主引导方式尚处于研究发展阶段。

11.1.1　路径引导方式

11.1.1.1　直接给出路径方式

在路径上连续敷设引导材料（敷设物有埋设的引导电缆、路面上贴附的铁涂氧条带、反射条带）。图 11-1 所示为通过埋设的引导电缆指示路径的电磁引导方式和把反射条带贴附在路面上进行路径指示的光反射引导方式。这类方式原理简单，十分实用。为了能简单地感知路径信息，在路径上敷设多条电缆，分别流过不同频率的电流，在路径附近的路面上安放能告知固有信息的标记等方法是很有效的方法。

沿着路径用电波或光连续给出路径。利用图 11-2 所示的光引导是一种方式简单、价格便宜的导向系统。这个系统沿着路径在路面上画出用光可以引导的线，移动机器通过传感器检测出车身位置与路径的偏差，进行减小这一偏差量的控制。如果把光束的光圈减

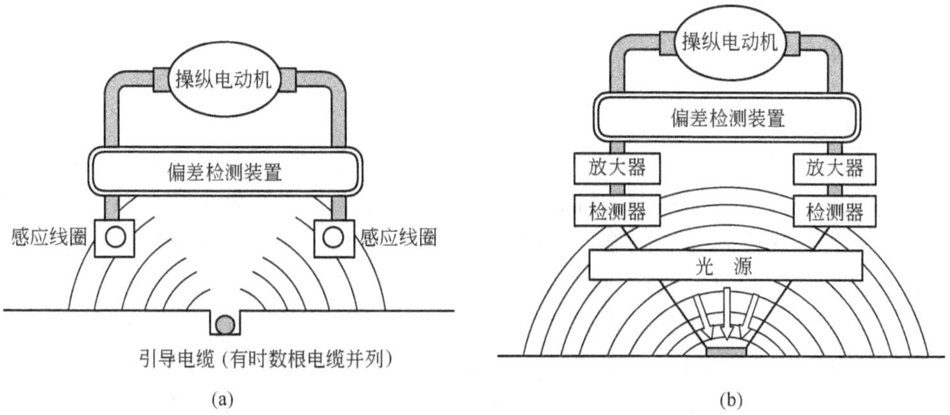

图 11-1 路径上连续敷设引导材料的引导方式
（a）电磁引导方式；（b）光反射引导方式

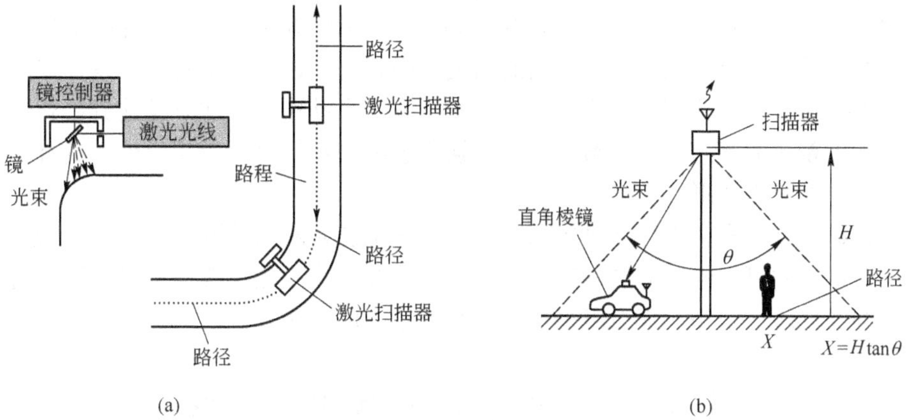

图 11-2 采用光束扫描器的高精度位置检测
（a）从高处用光来扫描路径；（b）移动物体的 X 坐标可由 H 和 θ 求得

小，可以实现非常细致的引导。

在路径上不连续设置标记（磁铁、路标、点光束），在指定的标记地点进行机器人的位置高精度修正，标记的间隔越小精度越好。近年来，高速道路上汽车的自动引导常采用磁铁引导方法。

11.1.1.2 间接给出路径方式

间接给出路径方式采用把路径画在地图上，或把路径画在计算机显示器上，把路径作为坐标点的串行数据给出。

用这种方法作为人与机器人的对话方式，非常易于应用，在人与机器人共存的场合是非常有效的。

把路径的设定作为串行数据给出的方法对复杂、交叉路径多的路线特别有效。工厂内无人搬运车利用中央计算机的自动指令方式适合于控制复杂、多种、多量机器人的方法。

这种方法是使工厂内的物流系统高度自动化所必需的。

11.1.2 自主引导方式

11.1.2.1 利用位能场的移动控制

位能法由于不需要预先给出路径的形状，所以与一般的引导概念不同，即使不知道环境条件也可以回避障碍，引导到达目的地。这种想法是在移动机器人周围建立一个假想的位能场，计算现在场中具有的位能，使移动机器人沿着这一点的位能梯度进行移动。

通常在目标点给予负的位能，在周围存在的障碍物上给予正的位能。假如说位能函数是随离障碍物距离单调减小的简单函数（这种方式必须是在移动区域内没有位能的极小点，有些情况下，只用这种方式不可能全区域引导，因此提出了另外的解决方案），有必要用所谓更高的水平监测环境，研究解决的策略。

11.1.2.2 通过利用行动结果的强化学习决定行动

对基于行动的自主移动来说，对行动进行学习，并以其学习结果确定路径。沿着这个路径移动时，有两种学习方式，一种方式是学习作为动作评价得到的报酬，另一种方式是学习使强化信号最大化的状态-动作间的映射关系。关于学习，即使没有关于环境及学习系统本身的先验知识也可以。如果给出的只是目标状态，通过试运行中出现的错误，系统可以独立地获得学习。报酬和强化信号不必赋予每一个动作，只在系统达到目标状态的场合，或落入不希望的状态的场合给出即可。强化学习的构架分为重视最佳性的环境鉴别形和重视效率的经验强化形。

在研究移动物体自主引导更具体的应用时，应综合判断引导环境，引导系统的全部费用的评价，系统的可靠性、适应性等因素来选择引导系统。如果考虑容易得到外部传感器和基础结构的环境的费用，那么可采用廉价基础结构的系统。

11.2 步行机器人的步态和稳定裕度

11.2.1 足的个数和自由度

研究和设计步行机构时，首先要解决如何确定足数，一般要从以下几方面考虑和评价：

（1）维持静的姿态的可能性。从工程上考虑，不仅要稳定移动，还要保持某种姿态作业，因此应具有足够的足数在不平地能维持静的稳定姿态的功能。一般4足以上机器人可以实现静稳定。

（2）静稳定步行实现的可能性。一般采用稳定程度作为评价基准，随着足数的增加（四、五、六足），其稳定程度急剧增加，到七足以上时几乎饱和，没有明显变化。

（3）稳定的静步行的高速性。步行往复移动速度平均为 v，四足速度是 $v/3$，五足是 $2v/3$，六足速度为 v。

（4）实现动步行的可能性。三足和四足易于实现动步行。

足数确定之后，要最优地选好自由度，现有文献都提到四足要12个自由度，六足要控制18个自由度。六足步行机构是并联机构，按并联机构理论，本体若在空间中运动需要6个自由度，那每条腿至少要6个自由度，六条腿就是36个自由度。运行时三足落地，按并联理论只要控制6个自由度就可稳定运行。运行，这就是说六条腿可控自由度为12，但为什么要18个自由度呢？就是步行机构的结构布局正处在几何奇异，也就是说稳定矩阵为奇异阵，步行机构增加失稳自由度。

11.2.2 步态与稳定性

11.2.2.1 步态的描述

步行机器人在运动过程中，各腿交替地呈现两种不同的状态，即安置（支撑）状态和转移（悬空）状态。腿处于安置状态时，足端与地面接触支持机体重量，并且推动机体前进，这种状态称为安置相或立足相。当腿处于悬空状态时，足端抬离地面，向前迈步为下一个安置相作准备，这种状态称为转移相或游足相。

各腿的安置相和转移相随时间变化的顺序集合称为步态。对于匀速行走的机器人，腿相呈现周期变化规律，这种周期变化的步态称周期步态。

设在一个周期 T 内，第 i 腿处于安置相的时间为 t_{pi}，则该腿的安置系数 β_i 按下式计算

$$\beta_i = \frac{t_{pi}}{T} \tag{11-1}$$

每个腿的 β_i 均相等的步态称为规则步态。

若以 t_i 表示足 i 的落足时刻，则相对于足1的相对相位可表达为

$$\varphi_i = \frac{t_i - t_1}{T} \quad (0 \leqslant \varphi_i \leqslant 1) \tag{11-2}$$

按周期 T 进行归一化处理时，步态信息可由 β 和 φ_i 来完全描述，即所谓步态式 g

$$g = [\beta\ \varphi_2\ \varphi_3\ \cdots\ \varphi_n]^{\mathrm{T}} \tag{11-3}$$

对于几何尺寸一定的行走系统，步态式确定后，各足在机体坐标系中的运动便随之确定。

安置系数 β 可分为静步态和动步态，对于四足机器人，$1 > \beta \geqslant 0.75$ 为静步行，$0.75 > \beta > 0.5$ 为准动步行。图11-3所示为四足机器人的基本步态。图中①②③号左右腿相位都

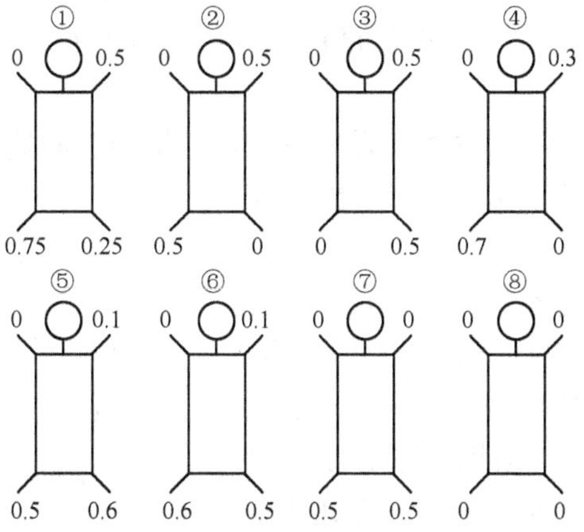

图11-3 四足步行基本步态

为0.5，为对称步态，其他为不对称步态。四足动物在低速时取对称步态，而在高速时取不对称步态。②号、③号和⑤号是动步行步态，其$\beta < 0.5$。四足静步行的①号步态如图11-4所示。四足静步行回转步态如图11-5所示。

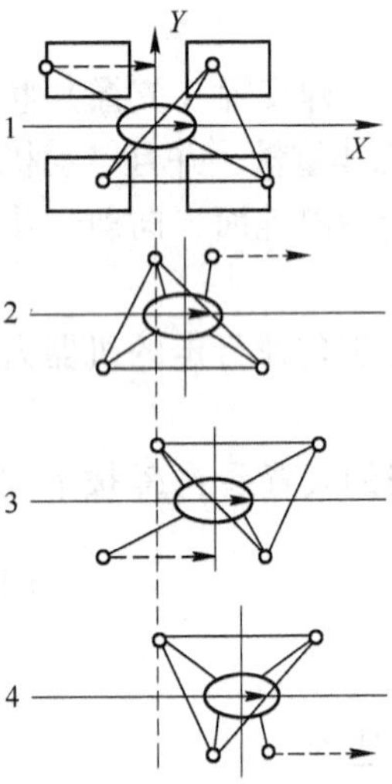

图11-4 四足静步行步态

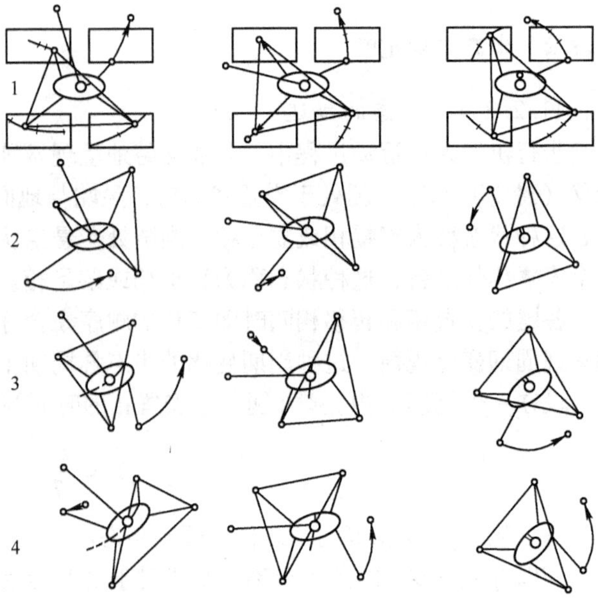

图11-5 四足静步行回转步态

一个步态周期中步行机器人机体重心向前移动的距离称为步距λ。腿处于支撑相时相对于机体的移动距离称为腿行程R，两者的关系为

$$R = \lambda\beta$$

在步态及其特性的分析中，常将时间参数按周期归一化，将长度参数按步距归一化，以取得一般性的分析结果。多足步态的种类是无限的，因此有必要对步态的优劣进行评价，并据此进行优选。n个腿在步行时，每足各自离地和接地不同时发生，按生成顺序所组成的个数为$N(n) = (2n-1)!$，四足存在$N(4) = 5040$种。

11.2.2.2 稳定裕度

采用准确的参数评估步行机的稳定性，对于步行机步态的选择、运动和结构参数的确定及其控制的简化具有重要意义。下面介绍稳定性几何度量。

根据支撑图形，产生静态稳定性的定义。对应某一支撑状态下的支撑图形如图11-6所示，与其相应的稳定性度量方法分别为：

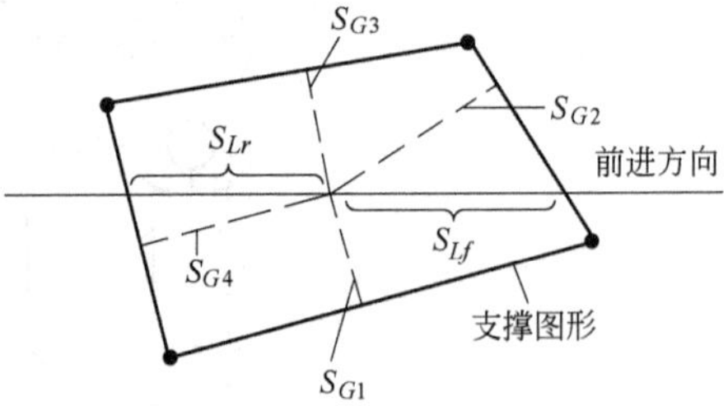

图11-6 支撑图形和稳定裕度

（1）纵向稳定裕度S_L：是机体重心投影沿机体前进方向的纵轴X测得的到前后支撑边界距离的最小值

$$S_L = \min(S_{Lf}, S_{Lr}) \tag{11-4}$$

式中，S_{Lf} 称为前向稳定裕度；S_{Lr} 称为后向稳定裕度。

（2）稳定裕度 S_G：是机体重心投影到各支撑边界垂直距离的最小值

$$S_G = \min(S_{Gi}) \tag{11-5}$$

步态的稳定裕度是步态周期中各支撑图形稳定裕度的最小值。

爬行（crawl）步态是指 n 足步行机的每一个支承状态中至少有 $n-1$ 个足处于安置状态。已经证明，四足机器人纵向稳定程度最大唯一步态是 crawl 步态。

11.3 零力矩点的概念及其计算方法

11.3.1 零力矩点的概念

零力矩点概念是由 Vukobratovic 和 Stpenenko 于 1972 年提出的。ZMP 是指脚/地接触面的一点，地面反作用力在此点的等效力矩的水平分量为零。

如果机器人各关节的运动轨迹所对应的 ZMP 都在支撑凸多边形内部（不包括边界），那么机器人的支撑脚在单腿支撑期就会与地面保持相对静止，不会出现欠驱动的翻转向自由度，进而可以使用关节轨迹跟踪的方法来控制双足机器人稳定行走，这就是 ZMP 稳定判据。通常，将 ZMP 到支撑凸多边形边界的最短距离作为步行系统的稳定裕度。

国际上绝大多数的主动行走双足机器人都是基于 ZMP 稳定判据行走的。最早成功应用 ZMP 判据的双足机器人是由日本早稻田大学加藤一郎实验室研制的 WL-10RD，应用 ZMP 判据后该机器人的步行速度由原来的每步 9s 提高到每步 1.35s。此后，ZMP 判据在双足机器人的步行控制中得到了广泛的应用，如本田公司的 ASIMO、索尼公司的 SDR 系列、清华大学 HIT 系列、THBIP 系列、国防科技大学的 KDW 系列、北京理工大学的 BHR 系列等。

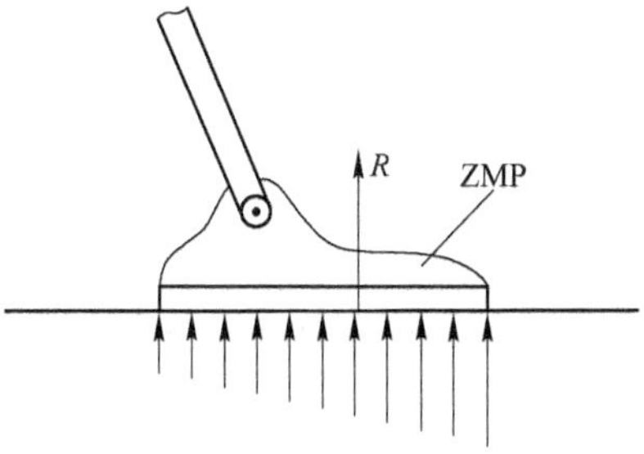

图 11-7 零力矩点的原始定义

如图 11-7 所示，假设地面反作用力作用于有限数量的接触点 $p_i(i=1, 2, \cdots, N)$，并且每个力向量的形式都是 $\boldsymbol{f} = [f_{ix}, f_{iy}, f_{iz}]^{\mathrm{T}}$，$f_{ix}$，$f_{iy}$ 和 f_{iz} 分别为固定在地面的坐标系中 X、Y 和 Z 轴方向上的力分量。ZMP 可由下式计算

$$p = \frac{\sum_{i=1}^{N} p_i f_{iz}}{\sum_{i=1}^{N} f_{iz}}$$

也可以写成

$$\boldsymbol{p} = \sum_{i=1}^{N} \alpha_i p_i \tag{11-6}$$

$$\alpha_i = f_{iz}/f_z,\ f_z = \sum_{i=1}^{N} f_{iz}$$

因为通常的行走机器人在脚底不会产生附着力

$$f_{iz} \geqslant 0 \quad (i = 1,2,\cdots,N)$$

这样，可以得到

$$\alpha_i \geqslant 0 \quad (i = 1,2,\cdots,N),\ \sum_{i=1}^{N} \alpha_i = 1 \tag{11-7}$$

满足式（11-6）和式（11-7）的点形成支撑多边形，即支撑点所形成的凸多边形。因此，可以得出结论，ZMP 总存在于支撑多边形内。换句话说，由于地面反作用力是单边约束，ZMP 永远不会离开支撑多边形。

现在来计算关于 ZMP 的力矩

$$\tau = \sum_{i=1}^{N} (\boldsymbol{p}_i - \boldsymbol{p}) \times \boldsymbol{f}_i$$

将其写成分量的形式，有

$$\tau_x = \sum_{i=1}^{N} (p_{iy} - p_y)f_{iz} - \sum_{i=1}^{N} (p_{iz} - p_z)f_{iy} \tag{11-8}$$

$$\tau_y = \sum_{i=1}^{N} (p_{iz} - p_z)f_{ix} - \sum_{i=1}^{N} (p_{ix} - p_x)f_{iz} \tag{11-9}$$

$$\tau_z = \sum_{i=1}^{N} (p_{ix} - p_x)f_{iy} - \sum_{i=1}^{N} (p_{iy} - p_y)f_{ix} \tag{11-10}$$

式中，p_{ix}、p_{iy} 和 p_{iz} 为位置矢量 $\boldsymbol{p}$ 的分量；p_x、p_y 和 p_z 为 ZMP 的分量。

当地面为水平时，对于所有的 i，有 $p_{iz} = p_z$。因此，式（11-8）的第 2 项和式（11-9）的第 1 项为零。从而，有

$$\tau_x = \tau_y = 0$$

11.3.2 三维动力学系统的 ZMP 的计算

如图 11-8 所示的三维空间中的机器人模型，该机器人由 N 个刚体构成，假设已经通过机器人正运动学计算出杆件质心的位置、杆件的姿态和加速度等。这里，杆件的姿态和角速度是在固定在地面坐标系中表示。

首先计算整个机器人的总质量 m 和质心的位置 $\boldsymbol{c}$，即

$$m = \sum_{j=1}^{N} m_j$$

$$\boldsymbol{c} = \sum_{j=1}^{N} m_j \boldsymbol{c}_j / m$$

式中，m_j 和 $\boldsymbol{c}_j$ 分别是第 j 个杆件的质量和质心。

总的平动动量为

$$\boldsymbol{\mu}_L = \sum_{j=1}^{N} m_j \dot{\boldsymbol{c}}_j$$

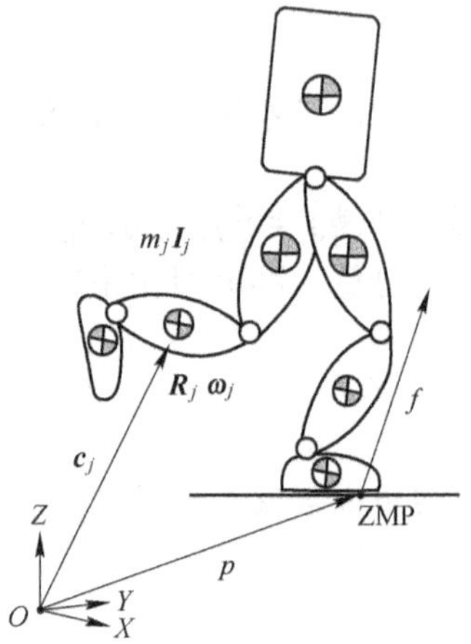

图 11-8 三维空间中的机器人模型

关于原点的总角动量为：

$$\boldsymbol{\mu}_R = \sum_{j=1}^{N}[\boldsymbol{c}_j \times (m_j \dot{\boldsymbol{c}}_j) + \boldsymbol{R}_j \boldsymbol{I}_j \boldsymbol{R}_j^{\mathrm{T}} \boldsymbol{\omega}_j]$$

式中，$\boldsymbol{R}_j$、$\boldsymbol{I}_j$ 分别为第 j 个杆件的 3×3 的旋转矩阵和惯性张量矩阵；$\boldsymbol{\omega}_j$ 为杆件的角速度矢量。$\boldsymbol{R}_j \boldsymbol{I}_j \boldsymbol{R}_j^{\mathrm{T}}$ 给出了固定在地面坐标系下的惯性张量。

当给出外力及外力矩、平动动量和角动量，采用牛顿-欧拉公式，有

$$\boldsymbol{f} = \boldsymbol{\mu}_L - m\boldsymbol{g} \tag{11-11}$$

$$\boldsymbol{\tau} = \boldsymbol{\mu}_R - \boldsymbol{c} \times m\boldsymbol{g} \tag{11-12}$$

式中，$\boldsymbol{g}$ 为重力加速度矢量，$\boldsymbol{g} = [0,0,-g]^{\mathrm{T}}$。

假设外力作用于 p 点处的 ZMP

$$\boldsymbol{\tau} = \boldsymbol{p} \times \boldsymbol{f} + \boldsymbol{\tau}_{\mathrm{zmp}} \tag{11-13}$$

式中，$\boldsymbol{\tau}_{\mathrm{zmp}}$ 为 ZMP 处的力矩，它在 X、Y 方向的分量为零。

将式（11-11）和式（11-12）代入式（11-13），可得

$$\boldsymbol{\tau}_{\mathrm{zmp}} = \dot{\mu}_L - \boldsymbol{c} \times m\boldsymbol{g} + (\dot{\boldsymbol{\mu}}_R - m\boldsymbol{g}) \times \boldsymbol{p} \tag{11-14}$$

上面的矢量方程的 X、Y 方向的标量方程为

$$\tau_{\mathrm{zmp},x} = \dot{\mu}_{L,x} + mgy + \dot{\mu}_{R,y} p_z - (\dot{\mu}_{R,z} + mg) p_y \tag{11-15}$$

$$\tau_{\mathrm{zmp},y} = \dot{\mu}_{L,y} + mgx + \dot{\mu}_{R,x} p_z - (\dot{\mu}_{R,z} + mg) p_x \tag{11-16}$$

其中所使用的符号：

$$\boldsymbol{\tau}_{\mathrm{zmp}} = [\tau_{\mathrm{zmp},x}, \tau_{\mathrm{zmp},y}, \tau_{\mathrm{zmp},z}]^{\mathrm{T}}$$

$$\boldsymbol{\mu}_L = [\mu_{L,x}, \mu_{L,y}, \mu_{L,z}]^{\mathrm{T}}$$

$$\boldsymbol{\mu}_R = [\mu_{R,x}, \mu_{R,y}, \mu_{R,z}]^{\mathrm{T}}$$

$$\boldsymbol{c} = [x, y, z]^{\mathrm{T}}$$

利用 $\tau_{\mathrm{zmp},x} = \tau_{\mathrm{zmp},y} = 0$，由式（11-15）和式（11-16）可得

$$p_y = \frac{\dot{\mu}_{L,x} + mgy + \dot{\mu}_{R,y} p_z}{\dot{\mu}_{R,z} + mg}$$

$$p_x = \frac{\dot{\mu}_{L,y} + mgx + \dot{\mu}_{R,x} p_z}{\dot{\mu}_{R,z} + mg}$$

式中，p_z 为地面的高度。

当机器人保持静止时，把重心在水平面上的投影作为 ZMP，即

$$p_x = x$$

$$p_y = y$$

11.4 四足步行机力的分布

因为四足步行机比六足步行机少两条腿，所以四足步行机的结构比六足步行机的简

单。目前世界上研制的四足步行机，其行走机构需要控制的关节一般为 12 个，而六足的为 18 个，显然对四足步行机的控制要比对六足步行机的控制简单。在自然界中，所有的走兽都是四条腿的，因而可以认为，四足步行机有更好的发展前景。

为了实现步行机能在崎岖不平的地域上行走和工作的功能，在对步行机进行位置控制的同时，必须对步行机进行力的控制。在步行机力控制的问题中，优化足与地面间接触力的分布是最重要的问题之一。

11.4.1 四足步行机的力学模型

在讨论静态稳定的四足周期非奇异爬行步态的力分布问题时，使用与机体固定的坐标系，如图 11-9 所示。

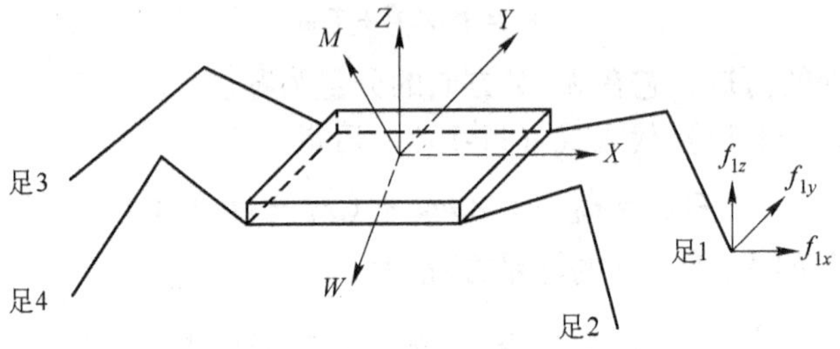

图 11-9 四条腿支承在地面上的四足步行机的力系统

为简化起见，假设所有支承面都平行于机体固定坐标系的 OXY 平面。这里的“竖直”的含义是垂直于支承面，“水平”的含义是平行于支承面。各腿的支承面不一定在一个平面内。

在图 11-9 表示的四条腿支承在地面上的四足步行机的力系统中，为简单起见，只画出了足 1 与地面间的接触力分量，忽略了接触力矩分量。总的体力和体力矩（$\boldsymbol{W}$, $\boldsymbol{M}$）是由步行机的重力和惯性力产生的。根据达朗贝尔原理，此力系统处于静态或准静态平衡状态。

11.4.2 四足步行机力分布的优化原理

图 11-9 所示的四足步行机力系统的力/力矩平衡方程可写为

$$\boldsymbol{A}\boldsymbol{f} + \boldsymbol{b} = \boldsymbol{0} \tag{11-17}$$

当有四条腿处于支承状态时，$\boldsymbol{f} = [f_{1x} \quad f_{1y} \quad f_{1z} \quad f_{2z} \quad \cdots \quad f_{4z}]^{\mathrm{T}}$ 是十二维的足与地面接触力向量。$\boldsymbol{A}$ 是（6×12）系数矩阵，它是支承点位置的函数。$\boldsymbol{b}$ 是六维的总体力向量。当只有三条腿支承时，$\boldsymbol{f}$ 是九维向量，$\boldsymbol{A}$ 是（6×9）阶矩阵，$\boldsymbol{b}$ 仍然是六维向量。不仅因为步行机运动链的拓扑结构不同使方程（11-17）的具体内容不同，而且，就是在同一个拓扑结构情况下，由于步行机的运动，系数矩阵 $\boldsymbol{A}$ 是时变的。为了确定不同时刻的 $\boldsymbol{A}$ 矩阵，必须计算不同时刻的支承点位置。可以根据下式计算直线步态支承点的 x 坐标。

$$x_i = \gamma_i - G(t - \varphi_i)$$

式中，γ_i 是腿 i 的初始支撑位置的 x 坐标；$G(t - \varphi_i)$ 是变量 $t - \varphi_i$ 的周期函数，可以将其定

义为

$$G(t - \varphi_i) = t - \varphi_i + KT$$

式中，K 为整数，且满足 $0 \leqslant t - \varphi_i + KT \leqslant T$；$T$ 为步行周期。

直线步态支承点的 y 坐标是常数。在其他情况下，例如侧行步态和转弯步态，计算支承点的位置也不复杂。

在六种四足非奇异爬行步态中，落腿顺序为 1-4-2-3 的步态可以提供较大的稳定裕度。下面的优化方法将采用这种步态。

为了避免由步行机拓扑结构非连续变化而引起的足力分布间断问题，步态必须满足一定的条件。具体地说，在一台四足步行机的一条腿抬起之前或安置之后的时间内，必须至少有四条腿处于支撑状态。例如，足 1 在时刻 t_1^+ 开始与地面接触，腿 4 抬起的时刻 t_4^- 必须落后 t_1^+ 时间。在此时域内，足 1 与地面的接触力应当从零开始逐渐增加，并且在时刻 t_4^- 达到在腿 4 抬起状态下所需要的力。换句话说，为了避免力分布的间断问题，静态稳定的四足爬行步态必须是非奇异的。因此，按步行机运动链拓扑结构的变化，四足非奇异爬行步态的一个周期可分成如下 8 个时间域：

$$(t_1^+, t_4^-), (t_4^-, t_4^+), (t_4^+, t_2^-), (t_2^-, t_2^+), (t_2^+, t_3^-), (t_3^-, t_3^+), (t_3^+, t_1^-), (t_1^-, t_1^+)$$

时间域 (t_1^+, t_4^-) 以足 1 时刻 t_1^+ 开始，到腿 4 抬起时刻 t_4^- 为止；时间域 (t_4^-, t_4^+) 以腿 4 抬起时刻 t_4^- 开始，到腿 4 放置时刻 t_4^+ 为止。其他时间域类似。

下面仅讨论时间域 (t_1^+, t_4^-) 内的力分布问题，其他时间域可以用类似方法计算。

避免步行机在爬坡、加速以及拖拉重物时足与地面间的滑动，是优化足与地面间接触力分布的重要目的。当步行机运动时，足与地面间的接触力必须满足摩擦锥条件。为了论述方便，定义如下：足与地面间的摩擦角为足与地面间接触力的水平分量与竖直分量比值的反正切。优化力分布的目的是使足与地面间的最大摩擦角最小。用反证法容易证明，在理论上，如果所有的足与地面间的摩擦角都相等，则此摩擦角是最小的最大摩擦角，也是防止足在地面上滑动的最佳状态。但这种最佳状态只有在特殊条件下才精确存在。因为如果把所有的摩擦角相等关系与平衡方程组合起来，所得的方程组所包含的方程个数多于未知量的个数。如果在这个方程组中没有足够的线性相关的方程存在，则此方程组无解。因而，可以根据总体力的方向，把部分等摩擦角关系与平衡方程组合起来，构成一组可解的线性方程组，所以把这种优化方法称为“部分组合”法。用此方程组的解，经过一次局部迭代，得到的足与地面间接触力的分布使各足与地面间的摩擦角近似相等。如果步行机处于某种特殊状态，例如，所有的支承在同一个平面上，等摩擦角关系存在足够的线性相关的关系，则用“部分组合”法得出的力分布也使所有的摩擦角完全相等。下面讨论“部分组合法”的基本原理。

使所有的足与地面的摩擦角相等，实质上也是使各足与地面接触力的水平分量与各自的竖直分量的比值相等。为此，首先忽略力的水平分量，近似地求出力的竖直分量。如果忽略步行机力系统中所有力的水平分量，则称此力系统为步行机的近似力系统。近似力系统的平衡方程可写为

$$\boldsymbol{A}^* \boldsymbol{f}^* + \boldsymbol{b}^* = \boldsymbol{0} \tag{11-18}$$

式中，$\boldsymbol{f}^*$ 称为足与地面接触力的近似向量，因为所有力的水平分量都被忽略了。当有四条腿处于支承状态时，$\boldsymbol{f}^* = [f_1^* \quad f_2^* \quad f_3^* \quad f_4^*]^{\mathrm{T}}$ 是四维向量；$\boldsymbol{A}^*$ 是（3×4）系数矩阵；$\boldsymbol{b}^*$ 是三维忽略了水平分量后的总体力向量。

当只有三条腿处于支承状态时，$\boldsymbol{f}^*$ 是三维向量，$\boldsymbol{A}^*$ 是（3×3）矩阵，$\boldsymbol{b}^*$ 仍然是三维向量。因此，近似力系统在四腿支承时是静不定系统，当三腿支承时是静定系统。

在时刻 t_4^-，腿 4 抬起，另外三条腿（腿 1，2，3）处于支承状态，所以此时的近似力系统是静定的。腿 1，2，3 在时刻 t_4^- 的支承点位置可以在时刻 t_1^+ 开始计算。所以 $\boldsymbol{f}^*(t_4^-) = [f_1^*(t_4^-) \quad f_2^*(t_4^-) \quad f_3^*(t_4^-)]^{\mathrm{T}}$ 可由方程（11-18）唯一解出。

在此情况下，$\boldsymbol{A}^*$ 是正定的，近似力向量 $\boldsymbol{f}^*$ 可以表示成矩阵形式

$$\boldsymbol{f}^* = -\boldsymbol{A}^{*-1}\boldsymbol{b}^* \tag{11-19}$$

在时刻 t_1^+ 腿 1 放置，足 1 的近似力 $\boldsymbol{f}_1^*(t)$ 应由零平滑地过渡到 $\boldsymbol{f}_1^*(t_4^+)$，所以它可以表示为

$$\boldsymbol{f}_1^*(t) = P(t)\boldsymbol{f}_1^*(t_4^-) \quad t = t_1^+ \rightarrow t_4^- \tag{11-20}$$

式中，$P(t)$ 是任意连续函数，并满足 $P(t_1^+) = 0$ 和 $P(t_4^-) = 1$。它可以是线性函数、二次函数，也可以根据需要是其他连续函数。因此，$\boldsymbol{f}_1^*(t)$ 在时域（t_1^+，t_4^-）内是已知的，进而方程（11-8）可重写成如下形式

$$[\boldsymbol{A}_1^* \quad \boldsymbol{A}_a^*]\begin{bmatrix}\boldsymbol{f}_1^* \\ \boldsymbol{f}_a^*\end{bmatrix} + \boldsymbol{b}^* = 0 \tag{11-21}$$

或者

$$\boldsymbol{A}_a^*\boldsymbol{f}_a^* = -(\boldsymbol{b}^* + \boldsymbol{A}_1^*\boldsymbol{f}_1^*) \tag{11-22}$$

式中，$\boldsymbol{f}_1^*$ 和 $\boldsymbol{f}_a^* = [f_2^*(t) \quad f_3^*(t) \quad f_4^*(t)]^{\mathrm{T}}$ 是 $\boldsymbol{f}^*$ 的时变子向量；$\boldsymbol{A}_1^*$ 和 $\boldsymbol{A}_a^*$ 分别是（3×1）和（3×3）阶的矩阵 $\boldsymbol{A}^*$ 的子矩阵。

方程（11-21）是一组可解线性方程组，近似力向量 $\boldsymbol{f}^* = [f_1^* \quad f_a^*]^{\mathrm{T}}$ 可唯一确定。$\boldsymbol{f}^* = [f_1^* \quad f_2^* \quad f_3^* \quad f_4^*]^{\mathrm{T}}$ 将用于确定水平力分量的比例关系。为了防止步行机的足与地面间的滑动，引入下面的优化关系：

当 $W_x \geqslant W_y$ 时

$$\begin{aligned} f_{ix}(t) &= k_{ij}(t)f_{jx}(t) \\ f_{kx}(t) &= k_{kj}(t)f_{jx}(t) \\ f_{iy}(t) &= k_{ij}(t)f_{jy}(t) \end{aligned} \tag{11-23}$$

式中，W_x 和 W_y 分别为总体力在 x 方向和 y 方向上的分量。

当 $W_x \leqslant W_y$ 时

$$f_{iy}(t) = k_{ij}(t)f_{jy}(t)$$

$$f_{ky}(t) = k_{kj}(t)f_{jy}(t)$$

$$f_{ix}(t) = k_{ij}(t)f_{jx}(t) \tag{11-24}$$

式中，比例系数 k_{ij} 和 k_{kj} 分别为

$$k_{ij}(t) = f_i^*(t)/f_j^*(t)$$

$$k_{kj}(t) = f_k^*(t)/f_j^*(t) \tag{11-25}$$

式中，角标 $i \neq j, j \neq k$ 且 $i \neq k$ 。

把式（11-23）或者式（11-24）（根据总体力的情况）组合到平衡方程（11-17）中，则得到一组包含 9 个方程的线性方程组

$$\overline{\boldsymbol{A}}\overline{\boldsymbol{f}} + \overline{\boldsymbol{b}} = \boldsymbol{0} \tag{11-26}$$

式中，$\overline{\boldsymbol{A}}$ 和 $\overline{\boldsymbol{b}}$ 分别为系数矩阵和总体力向量的扩展矩阵和扩展向量。

在时刻 t_4^-，腿 4 抬起，另外三条腿（腿 1，2，3）处于支承状态，所以，此时足力的向量 $\boldsymbol{f}(t_4^-)$ 是九维的，$\overline{\boldsymbol{A}}$ 是（9×9）阶的，$\overline{\boldsymbol{b}}$ 是九维的。因此，$\boldsymbol{f}(t_4^-)$ 可由方程（11-26）解出。

在腿 1 放置后，力 $f_1(t)$ 被控制由零逐渐增加到 $f_1(t_4^-)$ 。所以 $\boldsymbol{f}_1(t)$ 可表示为

$$\boldsymbol{f}_1(t) = P(t)\boldsymbol{f}_1(t_4^-) \quad t = t_1^+ \rightarrow t_4^- \tag{11-27}$$

因而，$f_1(t)$ 在时间域（t_1^+, t_4^-）内是已知的了，并且方程（11-26）可重写成下面的形式

$$[\overline{\boldsymbol{A}}_1 \quad \overline{\boldsymbol{A}}_a]\begin{bmatrix}\boldsymbol{f}_1 \\ \boldsymbol{f}_a\end{bmatrix} + \overline{\boldsymbol{b}} = 0 \tag{11-28}$$

或者

$$\overline{\boldsymbol{A}}_a\boldsymbol{f}_a = -(\overline{\boldsymbol{b}} + \overline{\boldsymbol{A}}_1\boldsymbol{f}_1) \tag{11-29}$$

式中，$\boldsymbol{f}_1 = [f_{1x}(t) \quad f_{1y}(t) \quad f_{1z}(t)]^{\mathrm{T}}$ 和 $\boldsymbol{f}_a = [f_{2x}(t) \quad f_{2y}(t) \quad f_{2z}(t) \quad \cdots \quad f_{4z}(t)]^{\mathrm{T}}$ 分别是 $\boldsymbol{f}$ 的子向量。$\overline{\boldsymbol{A}}_1$ 和 $\overline{\boldsymbol{A}}_a$ 分别是 $\boldsymbol{F}$ 的（9×3）和（9×9）阶子矩阵。式（11-29）是一组可解线性方程组。

由于 $\overline{\boldsymbol{A}}_a$ 是正定子矩阵，$\boldsymbol{f}_a$ 可表示为矩阵形式

$$\boldsymbol{f}_a = -\overline{\boldsymbol{A}}_a^{-1}(\overline{\boldsymbol{b}} + \overline{\boldsymbol{A}}_1\boldsymbol{f}_1) \tag{11-30}$$

那么足与地面的接触力向量在时间域（t_1^+，t_4^-）内也可表示为矩阵形式

$$\boldsymbol{f} = \begin{bmatrix}\boldsymbol{f}_1 \\ -\overline{\boldsymbol{A}}_a^{-1}(\overline{\boldsymbol{b}} + \overline{\boldsymbol{A}}_1\boldsymbol{f}_1)\end{bmatrix} \tag{11-31}$$

在其他时间域内，可以用类似的方法计算足与地面接触力的分布。

11.4.3 四足步行机力分布和腿关节驱动力矩的仿真

用于仿真的步态是一个四足波形步态，步行机的结构参数如下：

如图 11-11a 所示，$x_0 = 0.95\text{m}$，$l_1 = l_2 = 0.4\text{m}$，$h = -z_1 = 0.6\text{m}$。

足的初始支承点位置为：$\gamma_1=\gamma_2=35/24\text{m}$，$\gamma_3=\gamma_4=-13/24\text{m}$，$\delta_1=\delta_2=0.5\text{m}$，$\delta_3=\delta_4=-0.5\text{m}$。

腿的安置系数：$\beta_i=11/12(i=1,2,3,4)$。

腿的运动相位：$\varphi_1=0$，$\varphi_2=1/2$，$\varphi_3=10/12$，$\varphi_4=4/12$。

步行机在一个坡上，坡是不平坦的，但各支承面是平行的。机体平行于这些支承面：$z_1=-0.6\text{m}$，$z_2=-0.7\text{m}$，$z_3=-0.5\text{m}$，$z_4=-0.6\text{m}$。

总体力分量：$W_x=-50\text{N}$，$W_y=-25\text{N}$，$W_z=-1000\text{N}$。

总体力矩：$M=0$。

忽略腿在运动时的惯性力。

步行机匀速前进，步态周期为 $T=10\text{s}$。

在这里 $P(t)$ 选为线性函数。

用高斯消去法解线性方程组。足与地面接触力的仿真结果如图 11-10 所示。

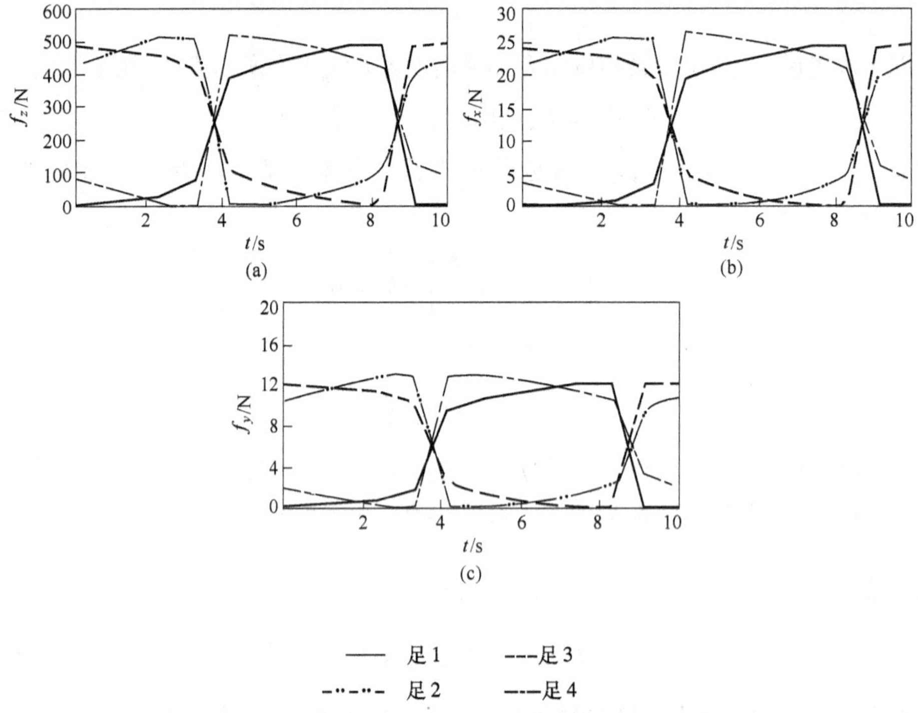

图 11-10 在一个步态周期内足与地面接触力的分布

（a）垂直方向力分量；（b）x 方向力分量；（c）y 方向力分量

由图 11-10 可见，足与地面间的接触力没有由于运动链拓扑结构的变化而引起的力分布的非连续变化问题，它们在连续的周期中都是完全连续的。由此图还可看出，足与地面的接触力的最大值总是出现在只有三条腿支承的情况。

仿真是在一台 IBM PC 80386 + 80387 微机上进行的。如果控制系统不能并行计算，计算四腿支承的力分布，最大计算时间为 26ms。

为检验“部分组合”法所确定的力分布的防滑性能，可按下式计算各足与地面的摩擦角。

$$\alpha_i = \arctan\left(\frac{\sqrt{f_{ix}^2 + f_{iy}^2}}{f_{iz}}\right) \tag{11-32}$$

计算的结果是：最大摩擦角为3.203°，最小摩擦角为3.197°，所以，最大摩擦角差为0.006°。进一步的仿真表明，当支承面在同一平面内时，在同一时刻各足的摩擦角都相同。

计算腿关节驱动力矩的结果表明，由于足与地面接触力的连续性，腿关节驱动力矩也是连续的。图11-11b为相应的腿关节驱动力矩。比较图11-10和图11-11还可看到，最大关节力矩发生在最大足与地面接触力出现的时刻。

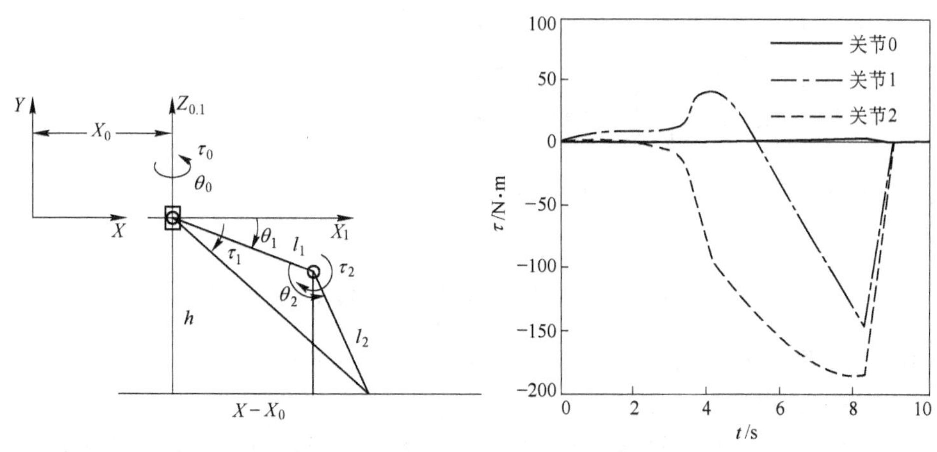

图11-11　在一个步态周期内腿1的受力简图及关节驱动力矩
（a）腿的受力简图；（b）关节驱动力矩

11.5　多足步行机器人的设计实例

多足步行机器人的设计主要包括机械本体设计、控制系统设计、传感器应用与设计，以及步态规划算法与步行试验等内容。现以中国科学院沈阳自动化研究所研制的LR-1型全方位六足步行机器人为例加以具体说明。

LR-1型全方位六足步行机器人系统如图11-12所示，是由机械本体、控制系统和传感器组成。

11.5.1　本体设计

机器人的本体设计主要指进行型体选择、自由度的确定、机械结构设计、各轴静力与驱动功率的计算、脚杆件有限元分析、运动学仿真、机器人步态规划等。

11.5.1.1　型体设计

多足步行机器人的型体分为昆虫型和哺乳动物型两种。前者具有最大的静态步行稳定性，后者具有较强的跨越和适应环境的能力。LR-1型全方位六足步行机器人采用直立圆

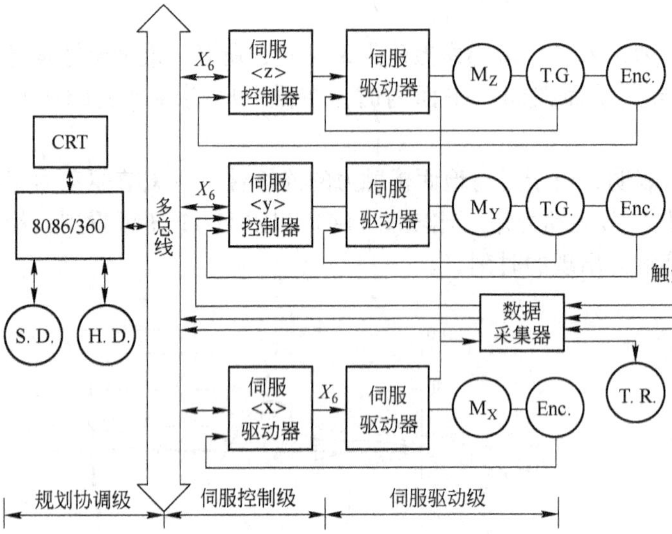

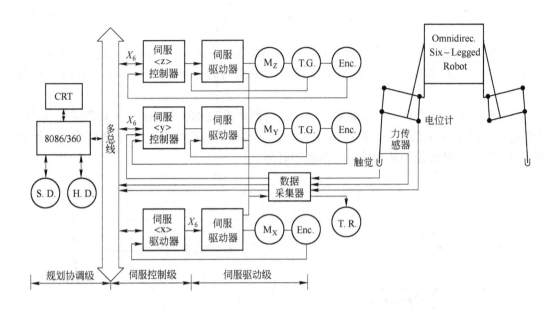

图 11-12 LR-1 型全方位六足步行机器人系统框图

柱式结构，它兼顾上述两者的优点，同时又有全方位的步行能力。

11.5.1.2 自由度的确定

LR-1 型全方位六足步行机器人可采用多种步态，每一时刻有三条腿交替支撑，由于必须用 6 个自由度来确定机器人体的空间位置和姿态，为此每条腿至少要有 2 个自由度。为了适应路面抬高步行还需增加 1 个自由度，为此每条腿选择 3 个自由度，六条腿共 18 个自由度。

11.5.1.3 结构设计

步行机器人腿是步行机器人机构的最重要部分，其主要的要求是轻量化、运动的重力解耦和大的运动范围。本样机采用拟缩放机构，放大比为 3，但驱动没有采用直角坐标系的三轴移动，这样做的目的是改善腿的受力状态和提高腿的刚度，同时在重力方向上又是部分解耦的。

腿自由度的运动范围是：

X 轴 α 角摆动范围：$-10° \sim 90°$；

Y 轴 β 角摆动范围：$-70° \sim 70°$；

Z 轴 γ 角摆动范围：$-60° \sim 80°$。

其结构原理如图 11-13 所示。

传动机构采用齿轮和滚珠丝杠传动，以提高传动效率和增加耐磨性，并提高传动精度，其 X、Y、Z 的传动简图如图 11-14 所示。

依据足端速度的要求，各轴传动比如下

$i_X = 5(10)$， $i_Y = 300$， $i_Z = 2.5(10)$

采用非硬齿面齿轮，模数的选择应按接触强

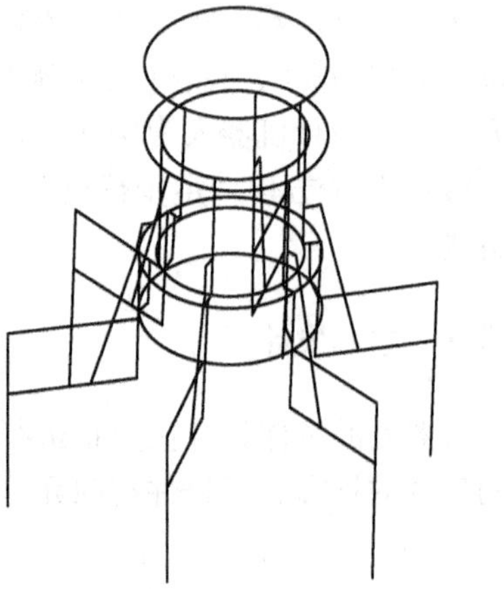

图 11-13 六足步行机器人机构原理简图

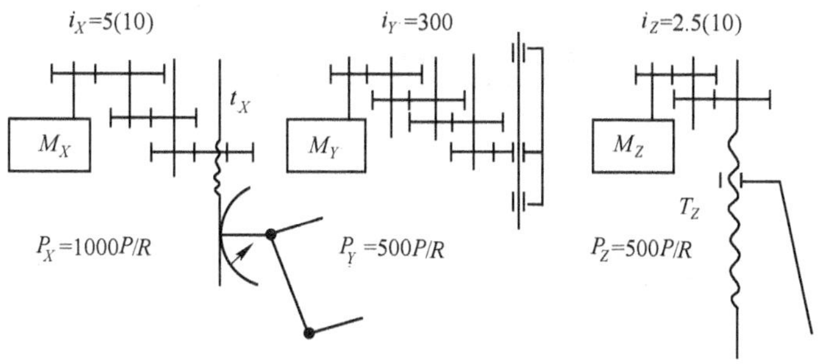

图 11-14　腿传动简图

度计算，按公式计算后选取各级齿轮的模数和齿数为

X 轴：　$\frac{44}{22}\times 1,\ \frac{22}{22}\times 1.5,\ \frac{44}{22}\times 1,\ \frac{55}{22}\times 1.5$

Y 轴：　$\frac{80}{24}\times 0.5,\ \frac{105}{24}\times 0.5,\ \frac{72}{14}\times 1,\ \frac{56}{14}\times 1.5$

Z 轴：　$\frac{36}{36}\times 1,\ \frac{48}{24}\times 1.5,\ \frac{50}{20}\times 1$

X 轴、Z 轴的滚珠丝杠的选择：为了减小外径尺寸，选用内循环，并采用双螺母，用垫片调整间隙和预紧力。

X 轴丝杠型号为：FYND-1602-3.5，直径 $d_0=16$mm，螺距 $t=2$mm，精度等级为 E 级。

Z 轴丝杠型号为：FYND-2504-3，直径 $d_0=25$mm，螺距 $t=4$mm，精度等级为 E 级。

为了实现无质量腿概念，各腿的传动机构均固定于本体的体结构上。体结构采用上、下板与六根立柱的镶嵌式组装结构，既方便了传动装置的安装，又减轻了质量。

11.5.1.4 各轴静力与驱动电动机功率的计算

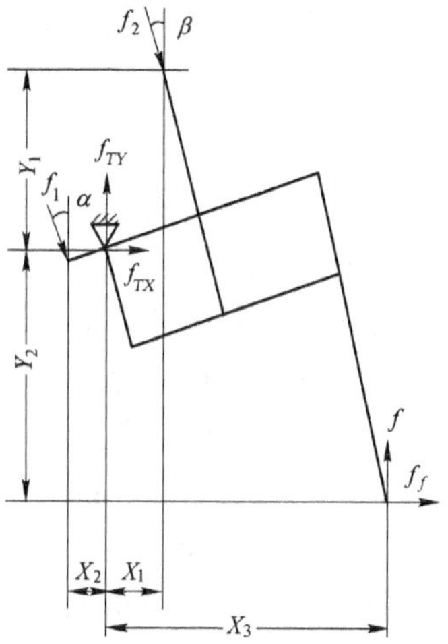

图 11-15　静力计算图

已知在图 11-15 中，$\alpha,\beta,f=W/2,f_f=0.2f$，求解 f_1，f_2。

作为超静定问题，解得如下关系：

$$f_1=\frac{(Y_1\sin\beta+X_1\cos\beta)f_2-(fX_3+f_fY_2)}{X_2\cos\alpha}$$

$$f_2=\frac{27f\cos\alpha}{8\cos(\alpha-\beta)}$$

$$f_{TX}=\left[\frac{(Y_1\sin\beta+X_1\cos\beta)f_2-(fX_3+f_fY_2)}{X_2\cos\alpha}\right]\sin\alpha-f_2\sin\beta-f_f$$

$$f_{TY}=\frac{(Y_1\sin\beta+X_1\cos\beta)f_2-(fX_3+f_fY_2)}{X_2}-f_2\cos\beta-f_f$$

其典型角度静力值见表 11-1。

表 11-1 典型角度的静力值

项　目	f_1	f_2	f_{TX}	f_{TY}
$\alpha=0^\circ$，$\beta=0^\circ$				
支撑腿	$-5.6f$	$3.4f$	$1.2f$	$-2.9f$
摆动腿	$1.7W$	$-3.4W$	$0.03W$	$-0.76W$
$\alpha=40^\circ$，$\beta=30^\circ$				
支撑腿	$-6.3f$	$2.9f$	$3f$	$-4.1f$
摆动腿	$4.5W$	$-2.9W$	$-0.5W$	$-0.4W$
$\alpha=10^\circ$，$\beta=40^\circ$				
支撑腿	$-6.2f$	$3f$	$2.6f$	$-7f$
摆动腿	$4.3W$	$-3W$	$-W$	$0.1W$

由表中可见，支撑腿时，f_1、f_2 的受力可作为 X、Z 轴电动机选择的计算依据。同时在三腿支撑时 $f_{X\max}=W/2$，$f_{Z\max}=2W/3$，即 X 轴丝杠处轴向力选为 $f_X=6.2$，$f=3.1$，$W=620$kg；Z 轴丝杠处轴向力选为 $f_Z=3.4$，$f=2.3$，$W=460$kg。

所以其电动机额定力矩（kg · mm）

$$M_{motor} > \frac{f_i d_0}{2i\eta}\tan\left(\arctan\frac{t_i}{\pi d_0}+\theta'\right)$$

式中 f——足端垂直反力；

W——机器人自重；

f_i——丝杠受轴向力，kg；

f_{TX}——X 轴切向力；

f_{TY}——Y 轴切向力；

d_0——丝杠直径，mm；

i——传动比；

θ'——滚动摩擦角（0.14°）；

η——传动效率；

t_i——丝杠导程，mm。

11.5.1.5 腿杆件有限元分析

步行机器人的工作特点是在野外工作。由于整体的移动需要消耗大量的能量，因此在满足工作条件的前提下，应尽可能地减少不必要的质量以降低能量消耗。为此在 CAD 工作站上应用 ANSYS 有限元结构分析软件，对机器人腿部杆件作了分析及结构优化的工作。

（1）杆件受力分析：根据机器人的步行及工作状态，对其作了受力分析。通常情况是三条腿支撑，考虑到在运动时体部重心位置的变化，各腿受力不均匀，并考虑在接触地面时的冲击，在计算时，取杆件的负荷为体重的一半，做静力计算，杆件的姿态取受力较差时的状态，即支撑杆与地面呈 45°角，上下两连杆与支撑杆呈 60°角，以这种条件对支撑杆做分析及优化计算。

(2) 有限元模型的建立：这里只对支撑杆做静力分析，可以考虑采取较细致的单元划分来模拟杆件。单元采用八节点立方体，结构基本上按照杆件的实际情况进行建模，基本上都是六面体单元。但在某些形状有较大变化之处，采用三角形棱柱体单元，以较好地模拟杆件的形状。在两个铰链连接处，以一圆截面的三维梁单元模拟转动轴，并以两个无转动刚度的关节单元与梁单元连接。根据支撑杆的受力情况，对模型施以边界条件，足端施加两个互相垂直方向的力，其合力为机器人自重的一半（100kg）。合力方向与杆件长度方向呈45°角，在下铰链处完全固定转动轴的两端，模拟两个下连杆的连接条件。由于上连杆是二力杆，因此约束方向已经确定在上铰链处，在连杆的长度方向对支撑杆作单方向的约束，这样建立模型与实际情况几乎一致。

建完的模型包括节点841个、单元401个（其中体单元388个、梁单元4个、关节单元4个、质量单元5个）、位移约束14个、受力2个、约束方程192个、单元类型4种、材料2种、优化设计变量1个。

(3) 分析计算结果：经计算得出各节点的位移，单元在各方向的应变、应力及主应变和主应力，依据这些数据可以对杆件进行变形、强度等校核。

在原始设计参数给定的受力条件下，足端最大位移为3.8mm，杆件最大主应力为4.25kg/mm^2，取杆件截面的宽度为优化设计变量，以最大足端位移不超过2mm为约束条件的状态变量，以最小体积（即最小质量）为优化目标函数。进行优化计算得出优化后的结果为：

杆件截面高度由原来的45mm改为55mm。

按优化后的参数计算得到的结果是：足端最大位移为2mm；杆件最大主应力为3.8kg/cm^2。

11.5.1.6 运动学仿真

多足步行机器人的运动学仿真，可以优化结构，尤其是机构的几何参数和步态参数的确定，就更离不开运动学仿真技术。

LR-1型全方位六足步行机器人是在CAD工作站上完成原地变形、全方位行走的运动仿真和动画显示的，例如该机器人沿Y轴方向间隔直线步行运动仿真如图11-16所示。

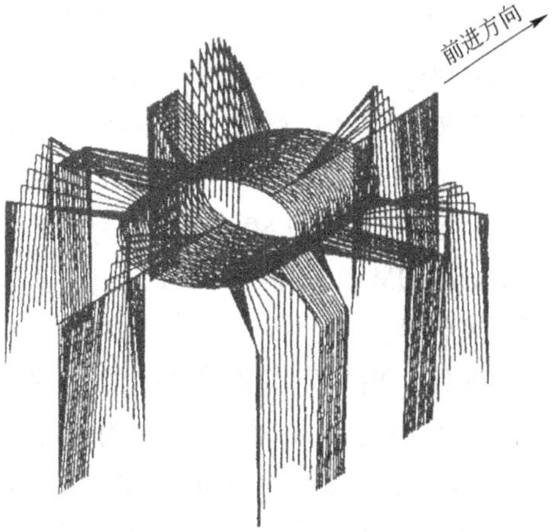

图11-16 沿Y轴方向间隔直线步行仿真立体图

11.5.1.7 控制系统

控制系统采用扩展功能强并具有实时操作功能的二级计算机系统。上级计算机完成坐标变换、运动控制和18个关节的协调控制，下一级计算机完成DC伺服电动机和伺服控制，硬件结构如图11-17所示。

协调级：由一台Intel-86/360机实现，采用具有自然语言和算法语言编程能力的Intel高级程序语言PL/M86。协调级实现步态规划、控制及任务的协调与管理等。协调周期为27ms。

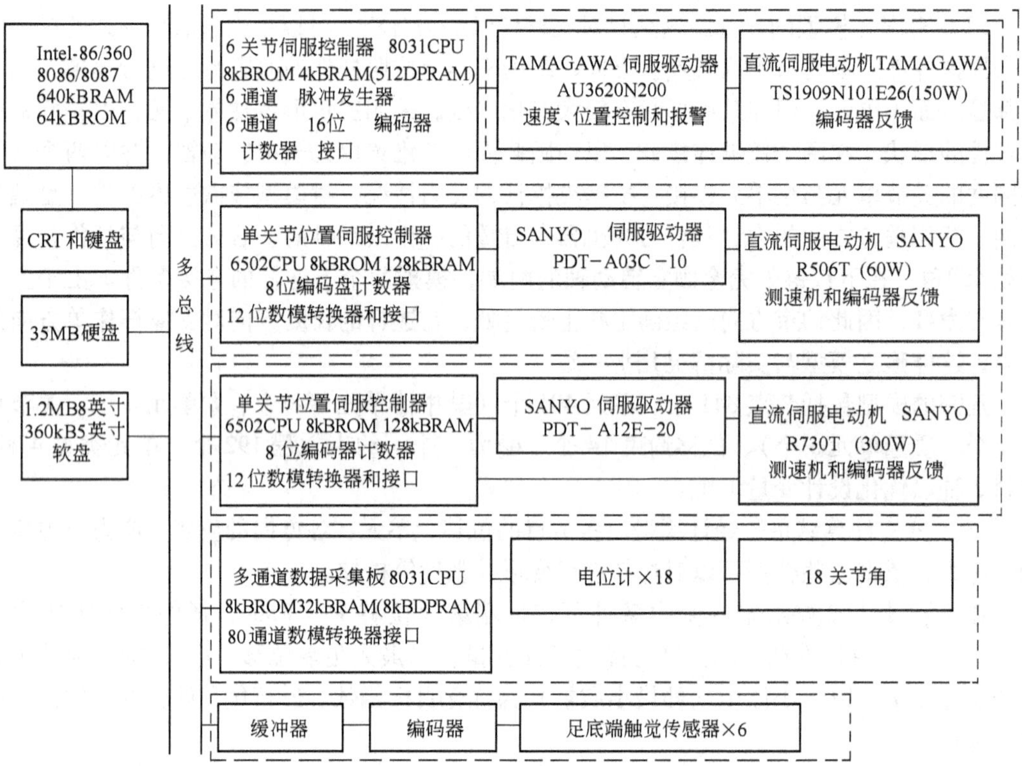

图 11-17 LR-1 六足步行机器人控制系统框图

通过 CRT 和键盘建立起的人机交互接口，协调级以程序控制方式对步行机在各种行走过程中的姿态、位置等进行调整。对运算数据量相对较小的平地步行等进行实时计算、修正，而对运算数据量较大的阶梯步行则采取计算—运行的方法，实现阶梯路面等的行走及中间调整。

Intel-86/360 机以 8086/8087 为核心，采用扩展能力强的多总线结构，具有 640kB 内存，64kB ROM 区，配有 35MB 8 英寸硬盘，1.2MB 8 英寸软盘或 360kB 5 英寸软盘及 CRT、键盘等。

控制级：由基于多总线结构的 13 块伺服控制板，1 块数据采集板组成；6 个 Y 自由度和 6 个 Z 自由度由 12 块以 6502 为核心的单关节位置伺服控制器控制；6 个 X 自由度由 1 块以 8031 为核心的 6 关节伺服控制器控制。18 个自由度的关节角由 18 个电位计检测出，由 1 块 8031 为核心的多通道数据采集板需处理后送协调级；6 个足端触觉传感器的信号经编码后，通过单关节位置伺服控制器送协调级。

伺服驱动级：全方位六足步行机器人有三种伺服驱动系统（18 套驱动——电动机系统）。

（1）X 自由度：六套驱动器——直流伺服电动机/编码器系统。

电动机型号：TAMAGAWA TS1909N101E26；

额定输出功率：150W；

额定转速：1200r/min；

额定力矩：12.2kg · cm；

瞬时峰值力矩：21.6kg · cm；

编码器：1000p/r；

驱动器型号：TAMAGAWA AU3620 N200；

控制方式：脉冲控制；

控制精度：±1 脉冲（0.36°，1000p/r encoder）；

输出功率：200W；

转速范围：0 ~3000r/min。

本驱动器实现高精度、高响应的速度和位置控制，并有完善的控制和保护功能：

控制功能：运行控制、双向限位、位置偏差设定等；

保护功能：温升过高、过速、过载、欠电压、位置超差等。

（2）Y、Z 自由度：各六套驱动器——直流伺服电动机/测速机/编码器系统。

电动机型号：SANYO R506T-012E R730T－012E；

额定输出功率：60W，300W；

额定转速：3000r/min，2500r/min；

额定力矩：1.9kg · cm，12kg · cm；

瞬时峰值力矩：20kg · cm，103kg · cm；

测速机输出：3V/1000r，3V/1000r；

编码器：500p/r，500p/r；

驱动器型号：SANYO PDT-A03C-10，PDT-12E-20；

控制方式：电压控制；

输出功率：60W，300W；

转速范围：1 ~3000r/min，1 ~3000r/min。

这两种型号的驱动器实现高响应、高稳定度的速度控制，并有完善的控制和保护功能：

控制功能：运行控制、双向限位等；

保护功能：过速、过流、过载、欠压、测速机异常等。

足端触觉传感器：在设计足端触觉传感器时，为了满足要求，在足端九个方向装有九个微动开关。这九个开关信号，用一片 74LS147 编码器进行编码，通过单关节位置伺服控制器送入协调级，一旦 8086 检测出有信号输入，立即停止这条腿的运动，并马上作出相应的调整。力觉传感器，采用四根架式结构，取出相互正交的两个方向力信号，经过动态应变仪，进入多通道数据采集板，最终送给协调级处理。

11.5.1.8 全方位六足步行机器人步态规划

足端轨迹规划：步行机器人要求有很强的环境适应能力，它必须能够在平面、台阶上稳定地行走，又必须能够跨越障碍，越过横沟，有的还要求足端必须有探测和识别路面功能，这样对步行机的足端运动的轨迹就提出了很高的要求。在编写全方位六足步行机器人控制软件时，往往碰到各种路面和不同路面的不同的运动特性，因此需要选用不同的足端轨迹。在选择步迹曲线时应主要考虑以下问题：

（1）曲线的高宽比：曲线的高宽比直接反映出曲线的运动特性。该比值越大、越高，能力就越强，相应的前进特性越差（运动速度）。

（2）曲线弧长：在曲线宽度一定的情况下，曲线长度越长，在空中运动的时间就越长，这将直接影响到摆动腿的速度，进而影响到步行机的速度。曲线弧短，运动时间短，但相应的跨越能力差。

（3）曲线弧长的计算难易和曲线表达式的复杂性：曲线弧长表达式复杂，计算所花的时间就越长，这样直接影响到步行机速度和对计算机的计算速度的要求。一般采用弧长易于计算的曲线。

（4）不同路面对曲线的要求：对平地要求一定的速度，对台阶要能够抬起并越过，对障碍要求跨越等，对不同的路面有不同的要求。

平地全方位三角步态：三角步态是六足步行机易于实现的一种常用步态。全方位六足步行机器人具有运动灵活、变形功能强的特点，在程序设计中也充分发挥机构上变形灵活的特点。尽管都采用三角步态，但具有各种姿态下的行走功能。这在程序设计中，采用多口输入方法，使步行机实现了各方面的功能。

（1）用三角步态实现变形：其办法是用其中三条腿支撑，另外三条腿变形到指定的姿态，再用变化好的三条腿支地，将其余的腿变到预定的姿态，其体形变化如图 11-18 所示。

（2）用三角步态实现跨越障碍：只要调整步长，并保证两个支撑和三角形之间的距离有确定的值即可。图 11-19 所示为一种行走路面由宽到窄时的各腿布置关系及运动顺序图。

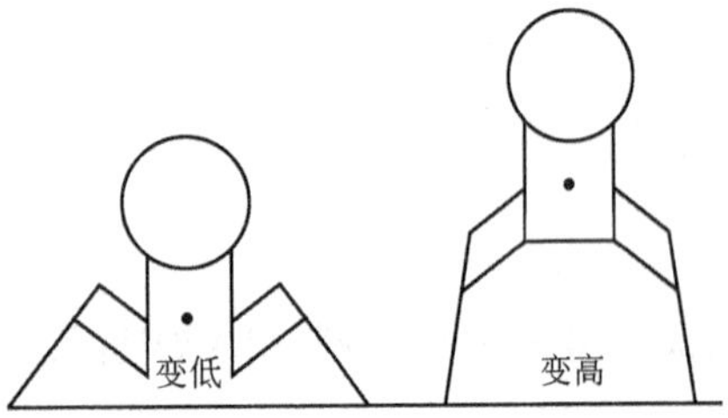

图 11-18　身体重心变化

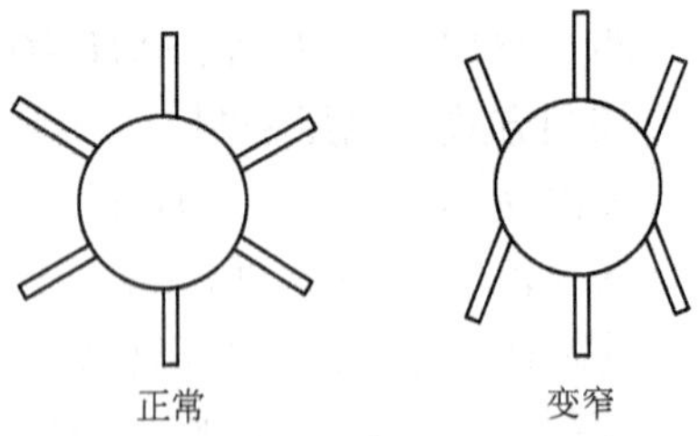

图 11-19　宽窄路面行走

（3）用三角步态实现宽窄路面行走：按照该步行机变形功能强的特点，编制了适应不同宽窄路面行走的程序。

上台阶是步行机器人的一个重要特点，也是步行机器人优于其他移动式机器人的特点之一。步行机能够稳定地将载体保持水平移到台阶上，特别是对于某些重要的不能倾斜的仪器就显得重要了。编制了满足上述要求的上台阶程序。

11.5.2　LR-1 六足机器人系统的性能与特点

用上述设计方法研制的 LR-1 六足步行机器人系统，具有较强的变形能力，可在多种路面全方位步行并具有高负荷自重比（1∶2）等特点。经实验证实达到了预期的设计性能指标。

自由度：18；

驱动方式：DC 伺服电动机；

体变形参数：高度 2 ~ 1m，宽度 2 ~ 0.7m；

步行参数：设计步行速度为 14m/min（0.84km/h）；

试验步行速度为 8m/min（0.48km/h）；

步行高度为 0.8m；

步距为 0.6m；

步行阶梯斜度设计为 35°，试验 27°；

原地转向时间 12s；

全方位步行；

负载能力：单腿举重 50kg，自重 200kg；

能量消耗：约 2.5kW。

习　题

11-1　移动机器人有几种引导方式，各有什么特点，一台野外移动机器人应采用怎样的引导方式?

11-2　分析图 11-3 所示的四足步行机器人的基本步态，编制计算机程序，对其中一种步态进行仿真，给出仿真的动态过程。

11-3　将四足步行机器人力分布的优化原理整理成计算算法。

参 考 文 献

[1] 蔡自兴．机器人学[M]. 2 版．北京：清华大学出版社，2009.
[2] 陈垦，杨向东，刘莉，等．机器人技术与应用[M]. 北京：清华大学出版社，2006.
[3] 陈垦，付成龙．仿人机器人理论与技术[M]. 北京：清华大学出版社，2010.
[4] 丁希仑．拟人双臂机器人技术[M]. 北京：科学出版社，2011.
[5] 黄真，孔令富，方跃法．并联机器人机构学理论及控制[M]. 北京：机械工业出版社，1997.
[6] 黄真，赵永生，赵铁石．高等空间机构学[M]. 北京：高等教育出版社，2006.
[7] 霍伟．机器人动力学与控制[M]. 北京：高等教育出版社，2005.
[8] 蒋新松．机器人学导论[M]. 沈阳：辽宁科学技术出版社，1994.
[9] 龚振邦，汪勤悫，陈振华，等．机器人机械设计[M]. 北京：电子工业出版社，1995.
[10] 李清泉．自适应控制系统理论、设计与应用[M]. 北京：科学出版社，1990.
[11] 刘德满，尹朝万．机器人智能控制技术[M]. 沈阳：东北大学出版社，1993.
[12] 刘宏，姜力．仿人多指灵巧手及其操作控制[M]. 北京：科学出版社，2010.
[13] 刘宏，刘宇，姜力．空间机器人及其遥操作[M]. 哈尔滨：哈尔滨工业大学出版社，2012.
[14] 刘极峰，丁继斌．机器人技术基础[M]. 2 版．北京：高等教育出版社，2012.
[15] 刘伟，林庆平，纪承龙．焊接机器人离线编程及仿真系统应用[M]. 北京：机械工业出版社，2014.
[16] 陆震，等．冗余自由度机器人原理及应用[M]. 北京：机械工业出版社，2006.
[17] 罗志增，蒋静坪．机器人感觉与多信息融合[M]. 北京：机械工业出版社，2002.
[18] 孙迪生，王炎．机器人控制技术[M]. 北京：机械工业出版社，1998.
[19] 彭兆行，柳洪义，宋伟刚．机器人学引论[M]. 沈阳：东北大学教材，1995.
[20] 吴振彪．工业机器人[M]. 武汉：华中理工大学出版社，1997.
[21] 谭民，徐德，侯增广，等．先进机器人控制[M]. 北京：高等教育出版社，2007.
[22] 熊有伦，丁汉，刘恩沧．机器人学[M]. 北京：机械工业出版社，1993.
[23] 熊有伦，尹周平，熊蔡华，等．机器人操作[M]. 武汉：湖北科学技术出版社，2002.
[24] 徐灏．机械设计手册[M]. 第 5 卷．北京：机械工业出版社，1991.
[25] 徐斌昌，阙志宏．机器人控制工程[M]. 西安：西北工业大学出版社，1991.
[26] 叶晖，等．工业机器人工程应用虚拟仿真教程[M]. 北京：机械工业出版社，2013.
[27] 叶晖，管小清．工业机器人实操与应用技巧[M]. 北京：机械工业出版社，2010.
[28] 张福学．机器人学——智能机器人传感技术[M]. 北京：电子工业出版社，1996.
[29] 张晓萍，等．现代生产物流及仿真[M]. 北京：清华大学出版社，1998.
[30] 张玉茹，李继婷，李剑锋．机器人灵巧手：建模、规划与仿真[M]. 北京：机械工业出版社，2007.
[31] 中国焊接协会成套设备与专用机具分会，中国机械工程学会焊接学会机器人与自动化专业委员会．焊接机器人实用手册[M]. 北京：机械工业出版社，2014.
[32] M. 武科布拉托维奇，D. 基尔强斯基．操作机器人的实时动力学[M]. 郭尚来，张弘志译．北京：科学出版社，1992.
[33] E. П. 波波夫，等．操作机器人动力学与算法[M]. 遇立基，陈循介译．北京：机械工业出版社，1983.
[34] Angeles J. Fundamentals of Robotic Mechanical System：Theory，Methods，and Algorithms（Second Edition）[M]. New York：Springer-Verlag，2003.（中译本：宋伟刚译．机器人机械系统原理：理论、方法和算法[M]. 北京：机械工业出版社，2004.）

[35] Angeles J. Fundamentals of Robotic Mechanical Systems (Fourth Edition) [M]. New York: Springer, 2014.

[36] Bruno Siciliano, Oussama Khatib (Eds.). Springer Handbook of Robotics[M]. Berlin: Springer-Verlag, 2008. (中译本:《机器人手册》翻译委员会. 机器人手册[M]. 北京: 机械工业出版社, 2012.)

[37] John J Craig. Introduction to Robotics: Mechanics and Control (3rd Edition) [M]. Prentice Hall. 2004. (中译本: 负超, 等译. 机器人学导论[M]. 3 版. 北京: 机械工业出版社, 2006.)

[38] Lenarcic J, Castelli V P. Recent Advances Robot Kinamatics[M]. Dordrecht: Kluwer Academic Publishers, 1996.

[39] Khalil W, Dombre E. Modeling, Identification and Control of Robots[M]. New York: Taylor Francis, 2002.

[40] Jean-Pierre MERLET. Parallel Robots (Second Edition) [M]. Dordrecht: Springer, 2006. (中译本: 黄远灿译. 并联机器人[M]. 北京: 机械工业出版社, 2014.)

[41] Paul R P. Robot Manipulator: Mathematics, Programming and Control[M]. Cambridge Mass., MIT Press, 1981. (中译本: 郑时雄, 谢存禧译. 机器人操作手: 数学、编程与控制[M]. 北京: 机械工业出版社, 1986.)

[42] Shimon Y. Handbook of Industrial Robotics[M]. New York: John Wiley & Sons, 1985.

[43] Schraft R D, Volz H. Serviceroboter[M]. Berlin: Springer-Verlag, 1996.

[44] Schraft R D, Schmierer G. Serviceroboter[M]. Berlin: Springer-Verlag, 1998.

[45] Carl D. Crane Ⅲ, Joseph Duffy. Kinematic Analysis of Robot Manipulators[M]. Cambridge: Cambridge University Press, 1998.

[46] Fu K S, Gonzalez R C, Lee C S G. Robotics: Control, Sensing, Vision, and Intelligence[M]. New York: McGraw-Hill, 1987. (中译本: 杨静宇, 李德昌, 李根深, 等译. 机器人学——控制、传感技术、视觉、智能[M]. 北京: 中国科学技术出版社, 1989.)

[47] Gerard O'Regan. Giants of Computing[M]. London: Springer, 2013.

[48] Song S, Waldron K J. Machines That Walk[M]. Cambridge: The MIT Press, 1989.

[49] Snyder W E. 工业机器人与控制[M]. 金广业, 等编译. 沈阳: 东北大学出版社, 1991.

[50] Hirose S (广濑茂男). Biologically Inspired Robots[M]. Oxford: Oxford University Press, 1993.

[51] Fukuda T (福田敏男), Hasegawa Y, Sekiyama K, Aoyama T. Multi-Locomotion Robotic System-New Concept of Bio-inspired Robotics[M]. Berlin: Springer, 2012.

[52] 日本机器人学会. 机器人技术手册[M]. 宗光华, 刘海波, 程君实, 等译. 北京: 科学出版社, 1996.

[53] 日本机器人学会. 新版机器人技术手册[M]. 宗光华, 程君实, 等译. 北京: 科学出版社, 2007.

[54] 日本機械学会. 產業用ロボットその应用[M]. 東京: 技報堂出版, 1984.

[55] 白井良明. 机器人工程[M]. 王棣棠译. 北京: 科学出版社. OHM 社, 2001.

[56] 大熊 繁. 机器人控制[M]. 卢伯英译. 北京: 科学出版社. OHM 社, 2002.

[57] 刘进长. 与世界机器人之父对话[J]. 机器人技术与应用, 2001(3):1~3.

[58] 刘伊威, 金明河, 樊绍巍, 等. 五指仿人机器人灵巧手 LR/HIT Hand Ⅱ[J]. 机械工程学报, 2009, 45(11):10~17.

[59] Arimoto S, Kawamura S, Miyazuki F. Bettering operation of robots by learning[J]. The Inter. Journal of Robotics Research, 1984, 1(2):123~140.

[60] Christine Connolly. Technology and applications of ABB RobotStudio[J]. Industrial Robot: An International Journal, 2009(6):540~545.

[61] Dubowsky S, DesForges D T. The application of model-referenced adaptive control manipulator[J]. Trans. of ASME Journal of Dynamic System, Measurement, and Control, 1979, 101(9):193~200.

[62] Denavit J, Hartenberg R S. Kinematic notation for lower-pair mechanism based on matrices[J]. ASME Jour-

nal of Applied Mechanism, 1955 (22): 215 ~ 221.

[63] Hogan N. Impedance control: an approach to manipulation (Part Ⅰ-Ⅲ) [J]. Trans. of ASME Journal of Dynamic System, Measurement, and Control, 1985, 107(5):1 ~ 24.

[64] Hashimoto H, Maruyama K, Harashima F. A microprocessor-based robot manipulator control with sliding mode[J]. IEEE Trans. on Industrial Electronics, 1987, IE-34(1):11 ~ 18.

[65] Liu Hongyi, Song Weigang. Stability analysis of combined wheeled and legged vehicle gaits[C]. Proceedings of the 7th ICAR, 1995.

[66] Liu Hongyi, Wen Bangchun. Force distribution for the legs of a quadruped walking vehicle [J]. Journal of Robotic System, 1997, 14(1):1 ~ 8.

[67] Luh J Y S. Conventional controller design for industrial robots-A tutorial[J]. IEEE Trans. on System, Man, Cybernetics, 1983, SMC-13(3):298 ~ 316.

[68] Murphy Robin R. 人工智能机器人学导论[M]. 杜军平，孙增圻，等译. 北京：电子工业出版社，2004.

[69] Saridis G. Intelligent robotic control[J]. IEEE Trans. on Automation Control, 1983, AC-28(5):547 ~ 553.

[70] Slotine J E, Weiping Li. On the adaptive control of robot manipulators[J]. The Inter. Journal of Robotics Research, 1987, 6(3):49 ~ 59.

[71] 伏尔可·克莱德勒. 并联运动机械及其模拟技术[C]//第一届国际机械工程学术会议. 北京：机械工业出版社，2001.

[72] 柳洪义. 一类轮腿结合式行走机器人步态及力分布的研究[D]. 沈阳：东北大学，1993.